明心书场

鼠标上的青春舞蹈

青少年互联网心理学

雷　雳◎著

华东师范大学出版社

如果你爱他,就让他去上网,因为那是天堂;
如果你恨他,就让他去上网,因为那是地狱。

序

林崇德

我认真阅读完雷雳教授的近作《鼠标上的青春舞蹈：青少年互联网心理学》，突然，"创新"这个结论性的词在我的脑海闪现出来。近年来，心理学书籍已出版成百上千种，有关青少年互联网的心理学书籍我还未见到过，显然雷雳教授的近作是一部创新的作品。

新在哪里？首先是选题新。我国的互联网起始于上世纪 90 年代末，时间并不长，算来才十余年，但发展极其迅速，90 年代末互联网用户不到百万，可是到今年元旦已达到三亿八千四百多万；90 年代后期首次调查青少年群体上网人数才三万五千多人，可至今已达一亿二千二百多万人。凡是有人群的地方就有心理学的基石，如此庞大的互联网用户，如此众多的上网青少年群体，其心理特征值得心理学家关注。雷雳教授突出时代性，抓住了这个新起的现象做深入的心理学研究，以此为基点完成了《鼠标上的青春舞蹈：青少年互联网心理学》这一创造性的选题。

其次是体系新。心理学的各分支有着各自的体系，青少年互联网心理学列体系，既不同于过去的青少年心理学，也不同于国外的网络心理学。雷雳教授通过研究，自成体系，他以青少年心理学为基础，以青少年上网的心理活动为内容，以对上网青少年的教育为主线，创出独特的青少年互联网心理学研究的体系。

第三是观点新。这本著作中每个章节都有新颖的观点，例如，"青少年的假想观众思维特点更易促发网络成瘾"、"青少年上网未对学习适应性产生明显影响"、"热衷虚拟自我的青少年易坠网络成瘾"、"父子疏离可致青少年网络成瘾"、"男性化青少年排斥在网游中扮女性"、"逗留网络时间越长心理健康问题越重"、"青少年网上亲社会行为表现令人欣慰"、"积极的网络道德可阻网上偏差行为"等等。总之，我们把雷雳教授的《鼠标上的青春舞蹈：青少年互联网心理学》视为一部原创性的著作，是恰如其分的。

雷雳教授怎么会撰写成这一部创新著作的呢？其关键在于他近十年来对青少年互联网心理学的深入研究。我曾系统浏览过雷雳教授在国内外发表的与互联网有关的研究成果，据不完全统计，已有五十余篇。这些研究成果既反映了雷雳教授对互联网心理学领域在理论上及实证研究中的研究进展有着全面的认识和把握，更为重要的是，它们也体现了雷雳教授对青少年互联网心理学研究的完整思考、持之以恒的研究努力，以及天道酬勤而得的创新性研究成果。

正如雷雳教授自己在"前言"中所述，互联网所建构的虚拟世界使得青少年的发展有了新的天地，其在网络时代的心理发展特点和规律有何新颖之处，是一个令人感兴趣的问题。雷雳教授指导、带领自己的研究生对这一趣味盎然的课题进行了近十年的研究，这一过程中研究触角不断扩展，研究所涉及的问题不断丰富、深入、完善，最终得以形成自己的"青少年互联网心理学"体系，真乃"十年磨一剑"！我想这也是值得推崇的学术之路。

雷雳教授的《鼠标上的青春舞蹈：青少年互联网心理学》出版的意义在哪里？在于教育！作者在书的扉页上写道："如果你爱他，就让他去上网，因为那是天堂；如果你恨他，就让他去上网，因为那是地狱。"这是雷雳教授化用电视剧《北京人在纽约》中的话，它所体现作者的指导思想很清楚：网络是把双刃剑，上网既能获益，又可受害，应该正确指导青少年上网，促进青少年的健康成长。

正因为如此，雷雳教授的《鼠标上的青春舞蹈：青少年互联网心理学》每一章最后一节都是"建议与展望"，展示了"研究结论"，呈现了"对策建议"，提出了"问题展望"，一句话，指出了教育、引导和如何扬长避短的措施，让青少年健康上网和健康成长。《青少年互联网心理学》的第十章至十三章，是"网上音乐使用"、"网上购物意向"、"互联网信息焦虑"和"互联网服务偏好"，这是为青少年运用互联网的功能指明正确的技术路线，让互联网更好地为青少年服务。《鼠标上的青春舞蹈：青少年互联网心理学》的第十四章至十六章，是"上网的某些影响因素"、"健康上网"和"上网的心理评估",这是对青少年如何健康上网的要求,从中我们看到作为高校博士生导师的雷雳教授念念不忘自己是人民教师,把促进青少年健康上网作为己任,循循善诱,语重心长地发表的着着高见。

总之,这是一项学术性兼思想性、创新性兼时代性、理论性兼实用性为一体的成果,值得向心理学界、教育界和信息界的同仁推荐。

是为序。

2010 年 7 月 23 日于北京师范大学

[本文作者简介]林崇德:北京师范大学资深教授,中国心理学会理事长,教育部人文社会科学委员会委员兼教育学心理学学部召集人,教育部中小学心理健康教育专家指导委员会主任。

前言

自 20 世纪 90 年代末期,互联网在中国开始步入高速发展的轨道。中国的互联网用户人数从中国互联网络信息中心进行第 1 次"中国互联网络发展状况调查"时的 62 万人(CNNIC,1997 - 10),激增到最近第 25 次调查时的 3.84 亿人(CNNIC,2010 - 01),13 年间增长 600 多倍,规模已是全球第一! 相应地,作为中国互联网用户重要组成部分之一的青少年群体,也从首次调查时的 3.5 万人,激增到 1.22 亿人! 然而,互联网在中国的普及率仍然较低,仅仅是 28.9%,互联网在中国的发展还有巨大的空间。

进入 21 世纪,互联网已然成为越来越多的人生活中不可或缺的部分,过去人们在"真实的"物理环境中的生活,绝大部分现在于"虚拟"的网络环境中也可以如法炮制,甚至是花样翻新! 正处于社会化关键阶段的青少年在网络环境中是如何"成长"的呢? 其"虚拟"的心理历程又有何轨迹呢? 这是一个趣味盎然的问题。

自 2000 年开始,我们怀着好奇和兴趣对此持续进行了大约 10 年的探索和研究,指导这一系列研究工作的大体理论假设是:青少年心理发展的方方面面在网络环境中也会依样画葫芦,并且,互联网独有的特点又使得青少年的网络心理别具一格。相应地,一个关于青少年互联网心理学的理论框架也在头脑中形成了,在这一理论框架指导下,一系列的研究陆续展开。

当然,很多具体的工作是我与所带的学生共同完成的,本书是我们共同收获的成果;参与研究的学生先后包括李宏利、陈猛、柳铭心、杨洋、陈辉、张新风、郑思明、郭菲、伍亚娜、张国华、李冬梅、郝传慧、马利艳、孟庆东、李富峰、尹娟娟、马晓辉、任小莉、王劼。另一方面,这一系列的研究工作得以展开,是与多个研究项目的支持分不开的,包括全国教育科学"十五"规划重点课题、北京市哲学社会科学"十五"规划项目、北京市教委人文社会科学研究计划重点项目、高等学校博士学科点专项科研基金、北京市教育科学"十一五"规划课题重点项目、北京市哲学社会科学"十一五"规划项目、全国教育科学"十一五"规划教育部重点课题、教育部人文社会科学研究项目等。

　　具体而言,在这一系列的研究中,我们探索了青少年上网与其自我中心思维、学习适应、自我发展、情绪发展、心理性别、心理健康问题等方面的关系,探索了青少年的网上亲社会行为、网上偏差行为、网上音乐使用、网上购物意向、互联网信息焦虑及互联网服务偏好等方面的特点,探索了人格、心理弹性、应对方式、生活事件、社会支持等因素与青少年网络行为的关系,探索了青少年健康上网的结构特征,同时,也探索了对青少年网络行为诸多方面进行评估的方法。当然,针对所研究的问题,依据所得到的结果,我们也提出了相应的对策和建议。

　　读者浏览目录时可能会注意到,非常令人关注的"网络成瘾"问题不见其踪,实际上它是"大隐于市"——我们的许多工作都涉及到了该主题,所以叙述中把它放在了相应的部分,并且,研究中我们更多地是使用"病理性互联网使用"这样的表述。

　　总之,希望这一系列的研究成果能够为网络时代的青少年大致描绘出心理画像,让"在线青少年"的轮廓反映在这样一幅一幅粗线条的写意画中。当然,本书在此所"晒"的"东东",其中的某些地方可能实际上晒着的是昨天的太阳——由于互联网技术的日新月异和青少年用户的"代际"更替,或许有一些研究结论已经落伍于飞速发展的互联网时代,不一定能真切地反映现在的在线青少年;若果真如此,我想就把这一小部分当成是为网络时代留下的几抹历史印记吧。

　　此外,在行文上有一点需要说明的是,书中提到的"显著"、"不显著"等说法,均指的是统计意义上的表述,只不过为了避免统计数字可能给读者带来烦扰,因此基于统计分析的各种系数、指标基本上都略去了,有兴趣的读者可以在我们发表于学术期刊上的文章中查看。

　　平心而论,我们现在做的工作对全面描述青少年的网络心理而言,是挂一漏万,很多问题还有待于进一步广泛而深入地研究,所以本书的出版仅属抛砖引玉而已。只不过,我们的"砖"不是为了向什么人"拍砖",而是寄望能够有更多的研究者为青少年互联网心理学锦上添花。如果这些"砖"读者觉得还行,就请您顶一顶;而如果由于我们的"砖"太粗陋,惹得您想要"拍砖",我们也真诚地说一声:3Q!

最后,再次感谢前后参与整个研究计划的 14288 名青少年,以及他们的家人和老师;感谢出版社的彭呈军编辑为本书出版所做的一切。

雷雳

www. leili. net

2010 年 5 月 30 日

目录

005

第八章 青少年的网上亲社会行为 / 151

007

第十一章　青少年的网上购物意向 / 205

010

第十六章　青少年上网心理的评估 / 289

第一章

引　论

第一节 背　景

一、互联网的破茧与起飞

在谈青少年上网的心理与行为特点之前,我们先简要看看互联网本身的诞生与发展历程。

互联网的快速发展是最近 10 余年的事,不过其起源却可以追溯到 1960 年代,在此我们通过若干具有里程碑意义的历史时刻,来简要了解一下互联网的诞生与发展过程。这些编年史的时刻反映了互联网的诞生、电子邮件的发展、万维网的发展、网络社交的演变、在线多媒体的普及、网络资源、从 Web1.0 到 Web2.0 的演变等,同时也包括值得我们关注的几个"中国时刻"。

首先,1966 年 2 月,ARPANET(阿帕网)创立,它一开始仅仅是美国军方为了远距离共享数据而开发的计算机网络,而如今它成了互联网诞生的最主要标志。

1971 年末,与如今的电子邮件类似的技术出现,程序员雷·汤姆林森(Ray Tomlinson),用自己编写的软件成功发送了第一封"email"。他同样也是电子邮件中那个标志性的"@"符号标准的确立人。

1974 年 5 月,管理计算机和因特网之间连接的封包协议由温顿·瑟夫(Vinton Cerf)和罗伯特·卡恩(Robert Kahn)发表,这就是最后被称作 TCP/IP 的协议,它让我们可以在网络上传送各种数据。瑟夫也被誉为"互联网之父"。

1978 年 5 月,第一个电子邮件广告(垃圾邮件)被发给 400 个用户,以推销产品。

1984 年 10 月,互联网先驱乔纳森·泼斯戴尔(Jonathan Postel)引入了所谓顶级域名的概念,并推出了.com、.org、.gov、.edu 以及.mil 等数个顶级域名。

1987 年 9 月,这是中国互联网发展的一个特殊时刻,王运丰教授等在北京建成一个电子邮件节点,并发出了中国第一封电子邮件,邮件内容为:"Across the Great Wall we can reach every corner in the world. (越过长城,走向世界)"。

1990 年 11 月,因为蒂姆·伯纳斯—李(Tim Berners-Lee)的贡献,"万维网"(World Wide Web)在早期的超文本试验中逐步形成。

1990 年 11 月 28 日,中国的顶级域名.cn 完成注册,从此在国际互联网上中国有了自己的身份标识。

1993 年 2 月,第一款真正意义上的网络浏览器诞生,它被称为 Mosaic,由马克·安德利森(Marc Andreessen)开发,它的出现极大地推动了万维网的普及。安德利森后来又开发了 Netscape。

1994 年 2 月,Yahoo 诞生。

1994 年 4 月 20 日,中国被国际上正式承认为真正拥有全功能 Internet 的国家。

1995 年 7 月,Amazon 网站开张。

1995 年 9 月,eBay 开拍,其最初的名字是 AuctionWeb,拍卖的第一个东西是一只破旧的激光笔。

1996 年 1 月,中国公用计算机互联网(CHINANET)全国骨干网建成并正式开通,全国范围的公用计算机互联网络开始提供服务。

1996 年 11 月,ICQ 发布。这是全球第一款采用图形用户界面的即时消息软件,并且在 1990 年代后期风靡一时。

1996 年 11 月 15 日,中国第一家网络咖啡屋开张,它是在北京首都体育馆旁边开设的实华开网络咖啡屋。

1997 年 11 月,中国互联网络信息中心(CNNIC)发布了第一次《中国互联网络发展状况统计报告》,截止到 1997 年 10 月 31 日,中国上网用户数为 62 万人,其中青少年用户人数约为 3.5 万人。

1997 年 12 月,乔恩·巴吉尔(Jorn Barger)第一次提出"weblog"这个理念,后来演变为一个词"blog"(博客)。

1998 年 8 月,Google 得到资助,互联网搜索行业的巨人 Google 公司成立。

1999 年 8 月,第一个博客网站开通,它可以让用户方便地创建自己的博客。

1999 年 9 月,中国招商银行率先在国内全面启动"一网通"网上银行服务,成为国内首先实现全国联通"网上银行"的商业银行。

2000 年 12 月 7 日,由中国文化部等单位共同发起的"网络文明工程"在京正式启动,其主题是:"文明上网、文明建网、文明网络。"

2001 年 1 月 1 日,中国互联网"校校通"工程进入正式实施阶段。

2001 年 1 月,Wikipedia(维基百科)诞生,它是目前互联网上访问量最大的网站之一。

2001 年 11 月 22 日,共青团中央、教育部、文化部、国务院新闻办公室、全国青联、全国学联、全国少工委、中国青少年网络协会向社会正式推出《全国青少年网络文明公约》。

2001 年 12 月 20 日,由信息产业部、全国妇联、共青团中央、科技部、文化部主办的"家庭上网工程"正式启动。

2005 年 2 月，YouTube 开张。

2005 年 7 月，中国互联网络信息中心（CNNIC）发布了《第 16 次中国互联网络发展状况统计报告》，截止到 2004 年 6 月 30 日，中国网民首次突破 1 亿，达到 1.03 亿人，其中青少年网民超过 1.6 千万。

2006 年 1 月 1 日，中华人民共和国中央人民政府门户网站（www. gov. cn）正式开通。

2008 年 1 月，中国互联网络信息中心（CNNIC）发布了《第 21 次中国互联网络发展状况统计报告》，截至 2007 年 12 月，中国网民数突破 2 亿，达到 2.1 亿人，为全球第二大规模。

2010 年 1 月，中国互联网络信息中心（CNNIC）发布了《第 25 次中国互联网络发展状况统计报告》，截至 2009 年 12 月，中国网民数增至 3.84 亿人，稳居全球第一，其中 10—19 岁网民超过 1.22 亿人。

二、中国青少年互联网发展状况

（一）中国互联网用户数称冠全球

如上面提到的，1997 年，经国家主管部门研究，决定由中国互联网络信息中心（CNNIC）联合互联网络单位共同实施一项统计工作，调查中国网民人数与结构特征、互联网基础资源、上网条件和网络应用等方面情况的信息。为了使这项工作正规化、制度化，从 1998 年起，中国互联网络信息中心于每年 1 月和 7 月发布《中国互联网络发展状况统计报告》。最近的第 25 次调查于 2010 年 1 月发布。

该次调查结果表明，截至 2009 年底，中国网民规模达到 3.84 亿人，互联网普及率达到 28.9％，略高于全球平均水平（25.6％）[1]。继 2008 年 6 月中国网民规模超过美国，成为全球第一之后，中国的互联网普及再次实现飞跃，赶上并超过了全球平均水平。

中国网民人数的飞速变化可以从图 1-1 中看到：从中国互联网络信息中心进行第 1 次"中国互联网络发展状况调查"时的 62 万人（CNNIC，1997-10），激增到最近第 25 次调查时的 3.84 亿人（CNNIC，2010-01），13 年间增长 600 余倍！普及率的上升趋势也相仿（见图 1-2）。

---

[1] 数据来源：http://www. internetworldstats. com；对比的其他国家和地区互联网普及率为 2009 年 9 月数据。

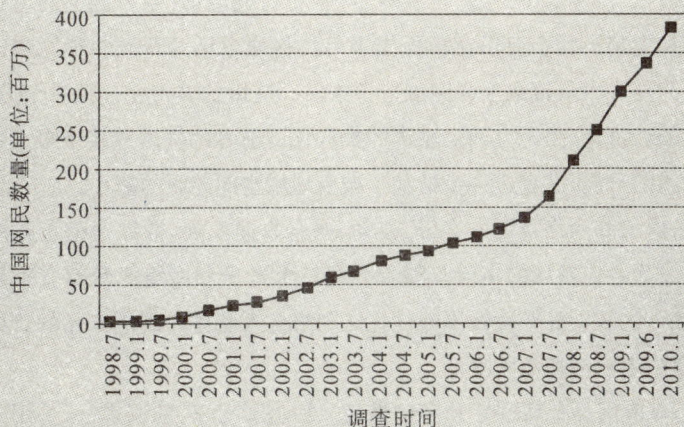

图1-1　中国网民规模变化(1997—2010)

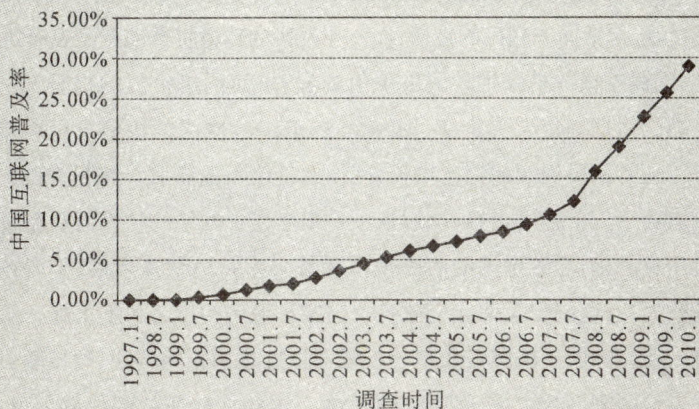

图1-2　中国互联网普及率变化(1997—2010)

据CNNIC分析,中国网民规模的快速增长与如下因素密不可分:

第一,我国经济的快速发展是互联网用户规模快速增长的基础。中国经过30年的改革开放,在年均GDP增长9.8%的背景下,积累了相当的实力。随着全民整体收入的增加,人们在信息需求上的投入会越来越多。同时,良好的经济环境为互联网产业创新和发展创造了条件,并促使产业内的并购和商业模式升级,最终使更多的人成为网民,并更好地服务于网民群体。

第二,为保证我国信息化健康发展,国家制订并发布了《2006—2020年国家信息化发展战略》《国民经济和社会发展信息化"十一五"规划》等一系列政策,信息化正在成为促进科学发展的重要手段。农村信息化建设成为其中的重要部分,也在逐渐成为农业和农村基础设施建设的重要内容。为了让信息技术与服务惠及亿万农民群众,落实 2010 年基本实现全国"村村通电话,乡乡能上网"目标,政府主管部门和电信运营企业正在积极推进自然村通电话和行政村通宽带工程。城市化进程为更多大众接触互联网创造了条件。这里的城市化包括两个方面:一方面是乡村的城市化,另一方面是城市的集群化。前者的发展直接带来了生产生活等硬件设施的升级,后者进一步推动了城乡地域空间差距的缩小。

第三,通信和网络技术向宽带、移动、融合方向发展,数据通信正在逐步取代语音通信成为通信领域的主流。随着产业技术进步和网络运营商竞争程度的加剧,网络接入的软硬件环境在不断优化。网络接入和用户终端产品的价格不断下降,使用户的上网门槛不断降低。

第四,互联网具有高粘性和高传播性。根据 CNNIC 的调查,一旦用户接触互联网之后,流失率极低;另一方面,互联网上的网络游戏、即时通信、博客、论坛、交友等应用具有极强的互动功能,这些功能会推动相关应用的传播,这种传播既包括向网民的传播,也包括向非网民的传播,而向非网民的传播将推动网民规模的扩张。

第五,网民规模的扩张推动网络价值的提升,而网络价值的提升又进一步增强其扩张力。根据梅特卡夫定律(Metcalfe's Law),网络的价值与网络规模的平方成正比。随着网民规模的快速增长,网络的价值不断膨胀。将目光瞄向互联网价值的机构和个人创造的内容,反过来进一步增强了网络的扩张力和吸引力。

值得注意的是,尽管中国的网民规模和普及率持续快速发展,但是由于中国的人口基数大,互联网普及率在全球各个国家和地区中排名并不乐观。从图 1-3 中我们可以看到中国互联网普及率与互联网最发达国家的差距,可以看到中国与部分有代表性国家、包括"金砖四国"中其他三国相比较所处的位置。可见,中国

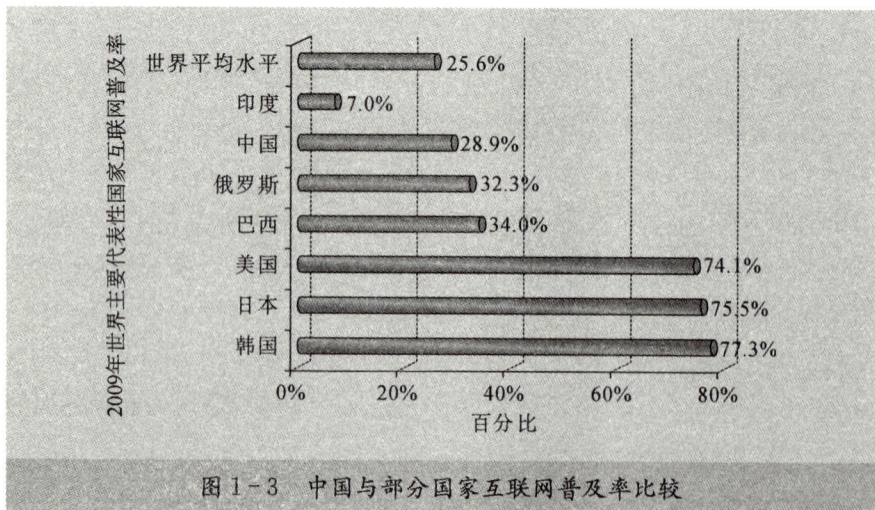

图 1-3 中国与部分国家互联网普及率比较

的互联网发展仍然有着巨大的空间。

(二) 中国青少年互联网用户独占鳌头

根据第25次"中国互联网络发展状况调查"的数据,10—19岁以下网民所占比重最大,占31.8%,成为2009年中国互联网最大的用户群体(见图1-4)。

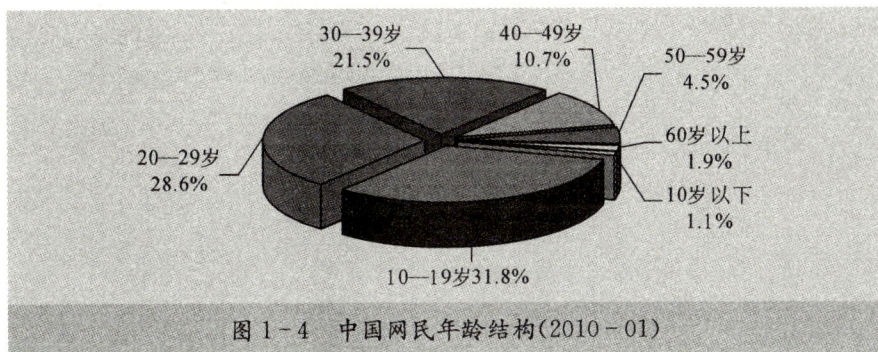

图1-4 中国网民年龄结构(2010-01)

据 CNNIC 的分析,该群体规模的增长主要有两个原因促成:首先,教育部自2000年开始建设"校校通"工程,计划用5—10年时间使全国90%独立建制的中小学校能够上网,使师生共享网上教育资源,目前该工程已经接近尾声;第二,互联网的娱乐特性加大了其在青少年人群中的渗透率,网络游戏、网络视频和网络音乐等服务均对互联网在该年龄段人群的普及起到推动作用。

从图1-5中我们可以看到,中国青少年互联网用户的规模变化与总体网民的变化趋势大体上是一致的,但增长幅度更大,从中国互联网络信息中心进行第1次"中国互联网络发展状况调查"时的3.5万人(CNNIC,1997-10),激增到最近

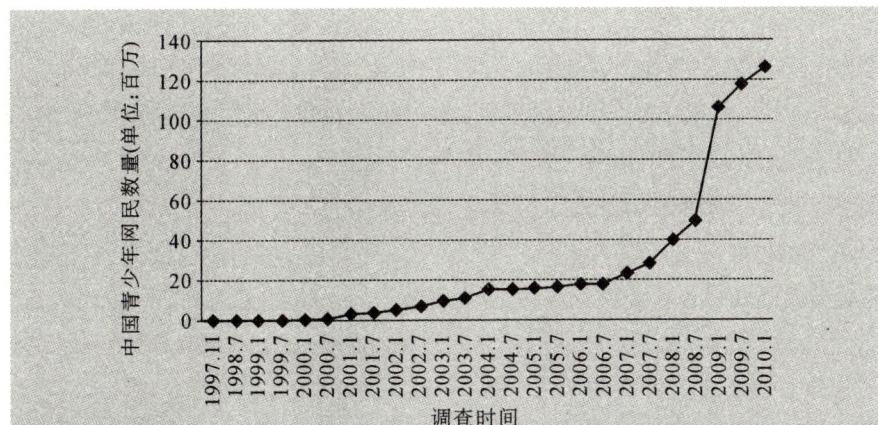

备注:本图调查对象前四次为20岁以下,中间各次为18岁以下,从2008年起后几次为19岁以下。

图1-5 中国青少年互联网用户人数变化(1997—2010)

第 25 次调查时的 1.22 亿人(CNNIC，2010 - 01)，12 年间增长了 3000 余倍！

从青少年网民在总体网民中的比重来看，大体上也是呈现为上升趋势(见图 1 - 6)，从中国互联网络信息中心进行第 1 次"中国互联网络发展状况调查"时的 5.6%(20 岁以下)(CNNIC，1997 - 10)，激增到最近第 25 次调查时的 31.8%(10—19 岁)(CNNIC，2010 - 01)，13 年间也增长约 6 倍！

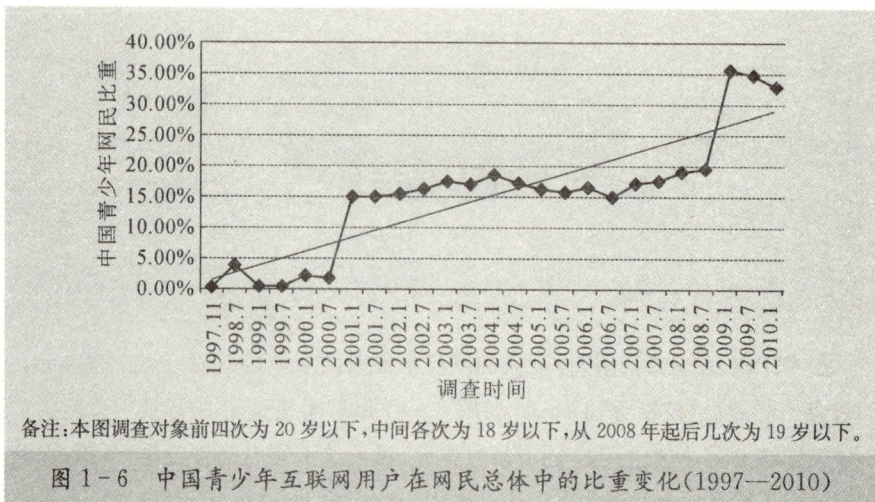

备注：本图调查对象前四次为 20 岁以下，中间各次为 18 岁以下，从 2008 年起后几次为 19 岁以下。

图 1 - 6　中国青少年互联网用户在网民总体中的比重变化(1997—2010)

总而言之，我们今天已经实实在在地生活在互联网时代，中国互联网的发展仍然会保持高速发展，作为互联网用户重要组成部分的青少年用户人数也同样会水涨船高。青少年的成长又增添了一个新的"虚拟空间"，越来越多的青少年会成为"在线青少年"，描绘"在线青少年"的心理发展轨迹已经变得越来越引人注目，越来越令人向往。

第二节　青少年的心理发展

我们认为，互联网的普及和发展所创造出的"虚拟空间"，为青少年的成长和发展提供了又一个新的舞台，其社会化过程除了在真实的物理世界中继续展开，也会迁移、整合到"虚拟空间"中来，更可能会由于互联网的独特之处而花样翻新！下面我们就先看看青少年心理发展的基本特点。

一、青少年的基本心理特点

青少年的发展特点主要体现在三大方面，即身体、认知和心理社会性发展，这些方面进一步又可以反映在若干的发展主题上（雷雳，2009）。

（一）身体发展再攀"生长高峰"

青少年的身体发展处于青春期，这是人生发育的第二次"生长高峰"，此时身体外形发生剧变，内部机能和性走向成熟。这些变化具体体现为身高体重快速增长，心肺机能接近成人，男孩肌肉和女孩脂肪发展更好，大脑发育基本成熟，性发育成熟。

在此，我们更关心的是青春期发育会带来的心理适应问题，大体上可以从两方面来看：

1. 对青春期变化的反应有备则无患

青春期身体变化最显著的表现就是遗精和月经的出现，它们分别是男孩女孩性成熟的标志，青少年对此是否有所准备，在心理适应上会产生很大的影响。

一方面，我国男孩首次遗精年龄大约是在 14、15 岁，最早的可能在 12 岁左右，一般到 20 岁时，几乎所有的男性都经历了遗精（张金山等，2006）。关于遗精对青少年的心理发展可能产生的影响，研究表明青少年男孩主要的心理体验依次是害羞、新奇、恐慌、无所谓，其中 52% 的人感到害羞和恐慌（邓明昱等，1989）。如果青少年男孩对遗精有所认识、有所准备，他们的反应相对就会比较积极（Stein & Reiser，1994）。

另一方面，我国女孩月经初潮的年龄大约在 13 岁左右，最早的可能在 9 岁，最晚的 20 岁左右（侯冬青等，2006）。对于月经初潮，我国青少年女孩的主要心理体验依次包括害羞、恐慌、新奇、无所谓，其中 68% 的人感到害羞和恐慌（邓明昱等，1989）。经历了月经初潮的女孩其消极感受并不如想象的那么严重。在经历了月经初潮之后，青少年女孩对女性的特点会有更多的兴趣（Greif & Ulman，1982），在心理上也表现得更加成熟。

2. 早熟、晚熟的青少年心态各异

对某些青少年，青春期的起始时间和发展速率与众人不同，比如，北京早熟的青少年大约占 1%—3%（张金山等，2006；侯冬青等，2006），身体上的早熟和晚熟会给其心理适应带来不同影响。

男孩的早熟与积极的自我评价联系在一起，而晚熟则一般是和消极的自我评价联系在一起（Richards & Larson，1993）。对青少年女孩来说，早熟并不像对于青少年男孩那样是一件好事。她们往往会感到尴尬，自我意识更强，她们的自尊更容易受到消极的影响（Alsaker，1992）。晚熟青少年女孩在社会交往上明显处于不利的地位。

实际上，青春期起始时间只要是不合时宜，无论是早了还是晚了，也无论是对男孩还是对女孩，都可能带来问题。成熟速率与性别的交互作用会给青少年带来混乱和压力，比如，早熟者会由于受到年龄较大的同伴的怂恿去干一些坏事，而晚熟者之所以干坏事则是为了提升自尊和赢得社会地位（Williams & Dunlop，1999）。所有的青少年都希望得到同伴的喜欢和尊重，为了使自己赢得大家的接受，他们会去做一些具有补偿作用的事。

3. 身体映像至关重要

在青少年期，"身体映像"（Body Image）作为对身体特征的态度和反映，一直被认为是青少年自我概念发展过程中的核心要素，并且对实际的社会适应有着重要的影响。

从青春期起始时间的角度看，相对准时的青春期发育进程与女孩对自己的魅力和身体映像的正面感受相联系。然而，早熟女孩往往比准时的或者晚熟的女孩对自己的身体更为不满（Petersen & Crockett，1985），这源于她们的乳房开始发育时遭到同伴的取笑，有时甚至是受到父母的取笑（Silbereisen & Kracke，1997）。

身体魅力和身体映像与青少年积极的自我评价、受欢迎程度以及同伴接受性有着重要的联系（Koff，Rierdan，& Stubbs，1990）。有吸引力的青少年可能由于别人对待他们的方式不同，使得他们一般具有更高的自尊、健康的个性品质，他们社会适应更好，拥有更广泛的人际交往技能。无论男女，身体魅力都与自尊有着显著的联系（高红艳、王进、胡炬波，2007；Thornton & Ryckman，1991）。而且，长相容貌对女孩自尊的影响超过对男孩的影响，对女孩社会地位的影响也是如此（Wade & Cooper，1999）。

青少年对自己身体的知觉存在着性别差异。在整个青春期，女孩比男孩更不满自己的身体（唐东辉等，2008；Henderson & Zivian，1995）。而只有那些希望自己是强壮的肌肉男的男孩未能如愿时，他们才会对自己的外表感到不满（Jones，2004）。

（二）青少年的认知发展重在抽象思维

1. 形式运算思维水到渠成

尽管青少年的思维仍然有不成熟的地方，但是很多人都能够进行抽象思维了。按照皮亚杰（Jean Piaget）的看法，认知发展经历四个阶段，其中第四阶段"形式运算"（Formal Operational）阶段大约从 11 岁开始。这时候抽象、系统的思维能力使得青少年在面对问题时能够先提出假设，演绎出可供检验的推理，孤立和综合各种变量，看看哪一个推理会得到证实。换言之，形式运算的青少年能够"对运算进行运算"(Operation on Operation),他们不再非要以具体的东西为思维对象,取而代之的是,他们能够通过内部反省形成新的一般性逻辑原则。

皮亚杰认为,"假设演绎推理"(Hypothetico-Deductive Reasoning)是形式运算思维的标志。青少年面对问题时,他们能够先进行假设,或对可能影响某种结果的变量加以预测。然后,他们根据假设进行演绎,进行逻辑性的、可检验的推理,他们会系统地孤立某些变量、组合某些变量,来看看哪一种推理在现实生活中能够得到验证。

形式运算思维的第二个重要特征是"命题思维"(Propositional Thought),即青少年对以语言表述的命题进行评价时,能够不依赖现实世界的环境。命题思维使青少年明白,如果某个前提是正确的,那么得出的结论也一定是正确的。比如:"所有的男人都是凡人"(前提),"苏格拉底是男人"(前提),"因此,苏格拉底是凡人"(结论)(费尔德曼,2007)。

2. 信息加工能力又添新章

青少年期认知上发生的变化与儿童期相比有些微不足道,但是"元认知"成了青少年期认知发展的中心(Kuhn,1999;Berk,2007)。

在青少年期,工作记忆和加工速度都差不多达到成人的水平,青少年能够较好地存储认知过程中所需要的信息。其信息加工的速度与年轻成人一样快(Kail,2004)。

青少年面对特定的任务时,能够更加熟练地确定解决问题的适当策略,并对所选策略的有效性进行监控(Schneider & Pressley,1997)。比如,青少年更可能列出课文的提纲和重点。他们也更可能把自己理解不透彻的材料列出来,以便深入学习。

元认知技能的发展也非常突出地反映在青少年的科学推理中。科学推理的核心是协调理论与证据。青少年经常会让理论和证据针锋相对,他们会试验各种各样的策略,并反省修改策略,最终明白逻辑的本质。随着时间的推移,他们会把自己对逻辑的理解应用到越来越广泛的情景中。

(三) 青少年的自我中心思维别具一格

青少年思维的有一个突出特点是其自我中心思维,两个截然不同但又有联系的概念——"假想观众"和"个人神话"对此进行了描述(Elkind,1967;Goossens et al.,2002)。"假想观众"(Imaginary Audiences)指的是青少年认为每个人都像他们那样对他们自己的行为特别关注。这一信念导致了过高的自我意识、对他人想法的过分关注,以及在真实的和假想的情景中去预期他人反应的倾向。"个人神话"(Personal Fables)指的是青少年相信他们自己是独一无二的、无懈可击的、无所不能的(雷雳、张雷,2003)。

首先,根据传统的观点(Elkind,1967),假想观众和个人神话与从儿童期向青少年期过渡过程中发生的重要认知变化相联系。认知的自我中心有一种特殊的形式,即无法区分自己的想法和他人的想法,它是形式运算思维必然的副产品。这种区分的缺乏反映在假想观众这一心理结构中(特别是无法区分自己所关注的东西与他人所关注的东西),而个人神话则是这些感受的过分区分。

假想观众和个人神话看来抓住了被视为青少年典型行为的那些方面。比如,与外貌有关的自我意识以及对同伴团体的服从等——相信其他人(即假想观众)正在看着自己、正在评价自己。而孤独感及冒险行为可以被视为个人神话的结果——相信自己是独一无二的、无懈可击的。

其次,以"新视点"(New Look)理论的角度看,青少年对自我认同的探索,也被认为解释了其看似自我中心的思维过程,特别是解释了假想观众的建构过程(O'Connor,1995)。与那些不关心自我认同的人相比,纠缠于各种自我认同问题的青少年就可能会有比较高的假想观众的敏感性(Vartanian & Saarnio,1995)。假想观众和个人神话有助于青少年从心理上脱离父母。假想观众的观念建构仅仅是关于人际交往和人际情景中的自我的白日梦倾向。

此外,假想观众和个人神话的观念建构有助于青少年的"分离—个体化"过程(Separation-Individuation)。当青少年越来越关注与非家庭成员的关系,并且开始思考或者想象自己在各种社会性情景或者人际情景中的样子,在这些情景中他们自己是注意的焦点。当他们重新评估和建构与父母的关系时,这种人际倾向的白日梦让他们能够维持一种与他人的亲近感。对独一无二、无懈可击、无所不能等方面的强调(即进行个人神话的观念建构),有助于青少年构思独立的自我,即脱离家庭纽带的自我。

(四)青少年学习的适应受多方掣肘

小学毕业后,儿童会升入中学上初中,初中毕业后,很多人会升入高中。每一次升学以后,开始新的学校生活对青少年来说都是适应挑战,其社会适应和学习都会有新的特点。

青少年升入初中以后,学校一般都比小学时候大,班里的同学大多数可能都不认识,老师也是陌生人,而且作业也比小学时候多了。随着从小学到初中、初中到高中的每一次学校变化,青少年的成绩分数会下降。这一方面是由于中学的学业标准更加严格了,另一方面则是学校的转变通常使得个人受到的关注减少了,老师更多地是面向全体同学进行教学,每个人参与班级决策的机会也减少了(Seidman et al.,2004)。因此,学生对中学生活的评价就不如小学那么正面。青少年会说老师对他们不太关心、不太友好、评分不公平，竞争激烈。结果，很多青少年感到学习上无能为力，学习动机下降了(Anderman & Midgley, 1997)。

相应地，青少年的自信和自我价值也会进行调整。追踪研究发现，青少年的学习成绩分数在下降，但自主在提升(Rudolph et al., 2001; Seidman et al., 2003)。

父母的卷入、监控、逐渐地给孩子更多的自主，与孩子上中学以后的良好适应相联系(Grolnick et al., 2000)。在学校里建立一些较小的单位会促进青少年与老师和同伴建立更为密切的关系(Seidman et al., 2004)。入学分班时，让青少年与几个熟悉的同伴在一个班级，也有助于他们的安全感和社会支持。此外，学校尽量减少竞争气氛、不以能力区别对待学生，也有助于改善青少年的情绪、学业价值观、自尊及学习成绩(Roeser, 2000)。

（五）青少年的心理社会性任务主攻自我认同

埃里克森(Erikson, 1950)把人的发展分为八个阶段，青少年期的发展处于第五个阶段——"自我认同对角色混乱"(Identity vs. Role Confusion)，这期间，青少年试图回答"我是谁"、"我在社会中的位置是什么"这样的问题。他们经历着一种"自我认同危机"，这是一个暂时的痛苦时期，在他们解决了三个主要的问题后，才会形成个人的自我认同：价值观的确立、职业的选择、令人满意的性别认同的发展。成功解决这一危机的青少年会形成一种"忠诚"(Fidelity)品质，即对所爱的人、朋友和伙伴持久的忠诚、信任或归属感。

这一过程中，他们会进行内在的灵魂摸索，审视儿童期界定的自我，把它们与新的特质、能力和承诺进行综合，塑造成稳固的内核，形成成熟的自我认同。尽管自我认同的形成早已植根，但是只有到了青少年后期和青年期才会大功告成。

不过，近期的理论家不再把自我认同的发展过程看成是一个"危机"，而是一种"探索"之后的"承诺"(Grotevant, 1998; Kroger, 2005)。青少年尝试生活中的各种可能性，收集关于自我和环境的重要信息，并做出持久的决定，这一过程中他们形成了组织化的自我结构(Moshman, 2005)。

若不幸，青少年期发展的消极后果则是"角色混乱"，他们对未来的成人角色含糊不清。在面对成人期的挑战时，他们可能会显得苍白无力、漫无目的、措手不及。当然，某种程度的混乱也是正常的，它解释了青少年许多行为杂乱无章的本质，及其痛苦的自我意识。

（六）青少年的自我矛盾交锋

1. 自我概念与自尊浴火而生

青少年开始发展关于自我的更为抽象的特质，会把儿童期使用的孤立特质

（"聪明"、"有天赋"），统一为更为抽象的描述（"智力"），并且自我概念变得更加分化且得以更好地组织。青少年开始根据个人的信仰和标准来看待自我，而不是根据社会比较（Harter，2003）。

青少年期自我概念的典型特征是，他们常常以相互矛盾的方式来描述自我，比如，他们可能会提到一些相反的特质——"害羞"和"闹腾"、"聪明"和"脑残"。这是因为其社会世界扩展之后，产生了新的人际压力，在不同的人际关系中表现不同的自我。

并且，青少年常常会做出"虚假的自我行为"（其行为方式不是真实的自我表现），特别在同学之间以及在恋爱关系中更是如此。出于贬低真实的自我而做出虚假的自我行为的青少年，他们会受到抑郁及绝望的困扰；而目的在于取悦他人或者只是试一试的青少年，其做出虚假的自我行为并不会遇到这些问题（Harter et al.，1996）。

青少年自我概念的不一致会使他们痛问"真我是谁"。但是这种矛盾在几年之后就会减少，因为青少年形成了更为一致的关于自我的看法。

此外，青少年既从总体上对自身进行评价，也从一些具体的方面进行评价——学业、运动、外表、社会关系以及道德行为。并且，青少年尤其重视社会性品质，年龄大一些的青少年对自我进行描述时，个人价值观和道德价值观都是关键。

2. 自我认同渐趋尘埃落定

青少年自我概念和自尊的发展为其自我认同的形成奠定了基础。詹姆斯·马希耳（James Marcia，1980，1991）根据埃里克森的理论衍生出两个关键的标准（"探索"和"承诺"）来评估自我认同的发展，提出了四种自我认同的状态："自我认同完成"（Identity Achievement），指的是经过探索之后，对价值观、信念、目标有所承诺；"自我认同延迟"（Identity Moratorium），指的是只有探索，尚无承诺；"自我认同早闭"（Identity Foreclosure），指的是未经探索，就有承诺；"自我认同扩散"（Identity Diffusion），指的是既无探索也无承诺的无动于衷。

例如，整个中学阶段，小付都想去打篮球。9、10 年级时，她觉得做物理学家很棒。11 年级时，她选修了计算机课程，此时可能一拍即合——她找到了适合自己的方向，她知道自己以后应该学的是计算机科学。这就是自我认同完成状态。

（七）青少年的情绪游离夸张

青少年在谋求独立的过程中在情绪情感上要逐渐地脱离父母，追求一种情绪自主，这是其情绪的基本特点，并且其日常生活中也会影射出一些基本的情绪反应。

1. 情绪情感渐离父母

青少年个体化和自我认同探索的过程，要求他们在情绪情感上逐渐独立于父母。从情绪的角度看，青少年再次进入了向父母争取自主的阶段。

青少年期的"情绪自主"（Emotional Autonomy）表现为更强的自我依靠、主动性、对同伴压力的抗拒力、对自己的决定和活动的责任感。它是在以父母为中心的人际关系向着以同伴为中心的人际关系转化的过程中产生的。

在青少年发展的过程中，其情绪自主在青少年早期是平稳上升的，而对同伴影响的抗拒力则是下降的（Steinberg & Silverberg，1986）。并且，青少年对自己的父母形成了批评性的态度，他们能够从父母身上找出自己从前看不到的缺点。他们可能经常会觉得从"真正理解"自己的同伴那里听取意见，比从父母那里听取意见更好一些。不过，父母与青少年之间的关系在冲突和变化之中也一般能够保持一定程度的凝聚力。情绪自主和一定程度上脱离父母的制约对青少年的多方面发展会起到推动作用（Chang et al.，2003）。

2. 日常的情绪体验常有夸张

青少年日常生活中的情绪特点可以从其平均的情绪状态中看到，可以从其情绪体验的变化中看到。通常，初中生体验到的消极情绪比学龄儿童更为突出（Greene，1990）。虽然消极情绪在高中阶段又有稍许下降，但是，女孩沉浸在消极情绪状态中的时间似乎比男孩更长。

青少年报告的极端积极情绪和消极情绪都比他们的父母多，但是中立的或者温和的情绪状态则不及他们的父母那么多（Larson & Richards，1994）。青少年也更可能感到窘迫、神经紧张、冷漠、厌烦。不过，家中即使有处于青少年期的孩子，这种家庭生活也未必就是风雷激荡、充满压力的。

（八）青少年的心理性别更趋传统

从青少年期开始是一个心理性别强化的时期，即关于男性女性的刻板印象进一步提升，更走向传统的性别认同（Basow & Rubin，1999）。

在青少年早期，在男孩女孩经历很多身体和社会性变化的时候，他们也必须对自己的性别角色进行重新界定。青少年对性别角色的认识发展会出现波动，呈现出一种近似字母"N"型的趋势，11岁以后达到一个顶峰，而后下降，14岁左右再次上升，18岁以后稳定（赵淑文，雷雳，1996）。

随着青春期的开始，男孩女孩与心理性别相联系的期望也会变得日益深化，男孩女孩之间的心理及行为差异在青少年早期会变得越来越大，因为这时迫使他们服从传统的男性化及女性化性别角色的社会化压力增加了（Lynch，1991）。尤其是对女孩更为突出（Crouter et al.，1995），这时候她们尝试与异性活动的自由与儿童期相比已经不可同日而语。

(九) 青少年的道德发展欲入佳境

1. 男生更重公平道德

柯尔伯格提出，每个人的道德都是随年龄及经验的增长而逐渐发展的，并且遵循一种普遍性的顺序原则，即三水平六阶段。道德发展第三水平是"后习俗道德水平"(Post-Conventional Level of Morality)，包括第五、第六阶段，道德发展达到这一水平的时间大约是在青少年早期，或成人初期，一些人也可能永远达不到。此时人们超越了其所处社会的特定规则来思考普遍的道德原则，其道德原则比特定社会所使用的更加宽泛。

其中，第五阶段是社会法制取向。处于这一阶段的人会进行理性的思考，看重大多数人的意志和社会利益，会做出正确的事，因为他们对社会公认的法律具有一种义务感。他们会认识到法律与人的需要有时会发生冲突，但是，从长计议遵守法律对社会有好处。当然，法律可以作为固有社会契约中变化的一部分而进行修改。

第六阶段是普遍伦理取向。在最后这一阶段，个体遵守法律是因为他们以普遍的伦理原则为基础。他们不会服从违背原则的法律。他们的所作所为是基于自己对"对与错"的判断，而不管他人的意见。他们的举动遵循内化的标准，如果不这么做，他们会谴责自己。

2. 女生更重关怀道德

由于柯尔伯格最初的研究是以男性为被试进行的，所以卡罗尔·吉利根(Carol Gilligan, 1982, 1987)认为柯尔伯格的道德系统过分重视了公平和公正这一"男性"价值观，而忽视了同情、责任和关怀等"女性"价值观。吉利根认为，女性核心的道德两难是自己的需要与他人的需要之间的冲突，在道德问题上她们有"不同的声音"——"关怀道德"(Morality of Care)。

吉利根认为女性不像男性那样关心抽象的公正和公平，她们更关心的是对他人的责任。不过，对大量相关研究的元分析却指出，尽管女性更可能想到关怀，男性更倾向于公正，但是这些差异却显得微不足道，对大学生而言尤其如此。这当中，年龄和研究中采用的两难问题的类型可能是比性别更为重要的特征(Jaffee & Hyde, 2000)。男孩女孩以及男人女人对道德问题的推理都是相似的，他们都会从关怀和人际关系的角度进行思考(Turiel, 2006)。

(十) 青少年的亲子关系亲疏微妙

儿童和青少年的成长是一个"交互社会化"的过程，儿童和青少年会给父母带来社会化影响，就像父母使他们社会化一样。

就青少年而言,他们希望父母能够表现出以下三方面的品质(Rice & Dolgin,2002):

一是"亲近感"(Connection),即在父母和孩子之间有温情的、稳定的、充满爱意的、关注的联系。这种亲近感反映在以下方面:首先是父母的关怀及帮助,其次是倾听和共情理解,第三是爱和积极情感,第四是接受和赞许,第五是信任。

二是"心理自主"(Psychological Autonomy),即提出自己的意见的自由、隐私自由、为自己做决定的自由。它通常有两个方面的表现:其一,"行为自主"包括获得足够的独立和自由,在不过于依赖其他人指导的情况下自行其是;其二,"情绪自主"指的是抛弃儿童期那种在情绪情感上对父母的依赖。青少年希望、并且也需要在学会把握自主的同时,父母会慢慢地、一点点地给予他们相应的行为自主,而不是一股脑儿地抛给他们。如果给予的自由太多、太快,则可能被解释为拒绝。

亲近感和心理自主乍一看似乎相互排斥,实际上却是互补的(Montemayor & Flannery,1991),随着孩子的成长,高度的家庭凝聚力应该渐渐地过渡到一种更为平衡的亲密感,这在青少年寻求个体化的过程中会促进其自我认同的建立。

三是"监控"(Regulation),成功的父母会监控和督导孩子的行为,制定约束行为的规矩。监控能够让孩子学会自我控制,帮助他们避开反社会行为。权威型的家庭中,和青少年交谈是最常用的管教方法,也是这一年龄段最好的方法。父母应该鼓励青少年承担个人责任、自己做决定及自主。青少年在听取父母的意见、和父母讨论他们做出的解释时,也会自己做出决定。父母也对孩子的行为进行监督。成功的父母知道自己的孩子在做什么、去了什么地方、和谁在一起(Jacobson & Crockett,2000)。

(十一) 青少年的同伴关系举足轻重

1. 青少年的友谊亲密忠诚

在青少年期,友谊随着青少年彼此之间交往的加深而产生,它起到六种基本的作用(Gottman & Parker,1987):一是"陪伴"。友谊给青少年提供了熟悉的伙伴,他们愿意呆在一起,并参加一些相互合作的活动。二是"刺激"。友谊为青少年带来了有趣的信息、兴奋、快乐。三是"物理支持"。友谊会提供时间、资源及帮助。四是"人格自我支持"。友谊会提供对支持、鼓励和反馈的期望,这有助于青少年维持他们对自己的能力、魅力及个人价值的肯定。五是"社会比较"。友谊提供信息让青少年知道自己和他人的立场,以及他们的所作所为的对错。六是"亲密"。友谊为青少年提供一种温情的、密切的、信任的相互关系,这种关系中包含了自我表白。

亲密是青少年友谊中的一个重要特征(Sesma, 2000)，即个人秘密思想的表白或分享。青少年也把忠诚或信任看成是友谊中更重要的东西(Hartup & Abecassis, 2004)。女孩比男孩更加强调亲密的交谈和信任感(Markovits et al., 2001)。友谊的另一个显著特征是，从儿童期到青少年期，朋友一般都是相似的——包括年龄、性别、种族和很多其他的因素(Luo, Fang, & Aro, 1995)。

2. 青少年的恋爱昙花一现

很多青少年男女之间更为认真的交往却是通过约会才发生的。青少年的约会实际上经常是发生在团体中，而不是二人世界。青少年约会时最经常做的事是看电影、吃饭、逛商场、逛校园、开晚会、串门(Feiring, 1996; Peterson, 1997)。

青少年在刚刚开始的恋爱关系中，很多人并不是为了满足依恋或者是为了满足性需要。相反，初期的恋爱关系是作为一种背景，青少年去探索自己究竟有多少吸引力、自己应该怎样谈恋爱、所有这些在同伴眼中又是如何看的(Brown, 1999)。只有在青少年获得某些基本的、与恋爱对象交往的能力之后，对依恋和性需要的满足才会成为这种关系中的核心功能(Furman, 2002)。

实际上，大多数青少年并没有在谈恋爱，一些人只是有过短期的恋爱关系(Carver et al., 2003)；并且，随着年龄增长，结束关系的情况也相应增加(Connolly & McIsaac, 2008)。

3. 对同伴的服从适可而止

在青少年期，服从同伴的压力变得非常强大，在价值观、行为、爱好(如音乐、服装等)及反社会行为方面服从同伴团体，变得越来越明显。从同伴团体那里获取建议、听取意见、得到社会支持的这种日益突出的倾向，可能有助于青少年从事实上、情感上、社交上减少对父母的依赖。同伴也可能成为家庭冲突之后的避难所，成为青少年寻求更多独立的资源。

青少年期服从同伴压力也可能有消极面。青少年会表现出各种消极的服从行为——讲脏话、偷东西、搞破坏、取笑父母和老师。被同伴拒绝的痛苦是刻骨铭心的，而为服从同伴做出的努力则可能会妨碍独立自主。而且，服从同伴的推动力可能会损害青少年早期的发展，特别是当同伴团体本身的价值观和目标有问题的时候。

虽然同伴关系可以减少孤独，但实际上，中等程度的孤独最有利于心理适应。孤独可以为自身提供必要的放松机会，可以躲开同伴的要求。在与家人的关系中，孤独在青少年寻求更多的自主方面也会起作用(雷雳、张雷, 2003)。

(十二) 青少年的问题行为需看本质

1. 青少年问题行为形形色色

青少年的问题行为可以分为两大类：即"外化问题"(Externalizing Problem)

和"内化问题"(Internalizing Problem)。外化问题主要是那些对他人有伤害和破坏性的行为,内化问题主要是自责型的情绪所带来的困扰。

关于青少年的问题行为,至少有三个方面是值得注意的:

首先,从持续时间上看,青少年的问题行为分为"偶尔的尝试性行为"与"持久性的危险行为"或者"惹麻烦行为"。偶尔的尝试性行为通常是无害的,其发生率也远远超过持久性问题行为的发生率(Johnston et al.,1997)。

第二,从起源上看,青少年的问题行为可以分为在青少年期才萌芽的问题与在之前就已经生根的问题。大多数现在惹上法律问题的青少年在其早年就已经在家里和学校出现问题了(Moffitt et al.,2002)。

第三,从问题本质上看,青少年所遇到的很多问题是相对暂时性的,进入成人期之后这些问题就会销声匿迹,很少有长期的影响。

2. 青少年问题行为各有隐情

实际上,要想真正全面理解青少年的问题行为,我们也必须考虑到行为的积极面——该行为起什么作用或者该行为能够满足青少年的什么需要。

被成人标定为"异常"或"不当"的那些行为,可能恰恰是有助于青少年适应自己的环境的行为(Siegel & Scovill,2000)。比如,青少年在学校惹麻烦、打架斗殴、威胁恐吓、偷窃、离家出走,实际上是希望别人能够倾听自己的心声,希望得到理解,引起别人对自己所受不公平对待的注意,他们追求的是自我认同、能力、勤奋。针对这类问题行为的应对方法,主要是:提供更为有力的、能够倾听青少年心声的成人角色榜样,教给青少年分辨和表达各种情绪的方法,教给他们谈判技能,让他们参与决策过程。

二、关于青少年发展的理论观

如何认识青少年期,可以选择的一个视角就是看看各种理论观点对青少年期的评说。综合起来看,这些理论可以包括生物学家、病理学家、心理学家、生态学家、社会学家、社会心理学家及人类学家的观点,下面就简要介绍这些领域较有代表性、有影响的学者们的观点(雷雳、张雷,2003)。

(一)生物学观强调遗传

关于青少年期的生物学观点强调这一时期是一个生理及性成熟的时期,这期间个体的身体上发生了很多重要的成长方面的变化,包含着身体的、性的、生理的变化,这些理论都会涉及这些变化的原因,也都会论及这些变化所带来的后果。

生物学观点也强调生物遗传因素是青少年期的任何行为及心理变化的主要

起因。成长和行为是由内在的成熟所控制的，几乎没有留给环境产生影响的余地。发展的过程表现为一种差不多是必然的、普遍的模式，与社会文化环境无关。按照某些理论家的观点，这些模式之所以形成，是进化及自然选择的结果。

被称为"青少年心理学之父"的斯坦利·霍尔（G. Stanley Hall, 1844-1924）相信"个体的发生复演了种系的发生"，也就是说，个体的成长和发展过程反映了或者类比于其种系进化的历史。他认为，青少年进入了一个"风雷激荡"（Storm and Stress）的时期，青少年期本质上是动荡的。他相信青少年在荡着情绪的秋千：时而感到无聊、时而感到抑郁，今天无动于衷、明天又热情洋溢。霍尔认为，情绪极端之间的这种摇摆不定会一直持续到一个人成长到 20 岁左右。而且，我们对此是无能为力的，因为它们是由遗传决定的。

阿诺德·格赛尔（Arnold Gesell, 1880-1961）认为成熟受到基因和生物学的调节，它们决定了行为特质的表现顺序和发展趋势。格赛尔断言，成长过程中出现的困难和异常情况会随着时间的推移而消失，所以建议父母不要使用情绪化的管教方法。

格赛尔强调，"加速发展绝不可能超越成熟"，因为成熟是最重要的。尽管格赛尔承认个体差异和环境对个体发展的影响，他却认为很多基本的原则、趋势及时间顺序在人类身上具有普遍性。格赛尔强调发展不仅是向上的，也是螺旋式的，其特征是起伏的变化，这样的变化在不同的年龄段会有循环。比如，11 岁和 15 岁的青少年一般都具有反叛性、好斗嘴，而 12 岁和 16 岁就比较稳定。

（二）精神分析观聚焦性成熟

西格蒙德·弗洛伊德是一位维也纳的医生，他对研究大脑及神经障碍的神经病学很感兴趣。他是精神分析理论的创始人，其女儿安娜·弗洛伊德（Anna Freud）把他的理论运用到了青少年身上。

西格蒙德·弗洛伊德（1856—1939）认为青少年期是一个性兴奋和易焦虑的时期，有时甚至会出现人格障碍。在青春期（生殖阶段，Genital Stage），随着外部及内部生殖器官的成熟，接踵而至的就是强烈地解决性紧张的愿望，这种解决要求有一个爱的对象；因此，弗洛伊德在理论上认为，青少年会吸引大量的能够解决其性紧张的异性。

青少年期成熟过程中一个重要的部分就是儿童与父母情感纽带的松弛。在发展过程中，儿童的性冲动会指向自己的父母，这时候男孩会爱上母亲，渴望取代父亲（即他形成了"俄狄浦斯情结"，Oedipus Complex），而女儿则可能会爱上父亲，并渴望取代母亲（即她形成了"伊莱克特拉情结"，Electra Complex）。然而，自然形成的和社会强加的对乱伦的阻碍限制了这种性欲的表现，所以，青少年就试图放松与家庭的联系。在他们克服并排斥乱伦幻想的时候,青少年也在实现"青春期最痛苦的、心理上的完成······:脱离父母的权威"。这是通过撤回对父母的感情,并把它转向同伴而实现的。

安娜·弗洛伊德(Anna Freud, 1895-1982)是西格蒙德·弗洛伊德的女儿,她比自己的父亲更加关注青少年期。她认为,青少年期的典型特征是充满内在冲突、心理失衡、行为乖僻。一方面,青少年是自我中心的,认为自己是人们感兴趣的唯一对象,是宇宙的中心。但是,另一方面,他们又能做出自我牺牲和奉献。他们会建立充满激情的恋爱关系,转瞬之间又会断绝这种关系。他们有时候渴望完全融入社会,参与团体,有时候又渴望独处。他们彷徨于对权威的盲目服从和反叛之间。他们自私,满脑子想着物质享受,但是他们又充满了崇高的理想主义。他们禁欲又放纵,他们不体谅他人,对自己又暴躁易怒。他们摇摆于乐观主义与悲观主义之间,摇摆于不知疲倦的激情与懒散冷漠之间。

这种冲突行为的原因是青春期伴随性成熟而出现的心理失衡与内在冲突(Blos, 1979)。在青春期,最明显的变化是本能驱力的增加。部分原因是由于性成熟,以及随之而来的对性器官的兴趣、性冲动的增长。但是,青春期本能冲动的突然爆发也有其生理基础,而不是仅仅局限于性生活。

按照快乐原则,满足愿望的冲动,即"本我"(Id),在青少年期增加了。这些本能冲动向个体的"自我"(Ego)和"超我"(Superego)提出了直接的挑战。安娜·弗洛伊德认为,自我是旨在保护心理机能的那些心理过程的总和,自我是个体的评价能力和推理能力。超我指的是自我理想,是对同性父母社会价值观的吸纳而衍生的良心。因此,在青少年期本能重新获得的活力直接对个体的推理能力和良心提出了挑战。在潜伏期这些心理力量之间小心翼翼取得的平衡,随着本我与超我之间公开宣战而丧失。

除非这种"本我—自我—超我冲突"在青少年期得以解决,否则其后果对个体而言在情绪上是破坏性的。安娜·弗洛伊德讨论了自我是如何不加偏袒地使用各种"防御机制"来赢得这场战斗的。自我会压抑、替代、否认、反转本能,使它们转而针对自身;这会通过强迫思维和强迫行为而导致恐惧症、癔症,引发焦虑。按照安娜·弗洛伊德的看法,青少年期的禁欲主义和理性主义是所有本能欲望的不当表现。青少年期神经症及抑制的增加,反映了自我和超我获得了一定的成功,但这是个体自己付出了代价。然而,安娜·弗洛伊德确实相信,本我、自我及超我的和谐是可能的,并且在大多数正常的青少年身上最终会如此。如果在潜伏期超我得以充分发展——但不要过分压抑本能以免引起极端的内疚和焦虑,如果自我足够强大并足够聪明,那么这种平衡是可以获得的。

(三) 心理社会观吸纳社会因素

埃里克·埃里克森(Eric Erikson，1902－1994)修正了西格蒙德·弗洛伊德的心理性发展理论。他描述了人类发展的八个阶段，在每一个阶段，个体都有一项心理社会性任务要完成。直面每一项任务都会产生冲突，且伴有两种可能的结果。如果冲突得以解决，一种积极的品质就会在个性内生根，更进一步的发展就会开始。如果冲突持续下去，或者没有得到完满地解决，自我就会受到损害，因为它整合了一种消极的品质。

根据埃里克森的看法，在个体从一个阶段向下一个阶段发展时，其总体的任务就是要获得一种"积极的自我认同"(Positive Ego Identity)。自我认同的完成既不是始于青少年期，也不是止于青少年期。它是终生的过程，只不过人们往往没有意识到。埃里克森强调，青少年期是一个标准的危机，是冲突不断增长的正常阶段，其特征是自我力量的波动。不断尝试实验的个体成了一种自我认同意识的受害者，这种意识是青年自我意识的基础。在这一时期，个体必须建立起一种个人自我认同感，避免角色扩散和自我认同扩散的危险。要建立自我认同，就要求个体努力评估自己拥有什么欠缺什么，努力学习如何利用这些条件去形成更为清晰的概念，明白人应该是什么样以及应该变成什么样。积极进行自我认同探索的青少年更可能呈现一种个性模式：自我怀疑、混淆、思维混乱、冲动、与父母和权威人物发生冲突、自我力量减弱、身体症状增加。

罗伯特·海威格斯特(Robert Havighurst，1900－1991)提出了青少年期主要的发展任务。他的发展任务理论是一个折衷的理论，综合了之前人们提出的各种概念，它获得了广泛的接受。海威格斯特综合考虑个体的需要与社会要求，试图提出一种关于青少年期的心理社会性理论。个体所需要的及社会所要求的，就构成了"发展任务"。它们是个体在人生的某些阶段必须通过身体成熟、社会期望及个人努力来获得的一些技能、知识、态度。在发展的每一个阶段掌握这些任务就会导致适应，并为以后更为困难的任务做好准备。青少年期任务的完成带来的是成熟，否则导致的是焦虑、社会责难、无法履行成熟个体的功能。

按照海威格斯特的看法，每一项任务都有一个最佳时机。某些任务是生物学变化带来的，有些则是社会期望赋予特定年龄的个体的，或者是由个体在某一时刻做某件事时的动机引起的。而且，发展任务是有文化差异的，它有赖于生物学因素、心理因素、文化因素在决定这些任务时的相对重要性。青少年在自己生活中的不同时刻面对着不同的任务。并且，在不同的文化中，要求和机会都是不同的，以至于每一种文化所界定的成功、所要求的能力都是不同的。海威格斯特提出青少年期有八项主要的任务：接受自己的体格，并善用之；与同性及异性建立新的更为成熟的关系;获得男性化或女性化的社会性别角色;从父母及其他成人那里获得情绪情感的独立;为一份挣钱的职业做准备;为婚姻和家庭生活做准备;渴望并获得有社会责任感的行为;获得一系列价值观和某种道德系统作为行为指南——发展一种意识形态。

科特·勒温(Kurt Lewin,1890-1947)提出的"场论"(Field Theory)解释和描述了青少年个体在特定情景中的行为。勒温的核心概念是"行为(B)是个体(P)与其环境(E)的函数(f)"。要理解某个青少年的行为,就必须把他的个性和环境作为相互依存的因素。环境及个人因素的总和被称为"生活空间"(Life Space,LSp),或者"心理空间"。行为是生活空间的函数,B=f(LSp),这包括了物理环境的、社会的、心理的因素,比如需要、动机、目标,所有这些都会影响行为。勒温的场论整合了行为中的生物学因素和环境因素,而不管谁的影响更大。

在勒温看来,青少年期是一个过渡期,这期间发生的是儿童期向成人期转化过程中团体成员资格的改变。青少年既属于儿童团体,也属于成人团体。父母、教师、社会都反映了这种团体地位界定不明的情形;并且在他们一会儿像儿童一样对待青少年、一会儿又像成人一样对待青少年的时候,其含糊不清的感受就变得更加明显了。因为某些幼稚的行为已经是难以令人接受了,所以困难也就出来了。同时,某些成人性质的行为又是被禁止的,或者,即使得到允许,对青少年而言也是新鲜而陌生的。青少年处于一种"社会移动"状态,他们要进入一个非结构化的社会心理场。目标不再明确,前方的道路也混沌不清、充满迷茫——青少年可能会开始怀疑是否能够实现预期的目标。

这种"认知结构的缺乏"有助于解释青少年行为中的不确定性。勒温指出青少年是"边缘人"(Marginal Man)。作为一个边缘人就意味着青少年想要回避成年人的责任时,言行举止往往就像是一个儿童;另一些时候,他们又像是成年人,并且提出对成年人权利的要求。勒温场论有说服力的一个方面是,它假设个性和文化存在着差异,所以它解释了行为中广泛的个别差异。它也解释了不同文化之间、同一文化的不同社会阶层之间青少年期的不同。

(四)认知观看重认知能力

认知是一种认识的行动或者过程。其重点并不在于信息获得的过程,而是在于理解中所包含的心理活动或者思维。认知是心理活动中所有观察不到的事件。所以,对认知发展的研究就是研究这些心理过程是如何随年龄而变化的。

让·保罗·皮亚杰(Jean Paul Piaget,1896-1980)提出认知发展有四个阶段。在第四个阶段(11岁及以上),即形式运算阶段时,青少年脱离了具体的、实际的经验,开始用一种更为逻辑的、抽象的方式来思考。他们能够进行反省,对自己的思想进行思考。在解决问题、得出结论的过程中,他们能够使用系统的、命题的逻辑。他们也能够使用归纳推理,把大量的事实聚合在一起,以此为基础建构理论。青少年也能够进行演绎推理,对理论进行科学地检验和证明,能够使用代数符号和隐喻象征。此外,他们能够思考假设,把自己投射到未来,并为之做准备。

此外,"社会认知"(Social Cognition)是理解社会关系的能力,这种能力使我们能够理解其他人——他们的情绪、思想、意图、社会行为及一般的观点。社会认知是所有人类关系的基础。知道他人的所思所感对于与之相处和理解他人都是必要的。

社会认知模型中最常用到的就是罗伯特·塞尔曼(Selman,1942-)的"社会角色采择"(Social Role Taking)的理论。对塞尔曼而言,社会角色采择是把自我和他人作为主体来理解的能力,是对他人像对自己一样做出反应的能力,是对自己的行为从旁观者的角度做出反应的能力。他提出,儿童会经历五个发展阶段,即0—4阶段。

其中的第四阶段是"深入的社会观点采择阶段"(Indepth and Societal Perspective-Taking Stage),即青少年期到成人期。青少年关于他人的概念有两个突出的特征。首先,他们开始意识到,动机、活动、思维及情感是由心理因素造成的。关于心理决定因素的这一概念现在包含了无意识过程的观念,尽管青少年可能并没有使用心理术语来表达这一意识。第二,他们开始意识到个性是特质、信念、价值观及态度与其自身的发展历史构成的系统。

在青少年期,个体走向一个更高且更为抽象的人际观点采择水平,其中包含了对所有可能的"第三者观点"(即社会观点)的协调。青少年能够建立这样的概念:每个人都能够考虑共享的"一般化他人"的观点——即社会系统,这反过来又使得带着对他人的理解而进行准确的沟通成为可能。个体会进一步意识到,作为社会系统的法律和道德有赖于团体一致认可的观点。塞尔曼强调,并不是所有的青少年或者成年人都会达到社会认知发展的第四阶段。塞尔曼的理论意味着一种从仅仅关注学习的认知层面,向包含人际社会认知意识层面的转移。

(五) 生态观注重系统关系

青少年并不是在真空中发展的,他们是在自己的家庭、社区及国家构成的多元背景中发展的。青少年受到同伴、亲戚及与之相处的其他成人的影响,受到宗教组织、学校及他们隶属其中的团体的影响,并且也受到媒体以及成长于其中的文化、社区和国家的领导及世界大事的影响。他们在某种程度上是环境和社会影响的产物。

尤里·布朗芬布伦纳(Urie Bronfenbrenner，1917－2005)提出了一个理解社会影响的"生态模型"：社会影响可以分为围绕青少年扩展开来的一系列系统，青少年是这些系统的中心。

对青少年最直接产生影响的是"微系统"(Microsystem)中的因素，包括个体直接接触的那些方面。对大多数青少年而言，家庭是主要的微系统，接下来是朋友和学校。微系统中的其他成分是健康服务、宗教团体、街区的游乐场所及青少年隶属其中的各种社会团体。

微系统随着青少年在各种社会背景中的进进出出而改变。比如，青少年可能会换学校、退出某些活动以及参加另外的活动。一般而言，同伴微系统对青少年的影响是不断增加的，它通过同伴接受、同伴爱戴、同伴友谊及同伴地位等方式提供有力的社会性奖酬。当然，同伴团体也可能会产生消极的影响，它可能会鼓励不负责任的性行为、吸毒、偷窃、参加帮会或者欺骗等。健康的微系统可以提供积极的学习机会和发展，为在成人生活中获取成功做准备。

"中系统"(Mesosystem)包含微系统背景中的交互关系。比如，在学校发生的事会影响在家里发生的事，反之亦然。在考虑来自多方面的影响因素之间的相互关系的情况下，青少年的社会性发展可以得到最好的理解。中系统将分析交互作用的频率、性质及影响。微系统和中系统可以相互强化，或者发挥相反的影响。如果中系统与微系统的基本价值观有分歧，那么就会有麻烦；在不同的价值感体系上做选择，青少年可能会感到压力过大。

"外系统"(Exosystem)是由那些青少年并不在其中扮演活跃角色，但是又对他们会产生影响的背景构成的。比如，父母在工作中发生的事会影响父母，接下来也会影响到青少年的发展。相似地，社区组织对青少年会在多方面产生影响。

"宏系统"(Macrosystem)包括特定文化中的意识形态、态度、道德观念、习俗及法律。它包含的是教育、经济、宗教、政治及社会等方面的价值观核心。宏系统决定了谁是成人，谁是青少年。它设置了身体吸引力、性别角色行为的标准，影响有关健康的行为和教育标准及种族团体之间的关系。

"时间系统"(Chronosystem)就是时间维度，包括家庭构成、居住地或父母职业的变化，以及重大事件的发生，如战争、移民潮等。家庭模式的变化也是时间系统中的因素，比如，工业国家参加工作的母亲的增加，发展中国家几世同堂的大家庭的减少，等等。

文化在不同的国家、种族或者社会经济团体中是不同的。在每一个团体内部，差异也是存在的。所以，在谈及社会性发展时，我们必须讨论青少年成长于其中的背景中的问题和所关注的东西。

(六) 社会认知学习观推崇模仿学习

"社会学习理论"(Social Learning Theory)关注的是社会和环境因素的关系及其对行为的影响。阿尔伯特·班杜拉(Albert Bandura, 1925 —   )一直关注社会学习理论在青少年身上的应用。他强调,儿童通过观察和模仿他人的行为来学习——即"模仿学习"(Modeling)过程。于是,模仿学习成了社会化过程,通过它,习惯化的行为反应模式得以建立。随着儿童的成长,他们在自己所处的社会环境中模仿不同的榜样。在很多研究中,父母都被列为青少年生活中最重要的成人。兄弟姐妹也是重要他人,在大家庭里还包括叔叔阿姨们。没有亲戚关系的重要他人包括教堂的牧师、老师及邻居等。

社会学习理论家的工作对解释人类的行为具有非常重要的意义。尤其重要的是,它强调成人的所作所为及其呈现的角色榜样在影响青少年的行为方面,比他们所说的要重要得多。老师和父母要鼓励青少年学会为人的正派、利他行为、道德价值观及社会良心,最好的方法就是自己表现出这些美德。

后来,班杜拉扩展了自己的社会认知理论,使其包含了认知的作用。班杜拉并不认为个体严格地受到环境的影响,而是强调个体通过选择自己的环境及希望追求的目标,从而在很大程度上决定了自己的命运。人们对自己的思想、情感及活动进行反省和调整,以实现自己的目标。简言之,他们解释环境影响的方式决定了他们会采取什么样的做法。比如,以攻击性的男孩为例。研究表明,攻击性的男孩偏好于在各种情景中把敌对意图归于他人。攻击性的男孩并不留意有助于他们辨别针对自己的活动的意图之善恶的信息加工。他们很少注意有助于他们对别人的动机进行准确推理的信息。因此,在他们很快得出结论时,更可能是做出敌意的意图推理。换言之,不仅是发生在这些男孩身上的事决定了他们的攻击水平,而且他们对他人意图的解释也起着作用。

社会认知理论强调,个体可以主动地控制影响自己生活的事件,而不是被动地接受环境中发生的一切;他们可以通过自己对环境的反应来对其有所控制。一个平和的、快乐的、容易安抚的青少年可能对父母会有非常积极的影响,鼓励他们在言行举止中表现出一种友好的、温情的爱护的方式。然而,一个好动的、喜怒无常的、难以安抚的青少年则可能刺激父母变得敌对、没耐心、拒绝。从这一点来看,儿童实际上不知不觉中也在一定程度上为自己创造环境。因为存在个体差异,不同的人,在不同的发展阶段,会以不同的方式解释自己的环境,对其做出反应,这样的方式又会给每一个人带来不同的经验。

(七) 人类学观依重文化影响

对儿童具有塑造作用的种种影响,有赖于儿童成长于其中的文化。玛格丽特·米德(Margaret Mead, 1901 - 1978)、露思·本尼迪克特(Ruth Benedict, 1887 - 1948)及其他文化人类学家的理论被称为"文化决定论"(Cultural Determinism)及"文化相对论"(Cultural Relativism),人类学家像布朗芬布伦纳一样都强调社会环境在决定儿童个性发展中的重要性。因为社会制度、经济模式、习惯、道德规范、宗教仪式及宗教信仰在不同的社会是不同的,所以文化是相对的。

人类学家强调,社会文化背景决定了青少年期的发展方向,对青少年与成人社会的交融有着重要的影响。成人地位的获得不仅仅是与父母的分离,还包括建立个人自我认同和进入社会的新角色。在现代社会,青少年期已经是一个被延长了的发展阶段;其终止的时间并不明确,它的权利和责任也常常是不合逻辑的、混沌不清的。这与原始社会形成了对比,那时候青春期仪式就明确标志着成年期的开始。

人类学家向所有关于儿童及青少年发展的年龄及阶段理论(比如,弗洛伊德和埃里克森的理论)提出了挑战。比如,米德发现,萨摩亚儿童遵循的是一种相对连续的成长模式,从一个年龄到另一个年龄并不会出现突然的变化。人们并不期望他们的言行举止要么像孩子一样,要么像青少年一样,或者像成年人一样。萨摩亚人从来不必突然改变自己的思维方式或者行为方式;他们不必在成人期的时候抛弃儿童期学到的东西,所以,青少年并不会表现出从一种行为模式向另一种模式的突然变化或转变。

自霍尔以来,人们想当然地认为青少年期是一个无可避免的麻烦期。但是人类学家向青少年期风雷激荡的不可避免提出了挑战,认为这时生理变化带来的困扰没那么大,他们强调对这些变化的解释。月经就是一个例子。某一部落可能会说月经期的女孩对部落来说是危险的(她可能会惊扰比赛,或者使井水干涸);另一个部落可能会认为这是一种祝福(她会增加食物供给,或者牧师触摸她会得到一种祝福)。学到月经是一件好事的女孩,与认为月经是一种诅咒的女孩相比,她们做出的反应是不同的。因此,青春期生理变化带来的紧张和压力可能是某种文化对这些变化的解释的结果,而不是其内在的生物学特性造成的。

人类学家描述了西方文化中造成代沟的很多条件,但是他们否认代沟的必然性。米德相信,紧密的家庭纽带应该松绑,以便给青少年更多的自由去做出自己的选择,开始自己的生活。如果不要求那么的服从和依赖,并容忍家庭中的个别差异,亲子冲突和紧张就会大大减少。并且,米德认为,年轻人可以在年龄更小一些的时候就进入成人期。有收入的工作,即使是兼职的,也将大大提升经济独立性。米德提议,为人父母应该推迟,但必要的性生活或者婚姻则是另一回事。应该让青少年在社会生活和政治生活中有更多的声音。这些做法会消除西方社会中文化对儿童成长的调节的某些不连续性,会使得向成人期的过渡更加平稳和容易。

第三节　网络心理的理论观

一、关于上网

（一）"富者更富"模型

社会心理学中有一个"社会促进"（Social Enhancement）理论，原本是用于解释个体完成某种活动时，由于他人在场或与他人一起活动而造成行为效率提高的现象。该理论在应用于解释互联网使用时，指的是"富者更富"（Rich Get Richer）现象（Zywica & Zywica，2008）。"富者更富"是网络研究中提出的一种理论模型，主要描述的是网络中新的节点更倾向于与那些具有较高连接度的"大"节点相连接的现象（Buchanan，2002）。

互联网研究者将社会促进理论模型应用于解释互联网的使用效果（Kraut et al.，1998），认为那些社会化良好和外倾型的以及得到社会支持较多的个体，能够从互联网使用中得到更多的益处（Valkenburg，Schouten，& Peter，2005；Walther，1996）。社会化程度比较高的个体愿意通过互联网和他人进行交流，并且可以通过这种媒介结识新的朋友。已经拥有大量社会支持的个体可以运用互联网来加强他们与其支持网络中的他人的联系。因此，相对于内倾者与社会支持有限的个体来说，通过扩大现有社会网络规模和加强现有人际关系，前述两类个体能够通过互联网使用获得更高的社会卷入和心理健康水平。

这个理论模型得到了研究的支持：一项实证研究显示，使用互联网可以给外倾个体带来更多的好处（Kraut et al.，2002）。使用互联网更多的人群中，外倾个体报告了更高的主观幸福感提升，包括孤独感的下降、消极情感的减少、压力降低和自尊的提高。随着互联网使用的增加，内倾个体比外倾个体报告更多的孤独感，有更多社会资源支持的个体与更多的家人沟通和更高的计算机技术水平相关。另一项研究显示，外倾的青少年在网络中的自我表露和在线交流均比内向者水平高，这促使了他们的在线友谊能更快很好地形成（Peter et al.，2005）。

（二）"穷者变富"模型

"穷者变富"模型源于"社会补偿"（Social Compensation）理论，它原本是用于解释合作情境中，当其中一方合作伙伴工作不得力时，另一方加倍努力以弥补整体工作效果的现象（Williams & Karau，1991）。在应用于互联网研究时，描述的是网络中"穷者变富"（Poor Get Richer）的现象，一般作为跟"社会促进"理论或者

"富者更富"相对的理论假设提出,指的是现实生活中社交不足的个体拥有更广泛的在线社交网络(Valkenburg et al., 2005)。

"社会补偿"理论预测,内向的与缺乏社会支持的个体能够从互联网使用中得到最大的益处。社会支持有限的个体可以运用新的交流机会建立人际关系、获得支持性的人际交往以及有用的信息(Valkenburg et al., 2005)。对他们来说,在现实生活环境中这些都是不可能实现的。相反,对于那些人际关系本身很好的个体来说,如果这种在线相对弱的相互关系取代了现实生活中原本比较强的人际关系,那么互联网使用就可能干扰或者削弱了他们现实生活中的人际关系。这个理论模型同时可以用来解释互联网使用对青少年心理健康具有消极破坏作用的研究结论。

关注在线关系的很多研究也支持了这种社会补偿假设("穷者变富")。研究发现,有社交焦虑的青少年可以在网络中更多地与陌生人交谈,内向者更容易形成在线友谊关系(Gross, Juvonen, & Gable, 2002)。研究也同样显示,内向青少年更愿意通过在线交流来锻炼自己的社会沟通技巧,这种动机可以提高他们在线友谊的数量(Peter et al., 2005)。

(三) 社会认知理论

班杜拉(Bandura, 1986, 1989)提出来的"社会认知理论"(Social Cognitive Theory)假设人类有自我反省和自我调节的能力,人类不仅是环境的积极塑造者,"人们不只是由外部事件塑造的有反应性的机体,而是自我组织积极进取的、自我调节和自我反思的(Bandura, 1986)"。社会认知理论的主要观点是:以环境、个人及其行为等三个方面持续相互的影响关系来解释人的行为。根据这一互动的因果模型,人对环境的反应包括认知、情感和行为。通过认知,人们也控制着自己的行为,这不仅影响着环境,而且也影响着主体自身的认知、情感和生理状态。因此,人的能动性是其内部因素、行为和环境三者交互作用的产物,同时又对这三者发挥能动性作用。该理论强调,个体可以通过自我调节来主动地控制影响自己生活的事件,而不是被动地接受环境中发生的一切;个体可以通过自己对环境的反应来对其有所控制。

班杜拉(1991)还提出了自我效能感、结果预期等概念来进一步阐述自我调节系统的作用。"自我效能感"是指人们对自己实现特定领域行为目标所需能力的信心或信念,影响着人们的行为选择。通过对环境的选择和改善,个体能改变他们的生活进程,由效能感激发的行动过程能使个体创设有利的环境,并对它们加以控制,效能的判断影响个体对环境的选择。个体倾向于逃避自己效能范围之外的活动和情景,而承担并执行那些他们认为自己能够干的事。班杜拉还提出了效能预期的概念,即个体确信自己能够成功地完成某种任务的预期。他指出,个体想要有效地活动,就必须预期到不同事件和行动过程的可能后果而相应地调整他们的行为。

一些研究者在互联网研究中引入了"社会—认知"为理论框架来解释网络使用行为(LaRose, Mastro, & Eastin, 2001; LaRose & Eastin, 2004)。他们认为网络使用是一种社会认知过程,互联网环境、使用者和使用者的行为三者的交互作用影响着使用行为的表现和结果。他们假设对于互联网使用的积极结果预期,例如,获取资讯网站信息和有价值的社会交流等,可以增加互联网使用频率;消极的结果预期,例如,使用网络时电脑中毒等,会降低个体的互联网使用(Larose, Mastro, & Eastin, 2001)。实际的研究结果也显示,积极的结果预期、互联网自我效能、感知到互联网成瘾与互联网使用(如以前上网经验、父母与朋友的互联网使用等)之间是正相关;相反,否定的结果预期、自我贬损及自我短视与互联网使用之间是负相关(LaRose, Eastin, & Gregg, 2001)。简而言之,积极的结果预期会导致积极网络自我效能和合理的网络使用,反之则不然(Larose & Eastin, 2004)。

(四) 沉醉感理论

"沉醉感"(Flow Experience)的概念最早由奇克森特米哈耶(Csikszentimihalyi)于上世纪 60 年代提出,也称其为"最佳体验"(Optimal Experience),指的是人们对某一活动或事物表现出浓厚的兴趣,并能推动个体完全投入某项活动或事物的一种情绪体验(任俊、施静、马甜语,2009; Massimini & Carli, 1988)。同时,沉醉感一般是个体从当前所从事的活动中直接获得的,回忆或想象等则不能产生这种体验(Carr, 2004)。沉醉感是个体的认知、情感与行为活动整体参与的结果,是无数噪音之后出现的"悦音与和谐之音"(Massimini & Carli, 1988)。沉醉感本身也在发展变化,也表现出从无及有、由小到大、自弱转强的动态过程。

奇克森特米哈耶在 1975 年系统地构建了沉醉感理论模型(Novak & Hoffman, 1997),他指出个体所感知到的自己已有的技能水平与外在活动的挑战性相符合是引发沉醉体验的关键,即只有技能和挑战性呈平衡状态时,个体才可能完全融入活动,并从中获得沉醉体验。由于外在活动是不断变化发展的,也即个体所从事活动的复杂度会不断增加。因此,为了维持沉醉体验,个体就必须不断发展出新的技巧来应对新挑战,这也导致个体的身心得到不断发展。

体验沉醉感一般分为三个阶段(Chen, Wigand, & Nilan, 1999),首先是相关信息收集阶段,主要包括明确目标,及时清晰的反馈,最为重要的是感受到挑战与技巧较好匹配;其次是体验阶段,主要包括行为与意识融合、行为控制感、深度注意;最后是沉醉感的效果体验,如自我意识缺失、时间感混乱、出现欣快感等。

沉醉感对虚拟空间中的或者是计算机使用活动中的心理活动也可以有独特的解释。霍夫曼和诺瓦克(Hoffman & Novak, 1996)提出了一个多媒体环境下沉醉感产生的理论模型,他们认为"远程临境感"(Telepresence)是互联网使用过程中沉醉感产生的重要条件。诺瓦克等人(Novak et al., 2000)发现欣快感的主要前提是控制感、唤醒与集中注意力;第二个前提是技巧(网络使用)、交互性(上网速度)与任务的重要性。

互联网使用过程中的沉醉感与多种活动有关(Novak et al., 2000;Pearce et al., 2004;Wheeler & Rois, 1991),如发送与阅读电子邮件、信息检索、发布帖子、玩网络游戏、网络聊天以及电子购物等活动都可能给用户带来欣快感与沉醉感。

在线游戏沉醉感对用户玩游戏也有很好的预测作用。社会规范、玩家对网络游戏的态度以及沉醉感能够解释大约80%的玩网络游戏(行为)差异(Hsu & Lu, 2004)。基于信息技术沟通的沉醉感具有稳定的结构,也就是说,个体在使用信息技术过程中一般都会体验到深度注意、欣快感与内在兴趣(Rodríguez-Sánchez, Schaufeli, Salanova, & Cifre, 2008)。浏览网站的沉醉感也会出现时间错觉,体验到欣快感与虚拟真实性;出现沉醉状态的人能够学习到网址上更多的内容,更愿意积极行动(Skadberg & Kimmel, 2004)。

(五)"用且满足"理论

"用且满足"理论(Uses and Gratifications)开始主要用于研究媒体用户的使用动机、期望及媒体对人的行为的影响,后来重点解释它们之间的关系。研究者总结以往的研究,提出了"用且满足"理论的研究内容:社会和心理根源上的需要使用户产生对大众媒体或其他媒体来源的期望,这导致用户不同模型的媒体接触或参与其他活动,从而带来需要的满足和其他附带的可能无意的结果(Katz, Blumler, & Gurevitch, 1974)。

用且满足理论的研究最先开始于大众媒体的研究,早期主要考察报纸、广播、电视等媒体的使用,探讨人们使用它们的原因(Ruggerio, 2000)。该理论体现了受众媒体使用的心理需求。比如,根据观众"使用"电视后得到"满足"的不同特点,可以总结出四种基本类型:一是心理转换效用,即电视节目可以提供消遣和娱乐,带来情绪上的解放感;二是人际关系效用,即通过节目可以对出镜的人物、主持人等产生一种"朋友"的感觉;三是自我确认效用,即电视节目中的人物、事件及矛盾的解决等可以为观众提供自我评价的参考框架;四是环境监测效用,即通过观看电视节目,可获得与自己的生活直接相关的信息(庾月娥、杨元龙,2007)。

20世纪80年代以后,互联网开始普及,研究者将该理论引入了网络使用的研究,提出了网络使用与满足感,并试图通过增加变量来丰富这一模型,取得了大量的研究成果。

一些研究者从网络带来的满足感角度考察了网络使用和网络成瘾的关系。研究发现,这体现在信息、互动和经济控制等方面的网络满足感。其他新的满足感方面包括问题解决、关系维持、身份寻求和人际洞察(Korgaonkar & Wolin,1999);娱乐、信息学习、逃避现实和交往等网络满足感因素分别解释了社交性服务的44%,任务性服务的47%,市场交易性服务的30%(Lin, 2001);研究者从专门针对互联网的满足感的概念中提取了七个网络满足感因素:虚拟交际、信息查找、美丽界面、货币代偿、注意转移、个人身份和关系维持,并且认为这几个因素都有可能增加用户网络成瘾倾向(Song et al., 2004)。

之后,拉罗斯和伊斯汀(LaRose & Eastin, 2004)提出了"用且满足"理论解释的新的范式——社会认知理论范式,将班杜拉的社会认知理论和用且满足理论结合,提出了网络自我效能感和网络自我管理两种具有启发意义的机制,并进行了验证分析。对台湾高中生网络成瘾者和非成瘾者的网络使用模式、满足感和交往愉悦度的比较研究发现,社会交往动机和满足感的获得与网络成瘾显著相关(Yang & Tung, 2007)。庾月娥、杨元龙(2007)运用该理论从心理和社会需求角度解释了人们喜欢使用网上聊天服务的原因。

简而言之,"用且满足"理论认为人们根据不同的需要来选择媒体内容,不同的媒体内容也会满足人们不同的心理需求。该理论在网络使用的研究上体现了重要的应用价值。

二、关于网络人际沟通

网络人际沟通就是"以计算机为中介的人际沟通"(Computer-Mediated Communication, CMC),研究者已经提出一些新的心理学理论或心理模型来探讨CMC过程中沟通者的心理过程及其心理性社会发展。

(一) 社会认知结构模型

互联网是社会性和认知性的空间(Kiesler, 1997),处理信息的过程与认知发生的心理社会过程相关联(Riva, 2001)。里瓦、加林伯迪(Riva & Galimberti, 1997)综述了一系列理论和实证研究的结果后提出:CMC作为一种虚拟沟通,是一个新出现的特别概念,不同于以往任何一种沟通形式。他们初步构建了社会认知结构模型(Socio-Cognitive Framework)来探讨这种数字化交流过程的人类心理与社会根源。

里瓦和加林伯迪(1997)认为,网络化现实(Networked Reality)、虚拟交谈(Virtual Conversation)、身份建构(Identity Construction)是互联网络空间中心理

社会性发展的三大心理动力。网络连线的事实使得交流主体之间的相互理解过程变成了对于概念的理解过程，认知因素在这个过程中起着协调作用，这种作用发生在思想之间的空间里，而非思想之中。虚拟交谈使得沟通从线性模式转变成了沟通互动的对话模式。身份的建构使通讯用户从基本处于被动状态转变为主动参与状态，这同样影响了用户的个性化过程。

根据后来一系列研究的结果（Riva & Galimberti，1998a；Riva & Galimberti，1998b），里瓦又提出了一个三水平模型对互联网用户的网络沟通经验进行研究（Riva，2001），可以认为，三水平模型在一定的程度上完善了社会认知模型。这两个模型的主要目的都是为了研究以计算机为媒介交流中沟通者的认知过程与心理社会性发展。这三个水平主要包括：背景（Context）、情景（Situation）、交互作用（Interaction）。背景因素主要指的是一般社会环境，情景指的是网络经验发生的现实生活条件，交互作用指的是通过互联网与其他行为者发生的交互作用。里瓦从用户自我认同构建的角度进一步详细地论述了三水平模型的主要内容和框架（见图1-7），可以看到，这三个水平的模型具有明显的系统观的倾向，人在互联网中获得的间接经验起源于交互作用，但这都是背景与情景的反映。这种系统观表明，互联网空间中的心理过程与心理社会性不仅仅发生在个体内部，发生在个体之间、系统之内的心理网络化（Networking of Mind）也开始被研究者重视。

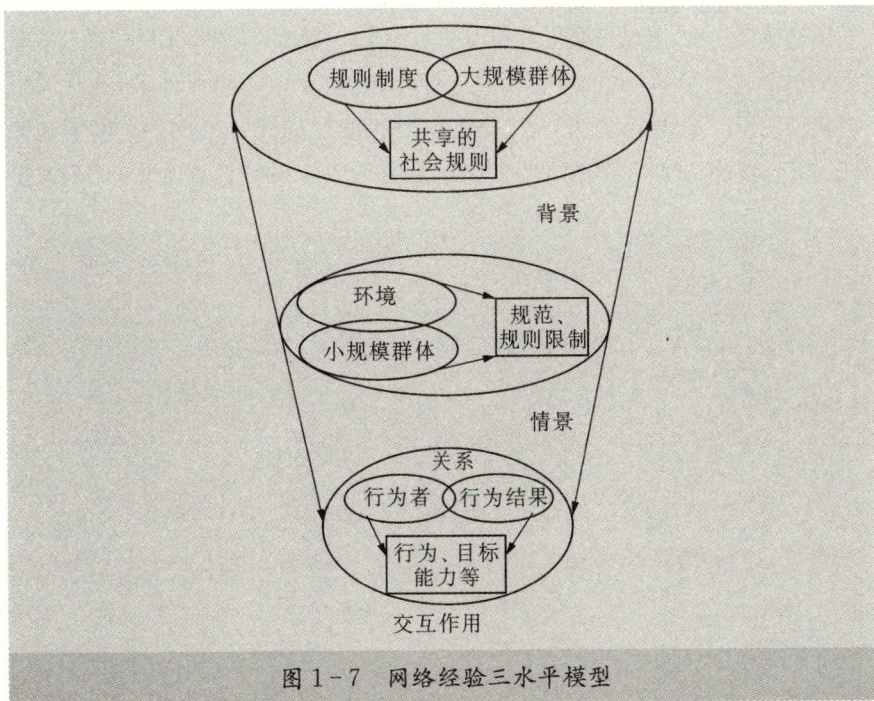

图1-7　网络经验三水平模型

(二) CMC 能力模型

斯比兹堡(Spitzberg，1989，2000a，2000b)提出了多文化背景中的"沟通能力模型"(Communication Competence Model)，认为沟通能力是影响交流沟通效果的重要变量。沟通能力指的是在互动情境中有效发送和接收信息以促进交流和沟通的能力。这里提到的有效性指的是沟通者的目的可以实现的程度。有能力的沟通者必须根据不同个性化的情境、文化和条件来编辑和发送信息。所发送的信息是否适当是以信息接收者对于该信息的理解和认识为标准的。因此，接收者的行为或反应可以给发送者确认自己是否被理解提供好的反馈。

沟通能力模型充分地考虑到了影响沟通能力的各个因素以及如何对沟通的影响进行评价的问题。沟通能力现在被认为是沟通有效性与沟通适当性之间的一个连续体。一种沟通形式交互作用的结果可以通过沟通、背景、信息以及媒介得到预测(Spitzberg，2000b)。在某一特定的沟通过程中，沟通能力由三种因素组成：动机(进行沟通之前的准备性愿望)、知识(知晓沟通装置与沟通进行时的行为活动)、技能(有能力应用关于沟通的装置与行为性的知识)。这三种因素对沟通结果的影响主要是通过三个中介变量而实现的：背景因素、信息因素、媒介因素。

斯比兹堡(Spitzberg，2000b)的沟通能力模型主要是从媒体心理学的角度提出的，他不仅注意到了沟通者内部的心理过程与外显行为，而且也注意到沟通者心理行为发生的外部环境，从这个模型中，沟通者可以了解到怎样才能有效地进行沟通。

斯比兹堡(Spitzberg，2006)在沟通能力模型的基础上又提出了以计算机为媒介的沟通能力模型(Computer-Mediated Communication Competence)，并开发出一套量表用于测量 CMC 能力。在 CMC 能力模型中，同样包含了跟 CMC 有关的动机、知识、技能、背景和沟通结果等因素(见图 1-8)。有研究者通过实证研究得

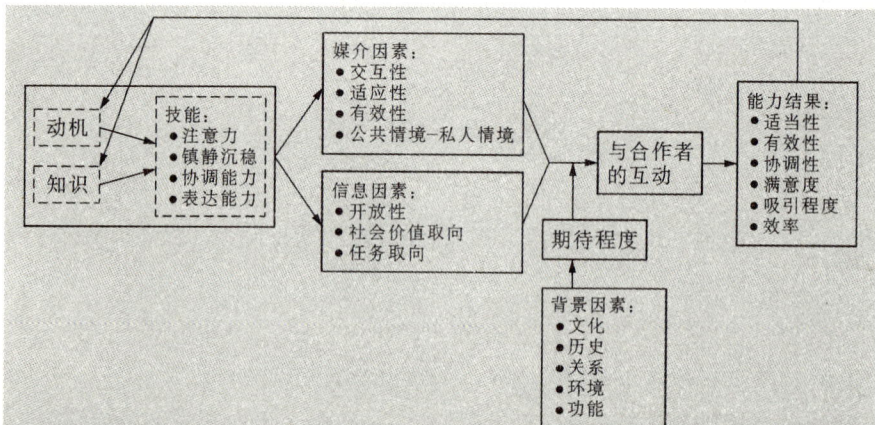

图 1-8　CMC 能力模型

出:跟在现实生活中相比,CMC 对有效沟通的能力要求有所提高,这包括一定的语言文字读写能力、编码能力和网络交流语言的熟悉程度(Davis，McCoy，& Wilson，2006)。

(三) 人际理论

CMC 中所形成的人际关系和人际交流一直是众多心理学家所关注的一个问题。关于这方面的理论主要有"纯人际关系理论"和"超个人交流理论"。

计算机为媒介的人际沟通中所形成的人际关系已经成为很多互联网用户现实生活中人际关系的一个重要组成部分,但是互联网空间所形成的人际关系与面对面的情景下所形成的人际关系又存在着显著的差异。通过 CMC 所形成的人际关系的明显特征就是去个体化、社会认同减少、自我认同增多、自我感加强(Dieth-Uhler & Bishop-Clark，2001；Mckenna & Barth，2000；Riva & Galimberti，1997)。

一方面,吉登斯(Giddens，1991；1992；1994)提出了"纯人际关系理论"(Pure Relationship Theory),这一理论可以很好地解释缺少社会线索与物理线索的条件下互联网中所形成的亲密人际关系。纯人际关系理论主要是建立在信任感、自愿承诺、高度的亲密感的基础之上。吉登斯认为这样的人际关系是后传统社会(Post-Traditional Society)主要的人际关系,这样的人际关系具有以下特征:第一,纯人际关系不依赖于社会经济生活,它以一种开放的形式不断地在反省的基础上得到建立;第二,承诺在纯人际关系中起着一个核心作用,并且这种人际关系主要是围绕着亲密感展开,在这样的人际关系中,个人的自我认同感很容易得到证实。

另一方面,"超个人交流理论"(Hyperpersonal Interaction)是由沃瑟尔(Walther，1996)提出,并逐步改进和完善的一个理论。沃瑟尔认为以计算机为媒介的交流是一种"超人际的交流"。与面对面的交流相比,人们在以计算机为媒介的交流中更容易把交流对象理想化,更容易运用印象管理策略给对方留下好印象,从而更容易形成亲密关系。

沃瑟尔以传播中的四个要素构建了超个人交流理论:(1)信息接收者。信息接收者倾向于把交流对象"理想化"。由于在以计算机为媒介的交流过程中可得的线索非常少,因此信息接收者就会利用这些极其有限的线索对信息发送者的行为进行"过度归因",从而忽视信息发送者的不足(如拼写错误、语法错误等)。(2)信息发送者。信息发送者会运用更多的印象管理手段,进行最佳的自我呈现。最近沃瑟尔发现信息发送者会运用诸如时间调整、个性化语言、长短句选择等一系列的技术,以及语言与认知等策略来呈现一个最佳的自我(Walther，2007)。(3)传播通道。以计算机为媒介的交流由于可以延迟做出反应,使得信息发送者可以有充足的时间整理观点、组织语言,从而为"选择性自我呈现"提供前提条件。(4)反馈回路。在面对面交流中存在"行为确证"(Burgoon et al.,2000),沃瑟尔认为这种效应在以计算机为媒介的交流中会被放大,计算机媒介使用者之间的关系因此会呈现出螺旋上升趋势(谢天、郑全全,2009)。

(四) 策略性的自我认同理论

众多的研究者都注意到了 CMC 可能对网络使用者的自我认同和身份建构产生影响,一般的研究结果都显示:CMC 中的自我认同过程有不用于现实生活中面对面沟通的特点(Riva & Galimberti,1997;Dieth-Uhler & Bishop-Clark,2001;Mckenna & Barth,1998)。研究者认为,以计算机为媒介的交流中匿名状态会导致社会认同的激活,从而取代面对面交流中的个体认同(Reicher & Levine,1994)。

塔拉莫、利乔里奥(Talamo & Ligorio,2001)提出了"策略性的自我认同理论"(Strategic Identity Theory),认为 CMC 的沟通者根据交互情景,使用策略性的"定位"来表现与建构自我。

他们提出,网络空间中的自我认同跟技术工具和网络社区提供的资源有关。网络用户在网络空间里用"化身"(Avatar)的形式表征自己的身份,这种化身可以在虚拟空间里进行运动、跟他人交谈,随着用户的目的和情绪状态不断地发生变化(Talamo & Ligorio,2001)。由于沟通者在同样一个互动环境里可以以多种不同的身份出现,与现实生活中稳定的和可辨认的身份相比,这样的"定位"拓宽了自我角色的概念(Hermans,1996)。个体表现什么样的自我取决于当时互动情境中的策略性位置变动(Harré & Van Langenhove,1991)。个体如何定位自己在网络中的位置与其对沟通情境的感知和什么位置更能有效促进交流有关。

从这个角度来看,沟通者在网络情境中的身份和角色只是在某些特殊时刻的社会建构。同时,沟通者共有的情境跟他们各自某种特定的社会建构非常相关,也就是说,在网络团体的互动情境中,用户策略性地选择使用特定的身份特征表现自己,以增加他们参与团体行为的有效性。究竟表现何种身份跟个体的自身特征以及参与网络群体的状态和目的有关(Wenger,1998)。网络社会互动中所建构的身份取决于用户想表现自己的什么方面,以及交流背景中的榜样和引导作用。

塔拉莫和利乔里奥(2001)指出,网络自我认同(Cyber Identity)的建构过程看起来与心理学中的对话法(Dialogical Perspective)具有高度的一致性,这主要是因为不同身份在概念化的过程中是多样性的,被定位的,可以使用多种形式进行表达的以及与背景相联系在一起的。不难看出,这种策略性的自我认同是与 CMC

中文本化的信息或副言语联系在一起的,个体如果长时间使用互联网络空间,其自我认同一定会受到影响。自我认同在互联网络空间中是动力性的,并与背景密切联系,CMC 的沟通者不断地建立与重新建立自我认同。

三、关于"网络成瘾"

(一) ACE 模型

扬(Young et al.,2000;2001)提出 ACE 模型(the ACE Model)作为理论框架来解释网络中的性成瘾行为。ACE 模型中包含了三个变量 A、C、E,分别指的是"匿名性"(Anonymity)、"便利性"(Convenience)和"逃避性"(Escape)。她认为这是导致用户网络性成瘾(Cybersexual Addiction)的原因。

首先,虚拟环境中交流的匿名性允许用户秘密地参与色情聊天,而不会被伴侣发现。匿名性为用户控制表达的内容、口吻以及在线经历的特点提供了更大的空间。匿名性的交流使得用户在跟他人交流时更加开放和真诚,使得用户可以与他人分享一些私密的感受。其次,在线交流的便利性使得用户可以更加容易地约会在网上认识的朋友。一旦用户在私下约会了网友并发生了激情关系,就会对之前或稳固或岌岌可危的婚姻爱情关系产生极大的威胁。最后,这种网络中的私密性交流可以给那些在现实生活中感觉孤独的用户提供一种逃避的机会。一个空虚婚姻中的孤独女性可以躲进网络聊天室里,通过与多个网友谈论私密的事情以得到满足。

国内的研究者将 ACE 模型引入网络成瘾的解释(陈侠、黄希庭、白纲,2003),认为这三个特点同样是病理性互联网使用行为的主要原因。匿名性是指人们在网络里可以隐藏自己的真实身份,因此,用户在网络里便可以做任何自己想做的事、说自己想说的话,不用担心谁会对自己造成伤害。扬等(1999)指出,互联网的匿名性跟网络欺骗、偏差甚至犯罪行为相关,它提供了一个虚拟的环境让那些害羞和内向的个体在其中交流时感到相对安全。便利性是指网络使用户足不出户,点击鼠标就可以做想做的事情,比如网上色情、网络游戏、网上购物、网上交友的服务都很便宜。逃避性是指当碰到倒霉的一天,用户可能通过上网找到安慰。情感需要使网络用户发展出适应性的在线人格,这为用户提供了从消极情感(如压力、抑郁和焦虑等)、困难情境和个人困苦(如职业枯竭、失业、学业麻烦和婚姻失败等)中暂时逃避的机会。这种即时性的心理逃避跟虚幻的在线环境联系在一起成为强迫性上网行为的主要强化力量(Young, Pistner, Mara, & Buchanan, 1999; Young & Klausing, 2007)。

(二) 阶段模型

格若霍(Grohol, 1999)针对网络成瘾行为提出了阶段性假设,他认为我们所观察到的网络成瘾行为是阶段性的。网络用户大致要经历三个阶段,第一阶段是着迷阶段(Enchantment),第二阶段是觉醒阶段(Disillusionment),第三阶段是平衡阶段(Balance)(见图1-9)。

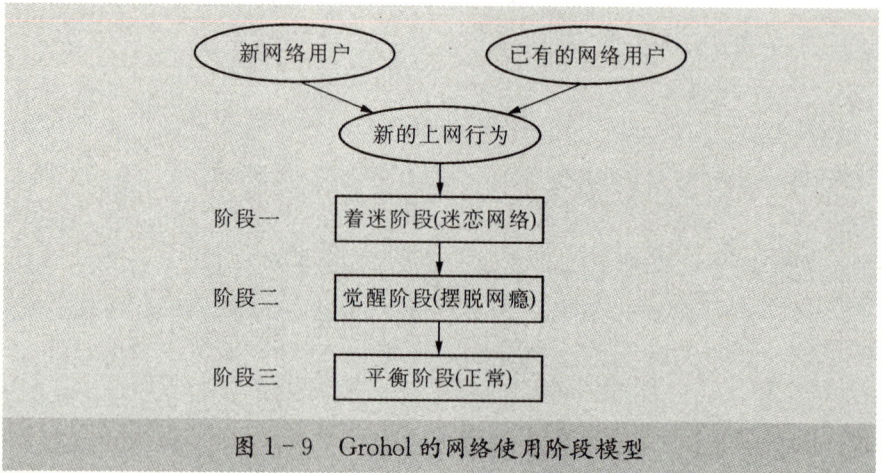

图 1-9 Grohol 的网络使用阶段模型

也有研究者发现,网络用户的在线聊天行为是阶段性的:一开始个体完全着迷于网络聊天;接着就会渐渐醒悟,同时聊天行为减少;最后,达到一种正常化的聊天行为水平(Roberts et al.,1996)。沃瑟尔(1999)的观察也得到了类似的结果。

格若霍认为,对于大多数网络成瘾的人来说,他们只是"网络新人",属于刚开始上网不久的人群,处于上网行为发展的第一阶段。在这个阶段,网络环境对于他们而言,吸引力是如此强大,以至于他们几乎完全被这种新技术、产品或者服务迷住了,整天沉浸在这样的一种新鲜环境中不能自拔。但他们在适应这种环境之后,网络对他们的吸引力就不会与之前一样强烈了。很多用户被困在了第一个迷恋阶段,没办法出来,他们被认为是网络成瘾用户,可能需要一定的帮助才能达到第三个正常阶段。

对于已经存在的网络用户而言,这个模型同样可以解释他们在发现一种新鲜而有吸引力的在线活动时的过度使用行为。格若霍认为,与新网络用户相比,有经验的网络用户更容易从发现并过度使用新的网络产品而最终达到平衡阶段。从某种意义上说,这个阶段模型适用于所有的网络使用行为。所有的用户都会通过他们自己逐渐达到第三阶段,只是其中的一些人所费的时间比其他人多而已。

(三)认知—行为模型

戴维斯(Davis,2001)指出,"病理性互联网使用"(Pathological Internet Use,PIU)分为一般性的PIU和特殊的PIU。特殊的PIU指的是个体对互联网的病理性使用是为了某种特别的目的,例如在线游戏和在线色情行为;一般性的 PIU 指的是一种更普遍的网络使用行为,如着迷于网络聊天和电子邮件等,也包括了漫无目的地在网上打发时间行为。为此戴维斯提出"认知—行为模型"用于区分并解释这两种 PIU 行为的发生、发展和维持,该模型认为 PIU 的认知症状先于情感或行为症状出现,并且导致了后两者,强调了认知在 PIU 中的作用(见图 1 - 10)。

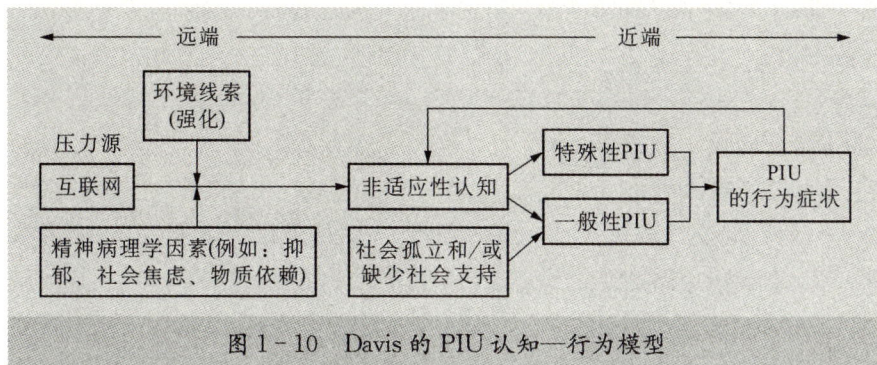

图 1 - 10 Davis 的 PIU 认知—行为模型

根据认知行为模型,病理性行为受到不良倾向(个体的易患素质)和生活事件(压力源)的影响。过度使用互联网的线下精神病理源包括抑郁、社会焦虑和药物依赖等(Kraut et al.,1998)。精神病理性源是导致 PIU 形成的必要条件,位于 PIU 病因链远端。但是精神病理源并非单独起作用,它只是必要的病理性诱因。模型中的压力源指的是不断发展的互联网技术,例如,在线股票服务、聊天服务等。接触新网络技术也处于影响 PIU 病因链远端,只是导致 PIU 的催化剂,并不能单独作用产生 PIU。

与网络经历和新技术联系在一起的主要因素是用户感受到的强化作用,当个体最初接触一种网络使用时,会被随之而来的积极感觉所强化,个体就会继续而且更多地使用这种服务以求得到更多的积极感觉。这种操作性条件反射一直会持续到个体发现另外一种新技术,并得到类似的积极感觉为止。与使用网络相关的其他条件可能会成为次级强化物,如触摸键盘的感觉等,这些次级强化线索可以强化发展并维持一系列 PIU 症状。

模型中位于 PIU 病因链近端的是非适应性的认知,它是模型的中心因素,是 PIU 发生的充分条件。非适应性认知可以分为两种类型:关于自我的非适应认知和关于世界的非适应认知。关于自我的非适应认知是冥想型自我定向认知风格导致的。这种个体会不断地思考关于互联网的事情,不会被其他事情分心,而且希望从使用网络中得到更多更强的刺激,从而导致 PIU 行为的延长。关于世界的非适应认知则倾向于将一些特殊事件与普遍情况联系在一起。这种个体常常会想:"互联网是我唯一可以得到尊重的地方"、"不上网就没人爱我"等。这种"全或无"的扭曲思维方式会加重个体对于互联网的依赖。非适应性的认知可能导致一般性PIU,也可能导致特殊性PIU。

另外,一般性的PIU与个体的社会背景有关。缺乏家人和朋友的社会支持以及社交孤立会导致一般性的PIU。一般性的PIU用户将太多的时间用在了网络上,频繁地查看邮件,逛论坛或者跟网友聊天。这些行为也明显地促进了PIU的发展和维持。

四、关于网上偏差行为

(一) 线索滤掉理论

关于网上偏差行为有几种类型的理论解释,其中的一类理论从互联网媒介层面入手,认为网上偏差行为的出现是因为网络自身的特征所致。在这类理论当中,"线索滤掉理论"(Cues-Filtered-out)最有代表性。线索滤掉理论主要包括社会在场、社会线索减少和去个性化。

有研究者曾提出"社会在场"(Social Presence)理论,认为不同交流媒介会传达不同水平的社会在场,而社会在场决定了交流者是否能够得到交流对象的视觉、听觉甚至是触觉的信息(Short et al.,1976)。他们指出,在以电信技术为媒介的交流过程中,由于交流双方看不到对方而导致了很多视觉线索的缺失,比如,交流双方的身体姿势、面部表情等反应都无法知晓。这些视觉线索让沟通者能够了解彼此的态度,如果缺失了这些视觉线索,就不能获得社会人际信息,会导致沟通的双方产生更多的争论(Joinson,2003)。

社会线索减少理论(Reduced Social Cues)认为,以计算机为媒介的交流中,有限的网络交流中,有限的网络带宽导致了交流过程中社会线索(包括环境线索与个人线索)的减少。而社会线索的减少又进一步减少社会规范与限制对个人的影响,并由此产生了反规范与摆脱控制的行为(Kiesler et al.,1984)。

去个性化(De-individual)指的是个人在群体中没有个体化的时候,"该群体成员很有可能会减少内部约束(Festinger et al.,1975)"。去个体化是一种普遍存在的状态,匿名、感觉超负荷等情景都可以导致去个体化,并使人表现出去抑制、敌对的行为(Zimbardo,1969)。去个体化是由匿名、缺少自我关注和他人聚焦以及较低的自我控制引起的(Spears,Lea,& Lee,1992)。

根据线索滤掉理论,由于网络超空间的特征,网上交际首先是以身体缺场为前提的,因而导致网络人际互动缺少了很多线索,这使得个体在互动情景中对判断互动目标、语气和内容能力的降低。而且,由于网络匿名性和不完善的规范,导致网络空间中个体对自我和他人感知的变化，从而使得受约束行为的阈限降低，就会出现更多的去个性化行为和去抑制性行为，也就是网上偏差行为。当然，值得注意的是，上述观点从网络自身的特点出发，认为网上偏差行为是由于网络的特点造成的，然而它夸大了媒介的作用，忽视了个体在网上偏差行为过程中的主体性。

（二）社会认同理论

另一类理论从互联网用户团体层面出发，从互联网用户与网上团体的关系角度去解释网上偏差行为。

雷切尔（Reicher，1984）提出的社会认同模型（Social Identity），被应用到互联网的研究中，认为个体的自我异化和他人的影响导致了网络群体中的匿名和去个体化效应（Lea，Spears，& De Groot，2001）。雷切尔等（1994）认为，以计算机为媒介的交流中匿名状态会导致社会认同的激活，从而取代面对面交流中的个体认同。因此，该模型预测在以计算机为媒介的交流中，人们会以突出的社会群体规范来调整行为，群体突出性与匿名之间会出现交互作用。研究发现，当参与者视觉匿名且群体成员身份突出时，随着群体讨论的进行，出现了明显的群体极化现象。这是因为参与者用群体规范来指导自己的行为（Spears et al.，1990）；而当参与者非匿名时，即使群体成员身份突出，也没有出现群体极化现象（Lea et al.，2001）。

研究者认为偏差行为可以表现为两种：标准化的偏差行为和依赖于情景的偏差行为（Lea et al.，1992）。如果网络过激行为是社会线索减少导致的，那么在网络中任何匿名情境中个体都会表现出过激行为。但是观察结果并非如此，只有在某些特定的网络团体中，过激行为才会表现得最多。因此他们认为，在某些互联网团体中，偏差行为是一个标准，所有的团体成员均表现出偏差行为，只有表现出网络偏差行为的个体，才能成为团体的一员。也就是说，这种群体认同的需要使得个体表现出偏差行为。

然而，这种观点只限于描述性的解释，偏差行为是因为要遵循团体标准，而这个标准又是从观察到的行为当中推测出来的，陷入了循环解释的圈子。

（三）双自我意识理论

第三类理论则从互联网个体层面解释网上偏差行为的出现。

双自我意识（Dual Self-Awareness）思想认为人们有两种基本意识状态：主观自我意识和客观自我意识（Duval & Wicklund，1972）。研究者进一步区分了两种自我意识："公我意识"（Public Self-Awareness）和"私我意识"（Private Self-Awareness）（Carver & Scheier，1987）。公我意识使得个体能够意识到自己是被他人评价、判断的和富有责任的。高公我意识的个体关注他人对自己的评价，倾向于进行印象管理以给他人留下好的印象。另一方面，私我意识主要是个体对于自身内部的一些认识，如感觉、态度和价值观等，除非个体主动向外表达这些内容，否则别人是无法了解的。高私我意识的个体关注自己内心标准、体验和观点，言行更倾向于参考自身的内部动机、需要和标准。

研究者考察了 CMC 对于公我意识和私我意识的影响（Matheson & Zanna，1988）。他们认为 CMC 会对私我意识和公我意识产生不同的影响。在 CMC 中，个体的公我意识降低，私我意识升高。研究也发现 CMC 用户在讨论问题时表现得很过激，这可能意味着他们私我意识水平较高（Weisband & Atwater，1999）。考察 CMC 中的自我意识与自我表露的关系的研究发现，在私我意识及公我意识均较高的条件下，个体的自我表露程度远低于私我意识高而公我意识低的条件（Joinson，2001）。

双自我意识理论对网络偏差行为的解释，主要关注的就是 CMC 过程对于公我意识和私我意识的不同影响。公我意识的降低导致对于他人评价的关注减少，私我意识的升高则使得网络用户更关注自己的内心感受。在一个不受拘束的网络沟通环境中，个体更倾向于表达真实的感受，而非关注他人的评价和自己的形象。对于网络过激行为而言，这样一个过程可能就是网络"互骂战"形成的基础。高水平的私我意识同时也增加了个体随心所欲表达自己的可能性，不在乎自己的行为表现是否给他人留下不好的印象，结果就导致了偏差行为的出现。

综合上述种种理论观点，研究者（Joinson，2003）指出，线索滤掉理论、社会认同理论和双自我意识理论都不能完整地解释网上偏差行为的产生，如果把网络的特点与个体的目标、动机和需要等综合起来，探讨它们对自我意识和责任感的影响，这样可能解释得更为清晰。因此，应用"个人—情景交互作用"的观点来解释网络偏差行为可能更加有效。

第二章
青少年上网与其自我中心思维

第一节　问题缘起与研究方法

一、自我中心思维可影响青少年的上网行为

为什么要探讨青少年的自我中心思维与其上网行为的关系呢？这一问题的背景又是怎样的呢？

在青少年期，伴随生理、心理和社会性的发展，青少年会逐渐从心理上与父母保持一定距离，他们的自我意识增强，希望独立自主，并会努力发展家庭关系之外的社会关系，同时在这些关系中确认自己，这就是他们要经历的"分离—个体化"(Separation-Individuation)过程。在此过程中，青少年和父母的关系特点会发生变化，他们与父母的心理联结水平下降，这时的亲子关系变得更加平等了，父母不再有过去那样的权威性(Meeus, Iedema, Maassen, & Engels, 2005)。与此同时，他们的独立性增强，他们对一些亲密关系（如同伴和师生关系）的看法也会有所改变。

分离—个体化被认为是青少年期的一个正常的发展任务(Lapsley & Edgerton, 2002)，分离—个体化历程非常重要，与个人日后的心理适应和可能有的心理病理问题有密切关系(Quintana & Kerr, 1993)，对青少年的心理和行为有着较大的影响。同时，青少年的分离—个体化会导致一个重要观念——"假想观众"(Imaginary Audience)的产生，这也是其自我中心思维的重要表现。假想观众是指青少年认为他们自己时时被别人所关注，这弥补了他们与父母和家人缺少亲密关系时产生的分离焦虑。这个观念在分离—个体化过程中有着广泛的适应和应对功能(Lapsley, 1988, 1993)，它与青少年的一些心理行为问题密切相关。

另一方面，信息化是21世纪的重要特征之一，高速、便捷、负载量巨大的互联网已成为这一过程最重要的媒介。互联网在中国的普及突飞猛进，它已经成为很多家庭的必备设施，为人们交流、互动、收集信息、娱乐等活动带来了更新的途径和方式。它深刻影响着人们的生活，青少年接受新鲜事物非常快，受到的影响更是首当其冲。

青少年的互联网使用日益受到重视，一是因为青少年互联网用户的持续快速增长。如前所述，据中国互联网络信息中心(CNNIC)于2010年1月发布的"第25次中国互联网络发展状况统计报告"表明，截至2009年12月，中国10—19岁互联网用户人数占互联网用户总数的31.8%，约1.22亿人。

此外，青少年成为受人关注的互联网群体与其自身特点和互联网使用现状密切相关。一方面，青少年期是一个特殊的成长和发展时期，这一时期青少年所经历的事件、从事的活动、体验的感受将对他们的身心发展产生深远的影响。同时，他们许多特殊的心理特点和所面临的发展任务也使得他们对互联网投入了更大的热情，使他们的互联网使用具有一定的特点。

首先，从思维能力来看，他们的思维能力尚未发展到最高水平，因此对新信息、对那些不需要任何严密的思维加工的信息充满渴望。

其次，随着青少年与父母关系的转变，他们要经历一个与父母心理上的分离过程，因此需要发展新的归属感、认同感，而互联网能够使他们方便地与同伴进行交往，能与他人保持广泛联系的同时彼此交换信息。

再次，青少年要求更多的自主和自立，他们要逐步形成个体化的自我，他们追求大的成就、具有自我中心主义的热情、迫切希望展示他们的成功和领导能力，很多青少年将互联网当成了体验成功和展现自我的平台（Iakushina，2002）。

青少年喜欢浏览学校的网页，这也折射出青少年上网的另外一个动机：同伴的生活比起成人所做的事情来说更让他们感兴趣。而互联网本身的一些特点，如丰富的色彩、多媒体的融合，以及信息获取的快捷性等恰好切合了青少年的这些需要。

在此令人感兴趣的话题是，青少年的自我中心思维与其上网的心理行为特点究竟有何关系？

二、青少年的自我中心思维独树一帜

（一）自我中心体现为假想观众和个人神话

正如第一章中所提到的，关于青少年的自我中心，两个截然不同但又有联系的概念——"假想观众"和"个人神话"对此进行了描述（Elkind，1967；Goossens et al.，2002）。

"假想观众"指的是青少年认为每个人都像他们那样对他们自己的行为特别关注。这一信念导致了过高的自我意识、对他人想法的过分关注，以及在真实和假想的情景中去预期他人反应的倾向。"个人神话"（Personal Fables）指的是青少年相信他们自己是"独一无二的"（Unique）、"无懈可击的"（Invulnerable）、"无所不能的"（Omnipotent）。

关于自我中心的"新视点"（New Look）理论对此有较新的看法。青少年对自我认同的探索，被认为解释了其看似自我中心的思维过程，特别是解释了假想观众的建构过程（O'Connor，1995）。当青少年开始质问自己是谁，他们要怎么适应,以及他们应该为自己的生活做点什么的时候,青少年的自我意识就增强了,他们也开始关心别人对他们的看法了。

新视点理论(Lapsley, 1991, 1993)并没有把假想观众和个人神话与逻辑思维或一般的认知发展相联系,相反,与之相联系的两个观念是:(1)社会认知的发展,(2)"分离—个体化"的过程。

青少年开始发展自我认同时,初期可能会以对他人的观察作为个体化和自我认同发展的参照。对自我认同发展过程的自我关注和社会要求,可能会导致青少年混淆自己所关注的东西与他人所关注的东西(O'Connor, 1995)。与那些不关心自我认同的人相比,纠缠于各种自我认同问题的青少年就可能会有比较高的假想观众的敏感性,自我认同危机的经验往往伴随着更高的假想观众观念的建构(Vartanian & Saarnio, 1995)。

"新视点"理论指出,假想观众和个人神话有助于青少年从心理上脱离父母。假想观众和个人神话的观念建构都不完全是自我中心本身;事实上,假想观众的观念建构仅仅是关于人际交往和人际情景中的自我的白日梦倾向。

分离—个体化作为青少年期的任务,也是获得成熟的自我认同感所必须迈出的一步。其目的在于建立家庭关系之外的自我的同时,保持一种与家庭成员的亲近感。在分离—个体化的过程发生时,假想观众和个人神话的观念建构有助于分离—个体化过程的推进。当这一通常的发展过程向前迈进时,青少年越来越关注与非家庭成员的关系,并且开始思考或者想象自己在各种社会性情景或者人际情景中的样子,在这些情景中他们是注意的焦点。当他们重新评估和建构与父母的关系时,这种人际倾向的白日梦让他们能够维持一种与他人的亲近感。对独一无二、无懈可击、无所不能等信念的强调(即进行个人神话的观念建构),有助于青少年构思独立的自我,即脱离家庭纽带的自我。

(二)自我中心与行为问题如影随形

假想观众和个人神话常常被用来解释成人所关注的大量青少年典型行为,其反映的思维模式似乎抓住并解释了与青少年早期相联系的典型感受和行为。

首先,自我中心与冒险行为有着联系。差不多每一种类型的冒险行为都有青少年参与(Arnett, 1992)。虽然大多数青少年都能够准确认识到风险所在,但是,他们在决策的时候却经常对此不屑一顾,而自我中心可能就是原因之一。

青少年可能会相信自己对那些发生在别人身上的冒险行为的后果具有免疫力(Arnett, 1990)。比如,青少年女孩列举她们不使用避孕药具的原因时,个人神话的解释是最常见的——"我觉得怀孕这种事绝对不会发生在我身上"。

个人神话中的"独一无二"信念对青少年冒险行为的态度具有很强的预测作

用,并且假想观众能够很好地预测主观标准。个人神话与青少年对回避冒险行为的态度之间的联系呈反向关系(Greene et al., 1996)。假想观众和个人神话也能够有效地预测青少年是否会采取能够减少自己冒险行为的方式(Greene et al., 1996)。个人神话,尤其是其中的"无懈可击"信念,与青少年感知到的易感性、避免冒险行为的意图以及主观标准等的联系是反向的。

假想观众可能也对行为有影响,高假想观众的表现与更明显的服从他人的倾向相联系,这可能对行为有正面的影响,可能会使得青少年更加在意他人的关注。而如果较高的个人神话表现与较高的"感觉寻求"的表现融合,则能够解释大多数的青少年冒险行为(Greene et al., 2000)。

其次,自我中心与内化问题也有着关系。在青少年成长过程中,他们会经历分离—个体化的过程;就此来看,假想观众与亲近感相联系,而个人神话与分离有关(Lapsley, 1993)。假想观众反映的是与丧失联系有关的焦虑,而个人神话的观念建构则对分离焦虑有一种缓冲作用。换言之,建构了假想观众的青少年体验着正常的分离焦虑,但是,恰恰是这些观念建构又补偿了这种丧失。相比之下,个人神话的信念则是对这种焦虑以及相关的消极情绪状态的防御性否认。所以,在这种意义上来讲,个人神话的信念是一种根本的防御机制,它可以使青少年避免消极情绪体验。

青少年的假想观众和对自己"独一无二"的信念,与心理压力有着直接的联系,而他们对"无懈可击"和"无所不能"的感受则与其心理压力水平呈负相关(Docherty & Lapsley, 1995)。无懈可击和无所不能的高分数与青少年低水平的抑郁和孤独感相联系(Goossens et al., 2002)。

三、分离—个体化让青少年迈向独立

(一) 分离—个体化可促青少年自我独立

"分离—个体化"到底指的是什么呢? 其基本特点又有何表现呢?

分离—个体化过程包含了分离与个体化过程两方面。"分离"是指个体一开始与母亲有共生关系之后就开始的分离过程;"个体化"是个体形成自我特质的过程。这两个过程既是互补的,但又是非常明显的不同的发展过程。

分离—个体化是一种与父母分离而形成的自我感(Quintana & Kerr, 1993; Allen & Stoltenberg, 1995)。最初 Mahler 和 Pine 认为它是一种自我的发展性过程,儿童会逐渐形成的自己—他人的界限(分离)以及内部心理表征,这促进了生命头 36 个月的独立和个体化。幼儿期的分离—个体化障碍可能对终身的心理社会机能具有消极影响,它会导致特质性的和关系性的机能障碍。但是,分离—个

体化不是一个在婴儿期结束时就完成了的过程,青少年会出现第二次的分离—个体化,它反映了青少年期社会关系的重大变化,是青少年期重要的发展任务。

Blos 提出青少年需要进行心理重构,这会导致他们形成成人的自我感。年轻成年人的任务是从父母提供的身份确认中区分出自己的自我形象,并在一个彼此确认的关系背景下以一种独立的地位建立这种自我形象。这个第二次分离—个体化过程主要是处理青少年与其家庭的关系,特别是处理与父母亲(或重要照顾者)的关系(谭伟象、吴琇莹,2002)。个体通过分离—个体化经验获得的成长和进步程度,会决定其成年人格和社会关系的健康水平(Blos,1979),具体说就是,个体学习掌握控制人际关系中的亲密感和距离的能力可能与很多心理社会性结果有关,包括自尊、家庭关系的质量、同伴关系的成功、抑郁和焦虑的水平等(Holmbeck & Leake,1999)。

近来,Meeus 等人(2005)认为,分离和自我认同发展是两个过程,这两个过程是同时进行的,与父母的分离并不是青少年个体化过程的前提条件。

(二) 分离—个体化可引爆青少年的发展问题

首先,分离—个体化与青少年的情绪情感问题有联系。在分离—个体化过程中,青少年从父母那里得到的支持降低,同时他们也面临着更多的问题和压力,他们的情绪随之受到影响。Holmbeck 和 Leake(1999)的研究表明,那些在分离—个体化过程中有更多不良体验(分离焦虑、拒绝依赖等)的青少年更加焦虑、抑郁、敏感和易怒,而那些对分离—个体化具有适应性体验(健康分离、健康卷入等)的青少年会更加友好、冷静和乐于交往,他们的焦虑和抑郁的水平相对较低。Lapsley 和 Edgerton(2002)发现大学生的情绪调节能力和病理性的分离—个体化存在显著相关,分离—个体化中伴有冲突的独立与焦虑和愤怒等情绪有关。

其次,分离—个体化与青少年的问题行为也有关系。很多临床心理学家认为,从分离—个体化过程入手,有助于理解如饮食障碍、酗酒这样的青少年问题行为。Strober 和 Humphrey(1987)总结认为,饮食障碍的认知和行为表现可能与女性与父母分离的困难有关。厌食女性的家庭往往不太注重家庭成员之间的界限,鼓励相互依赖,孩子对于父母往往过度依赖,当面对个体化的任务时他们可能会把注意力集中于饮食和体重上,以此来获得一种控制感和自我力量(Meyer & Russell,1998)。Meyer 和 Russell(1998)的研究发现,与父母的分离与缺乏内部意识、社交不安全感有关,而这些问题是引发饮食障碍的重要原因。

青少年酗酒行为引发了很多人的关注,一些学者研究发现青少年酗酒和他们青春期面临的与父母心理上的分离和个体化形成有一定关系。在个体化期间他们与家庭的冲突是其酗酒的原因之一。随着年龄的增长,他们有与父母分离的需要,从父母那里得到的支持减少,同时个体化带来的外界压力增大,酗酒成为他们面对压力时的一种回避性的应对方式(Getz & Bray,2005)。

四、自我中心思维助分离—个体化顺水行舟

分离—个体化与青少年的自我中心思维之间的关系是怎样的呢?

分离—个体化是青春期青少年面临的一大问题,在这个过程中青少年的自我意识和公众个体化(Public Individuation)水平增高,同时可能会经历更多的社会焦虑。这期间青少年一方面希望脱离父母的保护和监督变得独立,另一方面又希望同父母保持情感上的联系,而假想观众和个人神话这两种观念正好反映了这个过程中青少年与父母亲密与分离的过程,对分离—个体化这个过程起着调节的作用。

当青少年假想出一些观众时,他们相信其他人对自己是关注的,这有助于他们脱离父母建立一些家庭之外的关系,同时又不会感到过度的分离焦虑。而个人神话的观念使得他们更有勇气去进行自我表达,提高个体化水平(Goossens,et al.,2002;Lapsley,1993;Lapsley & Rice,1988;Vartanian,1997)。一些研究表明假想观众和亲密感呈现正相关(Rycek,et al.,1998),而个人神话中的无懈可击和无所不能信念与亲密感呈负相关(Peterson & Roscoe,1991),同时无所不能信念与健康的个体化也存在一定的正相关关系(Goossens,et al.,2002)。

总之,在青少年的分离—个体化过程中,假想观众可以缓解青少年的分离焦虑,让它趋向一种正常、适度的状态。而个人神话作为一种防御性的观念,使青少年在分离过程中,避免或尽可能少地体验到相关的负性情绪体验(Goossens,et al.,2002;Lapsley,1993;Lapsley,& Rice,1988;Vartanian,1997;Rycek et al.,1998;Peterson & Roscoe,1991)。这两个在早期的自我中心理论中被认为是一种扭曲、错误的心理模式,在分离—个体化的过程中被赋予了积极的作用,因此分离—个体化成为解释假想观众和个人神话观念产生的新视点理论,他们被看作是青少年分离—个体化过程所衍生的特殊心理特点,具有防御和补偿的心理机能,对分离—个体化期间的青少年有着重要的作用。

五、研究方法

(一)研究对象

研究对象包括两部分,第一部分为某市两所普通中学初一、初二、初三年级的学生454人,剔除其中从未上网的82人,有效样本372人。其中,男生183名,女生189名。被试的年龄在11—17岁之间,平均年龄为13.57±1.16岁(见表2-1)。这部分主要用于考察自我中心思维与青少年互联网社交服务偏好之

间的关系。

表 2-1　研究对象基本情况(一)

研究对象	初一	初二	初三
男	66	60	57
女	54	70	65
总数	120	130	122
年龄($M\pm SD$)	12.51±0.59	13.43±0.65	14.76±0.86

第二部分研究对象为某市中学初一、初二、高一、高二年级的学生 354 人,剔除无效问卷,有效样本 332 人。其中,男生 163 名,女生 169 名。研究对象的年龄在 12—18 岁之间,平均年龄为 14.90±1.58 岁(见表 2-2)。这部分主要用于考察自我中心思维、分离—个体化与青少年互联网娱乐服务偏好的关系。

表 2-2　研究对象基本情况(二)

研究对象	初一	初二	高一	高二
男	43	46	35	39
女	40	44	53	32
总数	83	90	88	71
年龄($M\pm SD$)	13.01±0.48	14.00±0.52	15.99±0.36	16.89±0.52

(二) 研究工具

首先,本研究采用 Lapsley 等人 1989 年编制的"新假想观众量表"(New Imaginary Audience Scale)测量青少年的假想观众水平。量表含有 42 个条目,从"1—从不想象"到"4—经常想象"分 4 点记分。该问卷具有较好的信效度。

同时,采用 Lapsley 等人 1989 年编制的"新个人神话量表"(New Personal Fable Scale)测量青少年的个人神话水平。量表含有 46 个条目,采用 3 点计分(1—强烈反对,2—不能确定,3—强烈同意),包含三个分量表,即无所不能分量表、无懈可击分量表、独一无二分量表,分别从三个角度测量青少年的个人神话观念。该问卷具有较好的信效度。

其次,本研究采用"青少年分离—个体化问卷"(减缩版)来测量青少年的分离—个体化问题,此问卷是意大利学者 Ingoglia 等人 2004 年对 Levine 等人(1986)编制的"青少年期的分离—个体化测验"(Separation-Individuation Test of Adolescence)进行缩减后的版本。问卷共 61 个项目(含重复测谎题),从"1—完全

不符合"到"5—非常符合"分 5 个等级记分,共有 6 个因素:

1. "分离焦虑",描述个体对于与重要他人的情感和肉体联系丧失的强烈恐惧;

2. "自我卷入",是一种个体对自己的过高估计和关注;

3. "吞噬焦虑",表明认为亲密感是一种封闭性的卷入,父母的过度关注对独立感是一种威胁;

4. "老师纠结",反映对于自我和他人界限的混乱,对于老师强烈的依恋;

5. "同伴纠结",反映对于自我和他人界限的混乱,对于同伴强烈的依恋;

6. 第六个因素又包含了四个维度:

(1)"拒绝依赖",反映了个体对于人际联系的拒绝或逃避;

(2)"预期拒绝",是对重要他人有一种无情和敌意的预期感觉;

(3)"健康分离",是个体在亲密关系的背景下达成的依赖和自主的平衡;

(4)"老师理想化",是青少年对教师的一种理想化。

量表各成分的内部一致性 α 系数及量表验证性因素分析的模型拟和指数均较好。

第三,本研究采用雷雳、柳铭心(2005)编制的"青少年互联网服务使用偏好问卷"对青少年的互联网使用偏好进行测量。该量表由 17 个项目组成,从"1—不喜欢"到"5—很喜欢"分 5 个等级记分。分为四个维度:

1. 社交服务:涉及聊天室、QQ、BBS 论坛等;

2. 娱乐服务:涉及网络游戏、多媒体娱乐等;

3. 信息服务:涉及浏览网页、搜索引擎等;

4. 交易服务:涉及网络购物、网上教育等。

各维度及总问卷的内部一致性 α 系数均较好。

第四,采用雷雳、杨洋 2006 年编制的"青少年病理性互联网使用量表"(Adolescent Pathological Internet Use Scale, APIUS)。该量表测查的就是公众所谓的"网络成瘾",研究中我们更多地使用"病理性互联网使用"(PIU)的表述。该量表包括 38 个项目,从"1—完全不符合"到"5—完全符合"分 5 个等级计分。作者根据探索性因素分析和验证性因素分析将量表分为六个维度:

1. 凸显性:反映个体在互联网使用过程中对于互联网的格外关注;

2. 耐受性:反映个体使用互联网过程中对其他生理需要的抑制性;

3. 强迫性上网/戒断症状:反映个体无法控制地渴望上网,及不能上网时的消极体验;

4. 心境改变:反映互联网使用对于个体心境改变的作用;

5. 社交抚慰:反映互联网使用对于个体在社交方面提供的心理补偿和积极

体验；

6. 消极后果：是个体在使用互联网后造成的一些不良后果。

经检测，总量表的重测信度和内部一致性 α 系数较好。

（三）研究程序与数据处理

本研究以班级为单位进行集体施测。主试为有施测经验的心理系研究生。正式施测之前，主试向研究对象宣读指导语，向学生保证他们的作答信息将不会被透露给他人。数据处理使用统计软件 SPSS 和 AMOS。

第二节　研究发现与分析

一、青少年的假想观众更易促发网络成瘾

为了考察假想观众、个人神话观念、互联网社交服务使用偏好与"网络成瘾"(PIU)的关系，首先进行了相关分析。结果表明，青少年的互联网社交使用偏好与 PIU 存在显著的相关；假想观众和个人神话观念各成分与其互联网社交使用偏好有显著相关；假想观众观念与 PIU 存在显著相关。这说明假想观众和个人神话观念对于青少年的互联网社交服务使用偏好和 PIU 可能有一定的预测作用。

在相关分析的基础上，为了进一步探索假想观众和个人神话观念与互联网社交服务使用偏好及 PIU 之间的关系，本研究使用结构方程模型对数据与假设模型的拟合程度进行了验证。根据相关分析结果，本研究假设初中生的假想观众和社交使用偏好对病理性互联网使用有直接的预测作用，而个人神话观念通过对社交服务的喜爱间接预测病理性互联网使用。经检验发现建构的模型（见图 2-1）与数据非常吻合。

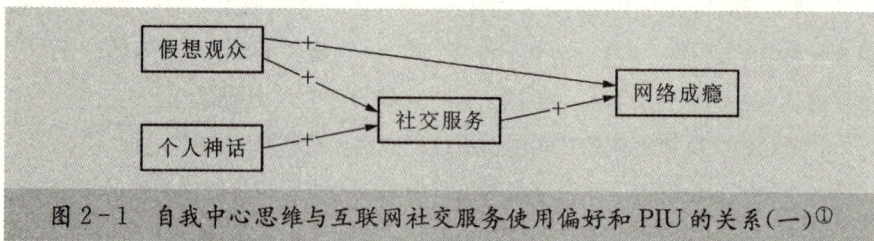

图 2-1　自我中心思维与互联网社交服务使用偏好和 PIU 的关系（一）①

---

① 在关系图中，实线表示有显著的预测关系，"＋"表示是正向预测，"－"表示是反向预测；而虚线表示没有显著的预测关系。此处略去了具体的统计系数。后同。

根据模型一的结果,同时考虑到个人神话是一个多成分的观念,且三个成分与青少年心理和行为发展的关系不尽相同,将其分解为三个成分建构模型,也许会使研究结果更加深入,因此构建了图2-2所示模型。

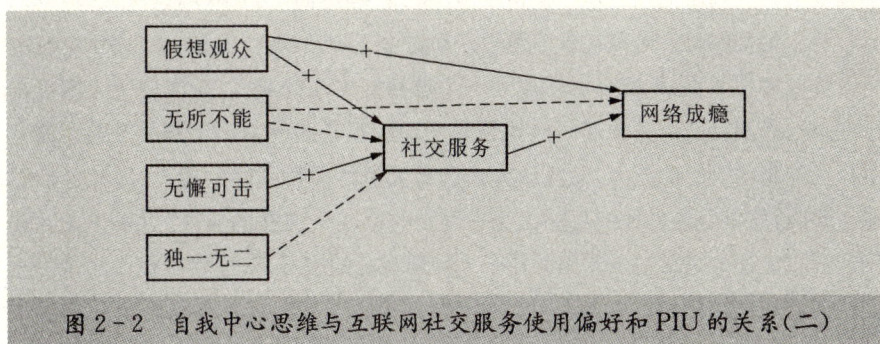

图2-2 自我中心思维与互联网社交服务使用偏好和PIU的关系(二)

从图2-1和图2-2可以看出:

1. 青少年的假想观众观念对其病理性互联网使用水平有显著的直接正向作用。个人神话及其无懈可击、独一无二两个成分对病理性互联网使用水平没有影响,无所不能成分的直接影响也比较微弱,没有达到显著水平。也就是说,个人神话观念及其各成分不能直接预测病理性互联网使用的水平,而假想观众可以作为初中生病理性互联网使用的预测指标,具有高假想观众观念的初中生更有可能沉溺网络、有更高的病理性互联网使用水平。

2. 社交服务偏好对于病理性互联网使用水平有直接的正向作用,初中生越是喜欢或更多地进行网上社交活动,就越可能导致高水平的病理性互联网使用。

3. 假想观众观念通过互联网社交服务偏好间接地影响病理性互联网使用水平,即假想观众观念越高的初中生越倾向于进行网上的社交活动;同样,个人神话中的无懈可击观念也可以通过社交服务偏好对病理性互联网使用水平有间接的作用,即无懈可击观念高的初中生更可能喜欢和进行网上社交活动。

如前所述,假想观众和个人神话是青少年在成长过程中出现的独特观念,它们可能与很多青少年的偏差行为(如吸烟、酗酒、冒险行为等)有关,本研究发现这两个观念特别是假想观众观念对于初中生的互联网社交服务偏好和网络成瘾有显著的预测作用。假想观众观念是自我意识提升的标志,在社会化过程中,假想观众为青少年提供了行为的参照,帮助他们树立自我形象。同时,它可能也给青少年带来某种负面信息,他们会因为时时感到被评价而对自己的言行举止过分关注,因此在现实的交往中倍感压力,他们对于同学之间的取笑和嘲讽可能更为敏感。而网上社交的匿名性和隐形性可能使他们感觉更加安全,因此这样的倾诉和沟通途径更容易得到他们的青睐，也使他们更加喜欢互联网上的社交活动，逐渐产生依赖，从而导致病理性的互联网使用。

个人神话观念使青少年感觉自己是独特而又无所不能、无懈可击的，因此可能使他们认为周围的人以至于同龄朋友无法理解他们，而互联网这种没有年龄、地位界限的空间也许会更加吸引他们。在对个人神话观念的研究中，由于与冒险行为等的密切关系，无懈可击感成为一个被特别关注的成分，在模型中无懈可击感通过互联网社交服务偏好间接地预测病理性互联网使用。无懈可击感高的青少年往往高估自己的能力，并且认为自己有天然的防御危险的能力，因此他们更乐于冒险，这可能使得他们更加无视在网上与陌生人交往的风险，更乐于在互联网的社交活动中寻求快乐。因此在个人神话观念的引导下，互联网提供的这种充满挑战和变化的社交方式容易让青少年得到满足，从而对互联网产生一定的依赖性。

值得注意的是，假想观众和个人神话观念是处于分离—个体化阶段的青少年应对分离焦虑、发展新的自我的一种防御机制，它们也可能是一柄双刃剑。一方面，假想观众使青少年能够更好地适应新的社会角色，而个人神话有助于青少年在家庭关系之外发展个性，建立新的自我。另一方面，如果这些观念太强，它们也可能成为青少年一些不当行为的驱动力。

就青少年的网络成瘾而言，假想观众和个人神话观念之所以与青少年的病理性互联网使用行为有关，与他们现实人际关系的不尽如人意有一定关系。过高的假想观众和个人神话观念往往与缺乏父母的情感支持和交流以及高的分离焦虑有关，良好的父母支持和家庭环境有助于降低这样的观念。

同时，青少年期发展家庭以外的关系是青少年期重要的社会化任务，与同伴的良好关系也可以帮助青少年克服随着年龄增长与家庭成员关系疏远而产生的无助感，降低分离焦虑，使他们不至于沉溺网络世界的人际交往去寻求情感的依托，也可以意识到自己和同学间的共通性，降低无懈可击感带来的孤独和压抑感。总之，良好的家庭关系和同伴关系可以使他们感受到更多来自于现实的支持，平衡他们的假想观众和个人神话观念，从而降低其网络成瘾的危险性。

Lanthier 和 Windham（2004）曾指出，互联网使用是成瘾的还是非成瘾的，关键取决于用户的个人因素和对于使用的态度。本研究支持了这种观点，假想观众和个人神话观念作为青少年特有的个人特征，可以和青少年对于互联网社交的偏爱共同预测其病理性互联网的使用水平。

二、分离—个体化可对网络成瘾推波助澜

为了考察青少年的假想观众观念与互联网娱乐服务偏好、PIU、分离—个体化

的关系,本研究对此进行了相关分析。结果表明,互联网娱乐偏好与 PIU 存在显著的相关;分离—个体化的 9 个成分中有 5 个与互联网娱乐偏好显著相关,6 个与 PIU 显著相关;假想观众观念也与互联网娱乐偏好和 PIU 显著相关。这说明分离—个体化和假想观众观念对于青少年的互联网娱乐偏好和 PIU 可能有一定的预测作用。

在相关分析的基础上,为了进一步了解分离—个体化对于 PIU 的预测作用,用逐步回归法进行了多元回归分析。进入回归方程式的显著变量共有 4 个,分离—个体化中的分离焦虑、吞噬焦虑、预期拒绝和自我卷入对青少年 PIU 的联合预测力达到了 24.60%。其中“分离焦虑”层面的预测力最佳,其解释量为 15.70%。

为了进一步探索分离—个体化中对 PIU 预测力较高的 4 个成分和假想观众与互联网娱乐偏好同 PIU 之间的关系,本研究使用结构方程模型对数据与假设模型的拟合程度进行了检验,得到了与数据吻合的更好的模型(见图 2-3)。

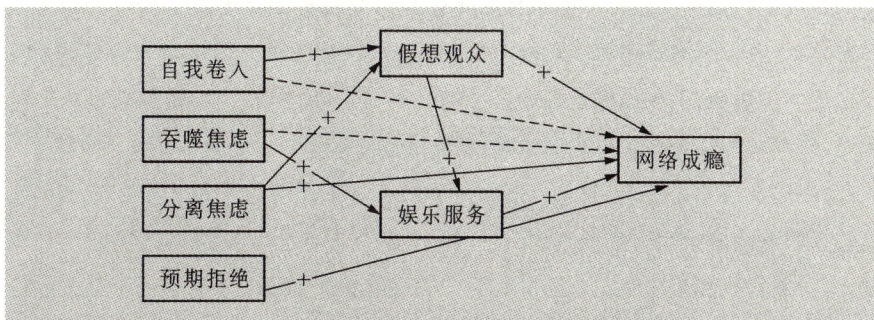

图 2-3 分离—个体化、假想观众与互联网娱乐使用偏好和 PIU 的关系

从图中可以看出:

(1)青少年分离—个体化过程中的分离焦虑和预期拒绝,以及青少年的假想观众观念、互联网娱乐服务偏好对其病理性互联网使用水平有显著的直接正向预测作用。而分离—个体化中的自我卷入和吞噬焦虑对于 PIU 的正向预测未达到显著水平。也就是说,在青少年的分离—个体化过程中,如果他们体验到高水平的与重要他人特别是父母的分离,那么他们更容易沉溺网络。同样,如果他们倾向于预期被其他人拒绝和否定,也容易形成高水平的 PIU。在此过程中,青少年具有高水平的假想观众和对互联网娱乐活动的喜爱,也容易使他们有高的 PIU。

(2)分离—个体化中的自我卷入和分离焦虑可以通过假想观众观念间接地预测 PIU;路径系数显示自我卷入和分离焦虑对假想观众有着显著的正向作用,即那些对自己非常关注并评价很高,同时体验到高水平分离的青少年,其假想观众观念越高,也就更容易导致高水平的 PIU。

（3）分离—个体化中的吞噬焦虑可以通过青少年对于互联网娱乐的偏爱而间接预测 PIU，青少年的吞噬焦虑对其互联网娱乐服务偏好有显著的正向预测，并通过互联网娱乐服务偏好间接地预测 PIU，即越感到被父母过度控制，独立感受到威胁的青少年越倾向于喜欢网上娱乐，从而导致高水平的 PIU。

分离—个体化是青少年的重要发展任务，这期间青少年的自我意识增强，与重要他人的关系发生重大变化，一方面他们希望脱离父母的保护和监督变得独立，另一方面又希望同父母保持情感上的联系，同时还要努力发展家庭以外的其他社会关系。本研究发现在分离—个体化过程中分离焦虑和预期拒绝可以直接地预测青少年的 PIU 水平。分离焦虑反映出青少年在自我成长和发展的过程中，由于与重要他人、家庭成员特别是父母的情感距离变大，支持减少而感受到的强烈恐惧。而预期拒绝是青少年预期他人对自己是敌意、否定、不接纳的。青少年对于人际互动的敏感性增强，而人际关系的质量又与他们的身心发展关系密切，分离焦虑和预期拒绝体现了青少年对于实际或预料的亲密人际关系纽带丧失的一种恐惧，高水平的分离焦虑和预期拒绝使他们在现实生活中感受到的社会支持少而又充满焦虑，因此当面对互联网这样一个巨大的虚拟空间时，他们更可能投入其中，寻求支持和缓解现实的焦虑，从而造成高水平的 PIU。

此外，本研究还发现，分离—个体化中的吞噬焦虑可以通过青少年对于互联网娱乐服务的偏爱而间接预测 PIU。吞噬焦虑反映出由于父母的过度控制和保护，青少年自我和个性受到威胁的感觉。随着年龄的增长，青少年有了更多的自主意识，当他们感到被父母过度控制和限制时，他们的独立感会受到威胁，在过于紧密的关系中丧失了自我，这甚至会使他们感觉窒息，迫切寻求解脱。在父母那里受到过分的限制，感觉压抑而又无法在现实中得到排解，使网上娱乐成为青少年放松和发泄的一个重要渠道，而长此以往便容易产生对互联网的过分沉溺，导致高水平的 PIU。

本研究发现假想观众观念对于青少年的互联网娱乐服务偏好和病理性互联网使用有一定的预测作用，分离—个体化中的自我卷入和分离焦虑也可以通过假想观众观念间接地预测 PIU。假想观众观念使得青少年感觉自己像演员处于舞台中心一样，是别人的注意焦点，他们认为自己可以得到别人羡慕的目光。而在互联网娱乐中尤其是网络游戏中，他们可以按照自己的喜好扮演不同的角色，成为这个虚拟世界中更广泛群体的注意中心，从而对于网络游戏有更强的偏爱。

另一方面，过高的假想观众也可能给他们带来某种负面信息，他们会因为时时感到被评价而对自己的言行举止过分关注，因此在现实的交往中倍感压力。而目前很多网络游戏是交互性的，即与网上社交近似，玩家们可以在娱乐的同时互相交流,这种交流是匿名和隐形的,这可能使青少年感觉网上的观众更加宽容。即使他们在网上娱乐时感到了来自网上假想观众的压力,也更容易应对或抽身而退,因此他们可能更加喜欢徜徉于这样无限广阔、充满刺激而又束缚较少的虚拟世界,从而逐渐产生依赖的感觉,导致更高的病理性互联网使用水平。

再者,分离—个体化中的自我卷入和分离焦虑可以通过假想观众观念间接地预测 PIU。假想观众的产生是分离—个体化过程中青少年的防御机制,青少年认为自己是他人关注的焦点的这种想法可以缓解他们逐渐独立、与父母分离过程中的焦虑。本研究似乎可以支持这样的观点。自我卷入体现了青少年对于自己过高的估计和过分的关注,他们更倾向于用一些假想的观众来支持自己的重要地位。分离焦虑这种由于与重要他人尤其是父母分离产生的恐惧感,可以通过周遭假想观众对自己的关注而得到缓解。这两个方面通过假想观众观念,而间接地使青少年对互联网产生依赖。

通过对青少年分离—个体化、假想观众和互联网娱乐偏好以及 PIU 的关系探讨,我们可以看到,青少年是病理性互联网使用的易感人群,与他们所处的发展阶段和特有的心理现象可能确实存在一定关系。在感觉和预期自己被别人(父母、同伴)所抛弃(分离焦虑)或敌视(预期拒绝)时,互联网所提供的巨大交往空间,可能会给他们提供现实中得不到的支持。自我意识提高,他们更重视自己的自主和自由,父母过度的保护和压制,让他们倍感压力(吞噬焦虑),使互联网这样一个色彩丰富,充满视觉刺激的娱乐世界成为他们缓解压力的地方。而随着对自己的关注度增加,他们对自己的过高评价和关注(自我卷入)也让他们觉得自己是其他人关注的焦点,互联网这个无限宽广的世界可以使假想观众的范围和数量迅速扩展。

总之,在分离—个体化过程中,青少年面临与重要他人,尤其是父母的关系纽带变得松散的考验,也面临着自我意识的提升,形成独立自我的考验。这期间他们一方面希望与父母和他人保持一定距离,一方面又为这种距离的产生而忐忑不安。这样的矛盾造成的混乱使他们更容易沉溺网上娱乐活动,容易成为成瘾者。

第三节　建议与展望

一、研究结论

综上所述,对青少年上网与其自我中心思维之间关系的研究,可以得出以下结论:

1. 假想观众观念对初中生病理性互联网使用有直接的正向预测作用：头脑中越是觉得周围人对自己的行为非常关注的初中生，其网络成瘾的可能性越大。

2. 假想观众观念和个人神话观念中的无懈可击成分通过对互联网社交服务使用的偏好间接地影响初中学生的病理性互联网使用水平；即头脑中越是觉得周围人对自己的行为非常关注、并觉得自己具有先天免疫危害能力的初中生，就越可能因为热衷于网络社交而网络成瘾。

3. 分离—个体化中的分离焦虑和预期拒绝对青少年的病理性互联网使用有直接的正向预测作用；即越是恐惧与重要他人丧失联系的青少年，以及认为重要他人会对自己表现出无情和拒绝的青少年，越可能网络成瘾。

4. 分离—个体化中的吞噬焦虑通过互联网娱乐偏好间接预测病理性互联网使用；即感到父母对自己过度关注，威胁到自己独立性的青少年，更可能热衷于网络娱乐而网络成瘾。

5. 分离—个体化中的自我卷入和分离焦虑通过假想观众观念间接地预测中学生的病理性互联网水平；即越是对自己过高估计和关注的青少年，以及恐惧与重要他人丧失联系的青少年，就越可能觉得周围人对自己的行为非常关注，继而导致网络成瘾。

二、对策建议

随着互联网技术的普及，互联网用户呈现低龄化，青少年网民的比例和人数都在逐年增加，青少年已经是使用互联网的重要群体，沉迷网络的现象也日趋严重。依据本研究的发现，我们认为青少年所处的特定发展阶段、面临的特定发展任务"分离—个体化"以及"假想观众"这样特定的心理特点，是引发初中学生不健康的互联网使用的潜在因素，这无疑增加了他们病理性互联网使用的风险。然而，互联网使用的潮流不可阻挡，青少年掌握互联网技术是时代的需要，一味地切断和阻止无异于因噎废食。

因此，在青少年身心发展的特殊时期，家长、学校和老师除了关注学生的学习成绩外，也应该多关心他们对于发展人际关系的需要和重视那些特定的心理现象。特别是在分离—个体化过程中，青少年会感到来自家庭的支持减少，产生与家长分离的焦虑。

同时,这一阶段青少年自我意识提升,自主意识增强,过分的控制又会使他们感到压抑和困扰,因此家长更有义务在一种平等的身份下给予孩子更多的关注和支持,在这个他们需要扩展家庭外社会关系的阶段,学校和老师也有责任帮助学生们创建一个和谐、互助、宽容的学校和班级环境。

尤其是对父母而言,需要明白青少年对亲子关系的期望反映在三个方面:其一是亲近感,也就是说,让孩子感受到在父母和孩子之间有温情的、稳定的、充满爱意的、关注的联系。其二是心理自主,让孩子有提出自己意见的自由、隐私自由、为自己做决定的自由。其三是监控,孩子也希望父母对自己有所监控,而不是放任自流,成功的父母会监控和督导孩子的行为,制定约束行为的规矩。这样一来,青少年在成长和发展中可能感受到的分离焦虑、吞噬焦虑,他们对自我的过分关注等都可能减弱,他们更可能在现实社会中来解决自己的成长问题,而不是选择沉溺于互联网的虚拟空间。

三、问题展望

1. 由于本研究选取的研究对象来自单一城市,并且其中一项研究也只是包含了初中生,因此,研究结果是否适用于其他地域以及高中的青少年还有待于进一步研究。

2. 互联网提供的服务包括多方面,同时分离—个体化也是个多方面、多维度的概念,未来可以全面探讨青少年自我中心思维中的假想观众、个人神话及分离—个体化与青少年对各种互联网服务偏好之间的关系。

第三章

青少年上网与其学习适应性

一、学习生活伴随互联网乃必然趋势

为什么要探讨青少年的上网行为与其学习适应性的关系呢？这一问题的背景又是怎样的呢？

随着互联网的普及和发展，教育信息化已经成为不可回避的发展方向，而世界上一些先进国家也在这方面有了长足进步。

美国在教育信息化方面一直走在世界前列。早在 1999 年初，95％的美国公立中小学已接入国际互联网（傅荣校等，2001）。在 2000 年美国 2—17 岁的儿童青少年上网人数已经从 1997 年的 800 万人上升到超过 2500 万（《联合早报》，2000）。而且根据 Grunwald Associates 咨询公司的调查发现，在美国，年龄在 2—5 岁的儿童上网比例 2000 年为 6％，而到 2002 年已上升为 35％，年龄在 6—8 岁的儿童上网比例由 2000 年的 27％上升到了 60％，13—17 岁的儿童上网比例在 2002 年就达到了 83％，比 2000 年增加了 12％。在 2004 年 3 月的调查中已表明美国 2.728 亿的 2 岁以上人口中，有 2.043 亿为互联网用户，占 74.9％。

再从亚洲来看，韩国是亚洲互联网发展最快的国家之一，已在全国范围内完成了高速光缆的架设，从 2004 年 2 月韩国互联网信息中心（KRNIC）发布的"计算机和互联网使用状况调查报告"中可以看到，韩国互联网用户占全国总人口的 65.5％，而互联网使用率最高的年龄段是 6—19 岁，其百分比为 94.8％，超过 897 万人。另据韩国互联网信息中心与韩国消费者保护院对"儿童利用数字媒体"的情况进行调查表明，早在 2000 年 10 月韩国就有 96.9％的小学生有过上网的经验，其中有 42.2％的小学生更是每天上网。

互联网的使用带给中小学生开阔眼界，展现自我的积极影响。同时，我们也不断看到中小学生因沉迷网络而受到负面影响的例子。个体在自身发展进程中，要学会基本生活技能，掌握生活规范和生活目标，形成社会职能等，而这个过程无时无刻不在受到宏观社会文化背景和个体生活的微观社会结构的影响。随着计算机的普及，网络改变着他们的学习和生活方式，影响着他们的情绪情感、自我意识和思维方式，对他们尚处在发展阶段的价值观、世界观势必产生巨大的冲击。中小学生的身心健康成长需要一个科学开放的环境，必须开发利用网络带给他们的有益作用，改善或矫正网络带给他们的负面影响，而要做到这一点，对中小学生

的网络行为及其相关因素进行研究是必须的前提。

互联网的使用是人类社会发展中不可逆转的发展趋势,毫无疑问,21世纪将会是互联网的世纪,仅仅因为互联网可能会对少年儿童造成的负面影响,就简单地禁止他们对互联网的使用,是不理智的也是难以办到的。目前关于初中和小学生互联网使用规律的研究较少,本研究的研究目的就在于,探讨小学高年级和初中学生互联网使用行为的特点及与学习适应性的关系。希望通过本次研究,为家长、学校和社会正确引导和控制少年儿童的互联网使用,充分发挥互联网使用对少年儿童的积极影响,最大限度地减少或避免互联网使用对少年儿童的消极影响,促进其健康成长提供心理学依据。

二、学习适应性可促进学习及心理健康

学习适应性指的是什么呢? 它对中小学生的成长和发展又有何作用呢?

首先,对学习适应性的界定,可以先看看什么是学习。学习是指个体因经验而引起的行为、能力和心理倾向的比较持久的变化。这些变化不是因为成熟、疾病或药物引起的,而且也不一定表现出外显的行为(施良方,1994)。对学生的学习适应性,研究较早的是日本,影响较大的是教育心理学家辰野千寿,他提出了学习适应性的概念,认为学习适应性是儿童超越学习情景中的障碍的倾向(辰野千寿,1986),并编制了学习适应性测验。

自20世纪50年代以来,国内研究者们对学生的学习适应性作了许多研究。有研究者提出学习适应性是指主体根据环境及学习的需要,努力调整自我以达到与学习环境平衡的行为过程(冯廷勇,2002)。陈晓杰(2004)认为学习适应性是当个体周围的学习环境和学习对象、内容发生改变时,个体为避免或改变学习效能下降而主动克服困难改变自身,以期取得良好学习效能的一种能力。对于学习适应性的多种定义,国内学者大都援引周步成等主修的《〈学习适应性测验〉手册》上表述的,即日本学者的观点,认为它是个体克服困难取得较好学习效果的倾向,亦即学习适应能力,其主要因素涉及学习态度、学习技术、学习环境和身心健康等方面。

根据研究文献,学习适应性的内容包括学习热情、学习时间、学习方式、学习效率、学习计划、听课方法、读书和记笔记方法、学习技术、应试方法、家庭环境、学校环境、朋友关系、独立性、毅力和身心健康等十几种因素,但从大的方面来分,我们又可将其分为学习态度、学习技术、学习时间、学习环境和身心健康等几大内容。

再从学习适应性的功能来看,一方面,学习适应性可以促进学业进步。良好

的学习适应性是学生取得学业进步的重要保证,学习适应性对学生的学习成绩具有不容忽视和低估的影响。学习适应性测量可以检验出学生在各个学习环节上的漏洞,据此促进学习指导、改善学习方法,及时地予以调节,从而提高学习成绩。戴玉红(1997)的研究证实,学习适应性和智力都对小学生的学习成绩有着大致相同的显著影响。刘衍玲(2001)的研究则从作用机制上揭示,学习适应性对中等成绩小学生的学习成绩具有直接影响,而对优等生和差生的影响较为间接。因此,加强对学生的学习适应性指导,不失为转变学业不良学生和大面积提高教学质量的可行途径。

另一方面,学习适应性有助于维护心理健康。学习适应性是学生心理素质的重要成分,探讨学习适应性各因素的影响,可以直接或间接地做好维护学生心理健康的工作。宋广文(1999)研究指出,学习适应性强的中学生的心理健康水平也较高。他们没有明显的身体不适感,能够摆脱无意义的思想、冲动和行动,没有明显的不自在与自卑感,没有突出的情感障碍,不神经过敏,能较好地控制脾气,思维不偏执等。学习适应性状况的改善势必增进学生的人格和心理健康程度。培养学生的学习适应性理应成为学校心理健康教育的重要内容。

三、互联网使用与学习适应性关系并非单纯

互联网对青少年的影响具有双面性。网络为他们提供了交流沟通、展示自我、获取知识的渠道;但网络的过度使用也会影响他们正常的生活和学习,甚至导致社会适应不良,人际交往技能低下等不良后果(Morahan-Martin & Schumacher, 2000)。

研究者(Chou et al., 2000)发现,青少年学生主观报告的互联网对于他们日常生活的负面影响,主要体现在学习和生活规律上,如造成学习成绩下降、睡眠和饮食不规律等。

在现今的许多国家和地区,网络已成为综合网络教学的首要工具。Cole 在 1996 年的研究表明,学生通过参加一项名为"第五维度"的课后互联网使用指导计划,学习对于互联网的适当应用,可以提高阅读、数学和计算机水平。心理学家对计算机游戏对青少年认知过程的影响进行研究,在计算机网络环境中的个人角色扮演游戏往往是在一个视觉化的环境中,要求玩家对一系列信息符号进行解码,尽快做出决定完成任务。研究者发现,经常玩电脑和网络游戏的孩子在空间表征、视觉注意等方面有所加强,这取决于孩子们玩的是哪一种游戏。但没有证据支持网络游戏对于青少年发展长期的认知技能有促进作用。

然而,Barber 在 1997 年进行的一项调查的结果却表明:86%的参与调查的教

师、图书管理员和电脑管理员认为,网络的使用根本没有对提高学生的成绩产生丝毫作用。他们认为网上信息过于杂乱无章,而且与学校课程和教材毫不相干,无助于学生在标准化测试中取得更好的成绩。Young 在 1996 年所做的一份调查发现:58%的学生报告网络的过度使用导致学习兴趣减弱,成绩下滑,并使逃课现象日益增多。究其原因,不难得出结论:网络的过度使用侵占了学习时间,削弱了学习兴趣,破坏了学习习惯,降低了学习效率,从而影响了学习成绩。

Subrahmanyam (2001)认为,在学校和家庭中使用互联网,可以加强老师和家长之间的联系,提高学生的自尊心和学习动机,并有助于促进“多动症”儿童和其他有学习障碍儿童的学习活动。但是,后来的研究并没有证明这两个结果的显著性,只显示有轻微的正相关。Downes (1999)认为,教师可以充分利用计算机网络发展学生的探索性学习能力、问题解决技能、思考策略、记忆、想象和团体精神。

国内在上网对学习活动的影响问题上也存在不同观点:大多数教育工作者和家长认为学生很容易被网络的特征吸引,上网占用了学习时间,削弱了学习兴趣,破坏了学习习惯,导致学习成绩下滑等。但也有学者(卜卫、郭良,2000)认为,互联网使用基本上不影响学生的学习活动。上网与非上网学生在学习成绩、是否担任社会工作、做作业时间长短、上特长班、课外学习时间长短等方面没有显著差异。学习成绩下降和上升的学生人数大致一样,上网对大部分学生没有影响。

四、研究方法

(一) 研究对象

本次研究采取整群抽样的方法,随机选取北京城区 3 所小学五、六年级 10 个班学生和两所普通中学初一、初二、初三年级 12 个班学生,研究对象总人数为 755 人。问卷回收率 100%,剔除无效问卷,最后得到有效问卷 745 份,有效率达 98.7%。其中,男生 364 人,女生 381 人。小学男生 178 名,女生 222 名;年龄在 10—12 岁之间,平均年龄为 10.82±0.75 岁。初中男生 186 名,女生 159 名;年龄在 12—16 岁之间,平均年龄为 13.55±1.03 岁(见表 3-1)。

表 3-1 研究对象年级与性别分布情况

	小五	小六	初一	初二	初三
男	78	100	62	68	56
女	140	82	64	45	50
合计	218	182	126	113	106
年龄($M\pm SD$)	10.42±0.68	11.29±0.50	12.65±0.65	13.75±0.82	14.45±0.65

（二）研究工具

首先是人口学变量和互联网使用状况问卷，该研究工具为自编问卷，参照国内有关研究及中国互联网络信息中心所用的上网情况调查问卷，并结合初中生和小学生的年龄特点编制而成。经初中生和小学生试测筛选，包括研究对象的性别、年龄、年级、上网历史、互联网使用时间状况、上网地点和上网目的等方面的调查。

其次，采用雷雳、杨洋（2007）编制的"青少年病理性互联网使用量表"（Adolescent Pathological Internet Use Scale，APIUS），该量表包括 38 个项目，从"1—完全不符合"到"5—完全符合"分 5 个等级计分。量表分为六个维度：

1. 凸显性：反映青少年在互联网使用过程中对于互联网的格外关注程度；

2. 耐受性：反映青少年使用互联网过程中对其他生理需要的抑制性；

3. 强迫性上网/戒断症状：反映青少年无法控制地渴望上网，及不能上网时的消极体验；

4. 心境改变：反映互联网使用对于青少年心境改变的作用；

5. 社交抚慰：反映互联网使用对于青少年在社交方面提供的心理补偿和积极体验；

6. 消极后果：反映青少年在使用互联网后造成的一些不良后果。

该量表具有较好的信度效度。就 PIU 的诊断标准来看，在此研究中把平均得分大于或等于 4 分者（即总分大于或等于 152 分）界定为"PIU 群体"（也可以理解为"网络成瘾群体"）；将平均得分大于 3 分而小于 4 分者（即总分大于 114 而小于 152 分）界定为"PIU 边缘群体"；将平均得分小于或等于 3 分者（即总分小于或等于 114 分）界定为"PIU 正常群体"。

第三是"学习适应性测验"（小学五、六年级版，以及初中、高中版）。它源于日本教育研究所学习适应性测验研究部编制的《学习适应性测验》，其中国版是由华东师范大学心理系周步成教授修订而成的。这一测验的基本理论认为，学习适应性系指克服种种困难取得较好学习效果的一种倾向，也可以说是一种学习适应能力。其主要因素有：学习热情、有计划地学习、听课方法、读书和记笔记的方法、记忆和思考的方法、应试的方法、学习环境、性格和身心健康等。该测验有较好的信度和效度。

该测验按年级分阶段编制，有小学一、二年级用，小学三、四年级用，小学五、六年级用，初中和高中用 4 组。在不同的年级，学习适应性的标准有所不同。根据年级的差异，在测验项目上做了细致的编排，随年级的升高而增多。供小学五、六年级用的学习适应性测验有 9 个内容量表，在内容量表基础上又分为四个分量

表,并编有效度量表,用于检查回答的一贯性,以剔除无效问卷。具体是:

分量表一(学习态度),涉及学习热情、学习计划、听课方法;

分量表二(学习技术),由 1 个内容量表组成;

分量表三(学习环境),涉及家庭环境、学校环境;

分量表四(心身健康),涉及独立性、毅力、身心健康。

供初中、高中用的学习适应性测验在五、六年级用表的分量表二(学习技术)中增加读书和记笔记方法、应试方法两个内容量表,在五、六年级用表的分量表三(学习环境)中加入一个朋友关系量表。

整个测验包含 150 个项目。12 个内容量表的原始分累加即为全量表总分。量表分按常模转换为标准分。得分越高,说明学习适应性越好。

(三) 研究程序与数据处理

以学校和班级为单位现场施测,问卷当场收回。取得学校和班主任老师的配合,对学生进行必要的动员,使其认真对待。主试由经过培训的本科生担任,以最大限度地减少或避免主试效应。问卷正式施测之前,主试向研究对象宣读指导语,向学生保证不向他人透露与此次问卷结果有关的任何信息,学生对问卷的反应将得到充分信任。采用 SPSS 软件对数据进行统计与分析。

第二节　研究发现与分析

一、上网历史不短上网娱乐较突出

根据本研究的调查结果,我们对青少年互联网使用行为的基本特点进行了分析。

首先,我们来看看样本中中小学生上网的比例与网龄。根据本次调查获得的 745 份有效问卷,发现 71.3% 的研究对象上过网(其中小学高年级学生上网率为 60.3%,初中生上网率为 84.1%)。具体上网人数分布见表 3 - 2:

表 3 - 2　上网研究对象的年级分布比例

	小五	小六	初一	初二	初三	合计
上网人数	112	129	100	96	94	531
年级总人数	218	182	126	113	106	745
上网率	51.4%	70.9%	79.4%	85.0%	88.7%	71.3%

本次调查中,上网群体中男生 270 人,占男生总人数的 74.2%,女生 261 人,占女生总人数的 68.5%,经二项分布检验,男生上网比例高于女生上网比例,两者差异显著。

按照中国互联网络信息中心(CNNIC)对网民的定义——平均每周使用互联网至少 1 小时的 6 周岁以上中国公民,本次调查显示小学高年级每周使用互联网至少 1 小时的网民占高年级学生总人数的 35.3%,初中网民占学生总人数的 70.7%。这说明初中学生甚至小学生都已经成为互联网使用的重要群体,相关的职能部门、教育工作者和家长必须做好对其互联网使用的监管和引导工作,因为男生上网比例更高,尤其应予以关注。

此外,本次调查数据显示,研究对象平均上网历史时间为 2.54±1.71 年,最长达 8 年以上。小学上网学生中网龄在 5 年以上者占 17.0%,初中网龄在 5 年以上者占初中上网总人数的 23.4%。研究对象不同网龄人数的具体分布见图 3-1、3-2:

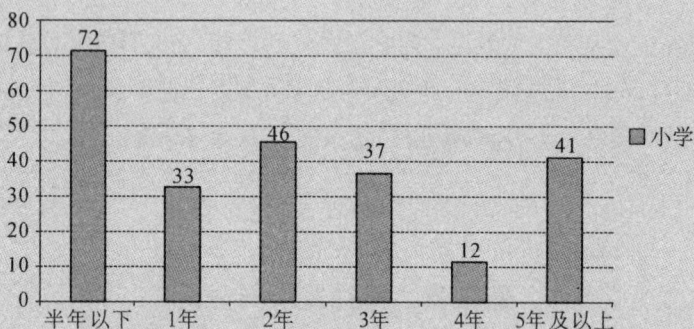

图 3-1　小学高年级生不同网龄人数分布

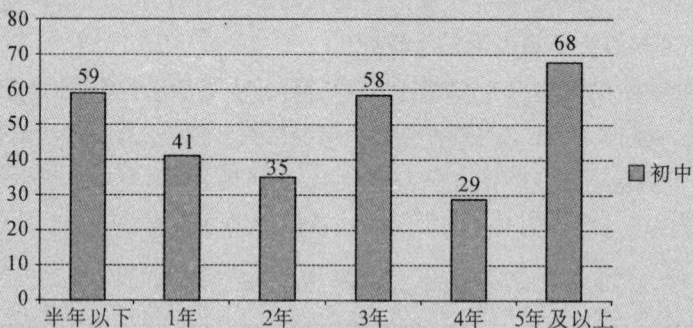

图 3-2　初中学生不同网龄人数分布

这提示我们,随着互联网的迅速普及,使用者向低龄化发展趋势明显,有相当一部分互联网使用者的初次触网时间可以发生在小学入学前。初中和小学生自控能力及是非判断能力仍然有限,加之精力充沛,对周围世界充满了好奇与求知的欲望,而我国现阶段各大网站对网络安全、健康的管理还未形成科学机制,不少网络游戏层次低下,对于未成年孩子的成长大为不利。因此,互联网"早早"走进了孩子的生活世界,这对我们如何引导孩子健康、安全、文明地使用互联网提出了严峻的考验。计算机知识教育应从娃娃抓起,上网的引导与监管工作也应该从娃娃抓起。

其次,从中小学生的上网时间与频率来看,根据本次调查,小学高年级学生每次上网时间平均为 45.67±47.41 分钟,初中生每次上网时间平均为 80.51±64.57 分钟;小学高年级每周上网时间平均为 2.08±3.22 小时,初中学生每周上网时间平均为 3.85±4.53 小时;小学高年级每周上网次数平均为 2.24±1.72 次,初中学生每周上网次数平均为 2.44±1.77 次。具体分布见表 3-3:

表 3-3　上网研究对象上网时间与频率的年级分布

	小五	小六	初一	初二	初三
每周上网次数($M \pm SD$)(次)	2.10±1.56	2.43±1.99	2.37±1.23	2.44±1.97	2.53±2.10
每次上网时间($M \pm SD$)(分钟)	45.39±64.98	47.66±57.58	72.23±58.62	82.50±62.00	93.29±66.69
每周上网时间($M \pm SD$)(小时)	1.81±2.54	2.40±3.69	3.22±3.56	3.91±4.63	5.31±5.53

第三,从中小学生的上网目的来看,在上网研究对象花费时间和精力最多的使用目的方面,最多的为娱乐性目的,占上网研究对象总人数的 52.6%;其次为社会性目的,占 26.9%;最少的是学习性目的,仅占 20.5%(见表 3-4)。

表 3-4　上网研究对象上网目的年级分布情况

上网目的	小五	小六	初一	初二	初三
社会性目的	17(15.2%)	29(22.5%)	26(26.0%)	35(36.5%)	36(38.3%)
学习性目的	39(34.8%)	30(23.3%)	17(17.0%)	13(13.5%)	10(10.6%)
娱乐性目的	56(50.0%)	70(54.2%)	57(57.0%)	48(50%)	48(51.1%)
上网人数	112	129	100	96	94

儿童青少年上网所花费时间和精力最多的是娱乐,这可能是会让很多老师和

家长感到失望的。对这些学生而言,互联网与其说是学习的工具,不如说互联网被当作了娱乐和交往的工具。

再者,从样本中中小学生上网行为的性别及年级差异来看,我们对不同性别的学生网龄、平均每周上网时间和每周上网次数上的特点进行检验,结果发现这些方面未表现出显著差异,而在每次上网时间上有显著差异,男生平均每次上网时间显著高于女生。

另一方面,将研究对象分为小学和初中两组,统计检验表明:小学组和初中组学生在每次上网时间和每周上网时间上存在显著差异,表现出随年级增长的趋势;而在网龄和每周上网次数上未表现出显著差异。

二、上网未对学习适应性产生明显影响

为了考察青少年上网与否与其学习适应性之间的关系,首先对小学非上网组与上网组在学习适应性上的差异进行检验。结果表明,小学非上网组与上网组在学习适应性各因素上未见显著的差异,也就是说,上网并未成为小学生学习适应性的影响因素(见表3-5)。

表3-5 小学非上网组与上网组在学习适应性上的差异

	非上网组($M\pm SD$)	上网组($M\pm SD$)	差异
学习适应性总分	117.53 ± 25.12	111.14 ± 21.98	不显著
学习热情	13.73 ± 3.68	12.76 ± 3.50	不显著
学习计划	11.70 ± 4.17	11.34 ± 4.24	不显著
听课方法	12.72 ± 3.55	12.13 ± 3.55	不显著
分量表1总分(学习态度)	38.73 ± 10.06	36.15 ± 9.93	不显著
分量表2(学习技术)	12.36 ± 3.70	12.57 ± 3.64	不显著
家庭环境	12.04 ± 3.37	11.53 ± 3.26	不显著
学校环境	13.37 ± 3.43	12.61 ± 3.39	不显著
分量表3总分(学习环境)	25.55 ± 6.08	24.04 ± 5.48	不显著
独立性	11.52 ± 2.77	11.66 ± 2.03	不显著
毅力	14.45 ± 3.97	14.40 ± 3.58	不显著
身心健康	12.89 ± 4.09	12.09 ± 3.31	不显著
分量表4总分(身心健康)	39.09 ± 8.20	38.10 ± 6.70	不显著

其次,相似地,对初中非上网组与上网组学生在学习适应性上的差异进行检验。结果表明,初中非上网组与上网组在学习适应性各因素上不存在显著的差异,即上网也并未成为初中学生学习适应性的影响因素(见表3-6)。

表 3-6　初中非上网组与上网组在学习适应性上的差异

	非上网组($M \pm SD$)	上网组($M \pm SD$)	差异
学习适应性总分	107.22±23.40	105.23±20.22	不显著
学习热情	12.69±3.73	12.15±3.38	不显著
学习计划	10.69±3.76	10.33±4.17	不显著
听课方法	11.57±3.41	11.14±3.02	不显著
分量表1总分(学习态度)	35.36±10.54	33.64±9.93	不显著
分量表2(学习技术)	11.64±3.74	11.90±3.28	不显著
家庭环境	11.05±3.40	11.00±3.07	不显著
学校环境	12.56±3.45	12.33±3.49	不显著
分量表3总分(学习环境)	23.47±6.88	23.28±5.44	不显著
独立性	11.02±2.67	11.47±2.08	不显著
毅力	13.62±4.97	13.43±4.22	不显著
身心健康	11.32±4.18	11.36±3.84	不显著
分量表4总分(身心健康)	36.11±8.95	36.28±7.01	不显著

综合上述结果,可以看到小学非上网组与上网组、初中非上网组与上网组在学习适应性各因素上未见显著的差异,也就是说,上网并未成为小学生和初中生学习适应性的影响因素,或者说使用网络并不必然导致对学习的不良影响。

三、网络成瘾者学习适应性存在缺陷

进一步,我们还对网络成瘾边缘组与正常使用组学生在学习适应性上的差异进行检验。结果表明,网络成瘾边缘组与正常使用组学生在学习适应性总分、学习热情、学习计划、身心健康因素上存在显著的差异,在学习技术和学习环境方面未见显著差异。

表 3-7　PIU边缘组与正常使用组在学习适应性上的差异

	正常使用组($M \pm SD$)	PIU边缘组($M \pm SD$)	差异
学习适应性总分	108.73±21.96	83.50±065	显著
学习热情	12.67±3.42	7.50±2.12	显著
学习计划	11.24±4.07	5.50±0.71	显著
听课方法	12.06±3.48	9.00±1.41	不显著
分量表1总分(学习态度)	35.88±9.57	22.00±6.54	显著
分量表2(学习技术)	12.21±3.89	11.00±1.41	不显著
家庭环境	11.32±3.28	11.53±0.71	不显著
学校环境	12.45±3.46	8.51±2.12	不显著
分量表3总分(学习环境)	23.68±5.44	20.3±1.412	不显著
独立性	11.42±2.12	10.51±0.75	不显著

	正常使用组（$M\pm SD$）	PIU 边缘组（$M\pm SD$）	差异
毅力	13.81±4.07	7.45±3.54	显著
身心健康	11.99±3.39	7.54±3.54	不显著
分量表 4 总分（身心健康）	37.14±7.07	30.43±0.707	显著

但是，随着 PIU 程度的提高，会对学习适应性造成显著影响。PIU 边缘组在学习适应性总分、学习热情、学习计划、身心健康因素上均比正常使用组学生差，而在学习技术和学习环境方面未见显著差异。

按照学习适应性测验指导手册的解释，PIU 边缘组学生的学习适应性整体水平显著低于正常使用组学生，在学习过程中不能根据学习条件的变化而积极主动地进行身心调整，难以克服可能遇到的种种困难取得较好学习效果。这些特点具体表现为：

（1）学习态度欠佳，学习动力不足。这类学生不能明白学习的意义，学习动机不强，缺乏学习热情，存在明显的"被动学"或"厌学"表现。

（2）学习策略失调。这类学生不能很好地制定和执行学习计划、合理安排学习时间。

（3）身心健康欠佳。PIU 边缘组学生的身心健康总体水平较低，存在着较多的心理困扰或心理障碍，在学习时常感到体力不支、头昏脑胀，成功的学习所必需的毅力等心理品质在他们身上也表现得较弱。

四、网龄长及成瘾者学习适应性受损

为了考察互联网使用基本行为、PIU 程度与学习适应性的关系，对青少年上网行为与其学习适应性进行相关分析，结果发现，互联网使用基本行为中的网龄和每次上网时间、PIU 程度与学习适应性一些因素呈显著负相关。每周上网时间、每周上网次数与学习适应性不存在显著相关（见表 3 - 8）。

表 3 - 8　互联网使用基本行为、PIU 程度与学习适应性的相关[1]

	PIU 总分	网龄	每次上网时间	每周上网时间	每周上网次数
学习适应性总分	－	－	－	/	/
学习热情	－	－	/	/	/

[1] 表格中出现"＋"代表相关系数为显著正相关，"－"代表相关系数为显著负相关，"/"代表相关系数不显著，而具体的相关系数均省略了。后同。

	PIU 总分	网龄	每次上网时间	每周上网时间	每周上网次数
学习计划	/	—	—	/	/
听课方法	—	—	—	/	/
分量表 1 总分(学习态度)	—	—	/	—	—
分量表 2(学习技术)	/	—	—	/	/
家庭环境	—	/	—	—	—
学校环境	—	/	—	—	—
分量表 3 总分(学习环境)	—	/	—	—	—
独立性	/	/	/	—	—
毅力	—	—	—	—	—
身心健康	—	/	—	—	—
分量表 4 总分(身心健康)	—	—	—	/	/

　　根据相关分析的结果,将与学习适应性相关的 PIU 程度、网龄和每次上网时间分别作为预测变量,进行逐步多元回归分析,考察研究对象互联网使用对其学习适应性的影响。结果发现,在与 PIU 相关的学习适应性因素中,只有网龄和 PIU 程度两个显著因素进入回归方程,其能联合预测学习适应性 9.4% 的变异量。

　　这提示我们,随着网龄的增长和 PIU 程度的加深,会出现越来越多的学习适应问题,给学生的主导活动——学习带来越来越多的不良影响。社会、学校、家庭都应重视并采取积极对策,尤其是针对网龄较长的学生,做好引导和管理工作,努力避免病理性互联网使用,从而保证学生顺利完成学习任务。

　　综合起来看,青少年上网与其学习适应性的关系大概可以通过下面的图示来形象地反映(见图 3-3)。青少年的互联网使用基本行为,以及 PIU 程度可能会影响学习适应性。

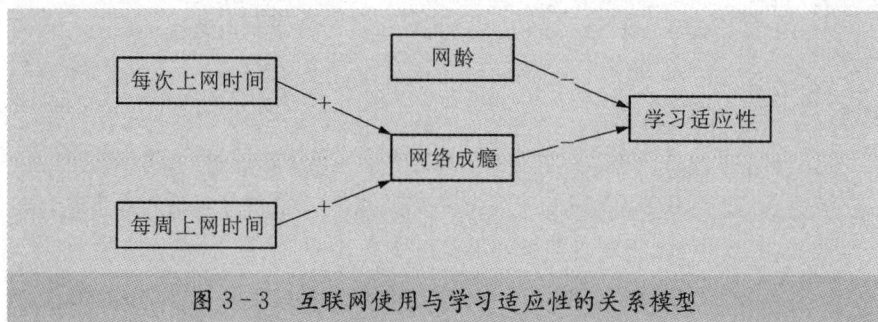

图 3-3　互联网使用与学习适应性的关系模型

　　本研究发现互联网使用基本行为中的每次上网时间和每周上网次数可通过

PIU 程度间接影响学习适应性,网龄和 PIU 程度可直接影响学习适应性。网龄长、PIU 程度高的少年儿童,在学习活动中会表现出更多的适应不良,而学习是学生的主导活动,是对学生进行社会评价的主要指标,所以,学习的不顺利对学生心理的影响是巨大的。宋广文(1999)的研究就指出,学习适应性强的中学生的心理健康水平也较高。他们没有明显的身体不适感,能够摆脱无意义的思想、冲动和行动,没有明显的不自在与自卑感,没有突出的情感障碍,不神经过敏,能较好地控制脾气,思维不偏执等。反之,则表现出较多的心理问题。因此,教育工作者和家长都应重视并采取积极对策,引导学生合理上网,避免病理性互联网使用,充分发挥互联网对学生学习的促进作用,通过学习适应性状况的改善增进学生的心理健康程度。

第三节 建议与展望

一、研究结论

综上所述,对青少年上网与其学习适应性之间关系的研究,可以得出以下结论:

1. 互联网使用者低龄化发展趋势明显,初中学生甚至小学生已经成为互联网使用的重要群体,小学高年级学生及初中生中,许多人上网历史已经不短,而且,他们上网娱乐的倾向较为明显。

2. 上网并未成为小学高年级和初中学生学习适应性的影响因素,但是,随着 PIU 程度的提高,会对学习适应性造成显著影响。

3. 网龄和 PIU 程度对学习适应性具有一定的预测作用,即上网历史较长者,以及表现出网络成瘾倾向者,其学习适应性都可能会受到损害。

二、对策建议

由于儿童青少年上网所花费的时间和精力最多的是娱乐,这可能会让很多老师和家长感到失望。对这些学生而言,互联网与其说是学习的工具,不如说互联网被当作了娱乐和交往的工具。实际上,少年儿童合理的上网目的应该是让网络成为学习和了解世界的工具,因而,在加强对学生上网目的的教育的同时,教师、家长和网络管理人员应及时、有效地对学生网络活动内容的选择进行引导、筛选和监控。介绍健康、优秀的网站,让学生学会利用网络来开拓视野,开展研究性学习,避免沉迷于网络游戏和聊天交友。

另外,对于学生"网上聊天"应加强文明、道德与安全教育。互联网站要严格执行《互联网信息服务管理办法》等国家法律法规,大力开发传承民族优秀文化、弘扬爱国主义精神和体现人类优秀文明成果的网络文化产品,致力创建绿色网上空间,把最好的精神食粮奉献给少年儿童,把最美好的精神世界展现给少年儿童。

当然,我们也应该特别注意到,上网本身并未成为小学高年级学生和初中生学习适应性的影响因素,我们不必"谈网色变",想当然地认为只要孩子们一上网,肯定没好事。关键是我们要善于把握儿童青少年的成长需要,引导他们善用互联网,使之成为自己成长和发展助推器。

三、问题展望

1. 本研究所选择的研究对象取样也只是在一定的范围,样本的代表性使得结论的可推广性有一定的限制,这可能影响到研究的生态效度。

2. 从进入回归方程的预测变量看,对儿童青少年学习适应性的预测力并不很高,说明还有其他一些重要因素可能起作用,这有待进一步的研究来探讨。

第四章

青少年上网与其自我的发展

第一节　问题缘起与研究方法

一、互联网是青少年表现自我的新舞台

为什么要探讨青少年上网与其自我发展之间的关系呢？这一问题的背景又是怎样的呢？

随着人类进入21世纪，互联网技术得到了飞速发展，它正在改变着我们的生活方式。如今，青少年已经成为重要的互联网使用者。同时，由于青少年自身的发展特点，还没有形成一个稳定的自我，互联网使用势必对其产生影响。

网络虚拟环境是一个理想的自我表现平台（Iakushina，2002），人们在其中可以摆脱现实世界的束缚，随心所欲地扮演自己想要的角色。互联网发展史上一个关于角色扮演的非常著名的案例，发生在美国的心理治疗师阿莱克斯身上，他在互联网上把自己伪装成一个女性，由于很容易取得女性的信任，他又设计了一个新的性格人物"Joan"。这个"Joan"被设计为残疾人，却有着坚强的性格，女性聊天者蜂拥而至与Joan交流（华莱士，2000），但是她们却不知道Joan其实是一位身体健康的男性。

互联网上这种角色扮演行为很多，而且还有专门的角色扮演游戏（如MUD等）给使用者提供一个角色扮演的舞台，个体可以在角色扮演游戏中伪装成与现实中的我并不相同的另外一个"我"，即虚拟自我。互联网自身的特点经常诱惑着人们进行角色扮演，构建虚拟的另外一个自我。一些互联网使用者的虚拟自我与现实自我非常接近，只不过是把某些方面稍加修饰，变成自己所希望的性格；而其他一些互联网使用者则是在印象驾驭和欺骗之间跳跃，伪装成另外一个人，伪装出新的人格特点（华莱士，2000）。

"在互联网上没有人知道你是一条狗"（Christopherson，2006），"在互联网上没有人知道我是内向的"（Amichai-Hamburger，Wainapel，& Fox，2002），这些关于互联网上自我表现的经典句子都说明了虚拟自我的存在，这是一种不同于现实生活中"我"的另一种"我"。关于互联网上的"我"目前还没有一个统一的概念，有人将其称之为网络双重人格（彭晶晶、黄幼民，2004；彭文波、徐陶，2002），也有人称之为网络自我（Cyberself）（Robinson，2007；Waskul & Douglass，1997）或者虚拟自我（Virtual Self）（苏国红，2002），还有人称之为自我认同实验（Identity Experiment）（Valkenburg，Schouten，& Peter，2005）。从这些不同的概念中我

们可以看到，虽然其所指范围有所不同，但都是指一种不同于现实自我的"我"。

可以认为，虚拟自我具有如下特点：首先是虚拟性，它不同于现实中的"我"，可能有部分的真实，也可能是完全虚构的；其次是主动性，它是个体在互联网世界中通过文本主动构建出来的，是个体的主动选择。

综合以往关于虚拟自我的研究以及虚拟自我的特点，我们认为：虚拟自我是个体在互联网这个虚拟世界中主动构建的一个"我"，这个"我"可能是与现实世界中的"我"完全不同的，也可能是以现实中的"我"为脚本构建出来的在互联网世界中得到认可的"我"。

在此令人感兴趣的话题是：青少年上网与其自我的发展有何关系？

二、互联网的特点让虚拟自我如鱼得水

互联网的哪些特点会对虚拟自我的表现产生影响呢？

互联网出现后，就成了一个心理实验室（Skitka & Sargis，2006），为人们提供了一个与现实生活环境完全不同的理想的自我表现平台（Iakushina，2002）。研究者（Valkenburg，Schouten，& Peter，2005）以9—18岁的青少年为研究对象进行的调查发现，使用聊天室和即时通讯服务的青少年中，50%的人报告在互联网上进行过自我认同实验，伪装成另外一个人。Gross（2004）进行的研究同样发现，大量的青少年在互联网上进行着角色扮演。这些研究在不同程度上都说明了互联网促进了不同于现实中的我的虚拟自我的存在。

网络虚拟世界的匿名性、视觉和听觉线索的缺失、去抑制性等特点激发了一系列五花八门的角色扮演、欺诈、半真半假和夸大的游戏（华莱士，2000），促进了虚拟自我的出现。

（一）互联网的匿名性可让人神出鬼没

匿名性是互联网的一个显著特点，也是虚拟自我存在的一个重要的前提条件，因为互联网的匿名性，人们会表现出他们在现实生活中不会表现出来的一面（Niemz，Griffiths，& Banyard，2005）。

匿名性指其他人不能够识别个体（Christopherson，2006）。Hayne和Rice（1997）认为匿名性有两种含义，一方面是技术性匿名（Technical Anonymity），指有意义的身份线索的缺失；另一方面是社会性匿名（Social Anonymity），指感知到自己或者他人是不可识别的。个体只有感觉到自己是不可识别的，才有可能、有勇气构建与现实生活中不同的虚拟自我。

互联网的匿名性给人们提供了一个探索和实验不同的自我的实验室，使个体能够在互联网上共享自我的不同方面，而不用付出很大的代价和面临被识别的危

险(Amichai-Hamburger & Furnham, 2007；Bargh & Mckenna, 2004)，不用担心受到现实生活中其他人的批评(Bargh, McKenna, & Fitasimons, 2002)。

互联网的匿名性改变了自我表现的可验证性,改变了成功的自我表现的影响因素。在这个虚拟世界中,由于身份线索的缺失,验证性消失了,个体在进行自我表现的时候只需要考虑收益,就可以尽情地展示自己,没有界限地构建自己希望成为的形象,这也为虚拟自我的出现提供了条件。而且,当个体自我表现的结果没有达到预期时,可以简单地更换一个新的角色(Calvert, 2002),比如,网名的改变就可以很简单地让一个网络角色消失。

(二) 视觉线索的缺失可让人从容自如

虚拟世界中视觉线索的缺失也是互联网匿名性的一个特点,但是它还有另外一层含义,即非言语线索和生理外表线索的缺失。沟通过程中非言语线索的缺失,可以使社交焦虑个体免于焦虑,因此在互联网上表现出另外一种完全不同的我。而生理线索的缺失,可以使生理外表上有污名的个体便于摆脱现实生活中的污名影响,更好地表现自己。

尽管在现实生活中个体可以努力地进行自我表现,构建自己想要建立的社会形象,但是由于生理外表的限制,还是受到一定的影响。而在视觉线索缺失的互联网世界中就不同了,以计算机为媒介的人际沟通的一个显著特征是可以完全隐藏个体的生理外表(Christopherson, 2006),个体可以摆脱生理外表的限制,隐藏不想表露的生理特征(Amichai-Hamburger & Furnham, 2007),把自己构建为一个与现实中的自我完全不同的虚拟自我。

视觉线索的缺失对个体的另一种意义是相对于社交焦虑的个体而言的。视觉线索和非言语信息的缺失会导致人格感知的不准确,但同时这些特点也会被互联网使用者所利用(Rouse & Haas, 2003)。由于视觉线索是导致个体社交焦虑的一个重要原因,一些社交焦虑个体害怕他人目光的注视,如果没有了他人关注的目光,他们也能够很好地与人交流,所以在视觉线索缺失的互联网环境中,他们可以放心地构建一个虚拟自我(Peter, Valkenburg, & Schouten, 2006)。

(三) 互联网的去抑制性可让人为所欲为

Rogers (1951)认为,个体能够意识到他们在社交环境中是一种类型的人,同时他们也会保留一些与所属类型不同的、不能够表达的特质和人际能力(如机智、不服从、攻击性等),这些特质是他们想要表达但是又不能够表达的。然而,在去抑制性显著的互联网上,所有这些都是可以表达的。

去抑制性是互联网的一个显著特点(Joinson, 2001),也是互联网吸引人的一个重要方面。由于互联网的去抑制性,人们在互联网上所说和所做的可能是他们在现实生活中不能说也不能做的(Niemz, Griffiths, & Banyard, 2005)。因为,如果个体在面对面的人际交往中表达消极的或者禁忌的东西,会让人们付出代价(Bargh, McKenna, & Fitasimons, 2002)。比如,互联网上充斥的色情内容和攻击行为在现实生活中是不允许的,而在互联网这个虚拟世界中,所有这些都是不受限制的,这被称为"不良的去抑制性"(Toxic Disinhibition)。

互联网去抑制性的另外一方面是"良性的去抑制性"(Benign Disinhibition)。在互联网上,使用者能够更快地开放自己,更多地表露自己(Griffiths, 2003),促进了个体的自我表露,促进了人际关系的发展,Walther (1996)提出的超个人交流理论就描述了互联网的这种去抑制效应(参见第一章)。

(四) 互联网的非同步性可让人深思熟虑

互联网世界是丰富多彩的,它提供了种类繁多的服务功能。根据中国互联网络信息中心(2007)提供的报告,互联网服务有 25 种之多,其中有些是非同步的,如 Email 等,有些是同步性的,如即时通讯。但是这些同步性的服务在使用者的使用过程中,也可以转化为非同步的。

在人际沟通中,个体可以主动地控制人际交往发生的过程,信息发送者可以有充分的时间思考、修改和回复他们的信息(Amichai-Hamburger & Furnham, 2007),使这种服务由同步性转变为非同步性的。通过这种方式,使用者可以很好地控制人际交往的节奏,有更多的时间进行充分的思考,构建自己期望建构的形象。Walther(2006)进行的研究发现,当人际沟通对象对个体有重要意义时,个体会花费更多的时间进行言语的修饰,个体会根据不同的交流对象调整自己的言语模式和言语的复杂性,这说明了互联网上选择性的自我表现的存在。

三、人格特点虽有异虚拟自我却趋同

一个人的人格特点与其虚拟自我的表现之间会有何关系呢?

McKenna 和 Bargh (2002)发现,对那些认为自己在现实生活中身份有污名的人,匿名的互联网为他们提供了一个与他人在互联网上建立亲密关系的机会,因为互联网上没有性别、种族、年龄、等级和外表的门槛限制(Niemz, Griffiths, & Banyard, 2005),大家在互联网上都是平等的。由于一些人格特征在现实生活中是不受欢迎的,拥有这种人格特征的个体相当于被贴上了某种污名的标签,而在互联网这个平等的世界中,他们的污名标签不见了。

Amichai-Hamburger, Wainapel 和 Fox (2002)进行的研究发现,内向和神经质的人把他们的"真我"(Real Me)定位于互联网上,而外向的和非神经质的个体把他们的"真我"定位于传统的面对面交流中。把"真我"定位于互联网上的个体,其人格特点中有许多方面是他们的网友知道的,但是他们的现实生活中的朋友并不知道;如果让现实生活中的朋友知道他们在互联网上的表现,他们的朋友会感到吃惊,其在互联网上的表现与现实生活中的表现大相径庭!

而且,有研究发现,互联网使用者在网上较少表现内向行为(Chester, 2004),在互联网上内外向人格之间的差异消失了,人们在互联网上的表现都有外向的人格特点。如果个体因为害羞或者不自信而在现实生活中很难发展亲密关系,他们可以在互联网上表现他们认为好的一面,以形成更多的人际关系(Niemz, Griffiths, & Banyard, 2005),满足人际交往的需要。Rouse 和 Haas (2003)研究发现,在人格感知中自评人格与网上行为之间的相关仅在外向性和恭维维度上相关显著,而行为与他评特质之间相关显著。

Peter,Valkenburg 和 Schouten (2005)对 9—18 岁的荷兰青少年进行的研究发现,外向的和内向的青少年都会形成更多的网上友谊,外向和内向的个体在网上都很频繁地公开自己的情况,进行网上交流。这说明在以计算机为媒介的人际沟通中,内向和外向的青少年其差别不存在了。但是在现实生活中,外向的人在人际沟通中有更多的自我表露,更容易与他人形成友谊,内向的人在人际沟通中的自我表露较少,友谊的数量和质量相对于外向的人也更少。但是从关于网上自我表现的研究中可以看到,他们之间的差异减少甚至消失了,这说明具有内向人格特质的个体在互联网上向具有外向人格特质的个体靠拢。

四、网络交往中的自我表现有谋有略

互联网为人们提供了可以展示理想自我的最佳平台,可以自由地塑造自己想要成为的自我,当然,也有人在互联网上展示的是自己最真实的一面,而这些在生活中通常是被个体隐藏的部分。Bargh 等人(2002)发现,与面对面的交流相比,网上交流会让人更好地表达他们真实的自己——他们在现实中想要表达、但又觉得不能表达的关于自己的部分。甚至,由于在线交流的相对匿名和共享的社会网络的缺失,在线交流会让人展示自我概念中潜在的消极方面。

当然,这些通常只是针对陌生人的交流,如果是熟悉的朋友之间,那么互联网只是提供了一个便捷的交流通道,在线和离线是一样的,只是由于视觉线索的缺失导致人们之间的交流变得更容易掩饰,如表情、语气等。

另外,Becker 和 Stamp(2005)采用在线的深度交流访谈法,研究了网络聊天室里的印象管理行为,发现印象管理的三个动机分别是:"社会接纳"——即在聊天文化中被接纳的愿望;"关系发展与维持"——即在聊天室中发展与维持在线关系,进而通过面对面或电话进行交流;"自我认同实验"——即在线构建自己的理

想自我。

这三个动机组合成了影响网上印象管理核心的偶然条件:社会接纳的愿望、关系的愿望、自我认同实验的愿望。而与互联网为媒介的人际沟通本身的特点影响了四种交流行为:展示、相似性和交互性、使用屏显姓名以及选择性自我表现。"展示"指的是表现自己对网络聊天文化的掌握,显得经验老到,技巧熟练,比如使用网络流行语、表情符号等;"相似性与交互性"指的是人们在网络聊天是往往选择与自己有相似性的聊天对象,也就容易导致相互认可和激励;"使用屏显姓名"指聊天是使用自己个性化的"网名";"选择性自我表现"是指聊天时可能故意表现出某种个性,而这可能是其现实生活中并不具备的,目的是为了使自己更有吸引力。

通过这些策略,聊天室的研究对象期望达到两个目的:关系发展和自我认同实现(见图 4-1)。Connolly-Ahern 和 Broadway(2007)通过内容分析,发现人们在网络交往中主要采用自我提升和榜样化策略。

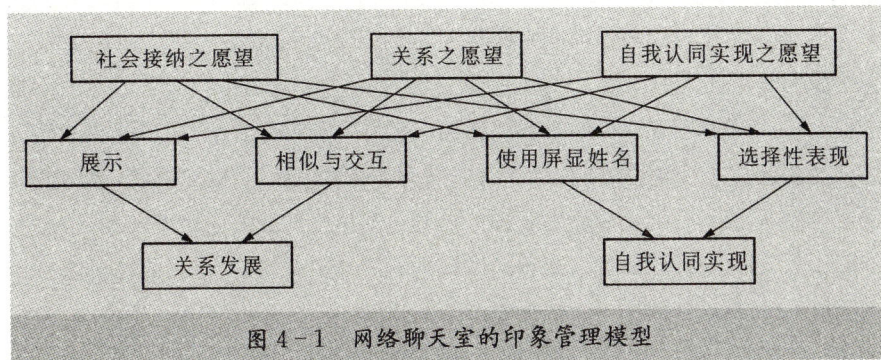

图 4-1 网络聊天室的印象管理模型

五、网络交往对自我认同利弊两可

青少年的网上交往与其自我认同的形成和发展之间有何关系呢?

青少年正处于人生的转折和过渡时期,面临着探索和建立个体自我认同的核心发展任务。自我认同较好的青少年,有较高的自主性,较少依赖他人做决定而更多地使用计划、推理和逻辑决策策略。他们思维活跃,对新事物持开放态度,同时又用自己内在的标准去倾听和判断这些新的事物。他们有更清楚的自我定位和人生目标,行为方式更有计划性和目的性。

在自我认同形成的过程中,青少年受到来自多方面外部因素的共同作用。在网络日益普及的今天,青少年可以从网络上获取大量的信息,很常见的是网络交往,它已成为互联网用户重要的交流工具,对青少年形成积极的自我认同也必然

有着不可忽视的作用。互联网对青少年自我认同的影响主要体现在以下两个方面(雷雳、陈猛,2005):

首先,互联网对青少年自我认同的积极影响。互联网为青少年提供了更广阔的人际交往平台,为青少年的人际交流提供了大量的电子服务,如 BBS、电邮、聊天室等。另外,由于互联网的匿名性、非同步性等特征,使得人际交往摆脱了时间和空间的限制,更有利于建立和巩固人际关系。人际交往与人际关系是青少年自我认同得以发展的土壤,互联网通过影响青少年的人际交往和人际关系,从而对青少年的自我认同产生影响,有利于青少年寻找更多的反馈信息,从而获得积极的自我认同。

其次,互联网对青少年自我认同的消极影响。互联网的使用可能会减少青少年现实中的人际交往,缩小青少年的社会网络,降低青少年的人际支持与自我价值感,不利于青少年建立起健康积极的自我认同。通过互联网的使用,人们用低质量的社会关系取代了高质量的社会关系,或者说,用弱联系取代了强联系。而弱联系比强联系提供的社会支持更少,绝大多数通过互联网建立的人际关系是比较脆弱的,所以很难为青少年建立和完成自我认同提供强有力的支持。

总之,互联网对于青少年自我认同的积极影响和消极影响并存,处于不同自我认同状态的青少年互联网使用偏好也是有差异的。张国华、雷雳、邹泓(2008)的研究发现,自我认同完成较好的青少年倾向于使用互联网信息服务项目,把互联网作为一种工具,从而获取各种学习和生活方面的信息,也更不容易成瘾。与此相反的是,自我认同扩散的青少年更多地倾向于娱乐和维持虚拟的网上"人际关系",互联网的卷入程度较高,最终也更容易网络成瘾。

六、研究方法
(一) 研究对象

关于青少年上网与其自我发展的关系的探索,涉及到三部分研究对象。首先,第一部分研究对象抽取某市某中学初一、初二、高一、高二年级学生 400 人,由于本研究中的虚拟自我仅存在于即时通讯、论坛/BBS/讨论组、网络游戏、网络聊天室、个人主页空间、博客等互联网服务项目中,因此在数据分析过程中我们删除了不使用这类服务的研究对象的问卷,以及因其他原因无效的问卷,最后得到有效样本 283 人。其中,男生 125 人,女生 151 人,另有 7 人没有填写性别。研究对象年龄在 11—18 岁之间,平均年龄为 14.36±1.81 岁。

其次,第二部分研究对象取自两个县市的一所初中和两所高中的初二、初三和高一、高二的学生,样本量为 1600 人,回收率 100%,剔除 380 份废卷后,保留的 1220 份为合格问卷。其中,男生 587 人,女生 633 人,平均年龄 16.03±1.67 岁。

第三部分研究对象分别抽取某市两所中学的初中三个年级和高中一、二年级,共 5 个年级 404 名有效研究对象。其中,男生 213 名,女生 191 名。研究对象的年龄在 12—19 岁之间,平均年龄为 14.73±1.58 岁。

(二) 研究工具

首先,采用雷雳、柳铭心(2005)编制的"青少年互联网服务使用偏好问卷"对青少年的互联网使用偏好进行测量(详见第二章)。要求研究对象在 5 点量表上评价项目与自己的符合程度,分为社交服务、娱乐服务、信息服务及交易服务四个维度。总问卷的内部一致性 α 系数较好。

其次,采用"虚拟自我/现实自我差异问卷"。Higgins 与其同事(1987)编制了研究自我差异的测量工具,它是一份开放式的问卷,可以从不同角度测量研究对象的"理想自我"、"现实自我"、"应当自我"等,在本研究中我们将其修改为测量虚拟自我与现实自我的问卷,要求研究对象分别用 5 个词汇描述在现实中和网络世界中的"我"的特质。问卷对各种自我有详细的定义:现实中的"我"指在现实生活中个体拥有的特质,这种特质可以是积极的,也可以是消极的;网络世界中的"我"指网络世界中的"我"所拥有的特质。同时要求研究对象在 4 点量表上评估他们拥有列出的每一种特质的程度。对研究对象列举的词汇进行编码,并统计各类词汇出现的频率,从而提炼出青少年虚拟自我和现实自我的特点。

第三,采用"真我量表"(Real Me),这是 Amichai-Hamburger, Wainapel 和 Fox (2002)编制,用来测量个体的"真我"是定位于现实生活中还是虚拟的网络世界中,包括四个题目。从对其题目进行的分析中我们可以看到,它反映了个体在互联网空间中的表现与其在现实生活中的表现的一致性程度,可以作为个体虚拟自我和现实自我差异的一种测量方法。其记分方法是计算每个项目的 Z 分数,然后计算四个项目的 Z 分数的平均数,并转化为 T 分数。在本研究中我们把 T 分数作为个体虚拟自我与现实自我差异的指标,得分越高表示个体的虚拟自我与现实自我差异越大,个体的真我更倾向于定位于互联网空间。Amichai-Hamburger, Wainapel 和 Fox (2002)进行的研究发现其内部一致性 α 系数及本研究中内部一致性 α 系数均较好。

第四,采用雷雳、杨洋(2007)编制的"青少年病理性互联网使用量表"(详见第二章)。该量表包括 6 个分量表:凸显性、耐受性、强迫性上网/戒断症状、心境改变、社交抚慰和消极后果,共 38 个项目,要求研究对象在 5 点量表上评估项目与自己的符合程度。得分越高,表示病理性互联网使用的卷入程度越高。该量表有较好的重测信度和内部一致性 α 系数,总量表的重测信度均较好。

第五,采用王登峰等(2006)编制的"中国青少年人格量表"(QZPS‐Q)。该量表由 111 个项目组成,要求研究对象在 5 点量表上评估项目与自己的符合程度。该量表包括 7 个分量表:外向性、才干、善良、人际关系、处世态度、情绪性、行事风格;这 7 个分量表又可以分为 19 个二级小因素。七个分量表的内部一致性 α 系数及重测信度均较好。

第六,基于 Lee 等人(1999)总结的 12 种自我表现策略编制了"青少年网络交往中的自我表现策略问卷",对问卷进行初测,根据数据进行探索性因素分析、验证性因素分析,最后形成包含 25 个项目、5 个维度的问卷,又可以分为两类:

其一,防御性自我表现策略:

1. 找借口:指对消极事件进行口头上的推卸责任,并指出一个不可抗拒的理由。

2. 事先声明:指在窘境出现之前事先给出声明。

其二,张扬性自我表现策略:

3. 自我提升:指个体希望网友关注他的成就和能力,希望他们认为他是有能力的。

4. 逢迎:指为了赢得网友的好感和帮助而说出一些让他们喜欢的言语或表现出对方喜欢的行为,包括讨好、赞同、恭维、附和等。

5. 榜样化:指为表现出自己有道德而做出相应的言语表达,必要时会做出牺牲,以得到网友的尊敬和赞扬。

该问卷采用 4 点计分,分别代表研究对象使用此种自我表现策略的频繁程度,"从不会"记 1 分,"经常会"记 4 分,得分越高,就意味着研究对象越频繁地采用此种自我表现策略。总问卷的内部一致性 α 系数较好。

第七,采用"简版自我认同量表",它是 Tan, Kendis, Fine 和 Porac(1977)依据 Erikson(1950,1959)所描述的自我认同完成的特征编写的,问卷中对每种特征的描述都是成对的,采用的方法是迫选法,以最大限度地减少社会期望效应的影响。因此,每个题目由两句话组成,一句表示自我认同完成,另一句表示自我认同扩散(完成记 1 分,扩散记 0 分)。该量表具有良好的信度和结构效度。

(三) 研究程序与数据处理

由心理系研究生担任主试,以班级为单位集体施测,数据采用 SPSS 和 AMOS 进行处理。

一、青少年的虚拟自我聚焦于心理状态

青少年的虚拟自我与其现实自我相比较,有何特点呢?

詹姆斯(1890)把自我分为物质自我、社会自我和精神自我。物质自我指的是真实的物体、人或地点,物质自我还可以区分为躯体自我和躯体外自我;社会自我指的是个人如何被他人看待和承认,也被称为社会特性;精神自我是指个人所感知到的能力、态度、情绪、兴趣、动机、意见等,也被称为个人特性,即我们所感知到的内部心理品质。

戈登(1969)对詹姆斯的自我理论进行了深入地分析,提出了一个详细的编码程序对个体的自我描述进行编码。在本研究中我们根据戈登提出的编码系统对青少年列出的虚拟自我和现实自我词汇进行编码,采用频数作为分析讨论的依据,因为频数在相当程度上反映了公众对其的认同度,或者说某些特征在人们心目中的重要性程度(陈建文、黄希庭,2001)。

由于在本研究的资料收集阶段要求个体分别用5个词汇描述其在现实生活中和在互联网世界中的"我"的特点,词汇数量有限,而且资料收集对象是青少年,正处于抽象思维发展阶段,能够用抽象的词汇对自我的心理特征进行描述,因此其所列出的词汇主要集中在兴趣活动、物质所有物(身体)、主要自我感、人格特征等。另外,在编码过程中我们发现,青少年在对虚拟自我的描述中出现了一些在虚拟世界中所独有的状态,一种不同于现实生活的状态,如刺激、投入、沉迷等,因此单独列出一种类别,即互联网使用状态。具体的编码情况见表4-1。

表4-1　青少年虚拟自我和现实自我的内容分析

类别	小类别	词汇举例	虚拟自我(频数)	现实自我(频数)	边缘次数
自身状态	兴趣活动	爱听音乐、爱看书	4	31	35
	物质所有物(身体、财物)	健康、身体太重、英俊	4	7	11
	自我感(自主性、能力)	聪明、智慧、笨	24	26	50
	心理类型	快乐、高兴、冷静	670	486	1156

类别	小类别	词汇举例	虚拟自我（频数）	现实自我（频数）	边缘次数
人际过程	人际类型	友好、亲切、热情	155	429	584
	道德感	诚实、虚伪	8	23	31
互联网使用状态		刺激、沉迷、投入	120	/	120
		边缘次数	985	1002	1987

通过对青少年虚拟自我和现实自我描述的内容分析，可以发现，青少年虚拟自我和现实自我的内容主要包括对自身状态的关注和对人际过程的关注两个方面。对自身状态的关注主要包括兴趣活动、物质所有物、自我感和心理类型；对人际过程的关注主要包括道德感和人际类型。互联网使用状态是一个独特的类别，因此在分析过程中没有放入这两个方面，作为一个单独的类型。青少年虚拟自我和现实自我的特点如下：

（1）不论是青少年的虚拟自我还是现实自我，都主要集中在心理类型和人际类型两种类别上，分别占全部词汇的 58.2% 和 29.4%，这说明青少年对自我的心理状态和人际关系比较关注，而对自我的生理等方面关注相对较少。

青少年虚拟自我和现实自我描述都主要集中于心理特征和人际类型，用一些心理特质词汇进行描述，而较少对外部特征的描述，这与以往关于青少年自我概念的研究结果是一致的，也是与青少年心理发展特点相符合的。青少年期正处于抽象思维发展时期，他们更多地用心理术语对自我的内部特征进行描述，而不是对外部特征进行简单的描述。

（2）卡方检验表明，青少年虚拟自我与现实自我在心理类型和人际类型两种类型上是有差异的。在心理类型上，青少年虚拟自我频数显著高于青少年现实自我频数；在人际类型上，青少年现实自我频数显著高于青少年虚拟自我频数。这说明青少年虚拟自我主要集中于心理类型方面，而青少年现实自我主要集中于人际类型方面。

（3）卡方检验表明，青少年虚拟自我和现实自我在自身状态和人际过程两个大的方面是有显著差异的。在自身状态方面，青少年虚拟自我显著高于青少年现实自我；在人际过程方面，青少年现实自我显著高于青少年虚拟自我。这说明青少年现实自我主要集中于人际过程方面；而青少年虚拟自我主要集中于自身状态方面。

卡方分析的结果表明青少年的虚拟自我和现实自我的内容呈现出不同的特

点,青少年虚拟自我更多地是对个体内部心理特征的描述,如高兴、快乐、愉快、沮丧、镇定、轻松等,集中于个体自身,关注自身状态。而青少年现实自我更多是对人际过程的描述,个体更多地用友好、亲切、热情、大方、慷慨等词汇对现实自我进行描述。

虚拟自我和现实自我的这种差异性可能源于互联网上的人际交往与现实生活中人际交往的区别。从减少了的社会线索理论(Kiesler,1984)来看,在以计算机为媒介的人际交往中人们更关注自身,而较少关注人际交往中的对方,较少关注自己对待他人是否友好,是否热情。而个体的自我认识是在人际交往过程中形成的,因此,当要求个体用 5 个词描述互联网世界中的我时,有关个体自身特质的词汇凸显出来,这些词汇具有更高的认知通达性。

以计算机为媒介的人际交往的双自我意识理论也认为,在以计算机为媒介的人际沟通中,使用者有更高的私我意识和更低的公我意识,使用者更关注自己的思想、意识。我们的调查结果支持这些理论,在对青少年的虚拟自我词汇和现实自我词汇的分析中可以看到,在虚拟自我中,对自身进行描述的词汇占到了总词汇量的 37.6%,对人际过程进行描述的词汇量仅为 8.7%。

在对青少年的虚拟自我进行编码的过程中,有一类专门用于描述个体使用互联网时的独特状态的词汇呈现出来,这些词汇在个体的现实自我描述中没有出现,如刺激、痴迷、迷恋等。它们是我们在上网过程中体验到的,也体现了互联网对使用者的吸引力。

此外,为了考查青少年虚拟自我在性别和年级上的差异,以性别和年级为自变量,以虚拟自我为因变量进行 2(性别)×4(年级)的方差分析,结果表明性别和年级的主效应和交互作用均不显著。也就是说,青少年虚拟自我的表现并未受到性别及年级高低的影响。

二、热衷虚拟自我的青少年易坠网络成瘾

为了初步考查青少年人格的七个维度与虚拟自我和病理性互联网使用之间的关系,本研究对此进行了相关分析。结果表明,青少年人格中的才干、善良、人际关系、行事风格与虚拟自我呈显著负相关,情绪性与虚拟自我显著正相关,外向性和处世态度与虚拟自我相关不显著;青少年虚拟自我与病理性互联网使用呈显著正相关;青少年才干、善良、人际关系和行事风格与病理性互联网使用显著负相关,处世态度和情绪性与病理性互联网使用显著正相关,外向性与病理性互联网使用相关不显著。

为了具体说明青少年人格与虚拟自我和病理性互联网使用之间的关系,我们

建构了其间的关系模型（见图4-2），分析结果表明数据与假设模型拟合良好。

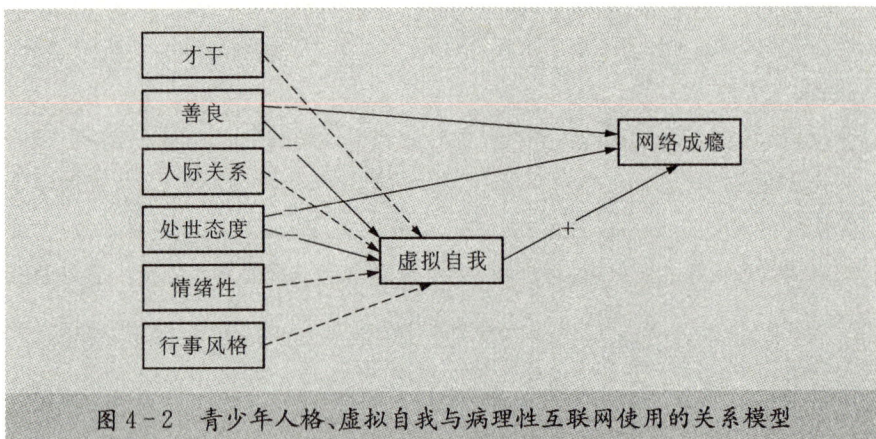

图4-2 青少年人格、虚拟自我与病理性互联网使用的关系模型

从图中可以看到：(1)善良能够显著反向预测个体的病理性互联网使用，说明对人真诚、诚实、能够顾及他人的利益和感受，为人谦逊的个体更可能较少表现出病理性互联网使用倾向；(2)处世态度能够显著反向预测个体的病理性互联网使用，说明目标明确、坚定、理想远大，对未来充满信心、追求卓越的个体较少表现出病理性互联网使用倾向；(3)虚拟自我能够显著正向预测个体的病理性互联网使用，说明个体的虚拟自我与现实自我差异越大，越倾向于表现出病理性互联网使用倾向；(4)善良、处世态度能够反向预测虚拟自我，说明善良和处世态度高分者其虚拟自我和现实自我的差异可能更小，他们能够通过虚拟自我间接预测病理性互联网使用，对病理性互联网使用起到抑制作用。

虚拟自我是个体在互联网上主动构建出来的，由于互联网的匿名性、便利性和逃避现实性(Young，1997)，个体可以脱离现实自由地在虚拟世界中行动。网民在互联网使用中可能更多地表现出一种"去抑制性"，他可能在网上作为一个完全不同于实际生活中的"我"而存在(王立皓、童辉杰，2003)。个体在互联网上体验到不同于现实自我的虚拟自我可能出于两方面的原因：一方面是个体出于好奇心而主动在互联网上尝试不同的自我认同角色，构建另一个虚拟自我；另一种是出于对现实自我的不满，为了逃避现实，个体沉浸于虚拟世界，体验另一个虚拟自我，这个虚拟自我吸引着个体全身心投入到互联网世界。不管是哪一种原因，虚拟自我对个体都有巨大的吸引力，而且会对个体产生重要的影响，尤其对于那些因为对现实自我不满而在互联网上体验虚拟自我的个体，沉浸于虚拟世界容易导致病理性互联网使用。

有研究发现，经常采用幻想、逃避现实等消极应对方式的个体更可能卷入病理性互联网使用(李宏利、雷雳,2005,2004)。肖汉仕等(2007)认为低自尊的中学生将互联网作为获得虚拟自尊、缓解不良情绪的理想途径,从网络行为中获得他人的赞赏、肯定、认可、关注、接纳,产生成就感、归属感、自我效能感,借以补偿、替代现实中自尊感的缺失。虚拟自我与现实自我的差异越大,说明个体对虚拟自我的接受程度越高,个体对现实自我越不满,越容易卷入病理性互联网使用。

然而,虚拟世界的价值评价标准与现实世界的评价标准是不同的,在互联网上得到赞赏、认可的行为在现实生活中可能是不被认可,甚至是被严厉禁止的,例如,在面对面的交往中表达消极的或者不被社会认可的自我会让个体付出沉重的代价(Bargh, McKenna, & Fitasimons, 2002)。对虚拟世界价值评价标准的适应可能会进一步加剧个体对现实生活的适应问题,形成一种恶性循环,导致个体进一步卷入病理性互联网使用。

三、青少年网络交往中自我表现策略特点鲜明

(一) 青少年的自我表现策略中西有别

为了考察青少年网络交往中的自我表现策略的总体情况,我们分析了青少年网络交往中各种自我表现策略及总体上得分的平均数和标准差(见图4-3)。

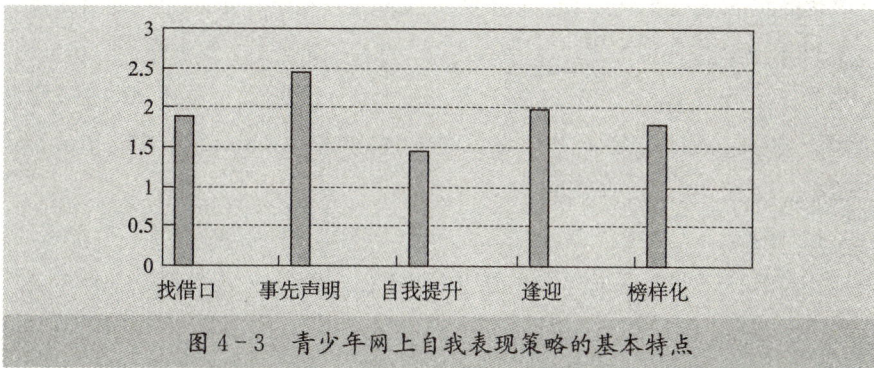

图4-3　青少年网上自我表现策略的基本特点

可以看到,青少年网络交往中的自我表现策略使用的频繁程度大致为:事先声明>逢迎>找借口>榜样化>自我提升,最频繁使用的是事先声明和逢迎,最不经常使用的是自我提升和榜样化。

这与Connolly-Ahern和Broadway(2007)的研究结果并不完全一致,他们的研究发现,个体在网络交往中最频繁使用的是自我提升和榜样化,这可能跟东西方文化的差异有关,东方文化更强调谦虚中庸。

在中国文化背景下,自我提升的过分使用可能比较容易招致对方的反感,并不利于建立和维系人际关系,网络人际交往同样如此。相反,事先声明成了青少

年网络交往中比较经常采用的自我表现策略,在言语交流中,避免窘境出现之前给予声明,使得对方有相应的思想准备,会更容易接纳自己。

(二) 自我表现策略男生更常用年级无差异

从男女生的差异来看,男生在网络交往中自我表现策略使用的频繁程度依次为:事先声明＞逢迎＞找借口＞榜样化＞自我提升,最经常使用的是事先声明和逢迎,最不经常使用的是自我提升和榜样化。女生与男生略有不同,只是女生更多的采用事先声明和找借口,最不经常使用的是榜样化和自我提升,趋势大致为事先声明＞找借口＞逢迎＞榜样化＞自我提升。

为了进一步考察青少年网络交往中的自我表现策略的性别、年级差异,我们以总平均分为因变量,对研究对象在网络交往中的自我表现策略进行2(性别)×4(年级)的方差分析。结果发现,性别主效应极显著,且男生的总分高于女生;年级主效应不显著;性别和年级之间交互作用不显著。这表明,性别对青少年网络交往自我表现策略使用的频繁程度上有显著影响,男生比女生更频繁地使用自我表现策略。年级对青少年在网络交往中使用自我表现策略的频繁程度上没有显著影响,不同年级的青少年在自我表现策略的使用上没有显著差异,比较类似;性别和年级的交互作用对青少年网络交往中自我表现策略的使用上没有影响。

具体而言,自我提升因子上,性别主效应极显著,男生在该因子上的得分高于女生;年级主效应不显著;性别和年级之间交互作用不显著。这表明,性别对青少年网络交往中使用自我提升策略的频繁程度上有显著影响,男生比女生更频繁地使用该策略;年级以及性别和年级的交互作用对青少年在网络交往中使用自我提升策略的频繁程度均没有显著影响。

在逢迎因子上,性别主效应极显著,男生在该因子上的得分高于女生;年级主效应不显著;性别和年级之间交互作用不显著。这表明,性别对青少年网络交往中使用逢迎策略的频繁程度上有显著影响,且男生比女生在网络交往中更频繁地使用逢迎策略;年级以及性别和年级的交互作用对青少年使用逢迎策略的频繁程度均没有显著影响。

在榜样化因子上,性别主效应极显著,男生在该因子上的得分高于女生;年级主效应不显著;性别和年级之间交互作用不显著。这表明,性别对青少年网络交往中使用榜样化策略的频繁程度上有显著影响,且男生比女生在网络交往中更频繁地使用榜样化策略;年级以及性别和年级的交互作用对青少年使用榜样化策略的频繁程度均没有显著影响。

总之,男女生在网络交往中使用自我表现策略的差异主要表现在自我提升、榜样化和逢迎三种策略上,且男生在各策略上的得分均高于女生,尤其是在这三种自我表现策略使用的频繁程度上,这表明,男生比女生更倾向于使用自我表现策略,特别是这三种自我表现策略(见图4-4)。这三种自我表现策略均属于张扬性的自我表现策略,而找借口和事先声明是属于防御性自我表现策略,却没有出现显著的性别差异。侯丹(2004)对现实中自我表现策略的研究也发现了类似的结果。这种特点也与传统性别角色比较吻合。

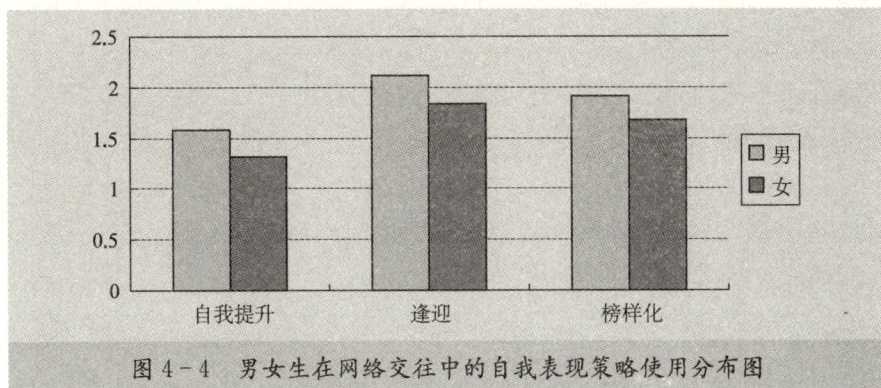

图4-4　男女生在网络交往中的自我表现策略使用分布图

在防御性的两种自我表现策略(即找借口和事先声明)上不存在显著的性别差异,且得分均较高,即男女生均较频繁地使用这两种自我表现策略。原因可能在于,青少年比人生中的任何一个阶段都更在意自己在他人眼中的形象,无论男女生都更关注自身形象。由于网络人际关系又比较脆弱,很容易受到破坏,而找借口和事先声明都是为了让对方可以接受自己不好的表现,以弥补自己在他人眼中的形象。从这个方面来讲,男女生不存在显著差异也是可以接受的,都希望表现可以为对方所接纳和理解,男女生在弥补不良形象的自我表现策略的使用上是比较一致的,均比较频繁,且事先声明均成为男女生网络交往中最频繁使用的自我表现策略。

可见,现实情境中的人际交往与网络情境下的交往也是有相通之处的,与个体所处的年龄阶段以及性别角色本身的特点密切相关。

四、网络老手的自我表现策略运用自如

为了考察网龄对青少年网络交往中自我表现策略的影响,我们以网龄为影响因子,对青少年网络交往中的自我表现策略进行单因素的方差分析。结果显示,网龄不同的青少年网络交往中自我表现策略总体上差异不显著,但是在找借口和自我提升两个因子上差异显著,这表明,网龄对青少年在找借口和自我提升两种自我表现策略使用的频繁程度上有显著影响。

为了更加直观地了解不同网龄青少年网络交往中的自我表现策略的使用状况,我们对找借口和自我提升两种策略进行了趋势检验。结果显示,随着青少年网龄的增加,使用找借口的频繁程度在显著增加,呈现出显著的线性增长趋势;在自我提升策略使用的频繁程度上整体上也呈现显著增加的趋势(见图4-5、4-6)。

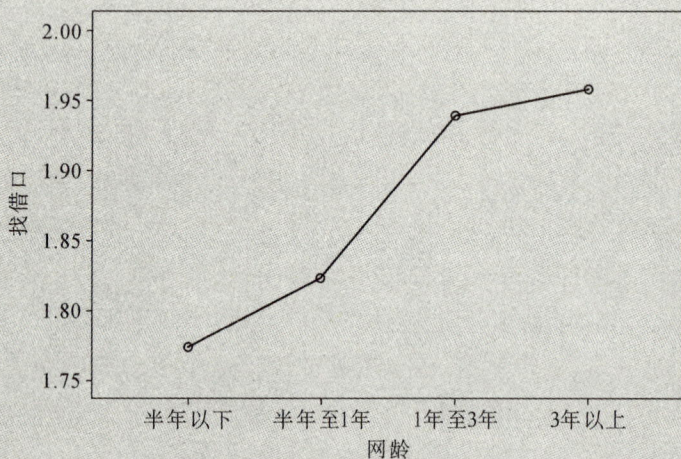

图4-5 找借口策略随网龄增长的变化趋势

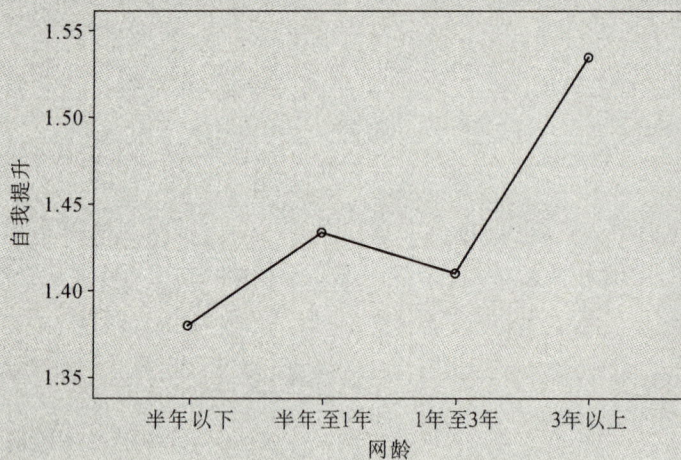

图4-6 自我提升策略随网龄增长的变化趋势

进一步的多重比较检验表明,3年以上网龄的青少年比1年以内网龄的青少年在网络交往中使用找借口策略的频繁程度更高;1—3年网龄的青少年比半年以下网龄的青少年使用找借口策略更频繁。

在自我提升策略上,3年以上网龄的青少年在网络交往中使用自我提升策略的频繁程度比半年以下和1—3年网龄的青少年更高。

Becker和Stamp(2005)的研究告诉我们,网络交往的最终目的可以归结于自我认同实现和关系发展,自我表现策略的使用是为了更好地发展网络人际和实现自我认同建构。3年以上网龄的青少年属于互联网使用的熟手,他们对网络交往非常熟悉,游刃有余,所以非常清楚怎样可以迅速地建立和维系网络人际关系,或者在网络交往中实现自身自我认同的构建,他们懂得如何根据实际的交往对象和情境选择恰当的自我表现策略。

相反,网龄较小的青少年对于网络交往不甚熟悉,在策略的使用上也不是太多,更侧重于相对真实地表现自己,而互联网交流本身更允许个体更好地表达他们真实的自己(Bargh, et al., 2005),只是随着网龄的增加而更多地选择适合的自我表现策略,以实现自我认同建构和网络人际的发展。

自我提升是一种常见的张扬性自我表现策略,是一种积极的自我偏见,能够帮助互联网使用者建立在他人心中的特定形象,有利于网络中的自我认同构建。而找借口作为一种比较常见的防御性自我表现策略,可以很好地弥补自己可能在他人心中造成的不良印象。随着网龄的增加,青少年对网络交往的熟悉程度也逐渐增加,可能发现这两种是最有利于建立和维系网络人际关系的策略,所以才会更加频繁地使用这两种自我表现策略。相反,网龄较小的青少年对网络交往依然还在尝试的过程中,所以各种自我表现策略的使用均没有出现显著差异。

五、面对陌生人的自我表现策略更显心机

青少年网络交往的主要对象也是影响青少年选择自我表现策略的又一个重要因素。由于本研究样本中交往对象为熟人和陌生人的样本量差异悬殊,因此我们使用SPSS从总体选择熟人的样本中随机抽取200人,与选择陌生人的170个样本组成新的数据库,样本容量为370人,平均年龄16.28±1.73岁。

为了研究主要的网络交往对象对青少年网络交往中自我表现策略的影响,我们对此370个样本进行了独立样本t检验。结果显示,熟人和陌生人对青少年网络交往中的自我表现策略的影响差异显著,在自我提升和找借口两个因子上差异显著,在逢迎因子上边缘显著,在事先声明和榜样化两个因子上差异不显著。这表明,不同的网络交往对象对青少年使用自我表现策略的频繁程度是有显著影响的,主要体现在找借口、自我提升和逢迎三种自我表现策略的使用上,而事先声明和榜样化两种自我表现策略的使用没有受到青少年主要网络交往对象的影响(见图4-7)。

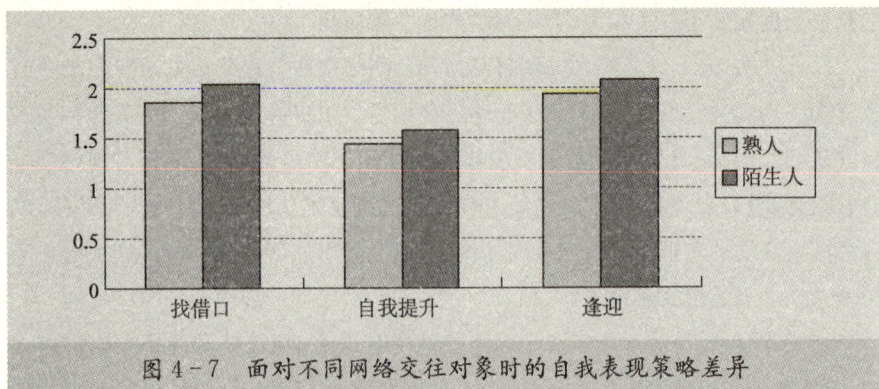

图4-7　面对不同网络交往对象时的自我表现策略差异

交往对象对个体的自我表现的策略有很大影响,人们的自我表现往往根据对方的特点,采取相应的对策(史清敏、赵海,2002)。

在网络交往中,人们更多地是采用书面语交流,缺乏视觉线索,互联网本身又存在虚拟性、匿名性、非同步性等特点,跟熟人的交往对自己的现实生活会产生影响。反观跟陌生人的交往,线上交往不会影响自己的正常生活。自我提升倾向于让别人认为自己是有能力的,是一种积极的自我偏见,是比较常见的一种张扬性自我表现策略,它可以帮助互联网使用者建构在他人心里的特定形象;逢迎是为了得到对方的赞扬等而说出对方喜欢的话,更容易获得对方的喜欢;而找借口是一种比较常见的防御性自我表现策略,帮助他们弥补自己不好的表现所造成可能的不良结果,所以在跟陌生人的交往中比较常见。这两种自我表现策略刚好可以相辅相成,树立在网友心中的特定形象,建立和维系网络人际关系。

六、自我认同完成者的自我表现策略更张扬

为了考察青少年自我认同状态、性别、网龄与其网络交往中自我表现策略之间的关系,对研究对象的自我认同状态和他们在网络交往中的各个自我表现策略进行了相关分析。结果显示,青少年自我认同状态与自我提升、榜样化之间相关显著,但是与找借口、事先声明、逢迎之间相关不显著,这表明,青少年网络交往中的自我表现策略的使用与自我认同之间关系密切,尤其是自我提升和榜样化两种自我表现策略与青少年的自我认同状态之间关系密切。

进一步通过回归分析考察青少年网络交往中自我表现策略使用的频繁程度与其自我认同的关系,结果发现,自我认同可以正向预测青少年网络交往中自我提升策略使用的频繁程度,即自我认同完成得越好,自我提升策略使用的就越频繁;同样,自我认同状态可以正向预测青少年网络交往中榜样化策略使用的频繁程度,即自我认同完成得越好,榜样化策略使用的就越频繁。这一关系可以通过

下面的图示来形象地反映：

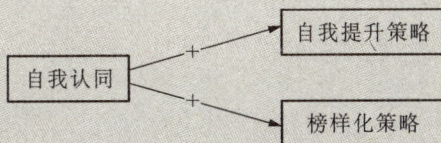

图 4-8 自我认同与自我表现策略的关系模型

青少年的自我认同完成得越好，青少年就更容易肯定自己，也更自信，他们致力于建立在他人眼中的特定形象，并且对此会更加自信，也就可能更容易采用张扬性的自我表现策略。自我提升和榜样化都属于张扬性自我表现策略，在缺乏视觉线索的网络交往中更是如此，借助语言建立在他人眼中的特定形象，最好的方式无非是肯定自己，提升自己，而这两种策略刚好可以很好地达到这样的目的。

七、自我认同完成有助于抑制"网络成瘾"

为了探讨自我认同、互联网服务使用偏好与"网络成瘾"的关系，我们进行了相关分析。结果表明，自我认同完成与互联网信息服务使用偏好显著正相关、与 PIU 显著负相关；四种互联网服务使用偏好与 PIU 均为显著正相关。也就是说，自我认同完成越好的青少年，越可能更多地使用互联网来获取信息，较少卷入互联网社交与娱乐等服务项目，他们把互联网看作是一种工具使用。由于更加合理地使用互联网，"网络成瘾"的可能性越小；而过多地使用互联网社交和娱乐服务，导致对互联网的依赖性和卷入程度不断提高，结果"网络成瘾"倾向必然增强。相关分析结果表明，自我认同完成、互联网服务使用偏好与"网络成瘾"存在很高的相关。

为了进一步考察自我认同、互联网服务使用偏好与"网络成瘾"的关系，以研究对象的年级、性别、自我认同完成、互联网服务使用偏好为自变量，"网络成瘾"为因变量，使用逐步回归分析。结果表明，共有 4 个自变量进入回归方程，其中自我认同完成和性别对"网络成瘾"有显著的反向预测作用，互联网社交与娱乐服务使用偏好显著地正向预测"网络成瘾"。预测力最好的是互联网娱乐服务使用偏好，其解释量为 18.6%；其次是自我认同完成，解释量为 3.4%；再次是性别，解释量为 2.2%；最后是互联网社交服务使用偏好，解释量为 1.8%。四者的联合预测力为 26%。互联网交易与信息服务使用偏好对"网络成瘾"的预测作用不显著。这一关系可以通过下面的图示来形象地反映：

图 4-9 自我认同、互联网服务偏好与网络成瘾的关系

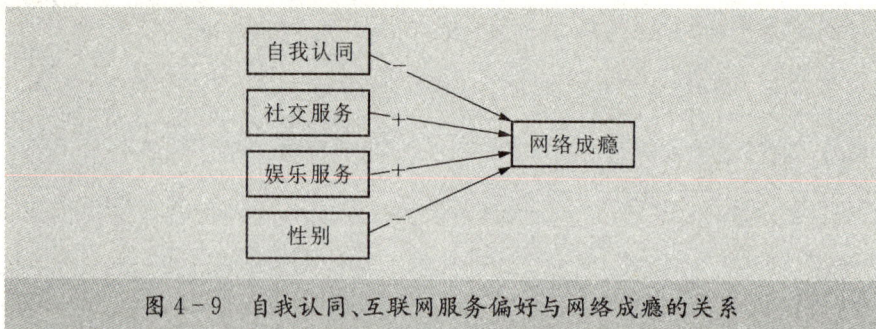

　　青少年正处于形成自我认同的关键时期,过度使用互联网可能产生一定的消极作用,影响自我认同的形成。对于互联网的过度使用,一方面会占用青少年专心自我探索任务的时间和精力,使青少年对这一问题的思考进一步延迟。另一方面,由于网络的虚拟性、匿名性等特点,个体可能会由于扮演过多的角色而有自我全能的感觉或幻想无限的自我,从而无法确定或限定自我定义、自己力所能及的一切选择和决断(管雷、冯聪,2005)。

　　自我认同完成较好的青少年,有较高的自主性,较少依赖他人做决定而更多地使用计划、推理和逻辑决策策略;思维活跃,对新事物持开放性的态度,同时又用自己内在的标准去倾听和判断这些新的事物;有更清楚的自我定位和人生目标,行为方式更有计划性和目的性,专注于现阶段的学习和发展任务。所以他们更倾向于使用互联网信息服务项目,把互联网当作一种工具来使用,从网上获取各种学习、生活方面的信息。这种有目的性的使用极大地减少了对互联网的不当使用或滥用,减少了"网络成瘾"的可能性。

　　相反,处于自我认同扩散状态的青少年,自尊和自主性较低,还没有做出人生的"重要决定",尚未制定学习和生活的规划,无所事事,上网时没有特定的目的和计划,因此更可能投入大量的时间和精力到互联网上,以得到他们想要的娱乐及维持虚拟的网上"人际关系",为了不断满足日益增强的网上娱乐和社交需要而增加互联网卷入程度,最终"网络成瘾"倾向随之上升。

第三节　建议与展望

一、研究结论

　　综上所述,对青少年上网与其自我发展的关系的研究,可以得出以

下结论：

1. 青少年的虚拟自我主要集中于心理状态，而青少年的现实自我主要集中于人际关系。

2. 虚拟自我能够正向预测病理性互联网使用；即对现实自我不满且沉迷虚拟自我的青少年，更可能网络成瘾。

3. 人格特点中，善良能够反向预测病理性互联网使用和虚拟自我，同时善良能够通过虚拟自我间接预测病理性互联网使用。处世态度能够反向预测病理性互联网使用和虚拟自我，同时能够通过虚拟自我间接预测病理性互联网使用。才干能够通过虚拟自我间接预测病理性互联网使用，对病理性互联网使用起到抑制作用。情绪性能够通过虚拟自我间接预测病理性互联网使用，对病理性互联网使用起到抑制作用。

4. 男生比女生更经常地采用自我表现策略，尤其是自我提升、逢迎和榜样化三种策略，男生更倾向于张扬性的策略，而在防御性策略上，没有发现男女生之间存在差异。

5. 随着网龄的增加，青少年就会越频繁地使用找借口和自我提升这两种自我表现策略。

6. 交往对象为陌生人的青少年相比交往对象是熟人的青少年，更经常地采用自我提升、找借口和逢迎三种自我表现策略。

7. 青少年的自我认同与自我提升、榜样化两种策略使用的频繁程度有关，青少年的自我认同完成得越好，在网络交往中就越频繁地使用这两种策略。

8. 自我认同完成能显著地反向预测网络成瘾；即已经形成较为稳定的自我认同的青少年，其网络成瘾的可能性较小。

二、对策建议

从虚拟自我的角度看，那些对现实自我不满意的青少年更可能会沉迷于互联网建构的虚拟空间，醉心于虚拟自我，也因此更可能会导致网络成瘾。所以，对于这样的青少年重要的是帮助他们建构自尊，通过确定他们自尊的由来（即对自我而言极重要的能力领域），给予他们情绪情感的支持和社会赞许，直接地教给青少年真正的技能，让他们体会成就感，继而提升其自尊，同时，让青少年学会面对一个问题并试图解决它而不是逃避。

网络交往所建立的人际关系是非常脆弱的,自我表现策略的使用对人际关系的效果有很大的影响,尤其是交往初期,那么在网络交往中,建立和维护人际关系就需要采用适当的自我表现策略。在与陌生人交往的初期,可以适当采用事先声明和逢迎的策略,在窘境出现之前事先给出声明,以让对方有心理准备,容易接受自己表现的不完美。逢迎是一种比较常见的张扬性策略,以得到对方的喜欢,随着交往的深入,可以根据交往对象自由选择合适的策略来表现自己。

青少年期是其自我认同完成的关键时期,随着互联网的普及,网络交往逐渐进入他们的生活,并日渐成为他们人际交往很重要的方面,有研究证实,过度使用互联网会对其自我认同的完成有一定影响,这主要出现在互联网使用初期,青少年很容易沉迷于互联网所带来的新奇感受。而随着网龄和年龄的增加,互联网的工具性作用开始凸显,他们可以很好地借助互联网这个平台,促进自己的人际交往,包括与熟人之间的交往。那么在他们互联网使用的初期,家长和老师需要进行适当的引导,避免过度使用,耽误了这个时期自我探索的重要任务。

自我认同完成对网络成瘾有显著的反向预测作用,互联网社交和娱乐服务使用偏好对网络成瘾有显著的正向预测作用。因此,提高青少年的自我认同水平成为对网络成瘾进行预测和干预的重要措施。

三、问题展望

1. 本研究只是关注了青少年虚拟自我与现实自我的差异性,关于青少年虚拟自我的形成过程未作详细的探讨,这有待以后的研究寻求一种探讨青少年网络虚拟自我形成过程的方法,对虚拟自我的形成过程进行深入研究。

2. 在本研究中我们采用戈登的编码系统,借以考查青少年虚拟自我和现实自我内容的特点,但是这种统计分析未能精确地考察青少年虚拟自我和现实自我的差异,难以更全面详细地考查青少年虚拟自我的特点。以后的研究可以在目前发现的基础上编制测量青少年虚拟自我的问卷,对青少年的虚拟自我作进一步的探索。

第五章

青少年上网与其依恋关系

第一节   问题缘起与研究方法

一、互联网恐成青少年的又一依恋对象

为什么要把青少年上网与其依恋关系联系起来呢？这一问题的背景又是怎样的呢？

依恋（Attachment）是指人与人之间建立起来的、双方互有的亲密感受，以及相互给予温暖和支持的关系。最初它主要指母亲和婴儿之间的依恋，但后来生命全程依恋观（Bartholomew，1993；Colin，1996）和多重依恋说的兴起，使得对依恋的关注扩展到了其他的生命时期和生活中的重要他人。依恋关系蕴含在人毕生发展的过程中，包括儿童期、青少年期以及整个人生阶段中的母子依恋、父子依恋和同伴依恋等。

青少年期个体的依恋状况对其生活满意度、情绪情感以及人际交往能力等方面均有重要影响。虽然父母亲是个体重要的依恋对象，随着个体从童年期向青少年期过渡，同伴对他们的影响越来越重要，同伴依恋逐渐占主导地位，青少年与父母亲和同伴的依恋关系都是其重要的社会人际网络。

另一方面，在互联网的飞速发展和普及的背景下，由于青少年对外在世界充满着极大的好奇心，互联网对他们的学习和成长有着特别的吸引力。青少年的成长空间正在从现实世界向网络虚拟世界延伸。青少年在现实世界的人际网络可能对其互联网使用行为产生影响。父母和同伴是青少年现实生活中人际关系的主要内容，同时也是青少年获取社会支持的重要来源，因此，青少年与其父母和同伴的依恋关系状况对其互联网上各种服务的使用偏好、互联网的卷入程度等的影响，是值得关注的问题。

另外，值得一提的是，现在的青少年多是独生子女，他们在生活中缺少交流的对象，而青少年期又是个体身心发展的重要时期，以强烈的情绪冲动和极端的情绪体验为特征，是孤独感发生和发展的高危期，所以青少年更倾向于寻找一个情感寄托以避免孤独感（Brage & Meredith，1993）。同时，青少年对异性也充满了好奇心和朦胧感，而中国保守的传统文化使老师和家长对青少年的异性交往过度敏感，认为青少年的成长不一定需要异性的参与，这样的观念导致家长和老师对青少年与异性的交往持坚决的反对态度（陈慧瑜，2005），严格限制青少年之间的异性交往。

青少年正逐步摆脱对父母的依恋，转向于对同伴的依恋的过程中，当他们产生依恋焦虑时，可能会感到恐惧、孤独和不安，渴望得到一种情感上的安慰和支持，从而达到内心的平衡状态，感受到安全感（Allen & Land，1999）。依恋焦虑高的青少年通常将这种情感指向了同龄人中的异性，通过与异性建立亲密关系，去减轻或消除压力、紧张、恐惧等焦虑的感受，感受到一种"安全感"（李同归、王新暖、郭晓飞，2006）。由于学校和家长对青少年的异性交往比较敏感（陈慧瑜，2005），所以，青少年可能更多地采用一种较为隐蔽的方式满足与异性交往的需要。而在互联网时代，"网恋"就可能是一种选择。

互联网的匿名性、便利性和逃避现实性（Young，1997）正好给青少年提供了一个可以自由与人交流的空间，在这个虚拟的世界中他们可以摆脱父母和老师的限制，自由地与异性交流。一项以246名青少年（10—17岁）为对象进行的研究中发现，7%的青少年曾经历过网恋，尤其是14—17岁的青少年网恋者，其中几乎四分之一的网恋者与网友见过面（Anderson，2005）。由于网络存在的安全隐患以及青少年自身的特点，网恋可能会给青少年带来一些负面的影响（张桂兰，2005）。如何避免网恋对青少年造成的负面影响是家庭、学校和社会共同关注的问题。

在此令人感兴趣的话题是，青少年上网与其依恋的关系是如何的？以及青少年的依恋关系与其"网恋"之间又有何联系？

二、亲子依恋与同伴依恋异曲同工

青少年不同对象的依恋关系有何特点？他们又会对青少年的成长和发展产生怎样的影响呢？

（一）亲子依恋中父亲母亲地位不分伯仲

亲子依恋指的是青少年与母亲和父亲之间的亲密情感联结。尽管青少年期亲子间共享的活动和交往互动的机会愈来愈少，依恋行为的频率和强度下降，青少年在行为上表现出有目的地反抗或远离父母，更多地寻求朋友的帮助，但依恋关系的质量仍保持不变或甚至可能更加亲密（Collin，1996）。亲子间亲密的依恋关系会促进个体的成熟和适应，有助于青少年成功地完成自主性的发展任务（Larson et al.，1996；Stenberg，1990）。

虽然个体从童年到青少年早期与父母之间的亲密程度呈下降趋势，但从青少年早期到成年早期却呈逐渐上升趋势，这说明青少年仍然与父母保持亲密的情感联系（Buhrmester，1996）。青少年在获得越来越多的自主的时候，仍然对父母有所依恋是其心理健康的表现（雷雳、张雷，2003）。大多数青少年希望并需要把父母当作"保留的依恋对象"，在抑郁的时候仍然寻求父母的支持和安慰。而且，青少年的亲子依恋可以影响个体的社交技能、对朋友支持的感知等。

传统上人们关心的是母子依恋，这与母亲的重要抚养人角色有关，儿童的日常生活有母亲的大量参与，并通过母亲习得基本的社会交往技能。但20世纪60年代Schafer和Emerson的研究（1991）发现，即使父亲没有经常照料婴儿，婴儿也会对父亲表现出依恋。父亲对婴儿的行为的社会刺激和反应是决定依恋的一个重要因素。

Melissa等人（1999）研究了学龄儿童（9—14岁）的父子、母子依恋关系的发展特征，及其与同伴接受性、互选友谊数量及友谊质量的关系，发现依恋关系与其友谊质量相关显著，而与同伴接受性、互选友谊数量没有显著关系。Kerns（1996）研究发现，五年级小学生母子依恋关系不仅与友谊质量显著相关，与其同伴接受性、互选友谊数量也有显著相关。Verschueren等人（1999）研究了幼儿的亲子依恋与其内外部行为问题、学校适应、同伴交往能力的关系，发现父子、母子依恋关系对儿童的不同方面有显著影响。对父亲的依恋可以显著地预测儿童的学校适应、同伴交往能力，尤其是焦虑、退缩行为；对母亲的依恋显著地预测了儿童的同伴交往能力。

有研究比较了父子依恋、母子依恋各自与幼儿自尊、自我认识之间的关系，发现父亲在抵御儿童社交焦虑方面的作用超过了母亲（于海琴、周宗奎，2004），父亲的支持、可靠会给儿童带来信心，觉得自己是能够胜任的，从而有效地克服不良情绪的障碍。

总而言之，大多数研究者们认为父子依恋与母子依恋有独立的工作模式，影响不同的发展领域。母子依恋和父子依恋对个体的发展都有着重要影响，但又有所区别。

（二）同伴依恋的影响与日俱增

青少年期个体最重要的任务是"个体化"，随着个体自主意识的增强和心智的不断成熟，同伴会对青少年的成长产生日益重要的影响。与同伴交往的过程中，青少年体验到了互惠和平等，自我价值感得以增强（Robin, Bukowski, & Parker, 1998）。

青少年与同伴的亲密性在整个青少年期呈稳定上升的趋势，得到飞速发展。青少年更多地从同伴那里寻求支持和帮助，更多地依靠他们获得对自我价值的肯定和亲密感。同伴依恋能够减少青少年时期出现的急剧变化带来的焦虑和恐惧，促进安全感的发展。青少年的同伴依恋在其行为、认知、情感以及人格的健康发展和社会适应中起着重要作用，是青少年满足社交需要、获得社会支持、安全感亲密感的重要来源。

青少年期友谊关系的质量对个体心理健康状况有很大的影响。没有亲密朋友的青少年有更多的孤独体验,更容易沮丧、焦虑,自尊水平也相对较低(Buhrmester,1990)。青少年早期友谊关系的质量能够预测成人期个体的自我价值感(Bagwell,Newcomb,& Bukowshi,1998)。

三、亲子依恋与同伴依恋可相得益彰

青少年面对不同依恋对象形成的多重依恋系统,彼此之间有何关系呢?

许多研究发现亲子依恋和同伴依恋之间质量和强度存在相关。个体在早期亲子依恋关系中获得的期待、能力和态度上的差异,会影响其后来的同伴关系的发展。

与父母有安全和温暖的依恋关系的青少年,能够更好地把父母当作安全基地来探索其他关系,如与同伴的关系,同时也能促进高自尊、内部控制点,有利于青少年友谊的建立和保持,对青少年的心理适应能力和心理幸福感都非常重要(Nickerson & Nagle,2004;Laible et al. ,2000;Johnson et al. ,2003)。Black 和 McCartney(1997)指出,安全型依恋的孩子对同伴有积极的期望,更可能做出积极的行为,社交能力更强,能更好地与同伴交往。而不安全依恋的孩子因为他们小时候的需要没有得到满足,或没有得到持续的满足,通常估计他人会做出抵制或不敏感反应。

同时,朋友的支持也有赖于感知到的父母支持,父母支持高的个体表现出更积极的朋友支持效应,有更多的朋友(Field et al. ,2002)。缺少父母支持的青少年并不能由同伴支持来补偿,青少年对同伴支持和父母支持的感知是相关的(Beest & Baerveldt,1999)。Barrett 和 Holmes(2001)指出,与父母有积极的依恋关系的个体能够形成亲密的同伴关系。

安全型依恋的青少年对朋友表现出更多的合作行为,寻求朋友的支持。Black 和 McCartney(1997)通过与 36 名 15—18 岁的青少年女生讨论所经历的一些未解决的问题,研究青少年亲子依恋的安全性与最好的朋友交往的质量之间的相关,发现亲子依恋和同伴依恋的安全性之间存在显著的一致性,亲子依恋的安全性较高的女生与同伴交往很积极,有较高的自尊,较少感受到未知的或强有力的他人控制。

Paula 等人(2001)以晚期的青少年为研究对象探讨了父母和同伴依恋与青少年认知理解偏差的关系。研究结果表明,对父母和恋人的不安全依恋与青少年对于模糊环境的威胁性认知有关。研究中与父母和恋人有不安全依恋的青少年比与父母和恋人有安全依恋的青少年更容易把模糊的社会环境解释成充满危险性。

与父母有不安全依恋的青少年对环境的积极反应较之与父母有安全依恋的青少年要少,而更多地是采用回避和有攻击性的策略。据此有理由认为,与父母的安全依恋可以促进青少年的社会技巧和社会能力的发展,而与同伴的依恋与青少年的认知偏差和对环境的反应策略无关。

但是,也有研究把青少年的亲子依恋与同伴依恋对立起来,认为亲子依恋质量低的青少年的同伴活动较多(Engels et. al., 2002)。Laible 等的研究(2000)发现,同伴依恋和亲子依恋都较好的青少年适应能力最好(较少攻击性、最富有同情心)。同伴依恋和亲子依恋都较差的青少年适应能力也最差。同伴依恋较好而亲子依恋较差的青少年的适应能力,比亲子依恋较好而同伴依恋较差的青少年的适应能力更好。由此可见,同伴依恋相对来说对青少年的适应能力比亲子依恋更重要。

此外,还有研究发现,个体对依恋对象的喜好与依恋风格有明显的相关(Freeman & Brown, 2001)。安全型依恋的青少年喜欢母亲胜过最好的朋友、男女朋友和父亲。相反,不安全依恋的青少年优先选择男朋友或女朋友或最要好的朋友作为自己最重要的依恋对象,有近三分之一的拒绝型的青少年把自己当作最重要的依恋对象,认为同伴比失职的父母更重要。过分关注型的青少年优先选择同伴支持,他们因为感觉自我价值低、社会能力低,很难建立亲密的关系。也有研究发现,到青少年后期,亲子依恋和同伴依恋对青少年发展产生不同的影响,亲子依恋与自我映像的应对方面有显著相关,而同伴在身体映像、职业目标和对性的态度方面有很强的影响(O'Koon, 1997)。

尽管相关研究结果不尽相同,但不难看出,青少年期个体面临的特殊发展任务,亲子依恋和同伴依恋对青少年个体的发展都十分重要,青少年期依恋关系对个体的发展与使用具有特殊的重要性。

四、互联网在满足依恋上或越俎代庖

青少年的依恋状况与其互联网使用之间会有怎样的关系呢?

如前所述,青少年与母亲、父亲以及同伴之间的依恋关系的质量与青少年对外在信息的加工、情绪情感、人际关系等有重要影响。与父母的依恋质量较差的青少年倾向于认为外部世界是不可信任的,他人是不能提供帮助的,他们缺乏适当的社交技能,经常处于抑郁孤独等消极情绪之中,缺乏必要的社会支持。因此,在互联网高速发展的今天,他们更可能利用互联网来实践自己的社交技能,并满足自己交往的需要,也会通过互联网来获取信息,通过互联网娱乐服务来释放自己生活中遇到的各种压力,更可能产生对互联网的依赖。

尽管随着年龄的增长,青少年期的个体寻求与依恋对象的亲近行为不如以前

那样紧张和频繁,但是象征性的交流(如电话、书信、互联网)在提供安慰时越来越有效(Leondari & Kiosseoglou,2000)。Selnow(1984)曾用"电子朋友"的概念描述录像游戏。Griffiths(1997)把这个概念延伸到互联网使用者,说明青少年会把互联网当作朋友,也会把互联网当作扩大交友范围的重要手段。也就是说,青少年有可能把互联网当作新的依恋对象,也可能通过互联网来寻求新的依恋对象,如网上友谊的形成等。青少年在现实社会中的依恋关系有可能影响其互联网服务内容的选择,影响其对互联网友谊的看法,影响其对互联网的依赖程度。安全的依恋关系有可能是青少年互联网使用的保护性因素,而不安全依恋关系则可能使青少年过多地依赖互联网,更可能沉溺于互联网的虚拟世界,出现病理性互联网使用等问题行为。

此外,不安全依恋型的青少年更可能出现如药物滥用、酗酒、吸烟、赌博等成瘾行为,Flores(2001)把成瘾看成是一种依恋紊乱。Walant(1995)认为成瘾行为就是企图满足依恋的需要。Young(1998)指出互联网使用者可能表现出与赌博者和酗酒者相似的成瘾迹象,许多互联网成瘾者都有成瘾的历史或心理情感问题。因此,我们有理由认为,依恋质量不高的青少年比依恋质量高的青少年有可能更多地依赖互联网来获取信息或进行社交,更可能过度卷入互联网,成为病理性互联网使用者。不安全依恋关系与PIU很可能存在某种关系,依恋理论有可能为我们对互联网使用的研究提供新的视角,扩展我们对病理性互联网使用的理解,为病理性互联网使用的干预提供新的理论依据。

五、研究方法

(一) 研究对象

研究对象包括两部分,第一部分研究对象随机选取某市普通中学初一、初二、初三、高一、高二年级10个班的学生,有效研究对象405名。其中,男生214名,女生191名。研究对象的年龄在12—19岁之间,平均年龄为14.73±1.58岁(见表5-1),这部分主要用以分析青少年的依恋与互联网使用偏好及网络成瘾的关系。

表5-1　研究对象概况(一)

	初一	初二	初三	高一	高二
男	43	51	37	40	43
女	36	33	56	38	28
总数	79	84	93	78	71
年龄($M \pm SD$)	12.59±0.50	13.67±0.50	14.81±0.45	15.91±0.43	16.94±0.56

第二部分研究对象抽取某市初一、初二、高一、高二学生共计 371 名。剔除不上网的研究对象和问卷填写无效的研究对象,得到有效问卷 317 份(见表 5 - 2)。这部分主要用于探讨青少年的依恋与其"网恋"卷入之间的关系。

表 5 - 2 研究对象概况(二)

	初一	初二	高一	高二	总计
男生	40	29	44	34	147
女生	49	32	44	45	170
总计	89	61	88	79	317

(二) 研究工具

首先,采用"父母和同伴依恋问卷"(The Inventory of Parent and Peer Attachment, IPPA, Armsden & Greenberg, 1987)。该量表共包括三个部分:母子依恋问卷、父子依恋问卷以及同伴依恋问卷。每个部分各有 25 题,采用自陈量表的形式,每一个项目都在 Likert 五点量表上进行计分,从"1—完全不符合"到"5—完全符合"5 个等级,旨在评价青少年与母亲、父亲以及同伴之间的依恋关系的情感和认知维度。其中每个部分又包括三个分量表:

1. 信任维度:指亲子(或同伴)之间的相互理解和尊重、相互信任;
2. 沟通维度:指亲子(或同伴)之间的语言交流的程度和质量;
3. 疏离维度:指亲子(或同伴)之间的疏远感和孤立感。

本研究中依恋量表的内部一致性系数较好。

其次,采用雷雳、杨洋(2006)编制的"青少年互联网服务使用偏好问卷"。项目选自中国互联网络信息中心 2005 年 7 月发布的《第十五次中国互联网络发展状况统计报告》中"用户经常使用的网络服务/功能"的内容,删除了其中不适合中学生的选项(如网上炒股等)后,最终互联网服务使用偏好问卷由 22 个项目组成,从"1—不喜欢"到"5—很喜欢"分 5 个等级记分。通过因素分析提出了四个因子:

1. 信息:包括浏览新闻、电子邮箱、搜索引擎等;
2. 娱乐:包括网络游戏、个人主页、在线音乐等;
3. 社交:包括网络聊天室、即时通讯、BBS 论坛等;
4. 交易:包括网络购物、网上银行、网上销售等。

本研究中量表的内部一致性系数较好。由于青少年使用"交易"服务者较少,所以本研究将着重关注互联网的信息服务、娱乐服务和社交服务的使用。

第三,采用雷雳、杨洋(2006)编制的"青少年病理性互联网使用量表"(Adolescent Pathological Internet Use Scale, APIUS),5 个等级记分,1 表示情况

与自己完全不符合,5表示情况与自己完全符合(详见第二章)。该量表共38个项目,包括6个因素:突显性、耐受性、强迫性上网/戒断症状、心境改变、社交抚慰、消极后果。量表具有良好的聚敛效度,同时其区分效度也在可接受范围内。

第四,采用肖水源(1986)编制的社会支持量表。该量表包括10个项目,分为三个维度:客观支持、主观支持和对支持的利用,各分量表的内部一致性系数较好。

第五,改编Sternberg(1986)编制的爱情量表,对其在语言上进行了修改使之更适合测量互联网上出现的爱情,即"网恋"。该量表共由36个项目组成,要求研究对象在5点量表上评价项目与自己的符合程度,得分越高表示网恋卷入倾向越高。本研究中问卷的内部一致性系数较好。

(三) 程序与数据处理

以班级为单位进行。问卷正式施测之前,主试向研究对象宣读指导语,向学生保证不向他人透露与此次问卷结果有关的任何信息,学生对问卷的反应将得到充分信任。数据处理使用SPSS与AMOS。

第二节 研究发现与分析

一、母子疏离可致青少年网络成瘾

为了考察母子依恋关系、青少年互联网服务使用偏好与青少年PIU之间的关系,本研究先对母子依恋的三个维度与互联网信息、娱乐、社交服务以及青少年PIU进行了相关分析。结果发现,母子信任和母子沟通两个维度与使用互联网信息服务之间的相关达到了显著水平,也就是说这两个因素有可能预测互联网信息服务的使用。

其次,母子疏离与社交服务和娱乐服务之间的相关达到了显著水平,母子疏离可能预测互联网社交服务和娱乐服务的使用。此外,母子信任、母子沟通以及母子疏离三个维度与青少年PIU之间的相关都达到了显著水平,说明母子依恋的三个维度都可能预测青少年PIU。

为了更好地说明母子依恋状况及青少年互联网使用状况等因素与病理性互联网使用之间的关系,本研究采用结构方程模型对数据与假设模型的拟合程度进行了验证(见图5-1)。该模型具体的拟合指数表明该模型与数据的拟合程度良好。以母子依恋来预测青少年互联网服务使用偏好和PIU,母子依恋可以解释青少年PIU 28.9%的变异。

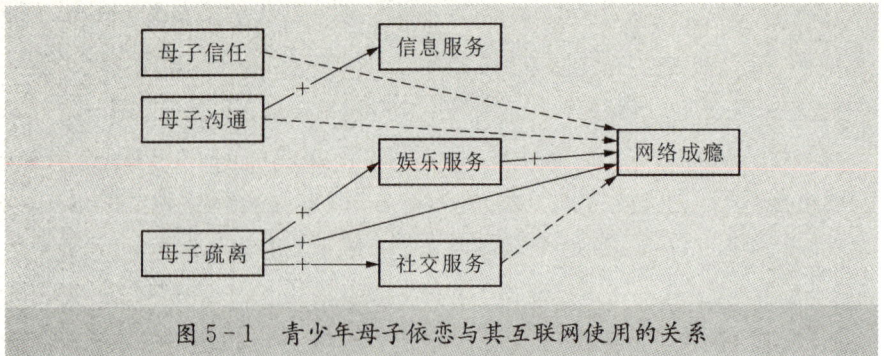

图5-1　青少年母子依恋与其互联网使用的关系

从图5-1中可以看到：(1)母子信任和母子沟通两个维度可以反向预测青少年PIU，但没有达到统计显著性水平；(2)母子沟通可以正向预测青少年对互联网信息服务的偏好；(3)青少年与母亲的疏离程度可以直接正向预测PIU，也可以通过互联网娱乐服务和社交服务偏好间接正向预测PIU。与母亲疏离程度高的青少年更倾向于依赖互联网的娱乐和社交服务，更可能出现病理性互联网使用。

在青少年期，个体求知欲不断增强，急于拓展自己的知识面、探索外部世界、追求体验新事物的心理倾向也会增强，以适应青春期变化带来的压力、追求独立、建立自我认同、满足情感方面的需要，而互联网的匿名性和去个性化为他们提供了一个很好的选择。与母亲沟通水平好的青少年倾向于认为外在世界是积极的，可信任的。他们把互联网当作是生活和学习的工具，获取信息搜索资料的有效途径。母子沟通水平可以预测青少年对互联网信息服务的偏好。

与母亲保持良好的相互信任，能够与母亲进行良好沟通的青少年不会过多地卷入病理性互联网使用，互联网使用对他们的生活和学习带来的负面影响更少，母子信任程度差沟通质量不好的青少年更倾向于利用互联网来排遣心中的压力，更可能迷失在互联网提供的虚拟世界中。

另一方面，母子疏离的青少年更倾向于依赖互联网的娱乐和社交服务，更可能出现病理性互联网使用。与母亲很疏远的青少年有较高的焦虑水平和孤独感，较少的社会支持和心理幸福感。他们更可能把互联网当作情感支持，更可能使用互联网来调节消极情绪，更容易形成网上人际关系，依靠互联网来满足自己获得社会支持的需要。

这一结果与相关研究一致（Morahan-Martin & Schumacher, 2003）。Wolak, Mitchell 和 Finkelhor（2003）也在研究中指出，与父母的疏离程度是影响青少年的互联网使用的一个因素。Egan（2000）的研究发现，与父母疏离的青少年很难通过面对面的人际关系满足友谊的需要。互联网为他们提供了一个选择。随着年级的升高,学习压力相对增大,伴随而来的还有生理上和心理上的困惑和不安,而当前的社会环境和家庭环境又不能正当而及时地排除他们心中的困惑。由于互联网社交服务的匿名性和去个性化的特点,他们更愿意通过网上社交服务来解决问题,通过网络交流减轻或是解决现实中的问题,或是迷恋网上娱乐服务忘掉现实中的烦恼,使心情得到释放。同时,他们也会更多地体验到互联网给自己的现实生活带来更多的负面影响。

二、父子疏离可致青少年网络成瘾

为了考察父子依恋关系、青少年互联网服务使用偏好与青少年 PIU 之间的关系,本研究先对父子依恋的三个维度与互联网信息、娱乐、社交服务以及青少年 PIU 进行了相关分析。结果发现,父子信任、父子沟通和父子疏离三个维度与使用互联网信息服务之间的相关都达到了显著水平,也就是说这三个因素有可能预测互联网信息服务的使用。

其次,父子信任、父子沟通以及父子疏离三个维度与青少年 PIU 之间的相关都达到了显著水平,说明父子依恋的三个维度都可能预测青少年 PIU。此外,父子依恋关系与社交和娱乐服务的相关没有达到显著水平。

为了更好地说明父子依恋状况及青少年互联网使用状况等因素与病理性互联网使用之间的关系,本研究采用结构方程模型对数据与假设模型的拟合程度进行了验证(见图 5-2)。该模型具体的拟合指数表明模型与数据的拟合程度良好。以父子依恋来预测青少年互联网服务使用偏好和 PIU,父子依恋可以解释青少年 PIU 26.1%的变异。

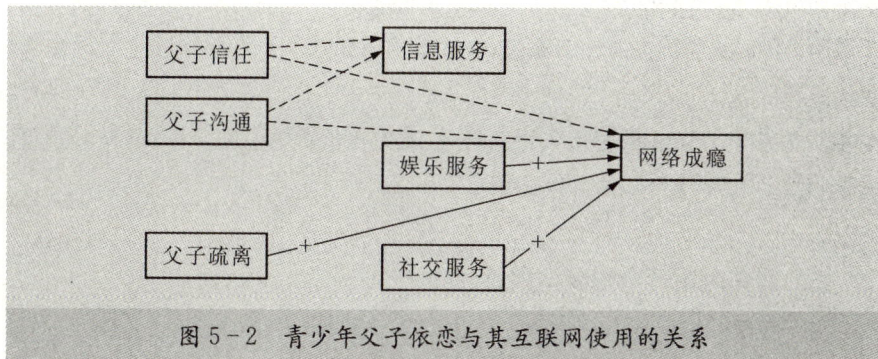

图 5-2 青少年父子依恋与其互联网使用的关系

从图 5-2 中可以看到:(1)父子信任和父子沟通两个维度可以反向预测青少年 PIU,但没有达到统计显著性水平;(2)父子信任和沟通可以正向预测青少年对互联网信息服务的偏好,但没有达到显著性水平;(3)青少年与父亲的疏离可以直接正向预测 PIU,与父亲疏离程度高的青少年更可能出现病理性互联网使用。

　　青少年与父亲的疏离会直接影响青少年 PIU,也可以通过社交服务偏好间接影响青少年 PIU,这表明青少年与父亲关系的安全感对他们的互联网使用非常重要,父亲的拒绝可能是对这个阶段的个体健康使用互联网的一大威胁。这些研究结果也得到依恋理论的支持,依恋理论认为父母与孩子之间关系的安全感、信任和相互的理解与积极结果(如较少抑郁、较少攻击行为、更多同情心等)有关。

　　疏离被 Shedler 和 Block(1990)认为是"经常滥用药物者"的一大特点。以前也有研究表明父母的拒绝和孤独感与儿童适应不良行为有关,例如,社会交往技能较差、同伴关系不良、各个领域的满意度较差、更可能卷入内化的或外化的问题行为等。因此,如果青少年与父亲的关系是消极的,以疏离为特征、缺乏信任感,他们更可能通过互联网来寻求情感支持。这可能是由于与父亲依恋质量较差的个体较之与父母依恋质量高的个体的社会支持网络更小。

　　互联网上交往环境的特点是非面对面的和匿名的,社会线索很容易就去除了。此外,网络的匿名性给互联网使用者提供了一个创造新的社会线索的可能。因此,Joinson(1999)提出社会交往的一般限制和规则在互联网上并不存在。青少年对互联网社交服务的偏好可能反映了他们渴望忽略社会限制的愿望。父亲通常被认为比母亲更经常与孩子玩体力游戏,而感觉与父亲疏离的青少年可能缺乏社交技巧和恰当的应对策略,他们通常更容易形成网上人际关系,发展亲密感。因此,他们更容易成为过度的互联网使用者,更可能报告互联网使用给他们的日常生活和学习造成了消极的影响。

　　此外,由于父亲与母亲的角色有很大差别,母亲提供照顾和温情,而父亲代表权威和纪律(Bourçois,1993)。父亲似乎更可能让孩子兴奋、惊讶,他们在鼓励孩子冒险的同时又能确保孩子的安全,会使孩子学会在不熟悉的环境中更加勇敢,更能承受压力(Paquette,2004)。尽管父亲与青少年之间的信任未能显著预测青少年互联网卷入程度,我们需认识到的是,青少年是否确信父亲在他们需要的时候能够帮助他们,这一点才是至关重要的。

三、同伴疏离可致青少年网络成瘾

　　为了考察同伴依恋关系、青少年互联网服务使用偏好与青少年 PIU 之间的关系,本研究先对同伴依恋的三个维度与互联网信息、娱乐、社交服务以及青少年 PIU 进行了相关分析。结果发现,同伴信任和同伴沟通两个维度与使用互联网信息服务之间的相关达到显著水平,与使用互联网社交服务之间的相关达到显著水平,与使用互联网娱乐服务之间的相关达到显著水平,也就是说这两个因素有可能预测互联网信息、娱乐和社交服务的使用偏好。

其次,同伴疏离与娱乐服务之间的相关达到显著水平,同伴疏离可能预测互联网社交服务和娱乐服务的使用。此外,同伴依恋的三个维度中只有同伴疏离与青少年 PIU 之间的相关达到显著水平,说明同伴疏离可能预测青少年 PIU。

为了更好地说明同伴依恋状况及青少年互联网使用状况等因素与病理性互联网使用之间的关系,本研究采用结构方程模型对数据与假设模型的拟合程度进行了验证(见图 5 - 3)。该模型具体的拟合指数表明拟合程度良好。以青少年同伴依恋来预测其互联网服务使用偏好和 PIU,同伴依恋可以解释青少年 PIU 23.6%的变异。

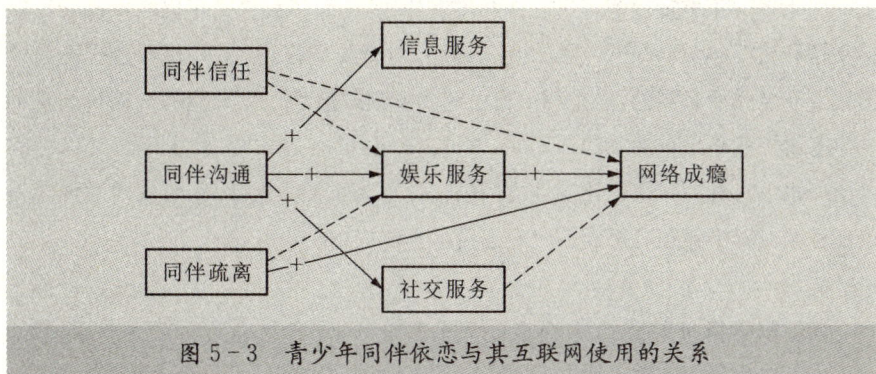

图 5 - 3　青少年同伴依恋与其互联网使用的关系

从图 5 - 3 中可以看到:(1)同伴沟通可以正向预测青少年对信息、娱乐和社交服务的使用偏好,且都达到显著性水平;(2)青少年与同伴的疏离程度可以直接正向预测 PIU;(3)同伴沟通可以通过互联网娱乐和社交服务使用偏好间接预测 PIU。

本研究发现同伴沟通可以正向预测青少年对信息、娱乐和社交服务的使用偏好;还可以通过互联网娱乐和社交服务使用偏好间接预测 PIU。同伴沟通良好的青少年能够把自己的困难和烦扰与同伴进行交流,争取同伴的理解和帮助,也能够听取同伴的意见。他们喜欢利用互联网获得各种各样的信息,把互联网当作学习的辅助工具。同时,他们也喜欢通过互联网维持自己已有的朋友关系,或者通过互联网拓展自己的朋友圈子。同伴沟通水平高的青少年对自己的同伴社会接受性更为自信。

根据 Kraut 等人(2002)提出"富者更富"模型,同伴沟通水平高的青少年愿意通过互联网进行人际交流或玩网络游戏,喜欢运用互联网来扩大现有社会网络规模和加强现有人际关系。但是,研究结果也表明同伴沟通与 PIU 之间是反向关系,尽管没有达到显著水平。也就是说,同伴沟通水平高,同伴依恋安全性高的青少年卷入病理性互联网使用的可能性更小,但是如果他们网上活动主要是为了进行社交或娱乐,也有可能会过度沉迷于网络而不能自拔。这可能是他们上网的动机和目的不同而造成的。

此外,同伴之间疏离水平较高的青少年不愿意把自己的烦恼告诉朋友,害怕遭到朋友的嘲笑,感到与朋友情感隔阂,渴望增进与朋友之间的情感但又因缺乏适当的社交技巧而感到孤独无助。而互联网的匿名性的特点使他们摆脱了很多现实交往的限制,地域、外貌等可能成为现实交往障碍的东西在互联网上被忽略。在网上,青少年可以更自如和放松地进行自我表露和交流,也可以实践新的社交技巧,更容易建立网上人际关系。与同伴之间疏离水平高的青少年更容易转向互联网寻求友谊和支持,更可能报告自己的学习和生活因过度使用互联网而受到影响,同伴之间的疏离程度可以直接正向预测 PIU。

尽管青少年更多地依赖于同伴获得支持,但是大多数青少年仍然依靠父母获得支持和建议(Maccoby & Martin, 1983),对青少年来说,父母在身边已不是他们获得安全感所必需的,但是相信自己遇到麻烦或困难时父母能够帮助自己对青少年来说仍然是最重要的(Leondari & Kiosseoglou, 2000)。青少年与父母之间的信任水平对青少年来说比同伴之间的信任更为重要。因此,本研究中同伴之间信任程度对青少年互联网使用没有显著的预测力。

四、男生网恋超女生年级高低无分别

为了考察不同性别青少年在网恋卷入倾向上的差异,进行独立样本 t 检验。结果表明,在青少年网恋卷入倾向上存在显著的性别差异,男生得分显著高于女生,这说明与女生相比,男生有更多的网恋卷入倾向。

在社会生活中,随时随地都在发生着各种各样的情绪事件,当这些事件发生后,人们普遍倾向于自愿地与他人诉说、谈论这些情绪事件以及他们的感受(孙俊才、卢家楣,2007)。青少年中的男孩和女孩所知觉到的来自父母和教师的支持水平类似,但是女孩认为来自同学和朋友的支持更多(辛自强等,2007),这也与我们的研究结果相一致。由于在男生的同伴交往过程中,嬉戏打闹多过情感的交流,一旦他们有烦恼的事情或负性情绪时,很难找到一个交流和发泄的平台。已有研究也表明在情绪分享时男生较女生更多地使用表达抑制策略。

同时,传统文化对男性和女性情绪表达的要求不同,男性更多地被要求抑制自身的情感(王力、陆一萍、李中权,2007)。Underwood 等人的研究也发现,父母在教养过程中会教导男孩更多地控制自己的情绪,男孩们也报告与女孩相比外界对自身抑制情绪表达的期望更高(Underwood, Coie, & Herbsman, 1992)。

由于在现实中男生无法满足自己对情绪事件的分享,他们就更可能倾向于选择一个特殊的媒介进行情感交流与情感宣泄。Morahan-Martin 和 Schumacher

(2000)的研究发现,互联网是某些人改变心境的工具(情绪低落时,或焦虑时上网)。现有研究认为情绪分享行为满足了人际依恋的需要,同时深层信息的表露促进了亲密感的形成(孙俊才、卢家楣,2007)。并且,在网络使用上存在性别差异,男性在操作电脑的熟练性、实用性和自发性上都远远高于女性(吴玉婷、梁静,2006),所有这些都可能使男生比女生更多地卷入网恋。

另一方面,为了考察不同年级青少年的网恋卷入倾向,以年级为自变量,以青少年网恋卷入倾向为因变量,进行单因素方差分析。结果表明,不同年级青少年网恋卷入倾向并无差异。

五、网恋倾向受制母子依恋及同伴依恋

为了考察青少年网恋卷入倾向、依恋和社会支持之间的关系,对青少年网恋卷入倾向与依恋、社会支持进行相关分析。结果发现,青少年网恋卷入倾向与母子沟通有显著负相关,与母子疏离、同伴沟通、同伴疏离和客观支持有显著正相关,说明青少年与母亲沟通水平越高,与母亲的疏离水平、与同伴的沟通和疏离水平越低,其卷入网恋的可能性越小。

进一步,以青少年的母子依恋、父子依恋、同伴依恋和社会支持的各分量表为自变量,以青少年网恋卷入倾向为因变量进行多元逐步回归分析,由于在前面的分析中发现性别对青少年的网恋卷入倾向有显著影响,因此我们把性别也纳入到回归方程中。

结果表明,性别、同伴沟通、同伴疏离、母子沟通最后进入了回归方程,性别、同伴沟通、同伴疏离能够显著正向预测青少年网恋卷入倾向,母子沟通能够显著反向预测青少年网恋卷入倾向。即与女生相比男生更容易卷入网恋;与同伴的沟通水平、疏离水平越高,与母亲的沟通水平越低,越容易卷入网恋。四个变量联合起来能够解释总变异的 24.6%。

这种关系也可以通过下面的图示来形象地反映:

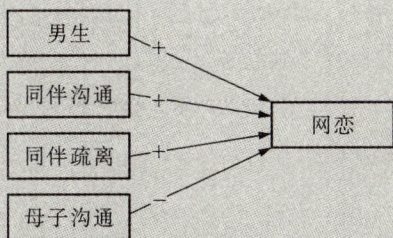

图 5-4 青少年的依恋关系与其网恋卷入倾向的关系

同伴沟通和同伴疏离均能够正向预测网恋卷入倾向,这一结果说明可能有两种青少年更易卷入网恋:一种是平时与同伴沟通较好的青少年;另一种是平时疏离同伴的青少年。研究发现,虽然外向的、善于交际的青少年比内向的青少年更可能使用互联网来保持与家人和朋友的关系,但是他们也更频繁地使用网上聊天室结识新朋友(Kraut, et al. , 1998)。这类青少年更容易找到与自己有共同爱好和想法的群体(如一些专门的网站或论坛等),再加上此类青少年自身善于交际的特点,使他们能够非常容易地在网上建立起自己的社交圈,在网上社交中更具吸引力(杨洋、雷雳,2007)。并且此类青少年往往有着浓烈的热情和丰富的想象力,并且在观念上更为自由和开放,对爱情有着浪漫幻想和憧憬,加上网络的神秘感作祟,网恋极易发生(程燕、余林,2007)。

　　另一方面,同伴依恋安全性关系的缺乏往往与恋爱关系中的攻击性行为和不健康的恋爱态度有关(黄桂梅、张敏强,2003)。青少年正试图摆脱父母,寻求独立,开始较多地与同伴交往,感情重心倾向于关系密切的同伴,朋友在青少年的心目中显得日益重要,他们已经逐渐地把对父母的依恋转移到对同伴的依恋上(Allen & Land, 1999),他们有着与同伴交往的需要。如果现实人际交往不够顺畅,许多内心体验、情绪将会郁结于心中,需要寻找发泄对象和空间,网络为其提供了自由的时间和空间(程燕、余林,2007)。强烈的交友愿望与自身人际交往出现障碍或对自身交友能力存在忧虑之间的矛盾,使青少年自我评价降低,为了缓解内心冲突,便可能长时间留恋于网络(王滨,2006)。面对可控的亲密关系和交流程度,且无须顾及现实影响,他们容易在网络中找人倾诉。一旦与网友建立了信任关系,形成对其倾诉的习惯,极易产生情感上的依恋;如果对方也有类似情愫,网恋极易发生(程燕、余林,2007)。

　　从母子沟通能够反向预测青少年网恋卷入倾向来看,与母亲沟通水平越低,就越无法体验到与母亲之间的那种亲密感觉及母亲所给予的温暖和支持。亲子间的共同观点越少,亲子关系质量越差,个体的孤独感就越高(李彩娜、邹泓,2007),所以青少年也更加倾向于寻找一个情感寄托,从而避免孤独感(Brage & Meredith, 1993)。青少年为了寻求情感上的支持和满足,便经常以使用互联网的方式来排解或回避孤独(王滨,2006)。在互联网这一匿名环境中和其他人聊天更有安全感,并以此来减少孤独感(李瑛、游旭群,2007)。他们更可能在网上寻求能够给予情感支持的人,所以这样的青少年可能会有更多的网恋卷入倾向。

一、研究结论

综上所述,对青少年上网与其依恋关系的研究,可以得出以下结论:

1. 母子沟通可以正向预测青少年对互联网信息服务的偏好。青少年与母亲的疏离可以直接正向预测 PIU,也可以通过互联网娱乐服务和社交服务偏好间接正向预测 PIU。与母亲疏离程度高的青少年更倾向于依赖互联网的娱乐和社交服务,更可能卷入病理性互联网使用。

2. 父子疏离可以直接正向预测青少年 PIU,也可以通过青少年对互联网娱乐服务的偏好间接预测青少年 PIU。

3. 同伴沟通可以正向预测青少年对信息、娱乐和社交服务的使用偏好,还可以通过互联网娱乐和社交服务使用偏好间接预测 PIU;即青少年与同伴之间的沟通可能促使他们使用多种互联网服务,并可能因为对娱乐和社交的偏好而网络成瘾。同时,青少年与同伴的疏离可以正向预测青少年对社交服务的使用偏好,也可以直接正向预测 PIU;即如果青少年的同伴关系不好,他们就可能选择网络社交,继而导致网络成瘾。

4. 青少年网恋卷入倾向存在性别差异,男生较女生有更多的网恋卷入倾向,但网恋卷入倾向不存在年级差异。

5. 青少年的性别、同伴沟通、同伴疏离能够正向预测网恋卷入倾向,母子沟通对网恋卷入倾向有反向预测作用;即与同伴的沟通,与同伴的疏离,都可能使他们热衷于网恋,但是如果母子之间有良好的沟通则可能抑制网恋倾向。

二、对策建议

从亲子依恋的角度看,父母应该避免讽刺挖苦的方法激励孩子,而是要积极地聆听孩子的心声,更多地加强与孩子的情感交流,真正地接近孩子的内心世界,让他们遇到困难和挫折时感受到家庭的温暖和关爱,体会到父母和家庭给自己的情感支持,才能帮助他们在现实生活和虚拟世界中找到平衡点。

父子依恋在个体发展过程中有着特殊的重要性,传统教育往往忽视了父亲对孩子成长过程的影响。本研究提示我们,应该更多地关注父亲角色对孩子互联网使用的影响。父亲应该更多地了解孩子的成长,帮助构建全面而安全的亲密和谐的亲子依恋关系,给孩子提供精神上情感上的关爱,使孩子的身心得到健康发展,有效抵制互联网给孩子带来的消极影响。

　　同时,父母也应该主动向孩子讨教,丰富自己互联网方面的知识。避免因为不了解互联网而一味地加强对孩子上网活动的严格监督和控制,这样只会更加激化亲子之间的冲突,使孩子产生强烈的逆反心理,进一步加深孩子与父母之间情感隔阂,从而导致青少年对互联网更大程度的依赖。父母适当地增补互联网方面的知识,与孩子探讨互联网上的活动,可以营造更畅通的沟通环境,获得孩子的尊敬与亲近。

　　此外,青少年期的孩子自主性得到进一步发展,父母应该尊重孩子的情感,对孩子的期望要从孩子自身的情况出发,不要对孩子提出过多过高的要求,给孩子充分的信任和更多的自主空间,帮助他们形成正确的世界观和人生观。父母和教育者在指责孩子的同时,也要反思家庭功能是否良好,是否和父母间拥有亲密的依恋关系质量对青少年健康使用互联网有重要作用。

　　为了预防青少年卷入网恋,学校可以举办适当的团体活动,协助青少年建立良好的人际关系,增强青少年同伴之间的沟通,提高男生对社会支持的利用,这样相应减少男生卷入网恋的可能性,使他们的人际交往需求在现实生活中能够得到满足。父母与青少年加强沟通和交流,尤其是母亲与青少年加强沟通,使青少年感受到母亲给与的温暖与支持。减少母子之间的沟通问题,可以避免青少年出现不当的网恋行为。

三、问题展望

　　1. 本研究的取样存在一定局限,样本主要来自是某市区的几所中学,这可能会影响研究结果的推广。

　　2. 多重依恋关系对青少年的影响的相关研究也在不断发展,因此在以后的研究中,也有待进一步澄清不同风格的母子、父子及同伴依恋关系的整合对青少年互联网使用的影响。

3. 青少年互联网使用也可能会影响青少年与父母和同伴等不同依恋对象之间的关系,未来研究有必要采用追踪研究的方法,进一步弄清楚两者之间的动态关系。

4. 本研究只是对青少年网恋现象的一个初步探讨,在以后的研究中需要进一步深入分析青少年"网恋"的结构,并比较"网恋"与现实生活中的"爱情"在结构上的差异性。

第六章
青少年上网与其心理性别

第一节　问题缘起与研究方法

一、先天生就男女身虚拟世界或可变

为什么要把青少年上网与其心理性别联系起来呢？这一问题的背景又是怎样的呢？

男女生心理的差异是客观存在的，这种差异是生物学因素和环境因素相互作用的结果，生物学因素为心理性别差异的形成提供了物质基础和自然前提，而环境因素起了决定性作用。进入青少年期以后，每个人都应该形成稳定的性别角色，也可称为心理性别。

性别角色指的就是个体在社会化过程中通过模仿学习获得的一套与自己性别相应的行为规范（Pleck，1984）。传统的性别角色模式认为，性别角色的维度是单一的，男性化、女性化处于维度的两极，个体的性别角色处于该维度的某一点；而且，具有男性化特质的男性和具有女性化特质的女性在心理上更健康。后来有人提出了"双性化"概念，即"个体同时具有男性和女性两种性别因素优点的人格特质"（Ashmore，1990），美国心理学家贝姆（Bem，1981）根据这个概念，通过实证研究将社会上的人分为四种不同的性别特质——双性化、男性化、女性化和未分化类型，并认为双性化特质类型是较佳的性别角色心理模式。

现代心理学认为，男性女性化是在保持有男性特征的同时，增加女性特征的倾向，开始具有女性性别特质的某些特征，但他与双性化者相比，他的男性特征处于隐性表现不充分，继而就显现出女性特征较为突出；同样，女性男性化也是在保持女性特征的同时开始具有男性性别特质的某些特征。因此男性女性化和女性男性化是向双性化发展的一个过渡或一种趋势。

在现实社会中，对个体心理性别的行为表现的评价，始终要受到生理性别的制约。但随着互联网技术的发展，一个虚拟的世界呈现在了人们的眼前，在那里，真实的身份可以得到充分的隐藏和保护。网络游戏的出现，一方面让参与者可以进一步随心所欲地表现自己的言语和行为——甚至在很多网络游戏中，决定自己的性别；另一方面，惩罚措施的不当导致网络游戏中作弊、欺诈行为日渐增多，其中最常见的就是冒充异性（多是冒充女性）引诱玩家（多是涉世未深的男性青少年），达到骗取虚拟财产的目的。围绕这一问题，不少网络游戏论坛都曾发动过讨论，双方为"网络游戏中是否应如实表明自己的性别"各抒己见。最后的结论大都

是"虽然我们并不支持,但只要不利用异性的身份行骗,我们就无权干涉他人的喜好",这至少从一个侧面说明,网络游戏中扮演异性角色已经不再是极少数人的行为了。有了网络的保护,人们的行为会愈加接近于自己的本意,心理性别的表现也会愈加真实。

在此令人感兴趣的是,心理性别与青少年在网络游戏中的某些行为(游戏类型偏好、扮演异性、在互联网中的同伴交往)之间的关系。

二、心理性别定型过程始于婴幼儿期

每当一个孩子出生的时候,家人和亲朋好友最关心的问题可能就是"生的是男孩还是女孩?"这个问题关心的实际上不完全是一个生物学上的差异,更关心的是其社会角色。与性别相联系的社会角色是个体从婴儿期即开始学习的,在幼儿期,幼儿快速地学习其文化指定给男孩女孩的行为,同时,他们也开始确定自己是男孩还是女孩。这就是"心理性别定型"(Gender Typing)过程的开始。

心理性别定型涉及到三个方面,一是性别认同的发展,即知道一个人要么是男的、要么是女的,并且性别是不变的;二是性别角色刻板印象的发展,即关于男性女性应该是什么样子的看法;三是行为的性别定型模式的发展,即儿童喜欢相同性别的活动,而不是通常与另一性别相联系的活动的倾向(见表6-1)。性别认同的发展主要体现在幼儿期。

表6-1　心理性别的定型过程

年龄(岁)	性别认同	性别刻板印象	性别类型化行为
0—3	出现区分男性女性的能力,并不断提高。 儿童能够准确地标定自己是男孩还是女孩。	出现一些性别刻板印象。	出现对性别类型化玩具和活动的偏好。 出现对同性玩伴的偏好(性别隔离)。
3—7	性别恒常性出现(认识到性别不会改变)。	在兴趣、活动和职业上的性别刻板印象变得非常僵硬。	对性别类型化玩具和活动的偏好变得更强了,尤其是对男孩而言。 性别隔离进一步强化。
8—11	/	出现人格特征和成就领域的性别刻板印象。 性别刻板印象变得不太僵硬。	性别隔离继续强化。 男孩对性别类型化玩具和活动的偏好继续加强;女孩表现出对男性化活动的兴趣。

年龄（岁）	性别认同	性别刻板印象	性别类型化行为
12—	性别认同更加明显，反映了心理性别强化的压力。	在青少年早期，对跨性别的言行举止越来越难以容忍。 在青少年后期，大多数的性别刻板印象变得更有灵活性。	在青少年早期，对性别类型化行为的遵从增加，反映了心理性别的强化。 性别隔离变得不再那么明显。

劳伦斯·柯尔伯格(Lawrence Kohlberg, 1966；Kohlberg & Ullian, 1974)认为，儿童对自己是男性还是女性的基本理解是逐渐发展的，整个过程经历三个阶段：

第一，"性别自认"(Gender Labeling)，在 2—3 岁时，儿童理解了自己要么是男性，要么是女性，并对自己有相应的标识。

第二，"性别稳定性"(Gender Stability)，在幼儿期，幼儿开始理解性别是稳定的：男孩会变成男人，女孩会变成女人。然而，此时幼儿认为，女孩如果把发型变成男孩一样，那么她就变成了男孩；男孩如果玩洋娃娃就会变成女孩。

第三，"性别恒常性"(Gender Constancy)，在 4—7 岁时，大多数幼儿理解了男性女性并不会随着情境或者个人的愿望而改变。他们明白，儿童的性别不受他们所穿的衣服、所玩的玩具以及发型的影响。

研究也表明，中国幼儿性别认同发展特点与柯尔伯格的观点是一致的(范珍桃，2004)。

三、心理性别定型在青少年期尘埃落定

从青少年期开始是一个心理性别强化的时期，即关于男性女性的刻板印象进一步提升，更走向传统的性别认同(Basow & Rubin, 1999)。

在青少年早期，在男孩女孩经历很多身体和社会性变化的时候，他们也必须对自己的性别角色进行重新界定。青少年对性别角色的认识发展会出现波动，呈现出一种近似字母"N"型的趋势，11 岁以后达到一个顶峰，而后下降，14 岁左右再次上升，18 岁以后稳定(赵淑文、雷雳，1996)。

随着青春期的开始，男孩女孩与心理性别相联系的期望也会变得日益深化，男孩女孩之间的心理及行为差异在青少年早期会变得越来越大，因为这时迫使他们服从传统的男性化及女性化性别角色的社会化压力增加了(Lynch, 1991)。尤其是对女孩更为突出(Crouter et al., 1995)，她们这时候尝试异性活动的自由与

儿童期相比已经不可同日而语。

吉利根(Gilligan，1996)认为青少年早期对女孩心理性别的强化具有特别意义。她认为，女孩通常显示出对人际关系有很清楚的认识，这是她们通过倾听和观察人与人之间所发生的种种而获得的。女孩能够很敏感地把握到人际关系中的不同脉搏，并且常常能够追随自己的感情走向。女孩对生活的体验与男孩不同，她们有"不同的声音"。

女孩发展到青少年期，对她们来说是一个关键点。在青少年早期，女孩会意识到自己对亲密感非常感兴趣，而这在男性主导的文化中是没有什么价值的，虽然社会也推崇关心他人的、利他的女性。所以，女孩面对着一个两难问题：要么让自己显得自私(如果她们变得独立，追求自我满足)，要么使自己显得无私(如果她们保持对他人的有求必应)。吉利根认为，处于青少年早期的女孩面对这一两难问题时，她们会越来越"沉默"，不再发出"不同的声音"。她们会变得更加不自信，在发表自己的意见时更具有试探性，这种状况往往会一直持续到成人期。

不过，背景的不同会影响青少年女孩是否沉寂自己的"声音"。女性化的女孩在公共场合(例如，在学校，与老师和同学在一起时)，很少发表意见，但是在更为私人的人际关系中(与亲密的朋友和父母在一起时)则不是这样(Harter，Waters，& Whitesell，1996)。

到青少年早期，经历儿童期的发展之后，女孩最终还是偏好(或服从)大体上的女性角色。一方面，青春期的身体发育使她们更有女人味，另一方面，认知的发展使她们对此有了更好的理解，她们也变得更关心他人的评价，更倾向于服从相应的社会期望。

此时，性别认同会进一步扩展，包含三方面的自我评价：

其一，性别的典型性。即个人认为自己与同性别的其他人相似的程度。尽管他们不一定需要以非常典型的性别化观点来看自己，但是，是否与同性别的同伴吻合的感觉对其幸福感会有影响。

其二，性别的满意度。即个人对自己的性别的满意程度，这也会促进幸福感的提升。

其三，服从性别角色的压力。即个人感受到的来自父母和同伴对其与性别相关的特质的不满。因为这种压力会抑制他们去探索与自己的兴趣和天赋相关的选择，所以，强烈感受到心理性别定型压力的儿童常常会感到悲痛。

心理性别典型的、对自己的性别满意的个人，会获得更高的自尊；而心理性别不典型的、对自己的性别不满意的个人，自我价值感会下滑。而且，感受到强烈的服从性别角色的压力的个人，会遇到严重的困难，比如，退缩、悲伤、失望、焦虑等

125

(Yunger, Carver, & Perry, 2004)。

四、心理性别定型路上有人"另辟蹊径"

虽然大多数人在心理性别的发展中符合文化所期望的性别定型特征,但是,仍然有少数人走了另外一条路,他们被认为存在着"性别认同障碍"。

性别认同障碍的诊断标准主要有两方面(Bradley & Zucker, 1997)。标准 A 包含了一些特别的愿望和行为,比如,像异性那样大小便,或者内心中深信一个人可以拥有异性那样的典型感受或者行为反应。标准 B 指的是能够使人对自己的生物学性别或者性别角色深感不安的特定行为,比如,解剖结构带来的烦躁不安,或者明显地厌恶同性的活动或者服饰。

研究表明,6%的 4—5 岁男孩和 11.8%的 4—5 岁女孩的言行举止有时候或者经常会像异性一样,并且这当中 1.3%的男孩和 5.0%女孩有时候或者经常会希望自己变成异性(Sandberg et al. 1993)。然而,在 6—13 岁期间,男孩在这些方面的表现都下降了;对女孩而言,要么是行为方面的表现下降了,要么是愿望方面的表现下降了。

虽然在正常样本中女孩显得比男孩更希望变成异性,但是临床样本却表明男孩与女孩的比率是 7∶1。当然这并不能够解释为人口学变量上的性别差异,它反映的可能是同伴和成人对男孩女孩所表现出的异性行为的社会容忍度不同,男孩表现出女性化的行为时更容易被认为不正常。

从与性别认同障碍相联系的心理病理学问题来看,6—11 岁的男孩受到的困扰比 4—5 岁的男孩多。这些问题主要是表现为内化问题,而不是外化问题。有性别认同障碍的女孩也表现出相同水平的行为困扰,但是她们的内化问题更为突出。

儿童期的跨性别行为与成年以后的同性恋取向有着非常密切的联系(Bailey & Zucker, 1995)。不过,并不是所有成年以后自认为是同性恋的人都回忆自己小时候有过跨性别的行为。这表明性别认同障碍与同性恋之间的关系并不是必然的,性别认同障碍也不简单地是同性恋的早期表现(Bradley & Zucker, 1998)。

导致儿童性别认同障碍的特定因素,在父母方面就是对孩子的跨性别行为的容忍,并且可能在儿童方面也有这种因素(比如,活动水平或者敏感性),它们能够使得跨性别行为更加突出。一旦儿童开始表现出明显的跨性别行为,尤其在性别认同还没有巩固时,儿童就可能会形成跨性别认同的自我,它将会起到重要的防御机制的作用,很难放弃。在导致这种情况出现的因素没有改变的情况下,更是如此。所以,相应的干预应该考虑到这一点。

五、研究方法

（一）研究对象

本次调查的研究对象共 104 名（实际参与统计的是 99 名男性，女性样本仅有 5 名，在此仅对男性样本进行分析），采取在符合要求的前提下随机选择和自愿参与的方式，研究对象的年龄在 14—23 岁之间，平均年龄为 18.58 ± 2.13 岁，要求每一名研究对象都应至少接触过一段时间的网络游戏。

（二）研究工具

首先是性别角色问卷，此问卷根据 Bem 的"性别角色问卷"做了修订，根据研究对象自陈是否具有社会赞许的男性化或女性化性格特征来评价其男性化和女性化程度（Bem，1974）。问卷为 5 点量表，包括 60 个描述性格特征的形容词，男性化量表 20 个，女性化量表 20 个，中性 20 个。男性化和女性化得分都很高的人被划分为双性化型，得分都低的人被划分为未分化型，在一个量表上得分高，但在另一个量表上得分低的人分别属于男性化或女性化两种类型。此量表有良好的信效度，从发表至今一直是性别角色研究中最常使用的测量工具，也是其他测量工具进行比较的效标（王丹宇，1997），本次测试的结果，内部一致性信度较好。

其次是网络游戏行为问卷，它是自编问卷。问卷调查了研究对象对风格截然不同的两类网络游戏（"大型多人在线角色扮演类游戏"和"竞技类游戏"）的偏好程度，同时测量了研究对象在游戏中扮演异性角色的倾向，研究对象在网络游戏中的同伴交往倾向。这部分内容参照了 Marsh 等人测评自我概念的"自我描述问卷"（SDQ）中关于同伴关系的题目，这两部分的内部一致性系数较好。

（三）研究程序与数据处理

本次问卷包括实体版和电子版，其中实体问卷发放 80 份，回收有效问卷 64 份，其中 2 份为女性研究对象；网络问卷发放量无法统计，回收有效问卷 40 份，其中 3 份为女性研究对象。全部有效问卷回收后，去除 5 份女性研究对象问卷，其余 99 份采用 SPSS 进行统计。

第二节 研究发现与分析

一、男性化青少年对竞技游戏情有独钟

为了探究男性青少年的心理性别与游戏类型偏好是否有关，本研究对其性别

角色与游戏类型偏好进行了相关分析。对男性 99 名研究对象的相关分析显示（见表 6-2），无论是男性化分数还是女性化分数，它们与大型多人在线角色扮演类游戏的偏好分数之间都不存在显著的相关。也就是说，男性个体的心理性别特点与其对大型多人在线角色扮演类游戏的偏好没有关系。

表 6-2　心理性别与游戏类型偏好的相关

	1 角色游戏	2 竞技游戏	3 男性化	4 女性化
1 角色游戏	1			
2 竞技游戏	—	1		
3 男性化	/	+	1	
4 女性化	/	—	—	1

但在对竞技类游戏的偏好方面，男性化分数与对竞技类游戏的偏好分数之间存在显著正相关，女性化分数与对竞技类游戏的偏好分数之间存在显著负相关；也就是说，男性化气质越强的男性青少年，对竞技类游戏的偏好越强，而女性化气质越强的男性青少年，对竞技类游戏的偏好越弱。并且从角色扮演类游戏与竞技类游戏的相关来看，它们之间存在显著的负相关；也就是说，喜欢角色扮演类游戏的人就不太可能喜欢竞技类游戏。

这种关系可以通过下面的图示来作形象地反映：

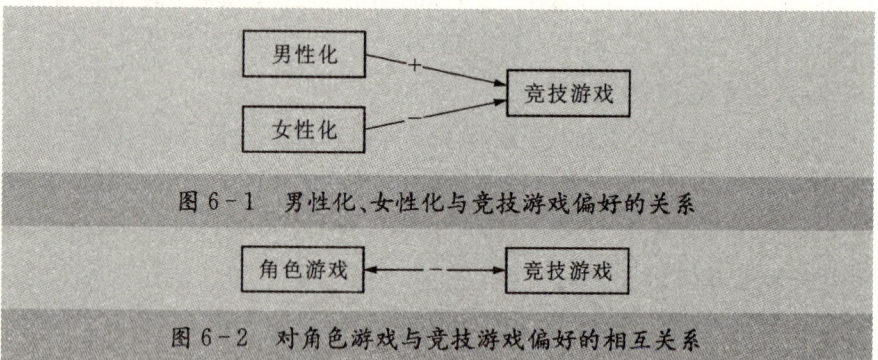

图 6-1　男性化、女性化与竞技游戏偏好的关系

图 6-2　对角色游戏与竞技游戏偏好的相互关系

我们可以看到，对男性青少年而言，男性化分数越高，对竞技类游戏的偏好程度就越高；相反，女性化分数越高，对竞技类游戏的偏好程度就越低。景怀斌（1995）对中国人成就动机差异的研究表明，在中国，男性被认为必须更具有成就竞争意识，所以男性化气质高的男性青少年会更喜欢这种竞技类游戏也就可以理解了。而且，男性的攻击性普遍被认为要高过女性，男性化气质高的青少年为了让自己更符合社会上男性角色的标准，会刻意不去压抑这种天性，相对而言就更

崇尚强者、对抗，对玩家操作和意识要求比较高的竞技类游戏也就成为他们合法且有效释放攻击性、展示力量的一种选择。其实这类现象在现实生活中也很常见，例如，在球迷和军事迷的队伍中，男性成员的比例通常会远大于女性——而竞技类游戏的主题大多与体育和军事有关。

另一方面，在大型多人在线角色扮演游戏中，虽然也存在玩家之间的较量，但并非以此为唯一的主题。每一个大型多人在线角色扮演游戏都是在营造一个虚拟的社会，玩家就是在这些虚拟的社会里按自己的意愿做被游戏规则允许的事情。其游戏内容更加丰富，行为的自由度远比竞技类游戏要高，对玩家也没有太多技术上的要求，因此能够吸引拥有不同游戏目的和喜好的人参与进去，这也许可以解释为什么心理性别与对大型多人在线角色扮演游戏的偏好程度没有关系。

二、男性化青少年更热衷在网游中交友

为了探究男性青少年的心理性别与其在网络游戏中的同伴交往倾向是否有关，本研究对其性别角色与在网游中的同伴交往倾向进行了相关分析。对 99 名男性研究对象的相关分析结果显示（见表 6-3、图 6-3），男性化分数与在网络游戏中同伴交往倾向的分数之间存在显著正相关，而女性化分数与在网络游戏中同伴交往倾向的分数之间不存在显著的相关。也就是说，男性气质越突出的男性青少年，在网络游戏中进行的同伴交往越多，而男性的女性化气质与其在网络游戏中的同伴交往倾向之间没有关系。

表 6-3　心理性别与网络游戏中同伴交往倾向的相关

	1 同伴交往	2 男性化	3 女性化
1 同伴交往	1		
2 男性化	+	1	
3 女性化	/	—	1

这种关系也可以通过下面的图示来做形象地反映：

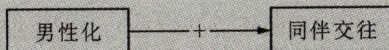

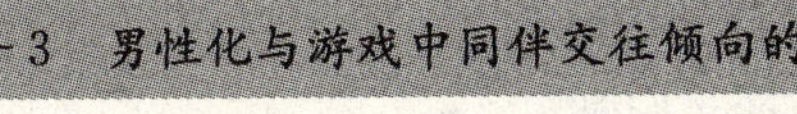

男性化 ——— + ——→ 同伴交往

图 6-3　男性化与游戏中同伴交往倾向的关系

心理性别与在网络游戏中同伴交往的倾向的相关分析显示，男性化分数越高的男性，在游戏中同伴交往的倾向就越明显，女性化分数的高低与网游中同伴交

往倾向的相关并不明显。传统的男性角色特征主要包括豪爽、外向、不拘小节等,在这一点上东西方的差异并不大。这样看来,更男性化的男性会更外向、更大度、更乐于助人,正像本次研究结果显示的,他们更愿意交朋友。

虽然很多理论都提到女性化的特征更擅长处理社会人际关系,但这种结论在本次调查的网络游戏男性玩家群体中似乎并没有明显地表现出来。这可能是因为网上的人际交往与现实中的人际交往有所不同,女性人际交往的优势在网络人际交往中并不能很好地发挥作用。

三、男性化青少年排斥在网游中扮女性

为了探究男性青少年的心理性别与其在网络游戏中扮演异性角色倾向是否有关,本研究对其性别角色与在网游中扮演异性角色倾向进行了相关分析。对男性 99 名研究对象相关分析的结果显示(见表 6-4、图 6-4),男性化分数与在网络游戏中扮演异性角色倾向的分数之间存在显著负相关,女性化分数与在网络游戏中扮演异性角色倾向的分数之间存在显著正相关。也就是说,男性化气质越突出的男性青少年,在网络游戏中越不可能扮演异性角色,相反,女性化气质越突出的男性青少年在网络游戏中更有可能扮演异性角色。

表 6-4　心理性别与网络游戏中扮演异性角色倾向的相关

	1 扮演异性	2 男性化	3 女性化
1 扮演异性	1		
2 男性化	—	1	
3 女性化	+	—	1

这种关系也可以通过下面的图示来做形象地反映:

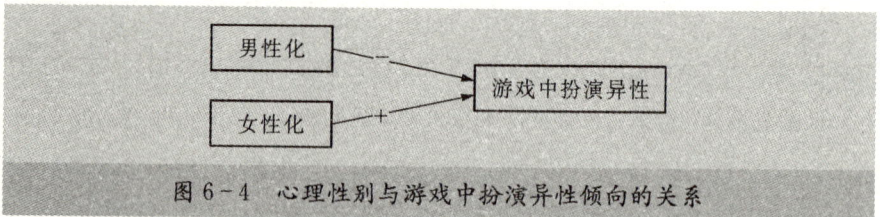

图 6-4　心理性别与游戏中扮演异性倾向的关系

同时,为了进一步探究心理性别、游戏类型偏好、在网游中进行同伴交往倾向是否对网游中扮演异性角色倾向有预测作用,本研究把与在网游中扮演异性角色倾向有显著相关的因素作为自变量,通过逐步多元回归分析。结果表明,男性化、女性化和对竞技类游戏的偏好进入了回归方程,累计多元相关系数为 0.78,它们

的联合解释量为61%。也就是说，男性青少年的男性化气质得分、女性化气质得分以及对竞技游戏的偏好程度可以联合预测在网络游戏中扮演异性角色倾向61%的变异量。

这种关系大致上也可以通过下面的"公式"来做形象地反映：

扮演异性倾向＝女性化－男性化－竞技游戏偏好

本次研究以男性为研究对象，因此这里提到的扮演异性角色的倾向就是扮演女性角色的倾向。统计结果表明，男性化分数越高，扮演异性角色的倾向就越低；相反，女性化分数越高，扮演异性角色的倾向就越高。我们可以理解为：更女性化的男性比更男性化的男性更愿意在网络游戏中扮演女性角色。这种现象很可能是因为基于网络的隐秘性，人们的行为可以更接近自己的本意，在生理性别不会被公之于众的情况下，心理性别的表现会更加真实。某些在现实社会中被认为男性不应做的行为，如哭泣、撒娇、依靠别人等，很可能在网络游戏中以女性的身份表达出来。

当然，倾向于扮演异性角色的这部分人，在心理性别的社会化进程中可能存在一定程度的"性别认同障碍"(Gender Identity Disorder)。有"性别认同障碍"者会有一些特别的愿望和行为，比如，像异性那样大小便，或者内心中深信一个人可以拥有异性那样的典型感受或行为反应；他们对自己的生理性别或者性别角色深感不安，比如，明显地厌恶同性的活动或服饰。在现实生活中，这部分人如果按照他们所希望的方式表现自己的行为，将承受巨大的社会压力；而在互联网这个虚拟的环境中，由于互联网提供的隐蔽性等特点，他们可以得到一个比较宽松的环境，心理压力得到释放。但是，这对他们的心理性别社会化、对现实社会的适应性可能并无太大帮助。

值得一提的是，扮演异性角色的行为在网络游戏玩家群体中被戏称为"网上人妖"。由于网络游戏玩家群体中男女比例的严重不平衡，大多数男性玩家都很重视与女性玩家的关系，不过，一旦得知自己在游戏中的女伴实际上是个男性后，受骗的感觉很可能会导致对这种行为的厌恶。在网络游戏术语中的"人妖"是一个贬义词，它与盗取账号和虚拟财产、利用非法外挂作弊并列，都是被广大玩家声讨的行为。由此推断，在将自己的态度反映在问卷中的时候，不能完全避免会有人下意识地掩饰自己对这种行为的态度，本次调查中扮演异性倾向分数的平均数17.66(总分40)只能说是一个保守的数字，实际情况有待进一步研究证明。

回归分析的结果表明男性个体的男性化气质、女性化气质、偏好竞技类游戏是可以预测男性在网络游戏中扮演异性角色倾向的。如果男性个体更具男性化气质、女性化气质不强、在网络游戏中更偏好竞技类游戏，那么就可以预测其并不可能在网络游戏中扮演异性角色；反之，则可以预测其很可能在网络游戏中扮演异性角色。其原因在上面已经进行了探讨，这里不再赘述。

第三节　建议与展望

一、研究结论

综上所述，对青少年上网与其心理性别之间关系的研究，可以得出以下结论：

1. 男性个体的心理性别特点与其角色扮演类游戏的偏好没有关系；在对竞技类游戏的偏好方面，男性化气质越强的男性青少年，对竞技类游戏的偏好越强，而女性化气质越强的男性青少年，对竞技类游戏的偏好越弱。

2. 男性气质越突出的男性青少年，在网络游戏中进行的同伴交往越多，而男性的女性化气质与其在网络游戏中的同伴交往倾向之间没有关系。

3. 男性化气质突出的男性青少年，在网络游戏中越不可能扮演异性角色，相反，女性化气质突出的男性青少年在网络游戏中更有可能扮演异性角色。

二、对策建议

如前所述，性别角色指的就是个体在社会化过程中通过模仿学习获得的一套与自己性别相应的行为规范，形成符合个体生活于其中的社会所要求的性别角色，对于个体的成长和发展而言，具有重要意义。性别角色的形成和发展过程虽然始于婴幼儿期，但是，青少年期是其逐步走向稳定的时期，同时，性别认同的形成是青少年自我认同探索的重要构成部分。当然，这也意味着此时青少年对于社会所要求的性别角色心存质疑，他们可能会尝试"不同的"性别角色，而互联网所建构的虚拟世界为此提供了合适的舞台。

从本研究的发现中可以看到，在对心理性别的认同上存在分化，有一部分男性青少年表现出女性化的倾向，这既可能是他们内心中的真实体验,也可能是其性别认同探索的"实验",先看看装扮为异性会发生什么事。注意到青少年在网上与心理性别相关的行为表现,对其发展恰当的性别认同具有警示作用。

无论对于前者还是后者,家长、教师或其他与青少年关系密切者,可能都需要对这些青少年说明性别角色在社会生活中的重要意义,帮助他们体会心理性别在建构自我认同中的作用和地位。同时,也可以与这些青少年一起分析探讨他们对心理性别定型的思考,分析支持他们自我认同建构中的重要因素,为他们发展自我提供具有建设性的意见。

三、问题展望

1. 本次研究在调查取样过程中,回收有效问卷的男女比例约为20∶1,因女性样本数量过少,不具统计意义而不得不放弃。因此本次研究的所有结论都只适用于男性青少年网络游戏玩家,在以后的研究中可以将女性玩家考虑在内,分析其特性,并与男性玩家进行比较,这样会使这方面的研究更加深入。

2. 未来也可以考虑通过纵向研究设计,考察青少年网上性别角色探索与其性别认同发展之间的关系。

第七章
青少年上网与其心理健康问题

第一节　问题缘起与研究方法

一、互联网的普及是福是祸引人关注

为什么要探讨青少年上网与其心理健康问题之间的关系呢？青少年上网是否会带来其现实生活中更多的心理行为问题呢？这一问题的背景又是怎样的呢？

1998年，美国未来学家泰普斯科特（Don Tapscott）写了一本关注青少年网上经历的书——《数字化成长》，将青少年称为"网络一代"。他认为青少年积极主动地运用在线交流，已经形成了新的学习方法、新的语言和新的价值观。他认为"网络一代"不仅没有失去社会技能，而且凭借网络这一新的媒介在很早的年龄阶段就逐渐形成和发展了在未来的数字化社会中进行有效交往所必需的社会技能。这种观点得到了大量研究结论的支持。

由于其具有交流功能，互联网能对个体（McKenna & Bargh，2000）、群体和组织（Sproull & Kiesler，1991）、社区（Welhnan，Quan，Witte，& Hampton，2001）甚至整个社会，产生重要而积极的社会影响。由于互联网使得社会交流可以突破时间、空间和个人状况的束缚，它允许人们与远方或身边的家人和朋友、与同事、与生意伙伴以及具有相似兴趣的陌生人进行联系。广泛的社会接触能提高人们的社会卷入，就像在早些时候的电话一样（Fischer，1992）。

与此同时，互联网还能促进新的人际关系的形成（Parks & Roberts，1998）、社会认同和归属感的建立（McKenna & Bargh，1998），以及促进远方的或边缘的人们加入到社会群体和组织中去（Sproull & Kiesler，1991）。

同样，互联网的使用带给中小学生开阔眼界，展现自我的积极影响。同时，我们也不断看到中小学生因沉迷网络而受到负面影响的例子。个体在自身发展进程中，要学会基本生活技能，掌握生活规范和生活目标，形成社会职能等，而这个过程无时无刻不在受到宏观社会文化背景和个体生活的微观社会结构的影响。随着计算机的普及，网络改变着他们的学习和生活方式，影响着他们的情绪情感、自我意识和思维方式，对他们尚处在发展阶段的价值观、世界观产生了巨大的冲击。中小学生的身心健康成长需要一个科学开放的环境，必须开发利用网络带给他们的有益作用，改善或矫正网络带给他们的负面影响，而要做到这一点，对中小学生的网络行为及其相关因素进行研究是必需的前提。

此外，伴随着互联网的迅速发展，近几年来网络游戏也得到了迅猛发展，但是

目前大多数比较流行的网络游戏都是带有攻击内容和暴力倾向的暴力网络游戏，如反恐精英、星际争霸、魔兽争霸等，都存在着攻击性内容。青少年若长期沉迷于暴力网络游戏，长期接触游戏中的"死亡"、"暴力"等现象，久而久之，必将降低他们的正常共情反应，这样可能不仅会影响他们对死亡这一生命现象的认识，把人的生死与网络游戏中的"角色人物"相比，混淆了虚拟的游戏"人物"与现实生命之间的区别，对人的生死的理解可能产生不利影响，而且还会提高其在现实生活中的攻击性。

因此，网络游戏中过多的暴力和攻击性内容是否会增强青少年的攻击性，并减少助人等亲社会行为，引发青少年社会性发展方面的问题，是令人值得关注的。

二、青少年上网恐致某些心理健康问题

互联网使用会给使用者带来社会性的益处，人们通过互联网可以建立更为广泛的朋友群体；这在一定程度上具有治疗作用，因为许多互联网用户都把互联网交往当作逃避让他们感到不舒服的社会交往的避难所。

Rocheleau(1995)分析了一项针对美国青少年计算机用户的为期 5 年的全国纵向研究的数据，结果显示高频率的计算机用户具有更好的学业成绩和更强的自信。Parks 和 Floyd (1996)主持的有 176 人参与的网上调查显示，人们形成了中等或高级水平的广泛而深入的在线人际关系。Hamburger 与 Ben-Artzi(2000)证实上网能减轻个体的孤独感。

相似地，LaRose 与其同事(2001)发现网上交流，尤其是通过电子邮件与先前认识的人进行交流，可以提高个体的社会支持。Shaw 和 Gant(2002)研究发现，网上聊天对研究对象有益，有助于减轻研究对象的抑郁感和孤独感；随着研究的进展，研究对象对社会支持的知觉不断提升，自尊也得到了提高。Thompson、Vivien和 Raye(1999)发现，感知到的愉快感与互联网的使用频率之间呈正相关。也有研究(Morahan-Martin & Schumacher, 2000)发现互联网使用可能让用户感觉到安慰和满足。

当然，与这些积极的观察结果相对应，对于网络成瘾、不断加剧的社会孤立感以及社会技能的缺乏的关注也一直存在(Kiesler et al. , 1998；Suler, 2000)。研究者发现了互联网使用的大量潜在消极后果，包括成瘾(Brenner, 1997；Griffiths, 1999)、社会孤立 (Kraut et al. , 1998)、亲社会行为卷入的减少 (Funk & Buchman, 1996)等。Kraut 等人(1998)对 73 个家庭的 169 个用户第一、第二年使用互联网的情况进行了跟踪研究，发现互联网会使使用者的社会卷入减少，心理幸福感降低，表现为孤独感和抑郁感的增加。Turkle(1996)也发现青少年过度上

网交友将导致社会孤立和社会焦虑。计算机的过度使用对人们的心理和社会健康状况具有消极影响(Brenner,1997;Black et al.,1999)。

一些研究表明,网络成瘾者往往具有下列人格特点:喜欢独处、敏感、倾向于抽象思维、警觉、不服从社会规范等。高频率的计算机用户往往是孤独、缺乏自尊的人,并且经常伴随有短期或终生的精神病学症状。在某些群体中,计算机放纵行为的广泛蔓延已经使得网络成瘾成为了心理失调领域一个常见的问题(Mitchell,2000)。Lo 等(2005)发现,玩网络游戏时间越长,人际关系能力的降低和社会焦虑程度的上升越明显。Ybarra(2005)等调查了 1501 名使用网络的10—17 岁未成年人及监护人,结果显示,那些经常在网上与陌生人聊天、频繁使用电子邮箱联系他人以及上网频率高的人,更多出现抑郁症状。Ybarra(2004)的另一研究发现,有网络困扰症状的比例是无症状的比例的 3 倍多。

国内的相关调查也显示(张冠梓,2000),在上网的青少年中,有 20%的青少年有情绪低落和孤独感。过分迷恋于网络上的"人—机"式交往,导致青少年忽视了人与人之间有表情、手势、语气的面对面的直接真实的人际交往,产生现实人际交往萎缩和角色错位;过度沉溺于"虚拟社会"而脱离丰富多彩的现实生活,脱离集体活动,在网络的虚拟社会中寻求安慰和满足,结果出现孤僻、冷漠、逃避现实等心理问题。岑国祯(2005)整群抽取上海市 2 所普通中学的初三和高一年级学生共 291 人进行心理健康测量,发现上网者存在"过于敏感倾向",应予关注。蔡春岚等(2006)以合肥市 6 所中学 36 个班级 2010 名中学生为研究对象进行调查发现:可能有网络成瘾的中学生绝大多数因上网导致成绩下降,并有较多逃学、离家出走现象。此外,网络成瘾对学生自尊有影响,会造成成瘾者自尊下降。

李韬等(2005)以整群抽样方法在西安市 5 所高校抽取 263 名在校大学生为研究对象进行问卷调查发现,大学生对网络影响及使用网络利弊的认识(即能否很好控制上网行为),对大学生的抑郁情绪有影响。张静等(2005)以黑龙江某重点大学大一至大四学生为研究对象,采取 SCL‐90 自评量表来监测大学生网络使用者的心理健康水平,发现网络依赖性越强,大学生的心理健康水平越低。大学生网络成瘾者存在不同程度的心理健康问题和人格缺陷。

三、暴力网络游戏或是攻击性的催化剂

对暴力电子游戏的元分析表明,暴力电子游戏提高了年轻成人和儿童的攻击水平,不论是实验或非实验设计研究中,也无论男性或是女性;暴露在暴力电子游戏中增强了玩家的攻击性情感、生理唤醒和攻击行为,并减少亲社会行为,而且暴露在暴力游戏中对其攻击型人格特征——攻击性认知的发展的潜在机制具有长

期性的影响(Anderson & Bushman，2001)。

不过，目前集中探讨暴力网络游戏的研究很少，以往关于网络游戏的研究主要集中于网络游戏玩家的人口统计学特征及其他描述性特征方面，如 Sorensen(2003)调查研究了 11—15 岁男孩玩网络游戏的群体特征，发现其网络游戏群体具有层级性，且各群体之间经常发生言语或身体冲突。Griffiths，Davies 和 Chappell (2003)调查了网络游戏玩家的人口统计学特征，发现 85％的网络游戏玩家是男性，60％多的玩家年龄大于 19 岁。

此外，Griffiths，Davies 和 Chappell (2004)调查研究了 540 名网络游戏玩家，比较了青少年和成人在玩网络游戏方面的差异，结果发现，与成人网络游戏玩家相比，青少年网络游戏玩家更偏爱网络游戏中的暴力，男性玩家更多，更少在游戏中改变他们的性别角色，更可能牺牲学习、工作时间玩网络游戏。研究还发现，玩家的年龄越小，他们每周玩网络游戏的时间越长。

当前大部分网络游戏带有逼真、极端的暴力内容，暴力网络游戏对攻击行为的影响及特点值得关注。陈美芬、陈舜蓬(2005)在这方面做了有益的探索研究，他们通过实验考察了暴力网络游戏对内隐攻击性的影响。研究选择网络游戏玩家和未接触过网络游戏的人为研究对象，用内隐联想测验测量研究对象的内隐攻击性，发现暴力网络游戏可以提高网络游戏玩家的内隐攻击性，女性的内隐攻击性强度要低于男性，研究对象是否接触网络游戏和研究对象性别的交互作用显著。

崔丽娟等人(2006)的近期研究表明，网络游戏成瘾者与非成瘾者相比，持有自我攻击性信念和对攻击性的更为积极的内隐态度；网络游戏成瘾者与非成瘾者在外显攻击上没有表现出显著差异。上述研究表明暴力网络游戏会提高玩家的攻击性，但对一款网上的暴力电子游戏的纵向研究却并不支持这一结论。该研究测量了控制组的攻击认知以及行为的改变，结果却并不支持以往的研究结论，即暴力游戏会增加现实中的攻击这一说法(Williams，Dmitri，Skoric，& Marko，2005)。对这一问题的澄清还需要今后进一步的深入研究。

四、暴力网络游戏可致青少年麻木不仁

共情(Empathy)使人产生爱与温柔的感觉(Baider & Wein，2000)，它是在人际交流过程中自然产生的一种情感。Smith (1989)将共情解释为"站在他人的角度理解他人的感受体验，设想自己也处在别人的位置经历别人的体验"，共情是个体由真实或想象中的他人的情绪情感状态引起的并与之相同或相似的情绪情感体验，是一种替代性情绪情感反应的能力。

大量研究表明,经常暴露在暴力电视、电影和电脑游戏中对玩家的攻击行为、攻击认知、生理唤醒和亲社会行为具有消极影响(Anderson,2004)。从公众健康的角度来看,可以认为暴力电子游戏和电脑游戏具有"在短期内提高暴力思维、感觉和生理唤醒,并且从长远来看增强攻击观念、态度、暴力图式和行为模式的可能性"(Brown,2005)。经常暴露在现实生活和媒体暴力中可能改变人们的认知、情感和行为过程,导致"去敏感性"(Desensitization)(Funk et al.,2004)。去敏感性意味着对刺激(如媒体或现实生活中的暴力)的认知、情绪和行为反应的减弱或消除。根据Funk等人(2004)的研究,这其中的关键变量在于,共情的降低和对暴力的态度变化(如对暴力行为的接受)。

　　研究也表明,玩电子游戏的频率及对暴力电子游戏的喜好与共情分数呈负相关(Sakamoto,1994;Barnett et al.,1997)。Funk等人(1998)研究了暴力电子游戏偏好、对暴力的态度与共情之间的关系,结果表明对暴力游戏的偏好与较低的共情及更强的赞同暴力的态度有关,最令人关注的是,喜欢暴力游戏并经常卷入暴力游戏的儿童的共情最低。总的来说,由于电子游戏具有交互性和创造性的特点,因此玩电子游戏与共情反应具有很强的负相关。

　　另一方面,在互联网上,互联网用户会变得更加轻松自在、更少感觉到限制,并更加开放地表达自己。人们把这种现象称为"互联网的去抑制性效应"(the Online Disinhibition Effect)。这种"去抑制性效应"能以两种相反的方式发生。一方面,一些人在网上与人分享私密。他们向他人吐露自己的秘密情绪、害怕以及愿望。他们也会做出一些不平常的亲密举动和慷慨大方,有时也帮助他人,尽管这不是他的一贯行为风格。我们把它称为"良性的去抑制性"(Benign Disinhibition)。另一方面,我们也在网上看到过粗鲁的语言、尖刻的批评、憎恶甚至是威胁。或者人们也会访问互联网的阴暗面——充满色情、犯罪和暴力的地方——那些他们在现实世界不会探索的领域。我们称之为"不良的去抑制性"(Toxic Disinhibition)。Suler(2004)列出了导致去抑制性效应的六种因素:匿名性、不可视性、非同步性、唯我性的投入、分离性的想象以及权威作用的最小化。

　　互联网的去抑制性是网上行为的一个特征(Joinson,2001),很多人发现这是网上自由的一个方面(Niemz,Griffiths,& Banyard,2005)。网络游戏也是一种匿名性的情境,玩家崇尚的是"实力"和"技术","胜者为王"是他们信奉的信条,击败对手取得胜利是他们唯一关心的目标。所以,游戏玩家通常都不会考虑对家的真实身份、社会地位以及其他一些与社会背景有关的因素,他们在乎的是对家的实力如何以及如何在游戏中战胜对手。因而,他们更多地选择一些有效的"进攻手段"、"战术",以求最快地打倒对手,尽快解决"战斗"获得胜利。总的来说,在网络游戏(特别是暴力网络游戏)中玩家体现出了很强的去抑制性,而这种"去抑制性效应"也可能影响到网络游戏者在现实生活中的行为反应,如攻击行为。

五、研究方法

(一) 研究对象

这部分的研究涉及的研究对象包括两部分,第一部分研究对象采取整群抽样的方法,随机选取城区 3 所小学五年级、六年级 10 个班学生和两所普通中学初一、初二、初三年级 12 个班学生,研究对象总人数为 755 人。问卷回收率 100%,剔除无效问卷,最后得到有效问卷 745 份,有效率 98.7%。其中,男生 364 人,女生 381 人。小学男生 178 名,女生 222 名;年龄在 10—12 岁之间,平均年龄为 10.82±0.75 岁。初中男生 186 名,女生 159 名;年龄在 12—16 岁之间,平均年龄为 13.55±1.03 岁。这部分主要用以考察青少年上网与其心理健康问题的关系。

第二部分研究对象随机抽取某市初一至高二共五个年级 10 个班的学生,438 人参加了本研究,有效研究对象 426 人(有效率为 97.3%)。其中,男生 205 名,女生 221 名。研究对象的年龄在 11—18 岁之间,平均年龄为 14.19±1.53 岁。这部分主要用以考察青少年接触网络暴力游戏与其攻击性的关系。

(二) 研究工具

首先,针对第一部分研究对象使用的研究工具包括:

一是人口学变量和互联网使用状况问卷,该研究工具为自编问卷,参照国内有关研究及中国互联网络信息中心所用的上网情况调查问卷,并结合初中生和小学生的年龄特点编制而成。经初中生和小学生试测筛选,包括研究对象的性别、年龄、年级、上网历史、互联网使用时间状况、上网地点和上网目的等方面的调查。

其二,采用雷雳、杨洋(2007)编制的"青少年病理性互联网使用量表"(Adolescent Pathological Internet Use Scale, APIUS),该量表包括 38 个项目,从"1— 完全不符合"到"5— 完全符合"分 5 个等级计分。量表分为六个维度:凸显性、耐受性、强迫性上网/戒断症状、心境改变、社交抚慰、消极后果(详见第二章)。该量表具有较好的信效度。

就 PIU 的诊断标准来看,在此研究中把平均得分等于或大于 4 分者(即总分等于或大于 152 分)界定为"PIU 群体"(也可以理解为"网络成瘾群体");将平均得分大于 3 分而小于 4 分者(即总分大于 114 而小于 152 分)界定为"PIU 边缘群体";将平均得分小于或等于 3 分者(即总分小于或等于 114 分)界定为"PIU 正常群体"。

其三,选用华东师范大学周步成等人修订的《心理健康诊断测验》,该测验根据日本铃木清等人编制的"不安倾向诊断测验"修订而成,是适用于我国中小学生心理健康状况诊断的标准化的测验。该测验按焦虑情绪所指向的对象和由焦虑情绪而产生的行为两个方面测定个体的焦虑程度。其中焦虑情绪所指向的对象的内容量表包括：学习焦虑、对人焦虑；由焦虑情绪而产生的行为的内容量表包括：孤独倾向、自责倾向、过敏倾向、身体症状、恐怖倾向、冲动倾向。每个内容量表的得分可按照常模转换为标准分 1—10 分，根据所有内容量表得分可得总焦虑倾向标准分 1—95 分。以八个内容量表的标准分和全量表总分的焦虑倾向的标准分作为考察心理健康的指标。每个内容量表以标准分 8 分为临界点，某项标准分如果≥8 为过度焦虑。全量表的标准分在 65(含 65)分以上者，表明总体焦虑水平高和范围广，有情绪困扰和行为问题。该量表具有良好的内部一致性信度及良好的内部效度。

另一方面，针对第二部分研究对象使用的工具包括：

一是网络游戏卷入时间调查问卷，为考察网络游戏卷入时间对青少年攻击性的预测作用，我们设计了两个问题 T1 和 T2。T1 为调查周一至周五平均每天玩网络游戏的时间，T2 为调查周六和周日平均每天玩网络游戏的时间。

其二，网络游戏卷入程度调查问卷。为考察网络游戏卷入程度对青少年攻击性的预测作用，自编了此调查问卷。在对网络游戏内容进行充分了解之后，按照研究的要求将其分为两大类：Ⅰ类是网络游戏中的角色人物会有"死亡"、"流血"等暴力内容的暴力网络游戏，如反恐精英、传奇等；Ⅱ类为游戏结果为输赢的非暴力网络游戏，这类游戏不含打斗、"死亡"等暴力内容，如拖拉机、斗地主等。据此编制了相应的"网络游戏卷入程度调查问卷"，并请熟悉网络游戏的"玩家"进行鉴定，最后确定每类 5 种当前青少年玩得比较多的网络游戏，共 10 种游戏从"1—从没玩过"到"4—经常玩"进行评分。本次测量得到两类游戏分量表的内部一致性系数及问卷总的内部一致性系数较好。

其三，共情量表。采用 Bryant(1982) 编制的量表，作者报道该量表的各项指标均达到统计要求。该量表共 22 个项目，采用五点记分法，从"1—很不同意"到"5—很同意"进行评定，按总分确定其共情能力的高低，分数越高则说明共情能力越好。本次测量得到其内部一致性系数较好。

其四，去抑制性量表。采用 Morahan-Martin 和 Schumacher（2000）编制的"互联网行为和态度问卷"中的"社交自信和社交自由分量表"。该问卷共 15 个项目，其中社交自信分量表 7 个项目，社交自由分量表 8 个项目，均为四点量表记分，从"1—极不赞成"到"4—非常赞成"进行评分。分数越高表明"去抑制性"程度越强。本次测量得到两个分量表的内部一致性系数 α 较好。

其五，攻击性问卷。采用日本版(Nakano，2001)的攻击性问卷。共 24 个项目，分为四个维度：身体攻击、言语攻击、愤怒和敌意，分别代表攻击的人格特质的四个子成分：身体与言语攻击代表攻击行为的工具性或运动成分，愤怒代表了攻击行为的情绪或情感成分，敌意则代表攻击行为的认知成分。采用5点记分，从"1—最不符合"到"5—最为符合"，分数越高表明攻击倾向越强。本次测量得到四个分量表的内部一致性系数较好。

（三）研究程序与数据处理

以学校和班级为单位现场施测，问卷当场收回。取得学校和班主任老师的配合，对学生进行必要的动员，使其认真对待。主试由经过培训的本科生担任，以最大限度地减少或避免主试效应。问卷正式施测之前，主试向研究对象宣读指导语，向学生保证不向他人透露与此次问卷结果有关的任何信息，学生对问卷的反应将得到充分信任。采用 SPSS 软件对数据进行统计与分析。

第二节　研究发现与分析

一、青少年上网与否并不影响心理健康

为了考察中小学生是否上网与其心理健康问题之间的关系，首先，对小学非上网组与上网组在心理健康上的差异进行检验。结果表明，小学非上网组与上网组在心理健康各因素上未见显著的差异（见表7-1），也就是说，上网并未成为小学生心理健康的影响因素。

表7-1　小学非上网组与上网组在心理健康问题上的差异

	非上网组（$M \pm SD$）	上网组（$M \pm SD$）	差异
全量表	26.35±14.47	29.60±14.04	不显著
学习焦虑	6.26±3.22	6.74±3.05	不显著
对人焦虑	3.20±3.02	3.04±2.24	不显著
孤独倾向	2.16±2.64	2.18±2.05	不显著
自责倾向	3.66±2.77	4.39±3.18	不显著
过敏倾向	3.84±2.67	4.37±2.41	不显著
身体症状	3.53±3.11	3.87±2.99	不显著
恐怖倾向	2.53±3.27	2.51±2.51	不显著
冲动倾向	1.94±2.16	2.52±2.54	不显著

其次，对初中非上网组与上网组在心理健康上的差异进行检验。结果表明，

初中非上网组与上网组学生在心理健康各因素上未见显著的差异(见表7-2),即上网并未成为影响初中学生心理健康的因素。

表7-2 初中非上网组与上网组在心理健康问题上的差异

	非上网组($M\pm SD$)	上网组($M\pm SD$)	差异
全量表	30.08±14.26	34.56±13.73	不显著
学习焦虑	7.21±3.25	7.94±3.17	不显著
对人焦虑	3.35±2.60	3.77±2.17	不显著
孤独倾向	1.78±1.41	2.35±1.95	不显著
自责倾向	4.30±2.45	4.59±2.52	不显著
过敏倾向	4.17±2.42	5.12±2.24	不显著
身体症状	4.00±2.45	4.42±2.97	不显著
恐怖倾向	2.17±2.47	2.64±2.56	不显著
冲动倾向	2.08±2.44	2.59±2.36	不显著

本研究结果显示,小学和初中非上网组与上网组学生在心理健康各因素上不存在显著的差异,即上网并未成为小学和初中学生心理健康的影响因素。这与岑国桢(2005)用相同量表对初三和高一年级学生的测查结论有所不同,在其研究中发现,学生中上网者比不上网者明显地表现出过于敏感的倾向。但本研究结果与陈英等(2006)用90项症状精神健康自评量表(SCL-90)对高一、高二年级的测查结论一致。分析原因,可能是因为小学和初中学生累积上网时间短,网络对其负面影响尚不明显。

二、网络成瘾者难免心理健康问题之扰

对PIU边缘组与正常使用组学生在心理健康问题上的差异进行检验。检验结果表明,PIU边缘组和正常使用组在心理健康量表总分和各因素得分上均表现出显著的差异(见表7-3)。

表7-3 PIU边缘组与正常使用组在心理健康上的差异

	正常使用组($M\pm SD$)	PIU边缘组($M\pm SD$)	差异
全量表	31.84±13.32	44.43±15.32	显著
学习焦虑	7.40±3.16	9.10±3.42	显著
对人焦虑	3.430±2.21	4.51±2.13	显著
孤独倾向	2.15±1.92	3.76±2.10	显著
自责倾向	4.40±2.73	5.76±2.71	显著
过敏倾向	4.71±2.28	6.56±2.09	显著

	正常使用组($M\pm SD$)	PIU 边缘组($M\pm SD$)	差异
身体症状	4.01 ± 2.78	6.56 ± 3.91	显著
恐怖倾向	2.50 ± 2.46	3.64 ± 3.08	显著
冲动倾向	3.11 ± 2.41	4.51 ± 2.70	显著

虽然上网与否并未造成中小学生心理健康状况上的差异,但是,随着 PIU 程度的提高,PIU 边缘组和正常使用组在心理健康量表总分和各因素得分上均表现出显著的差异。按心理健康诊断量表(MHT)的解释,可以认为属于 PIU 边缘组的研究对象表现出"对考试怀有恐惧心理、无法安心学习、十分关心考试分数","自卑、常怀疑自己的能力、常将失败过失归咎于自己","极度焦虑时会出现呕吐失眠、小便失禁等明显症状","对某些日常事物如黑暗等有较严重的恐惧感","十分冲动、自制力较差"的问题,表现出"过分注重自己的形象、害怕与人交往、退缩","孤独、抑郁、不善与人交往、自我封闭"和"过于敏感、容易为一些小事而烦恼"的倾向。

以上结论提示一个信息,并不是人们想象中的上网学生的心理问题一定比不上网学生多,而是只要上网适度,并不会导致心理问题的增加。但是,随着 PIU 程度的提高,可能会对心理健康造成显著影响。

三、逗留网络时间越长,心理健康问题越重

为了考察中小学生互联网使用中的基本行为特点与其心理健康状况之间的关系,首先进行了相关分析。结果表明,PIU 程度与心理健康全量表及八个内容量表均存在显著正相关,互联网使用基本行为中的网龄与心理健康中的冲动倾向、每周上网时间与孤独倾向、每周上网次数与过敏倾向存在显著正相关。

根据相关分析的结果,将与心理健康全量表相关的 PIU 程度作为预测变量,进行回归分析,考察其对心理健康的预测作用。结果发现,PIU 程度对心理健康具有显著的预测作用,能预测心理健康 11.1% 的变异量。本研究继而建构了互联网使用与心理健康问题间的关系模型(见图 7-1):

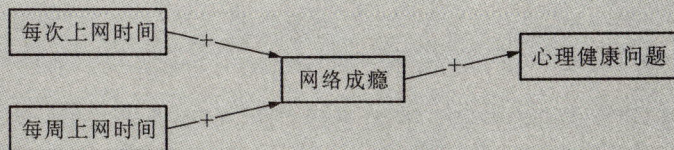

图 7-1　基本上网行为、网络成瘾与心理健康问题的关系模型

按照心理健康诊断量表（MHT）分量表的解释，网龄长的学生可能自制力较差，有时无缘无故地想大声哭、大声叫，或者一看到想要的东西，就一定要拿到手，毫无理由地想到远处去，或想死。而这些冲动倾向往往起因于生来具有的情绪易变性和激情性。

每周上网时间越长的研究对象越易具有孤独、抑郁、不善与人交往、自我封闭的特点。和大家在一起做事情时，经常感到失败的威胁。因此，感到和大家一起玩还不如一个人玩。当别人高兴地相互谈话时，有一种我不仅不能参加，而且还被人家排挤的心情。因为孤独，所以更长时间与网络为伴。每周上网次数越多的研究对象越表现出敏感的特点，即使是很小的事也放心不下。比如，对周围的噪声特别敏感，担心家人中有人会受伤、生病或死亡，决定事情不果断，即使做了好事也感到烦恼等。

四、男生更喜暴力游戏，不同年级相差无几

为了考察青少年卷入网络游戏在性别及年级方面的基本特点，首先检验了在暴力和非暴力网络游戏卷入程度变量上的年级和性别差异，分别进行5（年级）×2（性别）方差分析。结果表明，在暴力网络游戏卷入程度变量上性别的主效应显著，男生的暴力网络游戏卷入程度显著高于女生，年级的主效应不显著，年级与性别的交互作用也不显著（见图7-2）。

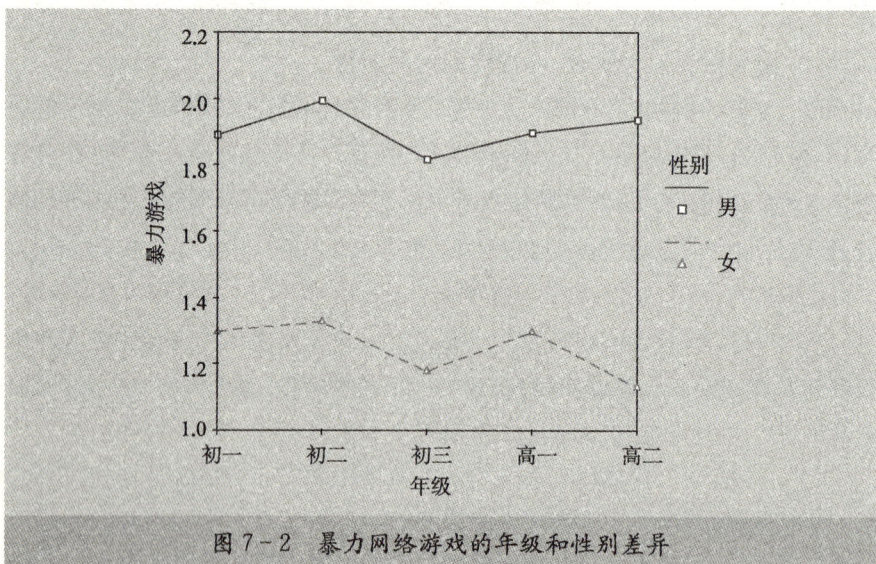

图7-2 暴力网络游戏的年级和性别差异

在非暴力网络游戏卷入程度变量上年级和性别的主效应均显著，初二年级显著高于初一和高一、高二年级，女生显著高于男生，年级与性别的交互作用不显著（见图7-3）。

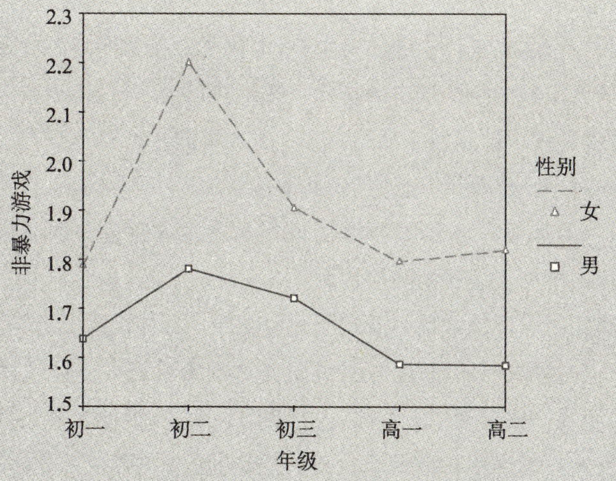

图 7-3　非暴力网络游戏的年级和性别差异

五、网络游戏不分暴力均可催生身体攻击

为了考察青少年网络游戏卷入程度与其攻击性之间的关系,对各变量统计了平均数、标准差,并进行了相关分析。从平均数和标准差来看,网络游戏卷入时间 T1 和 T2、暴力网络游戏卷入程度和非暴力网络游戏卷入程度值都比较小,说明研究对象的网络游戏卷入时间及程度均不高。

相关分析表明,网络游戏卷入时间 T1 和 T2 与共情、愤怒和敌意之间的相关均不显著,但与去抑制性及身体和言语攻击之间的相关均达到显著性水平;暴力网络游戏卷入程度与共情、去抑制性、身体和言语攻击之间的相关显著,与愤怒和敌意的相关不显著;非暴力网络游戏卷入程度与共情、去抑制性、言语攻击和愤怒之间的相关显著,与身体攻击和敌意之间的相关不显著。非暴力网络游戏与攻击性之间存在显著性相关,这是以往研究所没有发现的。

为了更好地说明网络游戏卷入时间及程度、共情、去抑制性与攻击性四个方面的关系,使用结构方程模型对数据与假设模型的拟合程度进行了验证(见图 7-4)。

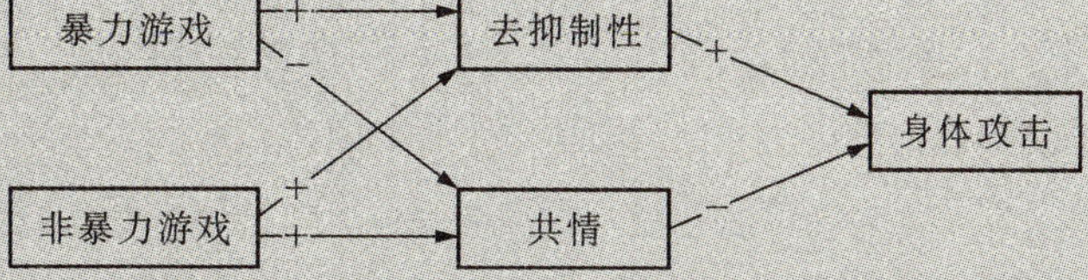

图 7-4　网络游戏与身体攻击的关系模型

从关系模型中可以看到:(1)暴力网络游戏和非暴力网络游戏卷入程度对身体攻击的预测没有达到统计上的显著水平,也就是说暴力网络游戏和非暴力网络游戏不能作为直接预测身体攻击的指标。(2)去抑制性对身体攻击有显著的正向预测作用,也就是说去抑制性越高的青少年更有可能进行身体攻击。共情对身体攻击有显著的反向预测作用,也就是说共情越高的青少年对他人进行身体攻击的可能性越低。(3)暴力网络游戏、非暴力网络游戏卷入程度分别通过去抑制性和共情对身体攻击产生显著性的间接预测。

从影响路径可以看出,"暴力游戏—去抑制性—身体攻击"的路径为正,"暴力游戏—共情—身体攻击"的路径为正,说明暴力网络游戏对身体攻击产生正向效应。"非暴力游戏—去抑制性—身体攻击"的路径为正,说明非暴力网络游戏通过去抑制性对身体攻击产生正向效应。而"非暴力游戏—共情—身体攻击"的路径为负,说明共情可以有效调节非暴力网络游戏卷入程度对身体攻击的影响。由此可以看出,"去抑制性效应"对青少年的暴力网络游戏和非暴力网络游戏卷入程度与身体攻击之间的关系产生正向预测,而共情高的青少年玩非暴力游戏对身体攻击则具有抑制作用。

暴力网络游戏卷入程度越高的青少年,越倾向于对他人进行身体攻击。这与以往关于暴力电子游戏等暴力媒体对青少年攻击性影响的研究结果相一致。研究还发现青少年的非暴力网络游戏卷入也会影响其身体攻击。非暴力网络游戏不如暴力网络游戏那样残酷、"血腥味"十足,因此,以往研究者及家长均认为对青少年的攻击性不会产生消极影响,而没有引起相应的重视。但本研究的结论却对这种观念提出质疑。

非暴力网络游戏,如拖拉机、斗地主等输赢类的网络游戏,虽然没有打斗、流血等暴力内容,但青少年在游戏过程中也会产生某种求胜欲望,希望能够成为某款网络游戏的高手,多赚取"积分"以提高"等级",因此经常在游戏中采用作弊等手段,而在网络空间"你看不见我,我看不见你"的情境中,使得这种情况更加严重。

另外,网络游戏也是青少年交流的一个平台,他们在游戏娱乐的同时也彼此交流经验和感受,但"去抑制性效应"经常使得网上交流变得争论不休。言语不和可能导致情绪受到极大影响,进而把这种不良情绪带到学习和生活中,导致现实生活中的人际交往也出现问题,如身体和言语攻击、敌意态度等。

另一方面,非暴力网络游戏的特点决定了它们对青少年的共情不会产生消极影响,这一点又使非暴力网络游戏卷入程度对身体攻击的影响趋势得到了一定程度的缓解。但总的来说,非暴力网络游戏卷入程度对身体攻击可能产生某些消极影响。

一、研究结论

综上所述,对青少年上网与其心理健康问题之间关系的研究,可以得出以下结论:

1. 上网并未成为小学高年级和初中学生心理健康的影响因素。

2. 中小学生随着 PIU 程度的提高,会对心理健康造成显著影响。

3. 暴力网络游戏卷入程度与共情、去抑制性、身体和言语攻击之间的关系密切,与愤怒和敌意的关系不大。

4. 非暴力网络游戏卷入程度与共情、去抑制性、言语攻击和愤怒之间的关系密切,与身体攻击和敌意之间的关系不大。

5. 暴力网络游戏、非暴力网络游戏卷入程度均可通过去抑制性和共情间接预测身体攻击;青少年对网络暴力游戏及非暴力游戏的沉迷,都可能会导致去抑制性,继而增加身体攻击;而共情的减弱,也会增加身体攻击的可能性。

二、对策建议

儿童青少年使用互联网并未成为其心理健康问题的"肇事者",因此,对于他们是否上网不必过度紧张,只担心互联网可能给儿童青少年带来的负面影响。

当然,也的确有一些青少年可能出现"网络成瘾",而因此可能出现的心理健康问题不容忽视,社会、学校、家庭都应重视并采取积极对策。首先,应该帮助青少年正确认识互联网的功能和作用,加强宣传教育端正上网动机,让互联网成为青少年成长和发展中的有力助手、有用工具,而不是把它当成是玩具。

其次,积极开展心理健康教育。通过网络心理健康教育课程,让学生了解自身的个性特征,掌握判断心理健康的基本标准,提高上网行为调控能力;开展校园网络心理辅导服务。针对学生对网络迷恋、容易导致心理问题等特点,学校可开展现场辅导,以提高上网学生心理健康水平和心理素质,引导学生解决上网过程中产生的心理问题。

再次，开展学生心理健康调查与心理测试，建立学生心理档案。心理活动异常的学生尤其要做好疏导工作，防止进一步恶化。

由于网络游戏卷入对青少年的身体攻击产生间接预测作用，所以，学校教师和家长应该在生活中对青少年使用互联网进行适当的引导和监控，尽量减少青少年卷入暴力网络游戏，甚至是少玩网络游戏。

另外，努力培养和增强青少年的共情能力，教会青少年如何正确区分虚拟与现实，以及更好地在现实生活中与人和睦相处，以减少网络游戏卷入对青少年攻击性的影响。

三、问题展望

1. 本研究对青少年上网与其心理健康问题的探索，所选择的研究对象取样也只是在一定的范围，样本的代表性使得结论的可推广性有一定的限制，这可能影响到研究的生态效度。

2. 暴力网络游戏和非暴力网络游戏卷入程度对身体攻击的预测作用没有明确区分开来，如何区分两类网络游戏的预测效应是本研究没有解决的一个问题。

3. 未来研究中关于人口统计学资料收集可以更加详细，如第一次玩网络游戏的时间、最喜欢玩哪款网络游戏、平均每天玩多长时间等，具体分析这些人口学变量与研究变量的关系可能会使研究更具有针对性。

第八章
青少年的网上亲社会行为

一、互联网构成的虚拟社会同样需要道德

为什么要探讨青少年的网上亲社会行为呢？它与青少年的网络道德之间有何关系呢？这一问题的背景又是怎样的呢？

迅速发展的网络对人们的生活产生了巨大的影响。人们通过电子邮件传递信息，在网上获取新闻消息，接受教育，购物，聊天和游戏。网络改变了人们的行为和思维的方式，也同时产生了很多积极和消极的影响。

由于互联网规范的不完善，网络中存在着很多消极的行为，比如，网络攻击、欺骗、犯罪等，而垃圾邮件、虚假信息、网络攻击等也给互联网用户造成极大的困扰，此类网络偏差行为对网络社会和现实生活产生了消极的影响（Surratt，1999；Goulet，2002）。但同时我们也会看到，网络中也存在着很多善意的行为，对网络社会产生积极的影响，其小到主动调节论坛里的气氛、提供信息帮助，其大到打击违法犯罪、救助弱势群体等行为。互联网中存在的这类亲社会行为对优化网络环境、强化网络道德、增强人们对网络的信任有着积极的影响，不仅有助于形成和维护网络中人与人之间的良好关系，还能减少和抨击网络中侵犯、欺诈等反社会行为（卢晓红，2006）。

与网上亲社会行为联系在一起的，我们可能很容易想到"网络道德"。实际上，网络中存在着大量涉及到道德领域的行为，并对社会产生极大的影响，因此近年来社会各界对于网络道德建设也越来越关注。现在新信息时代的伦理和道德规范和原则已经初步形成（Charles，2003），国内外已经有很多研究者对虚拟世界的道德和伦理进行了理论上的探讨（Rogers，2001；Teston，2002；杨礼富，2006；Lawson & Comber，2000）。国内研究者对于网络道德也进行了一些研究，但大部分文献只涉及到网络道德教育和建设的理论构想和探讨，属于教育学或伦理学领域的理论研究，对道德心理结构的研究也大多是基于一般的社会环境中进行的。心理学领域涉及该问题的论述在目前来说还是少之又少，特别是实证研究，在心理学领域几乎还处于空白。但是网络道德作为维持网络社会秩序的主要力量，其地位不容忽视。

青少年作为网络使用的重要群体，正处于人生观、价值观形成又尚未确立的时期，思想极易受到其他负面现象的影响和冲击。网络中的各种信息垃圾可使青

少年的道德意识弱化,虚拟中的思想交流或淡化青少年的道德情感,网络中内容传播的超地域性亦可导致青少年价值观的冲突与迷失……针对社会上一些领域和地方的道德失范现象,中共中央于 2001 年 9 月印发了《公民道德建设实施纲要》,在全社会大力提倡"爱国守法、明礼诚信、团结友善、勤俭自强、敬业奉献"的基本道德规范,努力提高公民道德素质,以形成良好的社会道德风尚。青少年作为重要的网络使用群体,他们的网络道德发展状况不仅对自身的社会性发展和适应有重要作用,而且对网络社会正常秩序的维持和道德建设也有很大的影响。

在此令人感兴趣的话题是,青少年网络道德与网上亲社会行为之间有何特点和关系?

二、网上亲社会行为与现实相比形异而神似

什么是网上亲社会行为呢? 它的表现形式又有哪些类型呢?

关于"亲社会行为"(Prosocial Behavior),美国发展心理学家 Eisenberg 认为它是倾向于帮助他人或使另一个人或另一个群体得益,而行为者不期望得到外在奖赏的行为。这种行为经常表现为行为者要付出某些代价、自我牺牲或冒险(Eisenberg, Carlo, Murphy, & Court, 1995)。对于和亲社会行为概念密切相关的利他行为,Hoffman (1981)提出:利他行为是为了促进他人幸福的帮助和分享行为,做出利他行为者并未有意识地关心自己的个人利益。至今心理学界的学者在研究亲社会行为问题时,对亲社会行为和利他行为两个概念的区分并不明确。我们在此认为亲社会行为是一种广义上的利他行为,涵盖了利他行为。

一般而言,"网上亲社会行为"就是指在互联网中发生的亲社会行为。比如,有研究者(彭庆红、樊富珉,2005)认为,网络利他行为是指在网络环境中发生的将使他人受益而行动者本人又没有明显自私动机的自愿行为。构成网络利他行为的要素主要包括:(1)借助网络媒体;(2)出于助人的目的;(3)没有明显的自私动机;(4)自愿而非强迫的行为。

也有人认为,网络中的青少年利他行为是指青少年在网络环境中所实施的将使他人获益且自身会有一定的物质损失,又没有明显自私动机的自觉自愿行为(王小璐、风笑天,2004)。其中,物质损失是指助人者在帮助他人的过程中所花费的网络开销、时间和精力,以及虚拟的网络货币等;没有明显的自私动机是指不期望有来自外部的精神的或物质的奖励,但不排除自身因做了好事所获得的心理满足感、自我价值实现等内在奖励。

网上亲社会行为由于发生环境的特别,跟现实中的亲社会行为有所不同。网络环境中的亲社会行为主要表现在以下几个方面(彭庆红、樊富珉,2005;王小璐、

风笑天,2004):

1. 无偿提供信息咨询

免费提供信息这类行为在网络中非常普遍,例如,在大学校园的 BBS 上,一些学生经常会自觉地发布一些上课地点、任课教师联系方式、外出乘车路线、校园及周边消费购物指南等信息。一些网页或者论坛上,会有很多人为陌生人的提问提供最佳答案。

2. 免费提供资源共享

主要是通过网络提供免费电子书籍、软件下载服务等类似的网络服务。

3. 免费进行技术或方法指导

如网络中一些技术高超者帮助新手学习电脑知识、上网技术、维修出故障的电脑等,学习优秀者传授各种证书考试等方面的经验与技巧,成功就业者传授面试方法与技巧等。

4. 提供精神安慰或道义支持

网络可以成为积极的情感保护与精神支持场所,例如,网络中存在大量安慰情感失意者、身体残疾者、竞争失败者及心理疾病者特别是具有自杀倾向者的行为。有时候,网络出现某种反对、谴责不当行为的信息,往往引发大量的跟帖,这种道义的支持也属于利他行为的范畴。在网络上,还存在一些非主流的群体,特别是边缘团体中的支持行为,如肥胖症者、同性恋者、酗酒者、瘾君子等。他们在现实生活中往往受到歧视,以个人或者小群体形式在互联网上建立一些非主流主题的聊天室或网站,以逃避现实社会的压力,轻松表达内心的体验和感想。有时,这种边缘群体的内部支持和经验可以起到与团体心理咨询相似的作用。有研究表明,在线的支持群体提供的社会支持及其起到的作用跟现实生活中的群体相似(Coulson,2007)。

5. 提供虚拟资源援助

在一些游戏社区以及虚拟交际社区中,当社区其他成员面临"困境"时,一些网民也会"慷慨"地将"金钱"、"财物"等虚拟的价值物借给或无偿地支持伙伴。

6. 宣传与发动社会救助

这种利他行为往往与现实社会的真实求助事件相联系,通过网络来宣传、呼吁等,如呼吁帮助疑难病症者、发动资助贫困生的募捐、为生命垂危者义务献血、捐献器官等。青少年的网络利他行为中,虽然能提供的实质性社会救助不多,但仍具有一定的代表性,按照性质,救助主要分为:疾病救助,报道求助者的病情,发动募捐、献血、捐献器官,以挽救他们的生命;学业资助,报道家境困难的学生情况,号召社会资助。

7. 提供网络管理义务服务

很多 BBS 等网络平台事实上是一个庞大的虚拟社区,由于经费的限制,其管理工作往往是靠一群志愿管理者在维持。版主等网络管理者要花费大量时间、精力，他们的义务服务事实上也是一种典型的利他行为。

三、网上亲社会行为的表现自成一格

网上亲社会行为的特点又是怎样的呢？

在现实生活中个体是否做出亲社会行为会受到情境因素的影响，如他人在场时的旁观者效应、物理环境因素等。而在网络条件下，这些情景因素产生的影响会比现实生活中影响小得多。郑丹丹、凌智勇（2005）通过对网络免费下载资源的网站进行个案访谈和文献研究提出，有必要把网络中的利他行为与现实中的利他行为分离开来。他们认为网络利他行为并非仅仅是把现实中的利他行为放到网络环境里进行，而是在数字化、电子化等技术的影响下呈现不同于现实生活的独特性质。

从网上亲社会行为的各方面表现来看，呈现了一些不同于现实世界亲社会行为的特点，主要有以下几点：

1. 广泛性

首先，网络环境中的亲社会行为是普遍存在的。有学者指出，由于网络社会的特殊性，网络社会中的利他行为出现的频率会高于日常生活中的利他行为（郭玉锦、王欢，2005）。网络之所以有助于利他行为发生，原因之一是网络环境的一些特征比现实社会更有利于利他行为的发生（彭庆红、樊富珉，2005）。例如，网络的匿名状态固然可能导致一部分网民出现不负责任行为，但是这种匿名性也可以保护求助者与助人者，求助者可以更多地自我暴露信息（Wallace，2001），以更好地获得他人的注意、同情或有利于他人更有针对性地施助。助人者可以摆脱现实社会中种种复杂的人际困扰等，从仁爱之心等直接动机出发去助人。网络环境中参与者构成的多样性与内容的丰富性，均有利于求助者依赖于网络来寻求帮助，而网络也总是能最大幅度地满足求助行为。

其次，网上亲社会行为的参与面具有广泛性，基本不受到地域、民族、时间等的限制。由于互联网是一个空前自由、平等、开放的系统，极大地延伸和扩展了人际交流的空间和范围，使得参与网络交流的群体出现了跨越社会地位、收入、出身、种族差异的特点，这决定了参与网上亲社会行为的个体也具有了跨地域跨民族的广泛性。

2. 即时性

这指的是网络利他行为从求助信号的发出到利他行为反馈的过程基本上可以同步进行。现实生活中，亲社会行为的发生有时要受到情景因素的限制，例如，求助行为是否被别人觉察、提供帮助者是否方便等。但是在网络世界这种限制就

不存在,网络交往的交互性和即时性,以及超越时空的特征,使得网络环境下同一个体可能面临着众多的关系。

对于某个求助者发出的求助信息,首先,这种信息是明确的,不会有理解或者觉察错误的问题;其次,网上信息超越空间的传播,瞬间即可到达世界各地,同时看到求助信息的可能会有很多人,能够提供帮助和做出助人行为反应的人可能也会有不止一个,因此网络环境下的求助信息反馈是相对及时的。

3. 公开性

除了网民身份信息匿名外,网络利他行为过程都公开地反映在网络上。开放性的网络交流环境使得大多数求助和助人的过程都能够被其他人看到,这样为求助者和助人者都提供了方便。比如,在论坛上,其他人可以通过查看求助和回复来确定该求助信息是否已经得到最好的回答,有同样问题的人也可以从中得到答案而无需再次求助。

4. 非物质性

由于网络空间本身的虚拟性,人们使用网络进行交流和交往的过程都是通过信息传递来实现的。网上亲社会行为的发生也是如此,助人者和求助者之间传递的不是物质,而是信息。信息传递的便捷性和即时性使得网络中的亲社会行为比起现实世界来,成本有所降低。

同时,网络环境对亲社会行为的激励机制也是非物质性的。如通过信息传递实现的自我奖赏、自我安慰、获得他人认同、对方感谢、互惠互助等,都是对助人者行为的鼓励,进而促使其进行更多的网上亲社会行为。

四、网络道德的表现自主开放且多元

接下来我们来看看网络道德的特点有何表现。

关于网络道德有着各种表述,有人认为"网络道德是对信息时代的人们通过电子信息网络而发生的社会行为进行规范的伦理准则"(严耕、陆俊、孙伟平,1998);也有人认为"所谓网络道德,是网民利用网络进行活动和交往时所应遵循的原则和规范,并在此基础上形成的新的伦理道德关系"(刘守旗,2005)。可见网络上的虚拟社会与现实社会是紧密相联的,在界定网络道德时,首先,应明确凡是与网络相关的行为和观念都应纳入网络道德的范围,而并不仅仅局限于在网络中发生的活动;其次,网络道德既然属于道德的范畴,就应该突出其对人们活动和关系的调节作用;第三,起到调节规范作用的道德准则应涵盖道德价值观念和行为规范。

基于以上这三点认识,我们认为,网络道德就是指调节人们有关互联网活动的道德价值观念和行为准则。

1. 网络道德的特点

与传统道德相比,网络道德具有一些不同于现实社会的特点(孙立新,2008;刘浩,2006)。

首先是自主性。与现实社会的道德相比,网络社会使人们的道德行为自主性增加,而依赖性减少。伦理精神的基本特点是道德的自觉,一位品德高尚的人所具有的必定是"我要道德",而非"要我道德"。而在现实社会中,人们通常是由于在乎别人的议论才不得不做有道德的事,或不做不道德的事,这从伦理学上说是他律而不是自律在起作用。而在网络社会里,网民们很多时候是在匿名的条件下进行交流的,他律的作用在很大的程度上被淡化,所以其行为更多受到自律的影响。因此,网络社会的道德更受网民自身的控制,更具有自主性。

其次是开放性。与现实社会的道德相比,网络社会的道德呈现出一种更少依赖性和更多开放性的特点。在网络社会中,交往面的急剧扩大、交往层次的增多、交往方式的多样,使得人们的社会关系更加复杂。在信息社会中,各种价值观念、道德规范、风俗习惯、生活方式都更容易和频繁地呈现在网民面前,都要接受人们目光的洗礼。一些落后的、非人性的和反社会的道德规范将受到各方面的激烈抨击,一些先进的、合理的、代表时代发展趋势的道德规范、道德行为将日益受到人们的推崇与仿效。这就要求道德主体重新审视自己原有的道德规范,除旧立新,使自己的道德与开放的、进步的世界道德趋势相一致,从而在世界道德观念、道德行为方式的交融、碰撞与互动中,逐步建立起符合网络社会特征的新型道德。

最后是多元性。与现实社会的道德相比,网络社会的道德呈现出一种多元化、多层次化的特点与趋势。网络社会的出现,使得人与人的道德关系不仅仅存在于真实世界中,还存在于网络的虚拟世界中,从而出现道德关系的无限拓展性。因此,人的道德意识也就较原来更加丰富。一个有道德的主体,其道德影响不仅存在于真实的世界中,而且也表现在网络世界中。只有两个世界实现了道德的统一,这个道德主体才是完整的。

2. 网络道德的心理成分

网络道德和现实社会道德之间的关系,实际上是特殊性和普遍性关系,因此,网络道德具有现实社会道德现象的基本特征,网络道德结构模式也具有现实社会道德的一般结构模式。由此我们认为,青少年的网络道德也应从网络道德认知、网络道德情感、网络道德意向和网络道德行为四方面来分析。

网络道德认知是指青少年对客观存在的网络道德关系和处理这种关系的原则和规范的认识,是社会道德要求转化为个体道德品质的首要环节,是个体网络道德品质形成的基础。

网络道德情感是青少年对客观存在的网络道德关系和网络道德行为的好恶的态度体验,是青少年网络道德品质形成的重要环节。网络道德情感开始于网络道德认知,但并不是有了道德认知就有道德情感,只有青少年的网络道德认知与个人的人生观、世界观、道德理想相结合才会形成相应的网络道德情感。网络道德情感不仅诉诸于理智,而且还要有多方面的陶冶。网络道德情感一旦形成将成为一种巨大的力量影响着青少年的网络道德行为。

网络道德意向是指青少年在认同网络道德的基础上表现出来的愿意做出道德行为的心理倾向。网络道德意向是在网络道德认知和情感的基础上形成的,作为网络道德态度中的行为倾向,对于真正做出网络道德行为起着很重要的作用。

网络道德行为是指青少年在一定道德认知的支配下在网络社会中出现的有利于或有害于他人和社会的行为,包括道德的行为和不道德的行为。道德行为又称善行,就是出自善良的动机,有利于他人和社会的行为,其典型表现是网上亲社会行为;不道德行为又称恶行,就是出自非善的或邪恶的动机,有害于他人和社会利益的行为,其典型表现是网络偏差行为。

五、网络道德或可决定网上亲社会行为

由于关于网上亲社会行为的实证研究极少,所以网络道德认知、情感和意向与网上亲社会行为之间的关系现在难以确定。但通过对现实社会生活中道德变量之间关系的研究,我们可以了解到,道德认知、情感和信念与亲社会行为之间有着紧密的关系。

认知理论认为,童年中期和青少年初期亲社会行为的增多与角色采择技能、亲社会道德推理、移情及对责任的深刻理解密切相关。早期的许多研究也证明了儿童的道德判断和各种形式的亲社会行为之间有某种联系。研究者发现,那些道德判断水平较高的儿童更慷慨大方(Rubbin & Schneide, 1973)。儿童的道德判断的成熟水平与亲社会行为的频率和数量有关(Kohlberg, 1969;Underwood & Moore, 1982)。

Underwood(1982)等人的研究发现,相对于物理的观点采择(想象另一个人能看到什么或感觉到什么),社会的观点采择(推测另外一个人在想什么和要达到什么目的)是预测亲社会行为的可靠因素。角色采择能力对道德行为的发生具有一定的影响;角色采择能力强的幼儿有更多的捐献行为;但与其分享行为之间的相关不显著(李丹,1994)。研究者普遍认为,个体的道德推理水平在一定程度上影响着他是否做出亲社会行为,亲社会推理与亲社会行为之间有显著的相关(Eisenberg & Fabes, 1998;丁芳,2000)。

20 世纪 80 年代以来,研究者们开始从道德情绪判断的角度来考察儿童道德发展的一般规律。研究者认为,儿童在社会性发展中具备对他人情绪判断的能力尤为重要。道德情绪的判断能力以及错误信念水平体现着儿童认知的发展状况,与社会行为有明显的关系,认识水平的欠缺可能会导致行为问题的出现(Tremblay et al.,2004;许有云、岑国桢,2007;赵景欣、张文新、纪林芹,2005)。

道德情感是品德结构中的重要组成部分,是促使青少年把道德概念转化为道德行为的中介,是人们道德意志和道德行为的内驱力,是个体品德发展与健全人格形成的内在保证。弗洛伊德把情感看作人格发展的核心,在从本我向超我的转变中,内疚、羞愧、良心等情感起着非常重要的作用(陈会昌,2004)。道德情感的发展与亲社会行为倾向有密切的关系,Hoffman(1998)概括了道德移情的相关研究后指出,道德移情与个体对他人的认知能力发展有关,对个体的道德价值观取向、道德判断和道德行为均会产生影响。关于移情与亲社会行为的关系研究有很多,一般结果都显示,移情的唤起能够引发或产生亲社会行为(Batson,1995;寇彧、徐华女,2005)。移情能力与亲社会行为之间呈正相关,即移情能力越高,就越可能发生亲社会行为;反之,移情能力愈低,这种可能性愈小。

移情在影响助人行为时还受到别的因素——心境的影响,而且这种作用对低移情的研究对象来说更为明显(陈松、陈会昌,2002)。Robert 和 Strayer(1996)的一项关于青春期的研究表明,移情确实与利他相一致,情绪的观察能力、表达能力以及角色采择能力等因素都与移情有显著相关。另一项国内研究表明,儿童的道德判断与移情对其亲社会行为的影响有明显的交互作用:高道德判断水平儿童的亲社会行为受移情水平的影响比低道德判断水平的儿童明显;移情水平较高儿童的亲社会行为受道德判断水平的影响比移情水平较低的儿童明显;道德判断与移情之间的联系是以角色采择作为中介因素的(丁芳,2000)。但是也有研究表明,初中生道德判断推理与亲社会行为、与移情能力之间没有显著相关(朱丹、李丹,2005)。宋凤宁等人(2005)的一项调查研究显示,高中生的网上亲社会行为与其移情水平有显著相关,这表明移情水平高的人表现出更多的网上亲社会行为倾向。

一般认为,道德信念和意向与道德行为的关系是密不可分的。道德意向和信念是推动一个人产生道德行为的强大的动力,它可以使人的道德行为表现出坚定性和一贯性(章永生,1994)。只有在内心有积极道德意向的个体才会做出符合道德规范和准则的行为。

六、研究方法

(一)研究对象

本研究选取了四个省市的六所普通中学初一到高二年级的学生,共 992 人为研究对象。其中 545 名研究对象的数据用来做量表的探索性因素分析。用于本研究分析的样本量为 447 人,其中男生 182 名,女生 265 名。研究对象的年龄在 11—18 岁之间,平均年龄为 14.89±1.82 岁(见表 8-1)。

表 8-1 研究对象基本情况

	初一	初二	高一	高二
男	49	59	55	19
女	65	49	74	77
总数	114	108	129	96
年龄($M \pm SD$)	12.44±0.77	14.27±0.65	16.05±0.57	16.91±0.51

(二) 研究工具

1. 通过青少年互联网使用状况问卷收集研究对象的性别、年级、年龄及网龄(从第一次上网至问卷调查时的时间,单位"年")等信息。

2. 参考寇彧等人(2007)修订的"亲社会倾向量表"(Prosocial Tendencies Measure)编制"青少年网上亲社会行为倾向量表"考察青少年网上亲社会行为表现。该量表有六个维度,共 26 个项目。该量表为五点量表,从"1——从未如此"到"5——一直如此"。本研究中,各维度的内部一致性信度 α 系数及总问卷的 α 系数均较好。各维度的含义如下:

(1)"公开型网上亲社会行为",指个体在公开网络空间或有其他网民知道的情况下而做出的亲社会行为;

(2)"匿名型网上亲社会行为",指在匿名网络条件情况下个体做出的亲社会行为;

(3)"利他型网上亲社会行为",指个体出于减轻他人痛苦的动机而做出的亲社会行为;

(4)"依从型网上亲社会行为",指个体在其他网民的请求下而做出的亲社会行为;

(5)"情绪型网上亲社会行为",指个体在情绪被唤起的网络情境中做出的亲社会行为;

(6)"紧急型网上亲社会行为",指在网络环境中发生紧急事件时个体做出的亲社会行为。

3. 按照心理学界对于道德心理结构的认识,我们从网络道德认知、网络道德情感和网络道德意向三个维度编制了"青少年网络道德量表"来考察青少年的网络道德状况。在本量表中,包含了网络道德认知、网络道德情感和网络道德意向三个分量表,其中网络道德情感部分包括了"对道德行为的积极情感"和"对不道德行为的消极情感",得分越高表明对道德行为情感越积极,对不道德行为情感越消极。采用从"1—完全不符合"到"6—完全符合"等级评分。

对该量表进行探索性因素分析,得到四个因子,各个项目较好地反映了各因子所要测查的内容。整个量表同质信度系数较好。验证性因素分析结果显示,各个项目与模型拟合指数表明该量表的理论构想得到了数据支持,可以作为测量网络道德的工具。在本研究中,各分量表的内部一致性系数信度及整个"青少年网络道德量表"内部一致性信度系数 α 均较好。

(三) 研究程序和数据处理

以班级为单位施测问卷。问卷正式施测之前,主试向研究对象宣读指导语,向学生保证不向他人透露与此次问卷结果有关的任何信息。数据整理、统计分析处理使用 SPSS 与 AMOS。

第二节　研究发现与分析

一、青少年网上亲社会行为表现令人欣慰

为了考察青少年网上亲社会行为的基本特点,对青少年网上亲社会行为得分进行了描述统计。结果表明,在五点计分量表中,网上亲社会行为总平均分($M=3.58$, $SD=0.80$)和各类网上亲社会行为的平均数均分布在 3—4 之间,说明青少年在网络环境中发生亲社会行为水平是较高的(见图 8-1)。

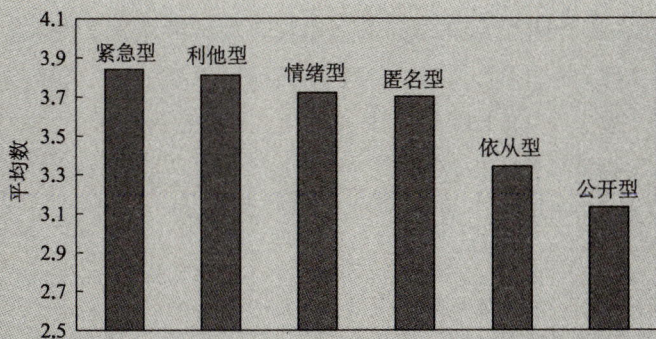

图 8-1　不同类型网上亲社会行为的平均数比较

对网上亲社会行为的分析表明,青少年会表现出较高的网上亲社会行为水平。研究者曾指出网络环境更有利于亲社会行为的发生(郭玉锦、王欢,2005;彭庆红、樊富珉,2005),本研究也发现青少年在网络中经常做出帮助他人的行为,支持了之前研究者的观点。随着互联网在人们的生活中扮演着越来越重要的角色,网络环境中的亲社会行为将成为青少年道德发展水平和道德品质的重要表现。

另一方面,通过比较不同类型亲社会行为的平均数可以看到,青少年的网上亲社会得分由高到低依次为:紧急型($M \pm SD = 3.85 \pm 0.98$)、利他型($M \pm SD = 3.82 \pm 0.97$)、情绪型($M \pm SD = 3.73 \pm 0.92$)、匿名型($M \pm SD = 3.70 \pm 0.96$)、依从型($M \pm SD = 3.34 \pm 0.89$)、公开型($M \pm SD = 3.13 \pm 0.93$)。

这样的结果表明:在紧急、高情绪唤醒、有人求助的网络情境下,青少年更容易产生亲社会行为;此外,青少年的功利色彩较淡,更容易表现出利他型亲社会行为,在网络环境中助人的时候并不期待对方有所回报。国外(Carlo, Hausmann, Christiansen, & Randall, 2003)对于现实中青少年亲社会行为倾向的研究也显示,青少年报告最多的亲社会行为倾向是利他型、紧急型和情感型,最少的是公开型。国内另一项研究显示,在现实生活中青少年的利他型亲社会行为倾向最高,其次是紧急型、情绪型、依从型、匿名型和公开型(寇彧,2003)。

当然,我们也可以看到,在网络环境中紧急型和匿名型亲社会行为的排名比现实生活中高,这说明网络中的亲社会行为跟现实生活环境相比有其独特之处。由于网络环境的匿名性和开放性等特点,网络环境中出现匿名型亲社会行为情境更多,青少年在不显露自己真实身份的条件下助人的可能性也更大。

二、网上亲社会行为随年级递增而衰减

为了考察青少年网上亲社会行为的性别和年级特点,对青少年的不同类型网上亲社会行为分别进行 2(性别)×4(年级)方差分析。结果表明,性别和年级无交互作用,性别在利他型网上亲社会行为上主效应显著,年级除了在紧急型网上亲社会行为上主效应不显著外,在其他类型网上亲社会行为上的主效应均显著。

对性别主效应的分析显示,在利他型网上亲社会行为方面女生($M \pm SD = 3.87 \pm 0.92$)显著高于男生($M \pm SD = 3.75 \pm 1.04$)。这说明女生做出利他型网上亲社会行为多于男生,女生在网络中帮助别人的时候比男生更少考虑能否得到回报。

利他型亲社会行为主要是指在帮助他人的时候不求回报,是出于完全利他而没有私心的助人行为。对现实生活中亲社会行为研究一般都发现,女生比男生亲社会行为的水平高(张庆鹏、寇彧,2008;Eisenberg & Fabes, 1998)。本研究的结

果与现实生活中的研究结果是一致的：在网络环境中，女生比男生做出助人行为的时候更少考虑到能否得到回报，利他水平更高。

进一步考察青少年网上亲社会行为的年级变化，通过 ONEWAY 中的 Polynomial 考察各类型网上亲社会行为的线性发展趋势，结果表明情绪型、利他型、匿名型、依从型和公开型网上亲社会行为在年级上均有显著的线性变化趋势。从图 8-2 可以看出，随着年级的升高，青少年的这五种类型的网上亲社会行为均在减少。对不同年级青少年网上亲社会行为平均数进行方差分析和事后比较分析，结果显示：情绪型、利他型、匿名型、依从型和公开型网上亲社会行为上，高二学生的平均数均显著低于其他年级，其他年级之间的分数差异不显著。这说明青少年的网上亲社会行为在高二的时候形成质变，有了明显的减少。

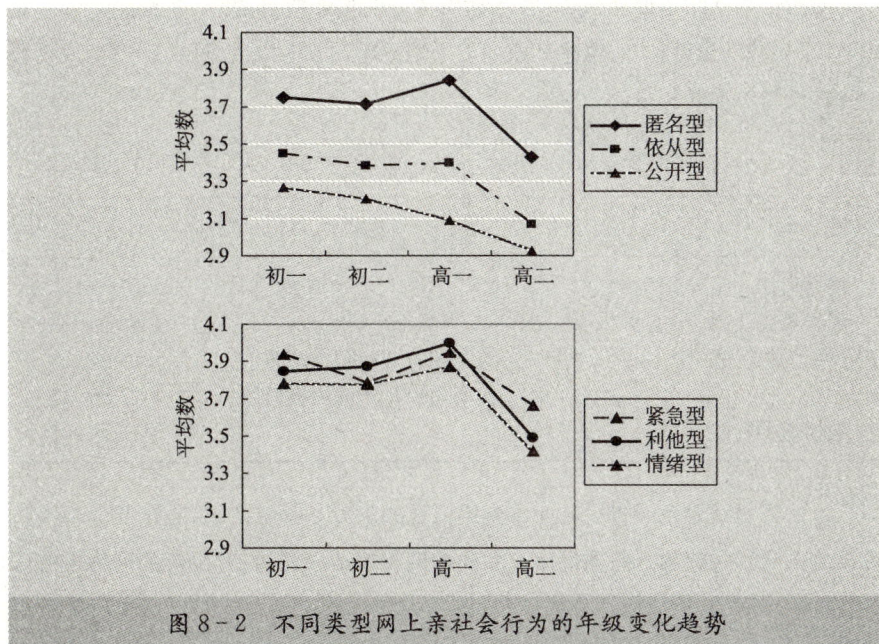

图 8-2　不同类型网上亲社会行为的年级变化趋势

通过年级差异比较结果可以看到，网上亲社会行为在年级水平上有显著的差异，个体的成熟、经验以及认知发展等对青少年的网上亲社会行为可能有十分重要的影响。具体到不同情境的网上亲社会行为，除了紧急型，其他类型的网上亲社会行为都随着年级的增长而呈下降趋势。也就是说，青少年在网络环境中遇到急需帮助的人时都会做出亲社会行为，这种行为的水平不会因为年级变化而变化；而其他情境的网上亲社会行为水平则随着年级增长而下降，年级越高，网上亲社会行为越少。

这与现实中的亲社会行为研究结果有所不同，Carlo 等人（2002；2003）的研究结果显示,青少年随着年龄的增长,表现出依从型、利他型、紧急型和利他型亲社会行为的倾向均是增加的。国内多项研究显示,现实生活中青少年的亲社会行为在年级之间没有显著的差异(余娟,2006;刘志军、张英、谭千保,2003)。这说明,青少年在网络环境中的亲社会行为表现和发展有其独特之处。曾有研究表明,青少年在网络环境中表现出一定水平的欺骗行为(Li & Lei, 2008),随着年级升高和使用互联网时间的增长,青少年对网络环境中存在的欺骗行为会有更多的认识,不会再轻易相信网络中的求助信息,并可能因此而表现出越来越少的网上亲社会行为。

三、青少年的网络道德积极向上未堕落

对青少年网络道德认知、情感和意向得分的描述统计显示,在 6 点计分量表中,青少年网络道德认知、情感和意向的平均分都在 4.7 以上(见表 8-2),说明青少年的网络道德是积极的。

表 8-2 青少年网络道德的平均分和标准差

变量		$M \pm SD$
网络道德总平均分		4.87±0.75
网络道德认知		4.86±0.98
网络道德情感	对道德行为的积极情感	4.89±1.24
	对不道德行为的消极情感	4.71±1.11
网络道德意向		5.10±1.05

本研究的结果表明青少年对于网络道德的态度是积极的,这跟之前的一些研究结果不同。之前的一些质性研究和问卷调查的结果认为,青少年的网络道德认知是模糊不清的、道德情感是漠然的(刘浩,2006;孙立新,2008)。但本研究发现大多数青少年都认同互联网应该是一个文明的场所,且需要一定的网络道德准则来规范网民的行为;而对于网络环境中符合道德规范的行为,青少年表现出积极的情感反应,对于消极的网络行为如欺骗、过激等,则表现出消极的情感反应;并且在网络道德意向上,大多数青少年都表示愿意在使用互联网时遵守道德规范,表现良好的网络道德行为。

为了进一步考察青少年网络道德的性别及年级特点,进行了 2(性别)×4(年级)方差分析。结果表明,青少年在网络道德上性别和年级交互作用不显著,年级主效应也不显著,说明青少年的网络道德不受性别和年级差异的影响。

青少年网络道德认知、情感和意向在性别和年级上均无显著差异,这说明青少

年的网络道德不因性别和年级不同而改变,是稳定的。而且网络道德认知与对道德行为的积极情感和意向之间显著正相关,说明此三者之间的变化趋势是一致的。

四、网络道德可促进网上亲社会行为

为了考察青少年的网络道德与网上亲社会行为的关系,首先进行了相关分析。结果表明,青少年网络道德认知与道德情感和意向之间显著正相关,对网络道德行为的积极情感与网络道德意向显著正相关;其次,网龄与网络道德认知、消极情感和道德意向各维度显著负相关,与依从型网上亲社会行为及网上亲社会行为总平均数呈显著负相关,这说明青少年使用互联网的时间越长,网络道德越消极,表现出的网上亲社会行为越少;最后,网络道德认知、情感和意向与各类型网上亲社会行为均为显著正相关,也就是说在网络环境中,青少年网络道德越积极,越有可能表现亲社会行为。

接下来,为了考察网络道德认知、情感和意向对于网上亲社会行为的预测作用,根据相关分析的结果,对网上亲社会行为各维度分别进行逐步回归分析。结果显示,网络道德认知和网络道德情感两个变量分别进入了紧急型、情绪型、利他型、匿名型、依从型和公开型网上亲社会行为的回归方程,所有统计指标都显著。最后对网上亲社会行为总平均数进行逐步回归分析表明,进入网上亲社会行为总平均数的回归方程式的显著变量只有网络道德认知和情感因素,网络道德意向没有显著预测网上亲社会行为。

然后,根据理论假设和相关及回归分析的结果,针对青少年的网上亲社会行为,本研究提出一个理论模型(见图8-3)。该模型假设青少年的网络道德认知和网络道德情感对网上亲社会行为有直接预测作用。将各变量代入模型进行计算,从拟合指数看,该模型拟合良好。

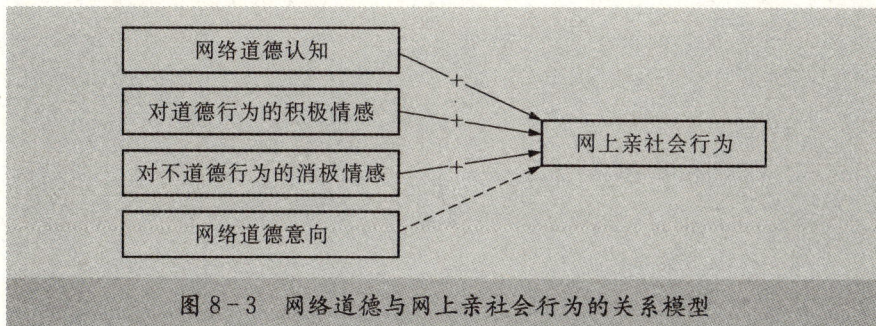

图8-3 网络道德与网上亲社会行为的关系模型

从网上亲社会行为的模型中可以看到,青少年的网络道德认知、情感对于网上亲社会行为的直接预测水平均显著,网络道德意向不能预测网上亲社会行为。

这说明网络道德认知和情感直接正向预测网上亲社会行为。

从回归方程和模型的结果中可以得到,网络道德认知和情感能够正向预测网上亲社会行为。这说明青少年的网络道德认知和情感越积极,表现出的网上亲社会行为水平就越高。但网络道德意向不能预测网上亲社会行为,这与我们的研究假设不一致。本研究在对网络道德意向的界定和认识中,强调更多的是不做违反道德规范的行为倾向,而不是强调表现出帮助他人的亲社会行为倾向,这可能是在本研究中网络道德意向没有直接预测网上亲社会行为的原因。

第三节　建议与展望

一、研究结论

综上所述,对青少年网上亲社会行为及其与网络道德之间关系的研究,可以得出以下结论:

1. 青少年在网络环境中表现的亲社会行为类型由高到低依次为:紧急型、利他型、情绪型、匿名型、依从型、公开型,青少年网上亲社会行为水平较高。

2. 女生比男生表现出更多的利他型网上亲社会行为;青少年的利他型、情绪型、匿名型、依从型和公开型网上亲社会行为水平均随年级升高而下降。

3. 青少年的网络道德较积极,网络道德认知、情感和意向之间存在显著的正相关。

4. 青少年的网络道德认知和网络道德情感对网上亲社会行为有正向预测作用;即青少年的网络道德越积极,表现出的网上亲社会行为就可能越多。

二、对策建议

根据本研究的结果,我们对如何提升青少年的网络道德,增加其网上亲社会行为提出以下建议:

首先,不必过分担心网络社会弱化了青少年的道德认知和情感,青少年对网络环境中的道德规范还是有比较清醒的认识的。学校和社会可以进一步加强对青少年的道德认知和情感教育,提高他们的认知水平,促使其产生更积极的网络道德情感体验,培养青少年积极的网络道德意向。

其次,鉴于青少年的网上亲社会行为随着年级升高而下降,学校应该加强中学生的道德教育,多开展集体活动和专题讨论,提高其道德认知和道德情感的积极水平,从而促使其在网络中做出理性的亲社会行为。同时也应该注意到,青少年在网络空间所表现出来的亲社会行为的类型、特点与其在现实生活中的亲社会行为有所不同。

最后,社会各界应该积极营造健康的网络文化,形成有规范约束的网络道德氛围,为青少年提供一个良好的互联网使用环境。

三、问题展望

1. 由于本研究是一个横断研究,虽然结果显示随着青少年网龄的增长,他们的网络道德趋于消极、网上亲社会行为减少,但是同时可以看到不同年级之间,青少年的网络道德并没有显著差异。在使用网络的过程中,网络道德和亲社会行为的发展变化过程,需要今后进一步的研究。

2. 未来研究也可以考虑比较青少年的网上亲社会行为、网络道德态度与其现实生活中的亲社会行为及道德之间的对应关系。

第九章

青少年的网上偏差行为

第一节　问题缘起与研究方法

一、虚拟世界已是偏差行为表现的新天地

为什么要探讨青少年的网上偏差行为呢？它与青少年的网络道德之间有何关系呢？这一问题的背景又是怎样的呢？

互联网的普及与发展为人们生活的方方面面提供了全新的环境，它已经造就了一个虚拟的社会。在网上，人们通过电子邮件传递信息、获取新闻消息、接受教育、购物、聊天和游戏。有学者指出互联网是一个混乱的地方（Levinson & Surratt, 1999），互联网社会容易发生偏差行为（Goulet, 2002），而且网络中的偏差行为给互联网用户带来了很大的困扰（雷雳、李冬梅, 2008）。已经有很多研究者关注到了网络环境中的偏差行为（Ybarra & Mitchell, 2005; Caspi & Gorsky, 2006; Denegri-Knott & Taylor, 2005），并以此探讨网络对社会产生的消极影响。

对于网上偏差行为的判定通常是把它的行为结果和与之类似的现实偏差行为进行类比（Denegri-Knott & Taylor, 2005），然后再确定这种行为是否属于网上偏差行为。有人认为，网上偏差行为只是拓展了偏差行为的研究范围，是偏差行为新的表现形式（Schuen, 2001）。网上偏差行为的表现形式多种多样（张胜勇, 2003; Denegri-Knott & Taylor, 2005），李冬梅、雷雳和邹泓（2008）的调查结果表明，青少年网上偏差行为最主要的表现形式包括网上过激行为、网络色情行为、网络欺骗行为、黑客、视觉侵犯等。

同时，由于网络中存在很多违反道德规范的偏差行为，因此近年来社会各界对于网络道德建设也越来越关注。国内外已经有很多研究者对虚拟世界的道德和伦理进行了理论上的探讨（Rogers, 2001; Teston, 2002; 杨礼富, 2006; Lawson & Comber, 2000），但关于网络道德表现的实证研究还很少见。

另一方面，青少年正处于人生观、价值观形成又尚未确立的时期，思想极易受到其他负面现象的影响和冲击，本身就容易出现各种问题行为（雷雳, 2009），而在混乱的网络环境下，更可能表现出一些过激、欺骗等网上偏差行为（雷雳、李冬梅, 2008）。青少年作为网络使用的重要群体，他们的网上行为与网络道德表现和发展状况不仅对自身的社会性发展和适应有重要作用，对网络社会正常秩序的维持和道德建设也会有很大的影响。

然而，由于网上偏差行为发生环境的特殊性，跟现实生活中的偏差行为与道

德的关系有所不同。虽然人们在网络中会表现一些道德和规则,但是由于没有了人与人直接的面对面的接触,人们在网上的道德意识就会减弱,野蛮行为则会增多。

在此令人感兴趣的话题是,青少年网络道德特点及其与网上偏差行为之间有何关系?

二、网上偏差行为的界定暂无共识

偏差行为(Deviant Behavior),也称为"越轨行为"、"异常行为"或是"偏离行为"。对于偏差行为到底是什么,不同的研究者从不同的角度进行了解释和说明。从心理学角度定义的偏差行为,主要指的是消极行为、反常行为,是指由个体的遗传因素和心理状态引起的违反规范的行为,这种行为是对规范行为、对规范状态的偏离,是适应不良的表现(Knott, 2005; Vazsonyi, 2003; 沙莲香, 1995)。

在互联网心理学的研究中,网上偏差行为是出现较早、研究又相对较少的一个领域。在关于计算机为媒介的交流(Computer-Mediated Communication, CMC)和互联网文化的研究中,学者们发现有些用户的在线行为充满了自私和敌意。从 CMC 中的过激行为(Flaming),到欺骗(Deception)、发送垃圾邮件和广告(Spamming)、虚拟强奸(Virtual Rape)、网络犯罪(Cyber Crime)和下载正版资料(Downloading of Copyright Material),许多在线行为都被贴上了"偏差行为"的标签(Knott, 2005)。

虽然有很多证据表明网上偏差行为确实存在,但是如何理解网上偏差行为的概念仍然存在争议。到目前为止,网上偏差行为没有一个公认的定义,判断某种行为是否是网上偏差行为的唯一标准就是通过把这种行为结果和与之类似的现实偏差行为进行类比(Knott, 2005),然后再确定这种行为是否属于网上偏差行为。例如,网上过激行为、儿童色情、软件版权和欺骗等。

研究者指出,对网上偏差行为的界定因采用的研究方法的不同而异(Knott & Taylor, 2005)。针对互联网偏差行为的研究方法主要有两种:"绝对取向"(Absolute Approach)和"相对取向"(Relative Approach)。绝对取向处于宏观水平,研究互联网文化过程。从这种视角出发,某种行为被认为是偏差行为是因为它不符合人们的期望,因此,网上偏差行为是指个体不能适应正常的互联网生活而产生的有违甚至破坏互联网规范的偏差行为。相对取向则处于微观水平,研究以计算机为媒介的人与人之间的交流过程,把偏差行为纳入到社会结构,把"谁的期望和规范"考虑在内。

然而,无论是绝对取向还是相对取向,网上偏差行为的界定都涉及到一个重要的概念——互联网规范。从绝对取向的研究方法来看,网上偏差行为主要是指有违或者破坏一般互联网规范的行为;从相对取向的研究方法来看,网上偏差行为主要是指有违或者破坏某些人的互联网规范的行为。从派生关系而言,首先是有了既定的社会规范,然后才可能出现偏离这一规范的现象。因此,要对网上偏差行为进行界定,首先就要清楚地界定互联网规范。

但是到目前为止,没有一个被公众认可的共同的互联网规范;同时,某些人、某个团体认可的互联网规范对另一些人、另一个团体来讲,可能恰好就是违反规范的行为。

不过,有研究者认为网上偏差行为只是拓展了偏差行为的研究范围,是偏差行为新的表现形式(Schuen, 2001)。所以只要参考偏差行为就可以直接对网上偏差行为进行定义。但是网上和现实生活中的道德、规范和文明可能存在差异,网上偏差行为是否只是现实生活偏差行为的另外一种表现形式还有待进一步的研究。

在此,我们认为,网上偏差行为是个体不能适应正常的互联网生活而产生的、有违甚至破坏互联网用户期望的行为。

三、网上偏差行为形形色色花样翻新

网上偏差行为的表现形式多种多样,有研究者在所考察的 11 种消极网上经历中,网上偏差行为就占 8 种(Mitchell et al. , 2005)。也有研究者认为,青少年在虚拟社区的偏差行为可以分为 6 种:撒谎、冲动、暴戾、淫逸、黑客、网上交友与网上聊天(何小明,2003)。还有人认为病理性互联网使用、互联网焦虑、互联网恐惧和互联网孤独也属于网上偏差行为的表现形式(张胜勇,2003)。我们认为,网上偏差行为比较典型地反映为以下六种类型:

(一)网上过激行为

在网上偏差行为研究中,最受关注的就是网上过激行为(Flaming)(Lee, 2005; Reid et al. , 2005; Douglas, 2001; Alonzo & Aiken, 2004; Joinson, 2003)。最初,过激行为是指能激怒人的口语和书面语言,后来被用于表示互联网上的消极或反社会行为(Joinson, 2003)。但是由于缺少对过激行为明确的定义,因此研究者对这个词的理解也是仁者见仁,智者见智。有人认为,网上过激行为是指由去抑制引起的、敌意的、使用亵渎、淫秽或侮辱性词语伤害某人或某个团体的行为(Alonzo & Aiken, 2004)。还有人认为,网上过激行为是一种网上人与人之间或团体之间的、以书写语言为形式的、用来激怒、侮辱或伤害他人的行为(Garbasz, 1997)。

在互联网心理学研究领域,还有三个概念和网上过激行为的意义比较相近——网上骚扰(Online Harassment)、网络暴力(Cyber Violence)和网络欺负行为(Cyber Bullying)。

网上骚扰是在网上对他人故意的、明显的攻击,例如,对他人进行粗鲁的、下流的评价或者故意使别人尴尬(Finkelhor et al. , 2000; Mitchell, 2004)。它与发送令人讨厌的淫秽的、恐吓的或者骂人的邮件有关系(Ellison & Akdeniz, 1998)。网上骚扰包括在公共信息论坛上张贴私人信息,从而导致各种各样的令人厌烦的网上和实际生活中的骚扰。网上骚扰也包括模仿受害者姓名、以受害者名义进行网上偏差行为、损害受害者名誉、猥亵和破坏受害者朋友和商务关系的行为。另外,网上骚扰也包括邮件中、聊天室里等各种各样的以文字形式出现的、与性有关的暴力行为(Williams, 2006)。

网络暴力是指个体对他人或者社会团体有害的暴力网络活动(Wall, 1998)。网络暴力不会在受害者身体方面有直接的表现,但是受害者却可以感受到这种活动的暴力性,并导致长期的心理创伤。

近年来,研究者也关注了网络欺负行为。网络欺负行为包括个人或团体通过使用信息和交流技术,例如,通过电子邮件、手机、文本信息等张贴伤害他人和诽谤他人帖子等方式进行的以伤害他人为目的的、蓄意的、重复的和敌意的行为(Besley, 2006)。与网上过激行为、网上骚扰和网络暴力相比,网络欺负行为和前三者都包括了通过互联网进行的以文字为主要表达方式的对互联网其他用户的伤害行为。但是网络欺负行为的内涵更丰富,它不仅包括通过互联网对他人的伤害行为,也包括了通过手机短信等方式对他人的伤害行为。另外,网络欺负行为的研究对象主要是儿童和青少年,而网上过激行为、网上骚扰和网络暴力的针对对象更为普遍。

(二) 网上欺骗

网上欺骗(Deception)是网络和现实生活中都存在的一种活动。欺骗是指"骗人的行为",即隐藏真实,表现出虚假。它也包括蓄意改变身份,从而有利于获得期望的结果或者达到某个状态和个人的目的。互联网用户的欺骗行为的目的主要是后者。

欺骗是网上偏差行为的一种重要表现形式,有的欺骗是完全的欺骗,给他人造成错误的印象,这些互联网用户把自己隐藏在面具背后(例如,改变自己的性别)(Matusitz, 2005)。还有一些欺骗行为是高技巧性地对自己网上身份的操作,这和现实生活中自我表露的不断调整有直接关系。欺骗不仅体现在网恋或者个人对个人的网上接触中,也会发生在论坛、聊天室中。

互联网是一个可以尝试不同身份和个性的地方，在 MUDS（Multi User Dungeons）游戏当中互联网用户改变性别的现象经常发生（Lea & Spears，1995）。女性在网上把自己说成是男性，去体验更多的权力感；男性把自己说成是女性，是因为想获得更多的关注。其实男性和女性在网上使用的语言是各有特点的：女性更容易道歉、更愿意使用能加强语气的副词和带有强烈情绪色彩的词汇；男性使用的词语更粗俗、更愿意使用长的句子（Thomson & Murachver，2001）。那些在网上对性过于感兴趣的"女性"，在现实生活中更可能是男性（Curtis，1997），其动机可能是希望获得他人的注意。另外，网上欺骗行为可能与信任有很大关系（Joinson，2003）。除了改变性别以外，还有人编造自己的经历来引起他人的关注。

（三）网络色情活动

网络色情活动（Cyber Obscenity/Pornography）是最近比较受关注的领域。互联网的迅速发展使色情内容也有了新的发展形式，美国《时代》杂志曾经指出有83.5％的网页都有色情图片。在西方有人把网络色情活动分为两种：儿童色情活动——属于违法的活动，主流色情活动——属于合法的活动（Williams，2006）。

还有研究者把网上色情经历分为六种：过度使用，因为过度使用网上色情资源导致家庭矛盾，因为不想暴露而产生的抑郁，形成了一种错误的性兴趣，使用非法色情信息，以及不当的暴露（Mitchell，2005）。

互联网上的色情内容有很多形式：色情图片、色情动画短片、色情电影、色情有声故事、色情文本故事等（Akdeniz，1997）。一些互联网色情资料是免费的，任何互联网用户都可以得到这些资料，这使得网上色情行为更加容易。

（四）网络侵犯

网络侵犯（Cyber Trespass）是指黑客侵犯其他互联网用户的私人空间。比如，早期的"乌托邦"（Utopians）是黑客中重要的一种类型（Young，1995），是指那些具有攻击性和破坏性的黑客们运用自己的知识对他们的目标（可能是个人，也可能是一个组织）造成伤害，但是他们认为这种行为是对社会有益的。

有人把黑客分为四种（Wall，2001）：一是蓄意传播病毒的黑客，这些病毒通过网络传播，使电脑的某种或某些功能瘫痪，从而给用户造成恐慌。但是如果付钱给他们的话，这些病毒就可以消灭。二是蓄意的操纵数据，如网页，按照黑客们的希望，这些网页就会代表某个个人或机构，但是这些网页却不是真正的个人或机构的网页。三是网络间谍，这类黑客通过计算机网络破译代号和密码，他们的主要目的就是获取一些机密信息或内容。最后是网络恐怖主义，这些黑客采用各种方式对某个部门进行攻击，结果令整个部门处于停滞状态，从而破坏商务活动甚至是全部的经济活动。

（五）网络盗窃

网络盗窃(Cyber Theft)可以分为两类(Wall，2001)：一是指对"智力财产"的挪用，例如，复制或复录音乐或音像制品并在网上传播。Napster 公司就曾经因为散播和贩卖音乐资料版权而受到起诉。1998 年美国制定了《1998 数字千禧年版权法案》(Digital Millennium Copyright Act 1998)用来规范网络盗窃行为，但是该法案并不能完全保证所有者的权利。于是在 2002 年美国又提出了《伯尔曼议案》(Berman Bill)，这个议案认为所有版权所有者可以通过违反法律的方式来保护自己的资产，例如，如果版权所有者发现自己的资料未经同意就被下载后，就可以以黑客形式对下载自己资料的用户进行攻击。二是指对于虚拟财富或者对虚拟身份的盗窃，例如，盗取 QQ 号、盗取网络游戏财富等。

（六）视觉冒犯

在聊天室、论坛等中还有一种比较常见的网上偏差行为——灌水(Flooding)和刷屏(Brushing)，这类行为也可称为视觉强奸(Visual Rape)。灌水是指以几乎无内容、无意义的文字、字符这种简单的形式回答发帖者，比如，"顶"、"不错"、"好"、"强"等。每个帖子都灌，整屏幕的帖子全是某个人的回复，这就是刷屏，这是灌水的一种极端表现形式。刷屏也指同一段内容反复复制，不停滚动在聊天窗口或者聊天室。

除了上述的网上偏差行为以外，发送垃圾邮件和促进不当话题等也是网上偏差行为的表现形式。

四、网络道德或为偏差行为的止泄阀

关于网络道德与网上偏差行为的关系，目前还很少见到相关的研究证据，我们先以现实中的相关研究为据来做推理。现实生活中关于道德心理成分与偏差行为的关系研究，显示了道德认知、情感和意向与偏差行为是否发生有密切的关系。

道德认知加工对于攻击行为有很大影响。国内一项研究显示攻击性儿童和亲社会儿童的社会信息加工过程存在不同：攻击性儿童具有敌意的归因倾向、破坏关系的目标定向和对攻击性反应做积极评价的特点；而亲社会儿童则表现出友善的归因倾向、加强关系的目标定向和对亲社会行为做积极评价的特点(寇彧、谭晨、马艳，2005)。

目前国内外也有一些研究关注了移情与攻击行为的关系，研究发现移情能力与攻击行为成反向关系，即高攻击行为青少年的移情能力低(Eisenberg, Losoya,

& Spinrad，2003；陈英和、崔艳丽、耿柳娜，2004）。

　　道德意向越积极，越不可能出现偏差行为，反之，则越可能出现偏差行为。积极的网络道德态度在网络世界中体现在互联网用户对网上社会规则所蕴含的道德规范或倡导精神的认可。如果个体同意、认可这些规则和要求，并且愿意表现出符合道德规则的行为，那么他们出现偏差行为的几率就少了（李冬梅，2008）。从一项对于网上偏差行为的调查研究中，我们可以了解到，青少年认为道德品质差是导致网上偏差行为出现的重要原因（Li & Lei，2008）。

　　由于网上偏差行为发生环境的特殊性，跟现实生活中的偏差行为与道德的关系有所不同。其他研究者也指出：互联网是一个充满自由、没有障碍和约束的地方。如前面提到的，虽然人们在网上会表现一些道德和规则，但是由于没有了人与人直接的面对面的接触，人们在网上的道德意识就会减弱，野蛮行为则会增多。例如，在现实生活中，盗版是违法的，但是最近的一项调查（Madden，2003）显示67%的用户在下载盗版软件时认为这是一种正常的行为，并没有考虑是否侵权的问题。Knott 和 Taylor（2005）指出这种行为和现实的入室行窃在道德上是等价的，都应该受到谴责。然而，大多数的互联网用户并没有把这种行为和入室行窃等同起来。

五、研究方法

（一）研究对象

　　关于青少年网上偏差行为的研究，涉及两部分研究对象。第一部分研究对象为某市初一到高二的学生，发放问卷 340 份，收回 287 份。其中，男生和女生分别为 146 人和 141 人，年龄在 12—18 岁，平均年龄为 14.6 岁（见表 9 - 1）。

表 9 - 1　研究对象基本情况（一）

	初一	初二	初三	高一	高二
男	38	46	32	21	10
女	34	37	34	15	20
年龄($M\pm SD$)	13.04±0.46	13.88±0.55	15.14±0.43	16.49±0.46	17.18±0.55

　　第二部分研究对象选取了四个省市的六所普通中学初一到高二年级的学生，共 992 人。其中 545 名研究对象的数据用来做量表的探索性因素分析。用于本研究分析的样本量为 447 人，其中男生 182 名，女生 265 名。研究对象的年龄在11—18 岁之间，平均年龄为 14.89±1.82 岁（见表 9 - 2）。

表 9-2　研究对象基本情况(二)

	初一	初二	高一	高二
男	49	59	55	19
女	65	49	74	77
总数	114	108	129	96
年龄($M\pm SD$)	12.44±0.77	14.27±0.65	16.05±0.57	16.91±0.51

(二) 研究工具

首先,针对第一部分研究对象,目的在于了解青少年网上偏差行为的概况和主要表现形式,并对青少年网上偏差行为的原因进行初步分析。因此,使用开放式问卷进行调查,调查内容主要包括两个方面:青少年网上偏差行为的表现形式和青少年网上偏差行为的原因。

先提出网上偏差行为的概念:网上偏差行为是指那些个体不能适应正常的网络生活而产生的有违互联网用户期望的行为。让研究对象了解了什么是网上偏差行为之后,提出问题:(1)你认为网上哪些行为属于网上偏差行为?(2)你曾经有过网上偏差行为吗?(3)你认为产生网上偏差行为的原因是什么?

其次,针对第二部分研究对象,通过青少年互联网使用状况问卷收集研究对象的性别、年级、年龄及网龄(从第一次上网至问卷调查时的时间,年为单位)等信息。

然后,按照心理学界对于道德心理结构的认识,我们从网络道德认知、网络道德情感和网络道德意向三个维度编制了《青少年网络道德量表》来考察青少年的网络道德状况(详见第八章)。在本量表中,包含了网络道德认知、网络道德情感和网络道德意向三个分量表,其中网络道德情感部分包括了"对道德行为的积极情感"和"对不道德行为的消极情感",得分越高表明对道德行为情感越积极,对不道德行为情感越消极。采用从"1—完全不符合"到"6—完全符合"等级评分。

最后,采用李冬梅(2008)博士论文中编制的《青少年网上偏差行为量表》(Scale for Adolescent Internet Deviance, SAID),该量表包含三个基本维度,网上过激行为、网络色情行为、网络欺骗行为,共 35 个项目。评分从"1—从未如此"到"5—一直如此"。三个维度中"网上过激行为"又细分为四个维度,包括攻击性、易怒、敌意、冲突。在本研究中,分量表的 α 系数和总量表的 α 系数均较好。

(三) 研究程序和数据处理

两部分的测试均以班级为单位施测问卷。问卷正式施测之前,主试向研究对象宣读指导语,向学生保证不向他人透露与此次问卷结果有关的任何信息。数据整理、统计分析处理使用 SPSS 与 AMOS。

第二节　研究发现与分析

一、网上偏差行为聚焦过激、色情与欺骗

调查结果表明,青少年网上偏差行为中,网上过激行为是青少年最突出的网上偏差行为的表现形式,占 62.8%;其次为浏览色情信息,占 40.1%;接下来是欺骗,占 23.8%。其他的网上偏差行为依次为黑客行为、促进不当话题、沉迷网络游戏、窃取他人身份、发送垃圾邮件、刷屏和恶意灌水(见表 9-3)。

表 9-3　网上偏差行为及百分比

网上偏差行为	网上过激行为	浏览色情信息	欺骗	黑客行为	促进不当话题	窃取他人身份	发送垃圾邮件	刷屏	灌水
百分比	62.8%	40.1%	23.8%	14.4%	8.4%	6.8%	2.6%	1.6%	1.3%

在网上偏差行为研究中最受关注的就是网上过激行为。最初过激行为是指能激怒人的说话和书写行为,后来被用于表示网络上的消极或反社会行为。在本次调查中,研究对象也认为网上偏激行为是网上偏差行为的突出表现形式,例如,"骂人"、"说脏话"、"散布谣言伤害他人"等。

正如本书第 174 页所述,网络色情活动是最近比较受关注的领域。在调查当中,研究对象的回答主要是"浏览很多色情网站或色情图片",因此,在本次调查中的浏览色情信息主要是"过度使用"和"形成了一种错误的性兴趣"。

欺骗是本次调查中网上偏差行为排在第三的表现形式。研究对象在这方面的典型回答是"骗人"和"改变自己的性别"。欺骗是网上偏差行为的一种重要表现形式,互联网是一个可以尝试不同身份和个性的地方,在 MUDS(Multi User Dungeons)当中改变性别的情况经常发生(Lea & Spears,1995)。女性在网上把自己说成是男性,去体验更多的权力感;男性把自己说成是女性,是因为想获得更多的关注。除了改变性别以外,还有人编造自己的经历来引起他人的关注。

黑客是网上偏差行为比较重要的表现形式。研究对象指出的黑客主要是发

送病毒,对他人电脑进行攻击的行为。在本次调查中,几乎没有提到利用计算机技术进行诈骗或者窃取他人信息的黑客方式。促进不当话题是指互联网用户针对不当话题的进行讨论,并对其有不良的影响。例如,讨论"如何制造炸弹"等。窃取他人身份是网上盗窃行为的一种表现形式,个体通过个人计算机技术,假装其他互联网用户的身份进行活动,给受害者造成不良影响。调查表明窃取他人身份主要表现在"盗窃 QQ 号"或"网络游戏身份"。另外,研究对象指出网上偏差行为也包括了灌水和刷屏。

在调查当中,我们也询问了研究对象是否曾经有过网上偏差行为,结果发现男生有过网上偏差行为的共 65 人,没有的共 81 人;女生有网上偏差行为的共 11人,没有的共 130 人。和以往的研究一致,调查发现男生网上偏差行为显著多于女生(见表 9 - 4)。

表 9 - 4　青少年网上偏差行为的性别差异

网上偏差行为	有(频数)	没有(频数)
男	65	81
女	11	130
合计	76	211

二、网上网下多种因素促发网上偏差行为

调查结果表明,青少年认为网上偏差行为产生的原因可以分为四个主要方面:与互联网有关的个体因素、互联网环境因素、个体因素和现实因素(见表 9 - 5)。其中,与互联网有关的个人因素居多。

表 9 - 5　青少年网上偏差行为原因及百分比

总体原因	具体原因	详细原因
与互联网有关的个体因素	互联网使用动机	发泄(11.6%) 好玩、恶作剧(11.6%) 好奇(10.9%) 无聊(9.5%) 寻找刺激(2%) 学习计算机知识(0.7%)
	网络道德和伦理	道德品质(21.7%)
互联网环境因素	网络自身特点 网络规范和管理	网络匿名性(25.2%) 网络管理不严格(5.4%)

总体原因	具体原因	详细原因
个体因素	心理健康 自我	个人心理问题（17.2%） 自制力差（8.8%）
现实环境因素	人际关系 社会支持 压力	自卑（1.4%） 人际关系较差（4.1%） 缺少关心和支持（2.7%） 缓解压力（2.7%）

首先，对网上偏差行为产生影响的因素中，与互联网有关的个人因素——互联网使用动机与网络伦理道德观是非常重要的因素。其中，互联网使用动机是网上偏差行为产生的最为重要的原因，认为因为在现实生活中受到挫折所以想在网上发泄的占 11.6%；认为原因是好玩、恶作剧的占 11.6%；认为由于好奇产生网上偏差行为的占 10.9%；除此之外，还有无聊等原因。在伦理道德方面，21.7%的人认为网上偏差行为的产生是因为个人的道德问题，例如，"没有道德"、"个人品质太差"。

其次，青少年认为在互联网环境因素中，网络匿名性是产生网上偏差行为的主要原因（25.2%），除此之外，产生网上偏差行为的网络因素还包括网络管理不严格（5.4%）。

此外，个人因素主要包括心理健康和自我概念等方面。17.2%的人把网上偏差行为产生的原因归结为个人心理健康问题，例如，"心理变态"、"心理有毛病"。自我方面的因素，例如，自制力差、自卑是产生网上偏差行为的重要原因。

再者，现实环境因素包括缺少他人关心、不善于与人交往导致的人际关系不良、压力过大等，也是网上偏差行为产生的原因。其他研究也表明，与老师、同学接触少以及学习成绩差的学生的网上偏差行为更多（Daniel，2005）。

综合起来，青少年网上偏差行为产生的原因可以从以下几方面来认识：

首先，在互联网媒介层面，网上偏差行为的产生是因为网络自身的特征（如匿名性）。其次，在互联网团体层面，社会认同理论认为网上偏差行为的产生是因为某个网上个体的行为标准就是偏差行为，因此作为团体的一员，必须要表现出网上偏差行为。第三，在互联网个体层面，网上偏差行为的产生是因为个体在互联网上公我意识降低，私我意识增强。第四，个体与互联网交互作用层面，可以从个人—情景交互作用的角度来解释网上偏差行为，把网络的特点与个体的目标、动机和需要等综合起来，探讨它们对自我意识和责任感的影响，这样可能会更加完整、有效地解释网上偏差行为。

调查结果发现,青少年网上偏差行为出现的原因包涵盖了上述理论中的部分内容,而且还包括上述理论中没有提到的个体的心理健康状态、自我概念、网络伦理观和网络道德观,以及现实生活中的人际关系与社会支持。

从调查结果能够看到,互联网使用动机可能是预测网上偏差行为一个重要的因素。许多研究者(Curtis,1997;Joinson,2003;Alonzo & Aiken,2004;Caspi & Gorsky,2006)也提出,互联网使用动机是网上偏差行为的一个重要的原因。如果青少年的互联网使用动机是发泄、寻找刺激、恶作剧等,那么就可能出现网上偏差行为。如果个体上网的动机是出于寻找学习资料或搜索信息,那么出现网上偏差行为的可能性就会更低。

三、青少年网上偏差行为仅露端倪

为了考察青少年网上偏差行为的表现水平,对青少年网上偏差行为进行描述统计分析,结果表明,在五点计分量表中,网上偏差行为($M=1.44,SD=0.39$)各维度的平均数主要分布在 1—2 之间,这说明青少年网上偏差行为的发生情况不是很严重。

为了进一步了解青少年网上偏差行为状况,把平均分数为 1—2 分(包括 2)称为"低网上偏差行为组",4—5 分(包括 4)为"高网上偏差行为组",2—4 分(不包括 2 和 4)称为"中分组"。结果发现:网上过激行为、网络色情行为和网络欺骗行为高分组人数所占比例很小(仅为 0.2%);但是仍然有不少青少年的网上过激行为(18.4%)和网络欺骗行为(11.7%)处于中分组,他们出现网上过激行为和欺骗行为的频率为在"偶尔"到"经常"之间(见表 9-6)。

表 9-6 青少年网上偏差行为的分组状况

	网上过激行为	网上色情行为	网上欺骗行为	网上偏差行为(总)
$M\pm SD$	1.58±0.48	1.13±0.37	1.45±0.54	1.44±0.39
低分组($1\leqslant M\leqslant 2$)	81.4%	97.3%	88.1%	92.4%
中分组($2<M<4$)	18.4%	1.5%	11.7%	7.4%
高分组($4\leqslant M\leqslant 5$)	0.2%	0.2%	0.2%	0.2%

本研究结果显示,青少年网上偏差行为并不严重。经常表现出网上过激行为、网络色情行为和网络欺骗行为的个体仅占总人数的 0.2%,大多数青少年都偶尔或从未出现过网上偏差行为。但需要注意的是,仍然有 18.4% 的青少年出现网上过激行为的频率在"偶尔"和"经常"之间;11.7% 的青少年出现网络欺骗行为的频率在"偶尔"和"经常"之间。这说明网上过激行为和网络欺骗行为是发生较多

的偏差行为。

　　网上偏差行为可能是青少年发泄在现实生活中压力、表达消极情绪，以及满足心理需要的重要方式。青少年时期的各种偏差行为有其潜在的行为功能，能够反映相应的发展任务（雷雳，2009）。

　　网上过激行为是青少年网上偏差行为最重要的表现形式（雷雳、李冬梅，2008），青少年在使用互联网时，由于可以不暴露自己的真实身份，在对别人进行语言攻击和欺骗的时候不会承受太大的压力，过激行为可以在一定程度上发泄他们在现实生活中无法消除的消极情绪。其次，青少年在网络环境中的欺骗行为集中在改变自己的性别和年龄、编造经历、发布虚假信息等方面，这些欺骗包含了对自我、他人和社会的探索，而且很多个体认为在网络环境中骗人是有趣的。这类行为可能对于青少年的自我认同、个体化等过程有一定积极作用。

　　另外，对正处于青春期的青少年来讲，性心理的发展需求在现实生活中得到满足的渠道并不多。由于现在的网络环境中很容易找到色情和与性相关的信息，因此网络色情行为可以从一定程度上满足其好奇心和性需求。但同时国外关于青少年的研究结果（Tsitsika, Critselis, & Kormas, 2009）显示，表现出过多网络色情行为的青少年更容易有反常行为问题。

四、男生网上偏差行为明显超女生

　　为了考察青少年网上偏差行为的性别特点，对网上偏差行为各维度分数进行 2（性别）×4（年级）多元方差分析。结果表明，性别和年级无交互作用，年级在网上过激行为上主效应显著；性别在网络过激和色情行为上主效应显著（见图 9-1）。

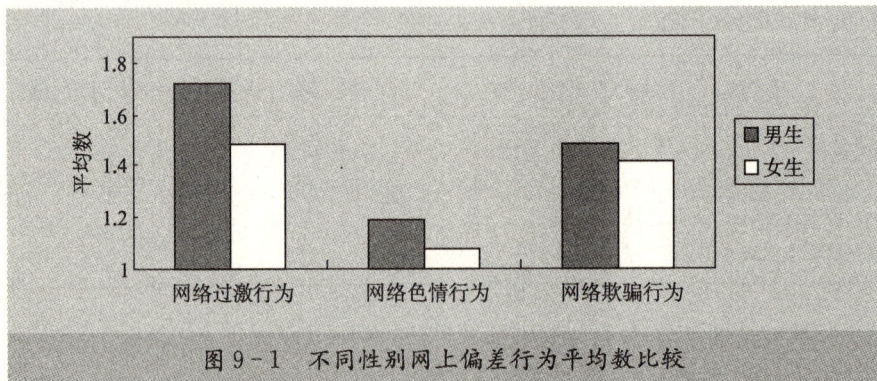

图 9-1　不同性别网上偏差行为平均数比较

　　此外，网上过激行为作为青少年网上偏差行为的主要表现形式，本研究对其所包含的四个维度得分情况进行了进一步统计分析。对网上过激行为的四个维度得分进行 2（性别）×4（年级）多元方差分析结果显示，性别和年级无交互作用，年级在所有变量上主效应显著,性别在除了敌意之外的过激行为上主效应显著(见图9-2)。在攻击性、易怒和冲突上男生的分数均显著高于女生,这说明男生的网上过激行为明显多于女生。

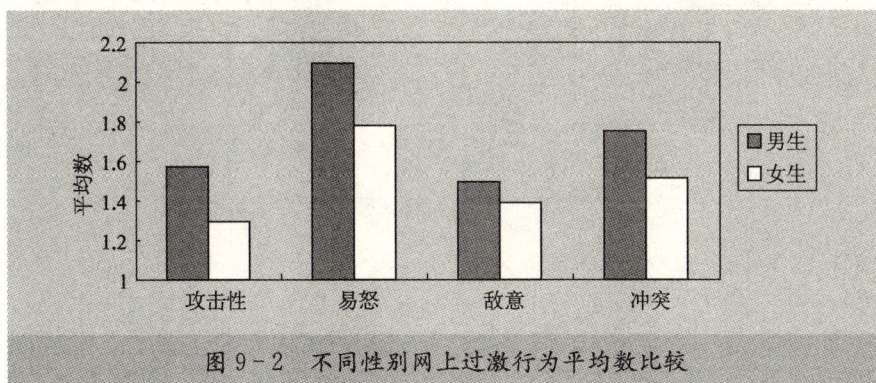

图9-2 不同性别网上过激行为平均数比较

国内外关于偏差行为的许多研究都发现性别会影响偏差行为,一般来说,男性的偏差行为要高于女性(Goff & Goddard,1999)。在本研究中,对青少年网上偏差行为的性别特征分析表明,男生的网上过激行为(包括攻击性、易怒和冲突)和网络色情行为发生频率显著高于女生。在现实生活中,男生比女生更容易表现出攻击性行为,跟别人发生矛盾冲突也更多,女生则相对温和,表达敌意的方式也更含蓄。表现在网络环境中,同样是男生的过激行为比女生多,这与之前的一些研究结果是一致的(Thomson,Murachver,& Green,2001;Williams & Skoric,2005;李冬梅、雷雳、邹泓,2008)。现实社会中的调查结果显示,男生对色情录像带、图片和杂志等更感兴趣(雷雳,2009),本研究结果表明互联网上男生的网络色情行为多于女生,这与其他探讨青少年网络行为的研究结果(Tsitsika,Critselis,& Kormas,2009;李冬梅,2008)是一致的。

五、网上过激行为随年级增长而衰减

如上所述,对青少年网上偏差行为的方差分析显示,年级的主效应主要表现在网上过激行为上(见图9-3),进一步考察网上过激行为四个维度的年级变化,通过ONEWAY中的Polynomial考察其线性发展趋势,结果显示,攻击性、易怒、敌意和冲突在年级上的线性变化趋势均显著。从趋势图(见图9-4)中可以看出,青少年的网上过激行为水平随年级增长而呈下降趋势。方差分析和事后检验表明,高一网上过激行为得分显著低于初一和初二。这说明青少年的网络攻击性、易怒、敌意和冲突随着年级升高而减少,到了高中一年级形成质变,高中阶段的网上过激行为明显少于初中阶段。

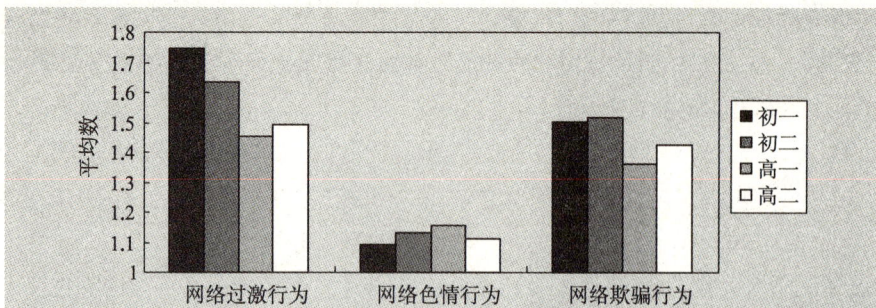

图 9-3　不同年级网上偏差行为平均数比较

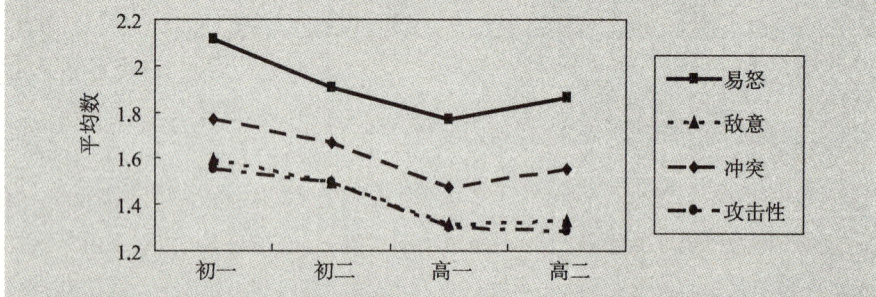

图 9-4　不同年级网上过激行为平均数比较

　　有研究显示年级和年龄变量也会影响偏差行为的表现,高年级的偏差行为要少于低年级(Goff & Goddard,1999;何双海,2007)。本研究结果表明,网络色情行为和网络欺骗行为的年级主效应不显著,网上过激行为的发生水平随着年级的增长而下降。年级水平越高,网上过激行为发生越少,高中阶段的网上过激行为明显低于初中阶段。青少年进入高中后,由于年龄和年级的增长,其认知水平、交往能力越来越成熟,处理人际关系时更加自如(雷雳、张雷,2003)。随着青少年心智成熟水平的提高,他们体验到的愤怒和敌意也会越少,更容易控制自己的情绪和行为,因而在网络环境中表现出的过激行为也越来越少。

六、积极的网络道德可阻网上偏差行为

　　为了考察青少年网上偏差行为与网络道德的关系,进行了相关分析。结果显示:首先,青少年网络道德认知与道德情感和意向之间显著正相关,对网络道德行为的积极情感与网络道德意向显著正相关;其次,网龄与网络道德认知、消极情感和道德意向各维度显著负相关,与网络过激和欺骗行为呈显著正相关,这说明青少年使用互联网的时间越长,网络道德越消极,表现出的网上偏差行为越多;最后,网络道德认知、情感和意向与网上偏差行为均为显著负相关。

为了解网络道德对于网上偏差行为的预测作用,根据相关分析的结果,对网上偏差行为各维度进行逐步回归分析。结果表明,进入网络过激、色情和欺骗行为的回归方程式的显著变量有网络道德意向和网络道德认知,它们反向预测网上偏差行为。最后对网上偏差行为的总平均数进行多元逐步回归分析,结果表明,进入网上偏差行为总平均数的回归方程的显著变量为网络道德意向和网络道德认知,它们均反向预测网上偏差行为,联合预测力达到了 16.4%。

根据文献综述、研究假设和之前的相关回归分析的结果,我们认为青少年的网络道德可以预测其网上偏差行为表现。因此针对青少年的网上偏差行为,本研究提出一个理论模型,假设青少年的网络道德认知和意向对其网上偏差行为有直接预测作用。将各变量代入模型进行计算,结果表明模型成立(见图 9-5),模型拟合指数较好。

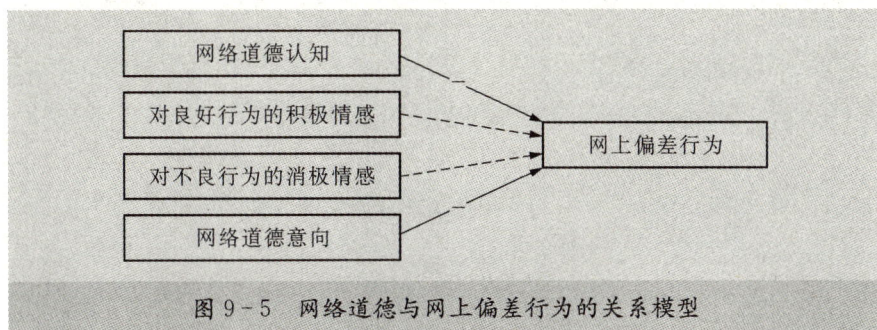

图 9-5 网络道德与网上偏差行为的关系模型

从网上偏差行为的模型中可以看到,网络道德认知和意向对于网上偏差行为的预测效应显著,这说明网络道德意向和认知直接反向预测网上偏差行为。对网络道德行为的积极情感和对不道德行为的消极情感水平均对网上偏差行为无直接预测效应。

首先,对于网上过激行为而言,青少年能够从认知上判断过激行为是不好的,并表现出积极的道德行为意向,同时他们对网络中的过激行为表现得很反感,但是这样的反感情绪并没有阻止他们表现网上过激行为。这可能跟青少年所处的心理发展阶段有关:虽然青少年期的个体情绪调节能力有所增强,但这种能力毕竟有限,而且他们的情绪反应又有易冲动的特点,这可能导致他们在网络中遇到他人的攻击挑衅时,很容易表现出同样的攻击行为予以回击。

其次,正如之前我们提到的,网络色情行为可以从某种程度上满足青少年的心理需要,这是一种比较特殊的偏差行为。这种在网络中查看性知识、色情图片或视频的行为跟道德的关系可能是复杂的,只不过在中国这样一个特殊的文化环境中,可能倾向于认为下载和浏览色情图片、讨论性话题等行为是不道德的。因此才出现了网络道德与网络色情行为的负相关关系,并且网络道德认知和意向反向预测网络色情行为的发生,情感因素跟此类偏差行为关系不大也是可以理解的。

最后,虽然青少年也表现出对于网络欺骗行为的厌恶,但是同样地,在网络环境中的欺骗行为可以在一定程度上满足他们对自我和他人探索的需要和乐趣。他们在网络匿名条件下,可以更容易地编造虚假信息欺骗别人并取得成功,这个过程中产生的新奇感、成就感和兴奋感可能压过了对做出不道德行为的羞愧感,因此网络道德情感也没有直接预测网络欺骗行为。

第三节　建议与展望

一、研究结论

综上所述,对青少年网上偏差行为及其与网络道德之间关系的研究,可以得出以下结论:

1. 网上过激行为、浏览色情信息和欺骗是青少年网上偏差行为的主要表现形式。

2. 对网上偏差行为产生影响的因素可以分为与互联网有关的个体因素、互联网环境因素、个人因素和现实环境因素。与互联网有关的个人因素主要包括互联网使用动机和网络伦理道德;互联网环境因素主要包括网络匿名性、网络管理不严格;个人因素包括心理健康、自我概念等;现实环境因素包括缺少他人关心、不善与人交往导致的人际关系不良、压力过大等。

3. 青少年的网上偏差行为并不严重,男生的网上过激行为和网络色情行为显著多于女生,网上过激行为随着年级升高而减少。

4. 网络道德意向和认知对网上偏差行为有反向预测作用,即青少年的网络道德越积极,表现出来的网上偏差行为越少。

二、对策建议

从研究发现中我们可以了解到,网络道德认知和行为意向对于控制青少年的网上偏差行为有更大的影响。所以加强对青少年的网络道德教育,增强他们对道德规范的认识,对减少网上偏差行为是有帮助的。

由于网络的匿名性和网络管理的松懈,以及网络伦理和道德观的匮乏,也可能导致青少年出现网上偏差行为。因此,帮助和引导青少年建立正确的网络伦理观和道德观,加强网络建设、完善网络监管体制、制定网络规范和相应的法律法规、约束网络用户在网上的行为是减少网上偏差行为出现的一个重要内容。

现实环境和个体其他因素对网上偏差行为可能也会产生重要的影响。那些缺少他人关爱、人际关系不良、缺少社会支持的个体可能出现网上偏差行为。一些个体因素,例如,心理健康状态不佳、低自尊、低自我调节能力,也可能是网上偏差行为的原因。因此,积极预防青少年心理问题产生,引导青少年建立积极的自我概念,为青少年营造一个能够更加健康发展的良好环境是防止和控制青少年网上偏差行为产生的首要措施。

此外,我们可以通过提升青少年的网络道德水平,增强网络亲社会行为来减少网上偏差行为。首先,加强对青少年的道德认知教育,促使他们正确认识网络中的道德现象和行为,并培养他们积极的网络道德意向;其次,对于青少年的网上偏差行为,学校和社会应多重视男生的过激和色情行为表现,在教育过程中结合不同性别的差异进行专门辅导;最后,社会各界应该积极营造健康的网络文化,形成有规范约束的网络道德氛围,为青少年提供一个良好的互联网使用环境。

三、问题展望

1. 从本研究来看,由于它是一个横断研究,虽然结果显示随着青少年网龄的增长,他们的网络道德趋于消极、网上偏差行为增多,但是同时可以看到随着年级的升高,青少年的网上偏差行为是减少的。因此青少年在使用网络的过程中,网络道德和偏差行为的发展变化,需要今后进一步地研究。

2. 互联网使用动机是否和青少年个人因素、现实环境因素有关?如果有关,那么是一种什么关系?这种关系又是如何影响青少年网上偏差行为的?这个问题也是揭示网上偏差行为产生原因的一个重要的课题。

第十章

青少年的网上音乐使用

第一节　问题缘起与研究方法

一、网上音乐青少年情有独钟

为什么要探讨青少年的网上音乐使用呢？这一问题的背景又是怎样的呢？

文化部领导(2007)在十七大新闻中心"重视未成年人教育"的主题专访中，回答美国记者提问时谈到："要主动适应互联网迅猛发展、广泛渗透的趋势和要求，关注网上的音乐、艺术、文化方面的建设和管理。要鼓励网上的音乐文化活动，这也是文化生活的一个重要方面，并且可以让更多人参与到文化生活中来。另一方面要注意加强对网上音乐等艺术和文化活动的引导，使它们朝着有利于青少年身心健康成长的方向发展。"互联网音乐活动作为一种新兴的娱乐方式，受到了越来越多的青少年的欢迎，如何正确地引导，事关青少年的身心健康发展。所以，加强对互联网音乐的研究十分必要。

关于互联网服务与人的心理发展之间的关系的研究，大概分为两种类型：一是从微观入手，即将单一的互联网服务项目作为研究对象，比如，聊天室服务、网上购物服务等；二是着眼于宏观，根据各种互联网服务项目之间的共同点和差异点，将互联网服务项目分为几个大类，比如，社交类服务、娱乐类服务等。目前国内外的研究大多从宏观上进行分类，例如，雷雳、杨洋(2006)根据中国互联网信息中心2004年7月发布的《第十四次中国互联网络发展状况统计报告》中"用户经常使用的网络服务/功能"的内容，编制了青少年互联网服务偏好问卷，通过因素分析提出了四个因子，分别命名为"信息"(浏览网页、搜索引擎等)、"交易"(网络购物、短信服务等)、"娱乐"(网络游戏、多媒体娱乐等)、"社交"(聊天室、QQ、BBS论坛等)。该研究认为这种对互联网宏观上的分类可以说是一种纵向的分类，它关注的是互联网使用的形式，暂不论互联网使用的内容。例如，同样是搜索信息，搜索学习资料和浏览娱乐的信息就有很大不同，从内容角度讲，完全可以把后者放入娱乐服务中。

随着互联网的发展，出现了数字音乐，使得青少年接触音乐更加方便快捷。在线听音乐成了青少年热衷的一项网络服务，第23次中国互联网发展统计调查报告(2009)中显示，青少年学生网民对网上音乐的使用率达到了86.9%，位居中国各项网络应用之首。

人类社会从什么时候起开始有了音乐，已无从查考。音乐以流动的音响为物质手段,它诉诸听觉,去塑造出鲜明的音乐形象,表达思想感情,它是反映现实社会生活的时间艺术,或者叫做听觉艺术。青少年对音乐有极大的兴趣,花大量的时间和金钱在音乐上。一方面,青少年有很强的好奇心,他们追求时尚潮流。而音乐早已成为一种时尚的象征和品位的标志。另一方面,青少年面对生活和学习上的压力和困惑,不知如何应对之时,就会时常把自己沉浸在音乐中寻找刺激和发泄口,音乐已经成为青少年生活中不可或缺的一部分。因此,青少年的心理发展和生活状态势必会受到音乐的影响。随着互联网的发展,出现了数字音乐,使得青少年接触音乐更加方便快捷,并且在资源丰富的网络上,关于音乐的活动也不再局限于简单的歌曲,而是融入了互联网的特点,如在线作曲、音乐社区等都是传统音乐所不具备的。

在此令人感兴趣的话题是,青少年在互联网上的音乐活动有何特点?与其人格及孤独感等有何关系?

二、网上音乐经济快捷又丰富

什么是网上音乐使用呢?它又有何特点呢?

以往在互联网娱乐服务的分类中,一般关于音乐的活动,只提到了网上音乐(Music Online)。其实,在信息丰富的网络中,关于音乐的内容不仅仅是歌曲乐曲,还有很多音乐论坛、音乐社区和在线作曲等关于音乐的网络活动。"Pew Internet & American Life Project"(Madden,2003)调查了自2000年到2003年三年间的互联网使用变化情况,结果表明,在美国的在线娱乐服务中,年轻人使用得较多,对各项娱乐服务的使用情况如下:大约3/4的互联网使用者搜索自己感兴趣或业余爱好的信息;自2000年3月起,没有特定的原因浏览有趣网页的用户增加了44%;在2000年到2002年期间,下载音乐的用户增加了71%。由这项调查可知,用户经常使用的互联网音乐活动包括了搜索音乐信息、浏览音乐网页、在线听音乐。

结合中国青少年的互联网使用情况和互联网新的功能的发展,近来以音乐为中介形成的一些QQ群或者论坛吸引了一些追星的青少年,上述Madden(2003)的调查报告中显示使用这项服务的青少年也有增加的趋势。所以,可以认为网上音乐使用的概念包含了搜索音乐信息、浏览音乐网页、在线听音乐和音乐聊天室这四项服务内容。

而网上音乐与传统的音乐产品相比,有其自身的优势。

首先是它的经济性,传统音乐产品是经过层层的制销环节进行价值增值活动。而网上音乐通过"互联网"这一载体,就可以直接通过软件公司在网上流通,成本大大地低于传统的 CD、磁带等音乐产品。

其次，在线听音乐方便快捷，只要点击相关的网站，就可以随时聆听和欣赏自己喜爱的歌曲乐曲。

再者，网上音乐的产品相当丰富，无论老歌、新歌，还是古典的、流行的，各个时代、各种风格的音乐应有尽有，选择性很强。

最后，网上音乐的活动形式多样，不仅包括网上音乐的主要形式在线听歌、下载音乐等，还包括搜索关于音乐或者歌手的信息、参加音乐论坛等。

三、网上音乐使用更能调节情绪

研究者(Saarikallio & Erkkilä, 2007)以青少年为研究对象，运用访谈法和调查法，经研究发现提出了音乐调节情绪的一个模型(见图 10-1)，为音乐调节情绪的研究提供了理论基础。从中可以看到，青少年通过听、唱等各种音乐活动，可以达到情绪改变和情绪控制的目的。

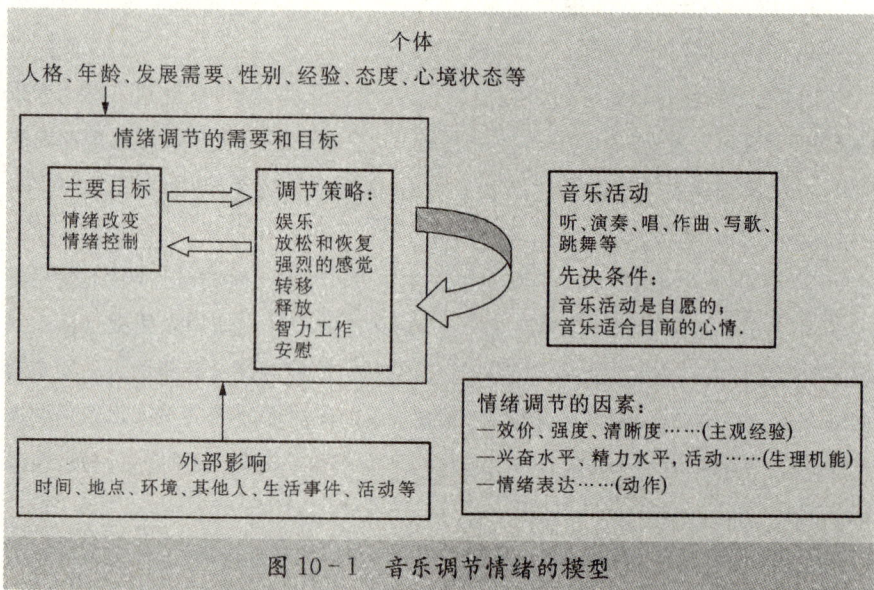

图 10-1 音乐调节情绪的模型

在关于音乐调节情绪的研究中，音乐和孤独感的关系是一个热门的话题，除此之外，音乐还应用于对孤独及抑郁患者的临床治疗中。Accordino, Comer 和 Heller(2007)对音乐治疗孤独症这方面的研究进行了总结，表明音乐疗法已广泛运用于孤独症的社交异常、行为异常、交流异常的治疗中，并且取得了显著效果。Bret(1999)等使用音乐技术对有抑郁症状的 14 和 15 岁的青少年进行了为期 10 周的治疗，实验分为实验组和控制组，实验组接受 10 周的音乐治疗，控制组前 8

周进行认知行为训练活动,后两周接受音乐治疗。结果表明,两组研究对象的抑郁症得分都显著降低,同时,实验组的抑郁得分要显著低于控制组。这表明使用音乐技术比非音乐技术治疗抑郁症更加有效。

从音乐方面的研究看来,音乐可以使人心情愉快,表现出积极情绪(张敏,2007)。而从互联网与孤独感的关系来看,Whitty 和 McLaughlin(2007)研究发现,孤独感得分高的个体更可能使用互联网娱乐服务。当个体出现消极情绪时,互联网能够提供一个安全、放松的环境。特别是互联网网上音乐服务更能缓解个体的消极情绪,这是因为互联网音乐的情感、内容、风格都很丰富,聆听者可根据自己的心情选择不同的风格和歌手。因此,互联网音乐与传统的音乐相比,调节情绪的功能更强大。

四、诸多因素影响网上音乐使用

青少年之所以对网上音乐使用情有独钟、爱不释手,可以从网上音乐本身的特点和青少年这一群体的独特特点来说明。

一方面,从网上音乐使用的特点来看,网上音乐使用包含了搜索音乐信息、浏览音乐网页、在线听音乐和参加音乐聊天室等服务。从内容上来看,网上音乐丰富多彩,它既包括了音乐,也包括了社交、还有娱乐信息。从使用效果上来看快捷方便,互联网的更新速度快,最新的资讯总能第一时间出现,青少年只要轻轻点击,各种所需服务会即刻得到满足。从经济上来看,省钱省时,不用跑音像店、书店去寻找专辑,也不必花很多钱去购买。

另一方面,从青少年的特点来看,Anastasi(2005)认为喜欢音乐的人很多,但青少年似乎更易受到音乐的影响,这与青少年本身的特点有很大关系。首先,青少年处于成长和发展的关键阶段,他们需要去感受、体验和激励,这样才能学习新的东西。音乐恰好提供了这样一种渠道,音乐有很强的感染力,青少年在自己喜欢的音乐中寻找情感寄托,不断体验和成长。

其次,与成人相比,青少年有更多的时间去收集和欣赏音乐,这是一个重要的前提条件。青少年的时间安排比较自由,除上课外有很多课余时间,使得青少年有精力去搜集他们感兴趣的音乐及歌手资料。

再次,随着青少年的不断成熟,他们在情绪和思想上逐渐走向独立,对父母不再是言听计从。这导致青少年与家庭的关系比儿童期更加紧张,再加上学习上的困难和同伴交往中的人际压力,使得青少年借助于音乐释放这些消极情绪。

最后,青少年通过音乐可以加入某一同伴团体,得到友谊和归属感,通常这一团体的成员有共同的音乐偏好,例如,共同喜欢某一歌手或演唱组合。这种团体有自己的标志,有一定的组织性,会定期举办一些活动来支持他们的偶像。

再一方面值得注意的是,青少年的人格特征的差异也是影响其网上音乐使用的重要因素。以往研究大多从宏观层面把网上音乐放入网络娱乐服务中。比如,雷雳、柳铭心(2005)研究了青少年的人格特征和互联网娱乐服务使用偏好的关系,提出互联网娱乐的形式很丰富,大致可以分为非交互性(如多媒体娱乐)和交互性(如网络游戏)两类。前者主要是对网络资源的利用,外向性和高开放性的青少年更喜欢寻求、使用、接受新的娱乐形式,因此,他们更可能积极主动地使用互联网来获取更多的资源,使生活更加丰富。

Landers 和 Lounsbury(2006)研究了大五人格和狭义的人格特质与网络使用的关系。结果发现,责任心和工作驱力与娱乐服务的使用时间呈显著负相关,也就是说,高责任感和工作驱力强的个体在网上进行娱乐活动的可能性较小。Swickert 等(2002)的研究结果表明神经质和娱乐服务之间存在边缘显著负相关的关系,也就是说,高神经质性的个体使用网上娱乐性服务的可能很小。

五、研究方法

(一) 研究对象

研究对象分为两部分。第一部分研究对象为某中学初一、初二年级,某高职学校一年级、二年级、三年级的学生 278 人,剔除无效问卷,有效样本 261 人。其中,男生 115 人,女生 146 人。研究对象的年龄在 12—20 岁之间,平均年龄为 15.64 ± 2.14 岁(见表 10 - 1)。这部分主要是用以编制"青少年网上音乐使用问卷",及考察青少年网上音乐使用的大致特点。

表 10 - 1 研究对象基本情况(一)

研究对象	初一	初二	高职一	高职二	高职三
男	19	19	24	25	28
女	23	21	25	32	45
总数	42	40	49	57	73
年龄($M \pm SD$)	12.5 ± 0.74	13.4 ± 0.67	16.0 ± 0.75	16.8 ± 0.78	17.6 ± 0.74

其次,第二部分研究对象为某中学初一、初二、初三年级,某高职学校一年级、二年级、三年级的学生 573 人,剔除无效问卷,有效样本 520 人。其中,男生 286 人,女生 234 人。研究对象的年龄在 12—22 岁之间,平均年龄为 15.2 ± 2.09 岁(见表 10 - 2)。这部分主要是用以考察青少年网上音乐使用的特点及其与人格、孤独感等的关系。

表 10-2　研究对象基本情况(二)

研究对象	初一	初二	初三	高职一	高职二	高职三
男	37	36	17	78	75	43
女	50	40	29	43	39	33
总数	87	76	46	121	114	76
年龄($M\pm SD$)	12.44± 0.72	13.56± 0.55	14.48± 0.63	15.97± 0.88	16.87± 0.76	17.66± 1.89

(二) 研究工具

首先,采用自编的"青少年网上音乐使用问卷"。该问卷的编制分两个阶段进行:(1)进行项目分析,初步建构青少年网上音乐使用的理论框架;(2)进行验证性因素分析,对问卷的理论模型进行验证和修正,从而确定正式问卷的体系结构。我们把该问卷命名为"青少年网上音乐使用问卷"(Adolescent Music Online Use Questionnaire),确定了三个因素:

(1)"音乐信息",包括了搜索歌星的信息、浏览音乐新闻和图片、浏览音乐排行榜等活动,青少年从这些活动中获得音乐的一些娱乐信息。

(2)"音乐社交",包括了参加网上音乐聊天室、参与音乐社区和论坛等活动,青少年通过参与这些服务,结交朋友、获得友谊和归属感。

(3)"音乐欣赏",包括了在互联网上下载音乐、在线听歌等活动,主要与音乐本身有关。

相应的分析表明,该问卷显示了良好的内部一致性信度,结构效度也比较理想。该问卷采用 Likert 式五点自评量表,从"从未使用"至"总是使用"分别评定为1—5分。

其次,采用周晖、钮丽丽和邹泓(2000)根据"大五"人格结构编制的更适应我国中学生的"中学生人格五因素问卷"。问卷包含五个维度,分别为外向性、谨慎性、情绪性、宜人性和开放性,本研究将其中的谨慎性维度和情绪性维度称为"责任心"和"神经质"。量表共 60 个项目,从"1—完全不像我"到"5—非常像我"分 5 个等级计分。经检测该量表具有较好的信度、效度。

第三,采用 Asher, Hymel 和 Renshaw (1984)编制的儿童孤独感量表,用于评定研究对象的孤独感、社会不满程度,并了解那些最不被同学接受的研究对象是不是更孤独。采用自陈量表的形式,从"1——一直如此"到"5——绝非如此"分 5 个等级记分。该研究中得分越高表示孤独感越强。量表的内部一致性系数较好。

(三) 研究程序与数据处理

以班级为单位进行集体施测。问卷正式施测之前,主试向研究对象宣读指导

195

语,向学生保证不向他人透露与此次问卷结果有关的任何信息,学生对问卷的反应将得到充分信任。数据处理使用 SPSS 与 AMOS。

第二节　研究发现与分析

一、青少年网上音乐使用首推音乐欣赏

为了考察青少年网上音乐使用的基本特点,对网上音乐使用的三个因子进行了描述性统计分析,比较青少年对三种网上音乐使用形式的使用情况。从结果(见图 10 - 2)中可以看出,在"从未使用"至"总是使用"的 5 级评分中,青少年使用最多的是音乐欣赏,其次是音乐信息,最后是音乐社交。

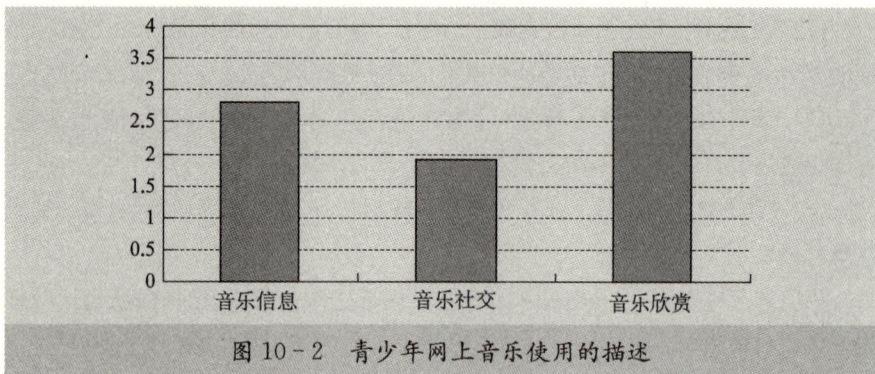

图 10 - 2　青少年网上音乐使用的描述

从本研究的结果中看出,青少年经常使用的网上音乐服务是音乐欣赏和音乐信息。音乐欣赏主要是在线听歌、下载音乐等活动。青少年喜爱音乐,以前只能是听磁带、看电视,随着互联网网上音乐的发展,互联网音乐逐渐取代传统的音乐形式,在互联网上听歌、下载到 MP3 中已经成为青少年新的聆听音乐的方式。

音乐信息包括了搜索歌星的信息、浏览音乐新闻和图片、浏览音乐排行榜等活动。很多青少年都有自己喜欢的歌星、喜欢的音乐风格,在无聊或者情绪低落时就可能会使用音乐信息,一方面了解相关的娱乐信息,另一方面可以打发时间,调节情绪。

音乐社交是青少年较少使用的一项服务,可能是因为互联网中关于社交服务的活动不仅局限于网上音乐使用中,其他的一些互联网服务中也存在,如 QQ 聊天、博客、电子邮箱等,而这些服务与社区论坛等服务相比使用起来更方便、更直

接。所以,青少年使用音乐社交更少一些。

二、网上音乐使用无关男女但长幼不同

为了检验青少年网上音乐使用在性别和年级上是否存在差异,首先进行了2(性别)×6(年级)多因素方差分析。结果表明,青少年网上音乐使用中只有在音乐欣赏维度上的性别和年级的交互作用达到显著水平(见图10-3)。进行单纯主效应检验发现,对男生来说,初中一年级使用音乐欣赏显著低于高职一年级和高职二年级;而女生在音乐欣赏使用上没有显著差异。

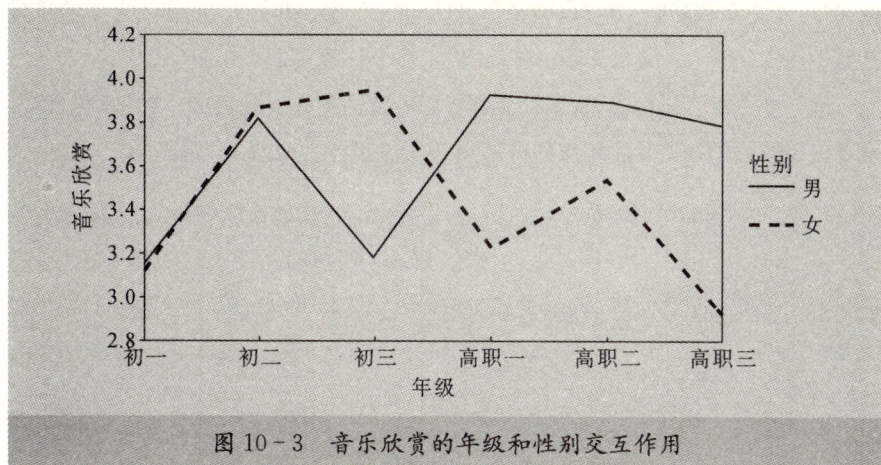

图10-3 音乐欣赏的年级和性别交互作用

从生理发展角度来说,女生的发育会早于男生,特别是对于处在青春期的青少年来说,男女生的一些心理特点和行为表现差异比较明显。由于女生发育成熟早,由此带来的烦恼和挑战也会比男生来得早,因此,她们会寻求一些方式调节这些不安的情绪(Halle,2003),例如,通过听音乐、倾诉等方式对不良情绪进行排解。而音乐欣赏主要包括了在线听音乐、下载音乐等与音乐有关的互联网活动,女生使用音乐欣赏从初一到高中并无显著差异。

对于男生来说,初一刚刚步入青春期,由于发育的滞后性,烦恼和消极情绪都会来得相对晚一些,随着年龄的增长和烦恼的增多,他们也会借助音乐调节一些消极情绪,所以会出现随着年级的升高,男生越来越多地使用音乐欣赏。

另一方面,对网上音乐使用的性别和年级方差检验表明,在性别方面,音乐信息、音乐社交和音乐欣赏都没有显著差异。

青少年在音乐信息、音乐社交和音乐欣赏方面都没有显著的性别差异,说明男女学生网上音乐使用的频次相当。郝传慧(2008)的研究发现性别并不影响青少年对互联网服务的偏好水平。随着互联网技术和服务种类的不断发展,互联网

提供的服务种类越来越丰富,多样化的服务类型越来越能够同时满足青少年男生和女生不同的需求和偏好。也就是说,不论男生还是女生都能在互联网中找到自己感兴趣的音乐活动,所以,在互联网网上音乐使用上可能存在使用内容的不同,但是使用的频次是没有差异的。

在年级变量上,音乐信息、音乐社交和音乐欣赏的年级差异都达到了显著水平。事后检验的结果表明,初一学生($M = 2.33$)使用音乐信息显著低于初二($M = 3.05$)、初三($M = 3.17$)、高职一年级($M = 2.86$)和高职二年级($M = 2.88$);初一学生($M = 1.54$)使用音乐社交显著低于初三($M = 2.17$)、高职一年级($M = 1.95$)和高职二年级($M = 1.99$);初一学生($M = 3.13$)使用音乐欣赏显著低于初二($M = 3.84$)、高职一年级($M = 3.68$)和高职二年级($M = 3.77$)。

进一步考察音乐信息、音乐社交和音乐欣赏的年级变化趋势,结果表明,仅仅是青少年的音乐社交随着年级的升高而升高,其线性趋势显著(见图 10-4)。

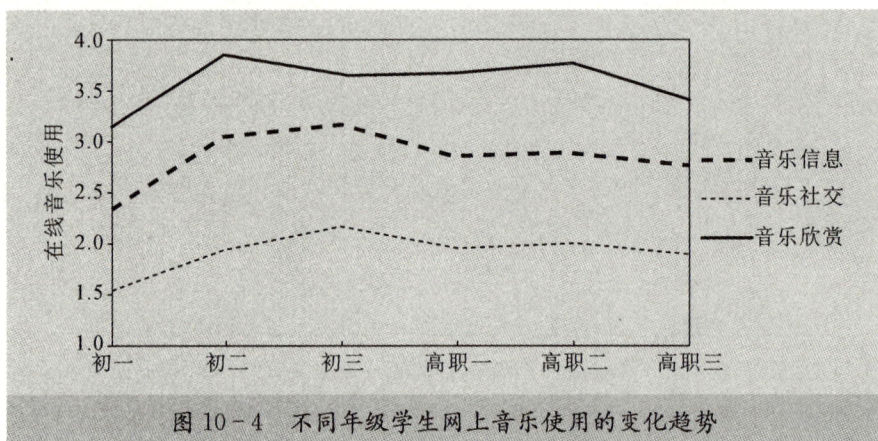

图 10-4　不同年级学生网上音乐使用的变化趋势

音乐信息、音乐社交和音乐欣赏的年级主效应都达到了显著差异。三种服务都有明显的相似特点,就是初一年级网上音乐使用的水平都显著低于高年级。对于初一年级的青少年来说,刚刚进入初中阶段这个新的环境,在学习、师生关系、同伴关系等方面还没有完全适应和发展起来,他们比小学阶段面临更多压力源,承受更大压力。因此,他们更可能开始到网上进行音乐活动。同时,参加网上音乐活动也是社交的需要,熟知最新的娱乐资讯和音乐信息可以为青少年找到共同话题,为青少年带来友谊和优越感,促使其更多地使用网上音乐。但是初一与高职三年级相比使用三种服务都没有显著差异。到了高职三年级,青少年面临着工作和毕业的双重压力,时间上也不像平时那么充裕,网上音乐服务使用的时间会有所减少。

三、人格不同,网上音乐使用和孤独感也不同

为了考察青少年人格、网上音乐使用和孤独感的关系,进行了相关分析。结果表明,网上音乐使用中的音乐社交与孤独感相关显著,且与人格的有关维度都存在相关关系;说明网上音乐使用和人格可能对孤独感有预测作用。同时,有的人格成分与孤独感存在显著的相关。

为了进一步了解人格对于网上音乐使用、孤独感的预测作用,进行了多元逐步回归分析。同时,鉴于上述提到的年级差异,为了考察年级对网上音乐使用的影响,加入了年级变量。

分析结果表明,进入网上音乐信息服务的回归方程式的显著变量有 4 个,进入音乐社交的回归方程的有 4 个,进入音乐欣赏的回归方程式的显著变量有 4 个,其联合解释变异量如下:

其一,人格中的开放性、宜人性、外向性和年级对音乐信息的联合预测力达到了 8.3%;

其二,开放性、宜人性、外向性和年级对音乐社交的联合预测力达到了 4.9%;

其三,开放性、责任心、外向性和年级对音乐欣赏的联合预测力达到了 8.3%。

而这些关系也可以通过下面的图示来形象地反映:

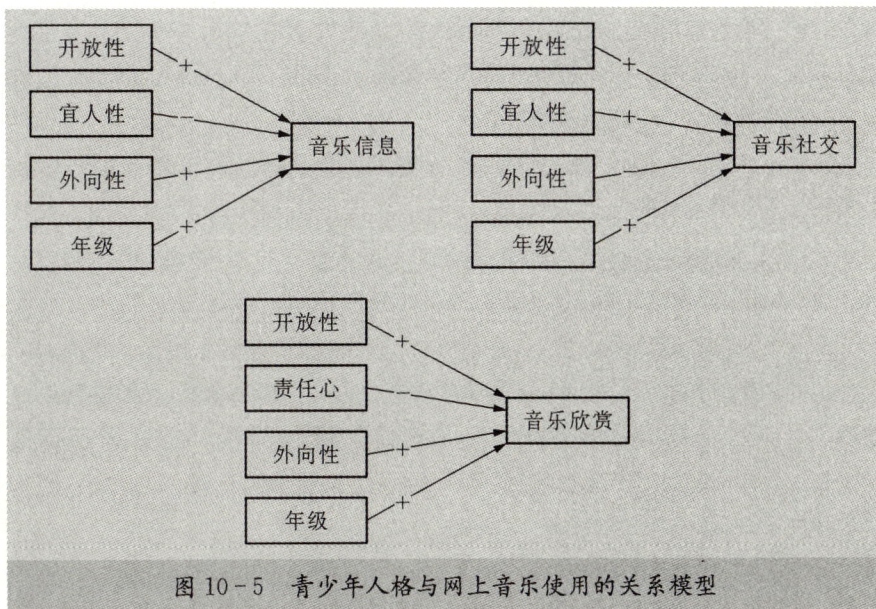

图 10-5　青少年人格与网上音乐使用的关系模型

另一方面,以人格、网上音乐使用、年级为自变量,以孤独感为因变量的多元回归中,进入回归方程式的显著变量共有 4 个,人格中的神经质、外向性、音乐欣赏和音乐信息对孤独感的联合预测力达到了 12.7%。其中,"外向性"的预测力最

佳,其解释量为 7.6%。

也就是说,高外向性的个体孤独感的体验会少一些,而高神经质的个体体验到的孤独感会更强烈。这与 Cheng 和 Furnham(2002)的研究结果相一致。研究同时发现,经常使用音乐欣赏的个体体会到的孤独感会较少,而使用音乐信息反而会增加孤独感。

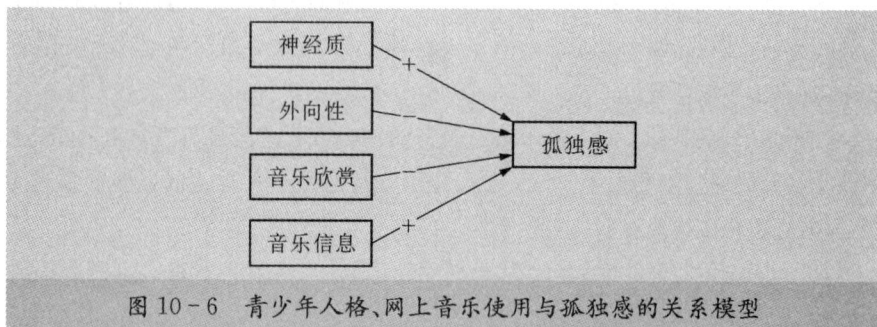

图 10-6　青少年人格、网上音乐使用与孤独感的关系模型

外向性表示人际互动的数量和密度、对刺激的需要以及获得愉悦的能力。高外向性的人一般健谈、主动、活泼、乐观。外向性的个体朋友会比较多,社会活动也比较丰富,遇到生活事件时也能及时排解消极的情绪,因此,孤独感的体验相对会少一些。高神经质的青少年具有易情绪化、易冲动、依赖性强、易焦虑和自我感觉差的特点。现实生活中他们容易产生社交焦虑、孤独,对社会支持的感知性较低,因此,高神经质的个体孤独感也会高。

音乐不仅仅是人类娱乐休闲的附属品,更能缓解人的压力和调节消极情绪,经常听音乐能愉悦人的身心,达到放松的目的。随着互联网的发展,出现了互联网音乐,它具有内容的丰富性、使用的便利性和经济性等特点,受到了青少年的一致喜爱。所以,音乐欣赏能够减少孤独感的体验。

需要引起注意的是,青少年过多地使用音乐信息会增加孤独感。互联网上关于音乐的一些信息服务可能会暂时给青少年提供一个回避的场所,起到缓解孤独感的作用,但是在离开网络回到现实后,其消极情绪依然存在。还有一个原因是青少年过多地把时间用于互联网,那么与现实世界的接触势必减少,与亲人、朋友的沟通少了,孤独感自然会增加。

四、网上音乐使用可调节人格和孤独感的关系
(一) 热衷音乐信息的外向青少年不孤独

本研究考察了网上音乐使用对人格和孤独感关系的调节作用,结果发现音乐信息对外向性和孤独感的调节作用显著。使用音乐信息越频繁,外向性的个体体

验到的孤独感越少,相反,越不使用音乐信息,外向性的个体体验到的孤独感越多。

音乐信息包括了搜索歌星的信息、浏览最新音乐排行榜、搜索音乐新闻和图片等。外向的青少年比内向的青少年更加坦率、活跃、合群、热情并且具有更多的积极情绪,他们喜欢参加各种活动,因此一般说来,外向性的人要比内向性的人对更多的社会信息和资源感兴趣,他们的求知欲望也更强烈。

这可以从两个方面来看:一方面,互联网音乐信息本身具有更新快、数量多、便捷性的特点,浏览各种音乐网页可以达到转移注意力、放松心情、缓解孤独的目的。另一方面,互联网上关于音乐的一些最新资讯可以为青少年的社交提供工具和渠道。特别是对于外向性的人来说,在与别人的交往中他们往往表现得更活跃,更积极,而一些最新的娱乐信息恰恰是青少年经常讨论的话题,这样音乐信息就为外向性的个体提供了一个表现的平台,间接地缓解了他们的孤独感。

(二) 热衷音乐社交的外向青少年不孤独

本研究考察了网上音乐使用对人格和孤独感关系的调节作用,结果发现音乐社交对外向性和孤独感有显著调节作用。使用音乐社交越频繁,外向性的个体体验到的孤独感越少;相反,越不使用音乐社交,外向性的个体体验到的孤独感越多。

音乐社交包括了参与互联网上的论坛、社区和聊天室等。Young(1997)的研究发现,互联网使用者以计算机为媒介彼此进行交流可以形成网上的社会支持,经常访问某个聊天室、新闻组、BBS能够建立亲密感和归属感。由于互联网具有匿名性和易进入性等特点,网上社交成了青少年热衷的社交方式。Kraut 等人(2002)提出了"富者更富"模型,认为那些社会化良好和外向的以及得到社会支持较多的个体能够从互联网使用中得到更多的益处。外向的青少年比内向的青少年更加坦率、活跃、合群、热情并且具有更多的积极情绪,他们喜欢与人交往,也拥有较大的社会支持系统,并且可以运用互联网社交服务来结交新朋友,或者加强他们与其支持网络中的他人的联系,从而又会获得更多的支持系统。"富者更富"模型可以很好地解释音乐社交对外向性和孤独感的调节效应。

另一方面,青少年产生消极情绪后,可以到网上论坛/BBS/讨论组、校友录上等寻求帮助,虽然这种网上支持会让青少年产生一种归属感,有效地缓解生活事件带来的压力。但是网上社交的种种益处可能会驱使青少年遇到压力时不断地到互联网上寻求情绪的宣泄,当他们过度沉迷于网上社交时就可能导致病理性的互联网使用(郝传慧,2008)。所以,青少年在使用音乐社交时也要谨慎,控制上网的时间和上网行为,做到合理有效地使用互联网。

201

(三) 热衷音乐欣赏的神经质青少年更加孤独

本研究考察了网上音乐使用对人格和孤独感关系的调节作用,结果发现音乐欣赏对神经质和孤独感的关系有显著的调节作用。使用音乐欣赏越频繁,神经质的个体体验到的孤独感越多;使用音乐欣赏越少,神经质的个体体验到的孤独感越少。

音乐欣赏包括了在线听音乐、下载音乐等活动。神经质的个体之所以使用音乐欣赏越频繁越孤独,可能是与所听音乐的风格有关。Zweigenhaft(2008)的研究考察了人格和音乐偏好间的关系,结果就发现不同的人格特征偏好不同类型的音乐。神经质的个体一般偏好弱拍音乐和传统音乐,而且偏好这种类型音乐的个体在焦虑上得分较高。

音乐欣赏作为一种调节情绪的手段,不仅与人格特征有关,而且与音乐风格也有关系。青少年在日常生活中,可以根据自己的性格特点选择相应的网上音乐使用方式。

(四) 音乐信息可让外向青少年减少孤独感

本研究考察了网上音乐使用对人格和孤独感关系的中介效应,结果发现,音乐信息对外向性和孤独感的关系有中介作用。该结果表明,外向性通过音乐信息影响孤独感。高外向性的个体,使用音乐信息越频繁,体验到的孤独感越少。

外向的青少年比内向的青少年更加坦率、活跃、合群、热情,并且具有更多的积极情绪,他们好奇心强,对新事物充满了兴趣。由于这些人格特征,外向性的个体对互联网也有极大的热情。青少年使用互联网信息服务除了查找学习资料外,还经常浏览一些娱乐信息,有没有最新的音乐会,崇拜的偶像有什么最新消息,有哪些歌星出版了新专辑等,这些都是青少年关心的话题。外向性的个体通过浏览这些音乐信息,一方面满足他们的好奇心和"求知欲",另一方面,可以调节消极情绪,缓解孤独感。

(五) 音乐欣赏可让外向青少年减少孤独感

本研究考察了网上音乐使用对人格和孤独感关系的中介效应,结果发现,音乐欣赏对外向性和孤独感的关系有中介作用。该结果表明,外向性通过音乐欣赏影响孤独感。也就是说高外向性的个体,使用音乐欣赏越频繁,体验到的孤独感越少。

高外向性的青少年活跃、富于表现力,对音乐等文体类活动比较感兴趣。通过使用音乐欣赏,达到放松心情,消除孤独感的目的。这是因为音乐本身对情绪具有调节的功能,Saarikallio 和 Erkkilä(2007)以青少年为研究对象,提出的音乐调节情绪的模型(见图 10-1)对这一过程进行了很好的说明。

第三节　建议与展望

一、研究结论

综上所述,对青少年网上音乐使用的研究,可以得出以下结论:

1. 青少年人格中的外向性和开放性正向显著预测音乐信息,宜人性反向显著预测音乐信息;即,外向性、开放性的青少年更喜欢通过互联网搜集与音乐有关的信息,而宜人性人格的青少年则较少使用。

2. 青少年人格中的外向性和开放性正向显著预测音乐社交,宜人性反向显著预测音乐社交;即外向性、开放性的青少年更喜欢通过互联网进行与音乐有关的社交活动,而宜人性人格的青少年则较少使用。

3. 青少年人格中的开放性正向显著预测音乐欣赏,责任心反向显著预测音乐欣赏;即开放性的青少年更喜欢通过互联网欣赏音乐,而责任感强的青少年则较少使用。

4. 青少年网上音乐使用中的音乐欣赏反向显著预测孤独感,音乐信息正向显著预测孤独感;即经常通过互联网欣赏音乐的青少年可减少孤独感,但是更喜欢通过互联网搜集与音乐有关信息的青少年则可能增加孤独感。

5. 青少年网上音乐使用中的音乐信息和音乐社交分别对外向性和孤独感的关系有显著调节作用,音乐欣赏对神经质和孤独感的关系有显著调节作用。

6. 青少年网上音乐使用中的音乐信息和音乐欣赏分别在外向性和孤独感的关系间有中介作用。

二、对策建议

青少年对网上音乐使用的表现并不仅仅是局限于音乐欣赏,因为互联网的独特特点,青少年也可以围绕音乐在互联网上搜集相关信息、展开人际交往,这些对青少年而言并非坏事。只不过,家长、老师和关心青少年成长的人士需要注意,不同人格特点的青少年对网上音乐的使用着重点未必相同,相应的影响也就不同。尤其是要关注沉迷于网上音乐信息使用的青少年,因为这一类的青少年比较容易体验更多的孤独感。

网上音乐使用对青少年人格和孤独感的关系有调节和中介作用,也就是说网上音乐使用不仅可以调节人格和孤独感的关系,而且人格通过网上音乐使用对孤独感产生影响。这提醒广大教育者,首先,互联网娱乐服务对孩子并非一无是处,合理有效的使用可以缓解青少年的消极情绪,达到娱乐和放松的目的。

　　其次,网上音乐使用对不同人格特征个体的情绪有不同的影响,在选择网上音乐使用的服务时要考虑到孩子的性格特点,有针对性地选择适合自己孩子的网上音乐使用活动。

三、问题展望

　　1. 本研究的样本包括初中生和高职生,没有涉及高中生,这可能对研究结论的推广有一定的限制,未来的研究可以选取更具代表性的样本。

　　2. 音乐学方面的研究表明不同的音乐风格对个体的情绪有不同的影响,未来研究在探讨音乐欣赏的调节作用时可以考虑到这个因素的影响。

　　3. 网上音乐使用作为一项互联网使用项目,对情绪可以起到调节和中介效应,但长期使用的效果如何? 未来可以做纵向的追踪研究来对此做进一步的检验。

第十一章

青少年的网上购物意向

第一节　问题缘起与研究方法

一、虚拟世界中的购物消费方兴未艾

为什么要探讨青少年的网上购物意向呢？这一问题的背景又是怎样的呢？

开始于上世纪 70 年代的第三次科技革命深刻地影响了人类生活的各个方面，表现在经济上就是"新经济"的出现。在它的影响下，人类经济生活的很多方面都发生了变化，尤其表现在新的交易方式的出现。随着计算机与互联网的普及和发展，电子商务逐渐成为一种不可或缺的交易渠道，它在许多方面的优势极大地提高了经济效率，而作为其主要形式之一的网上购物也日渐繁荣。据中国互联网信息中心（CNNIC，2010－01）第 25 次调查结果显示，我国网民中有过网上购物经历的人数达到了 1.08 亿人，并且网上购物是热门的网络应用之一。网上购物作为新兴的购物方式，具有省时、方便等优点，极大地扩展了市场的规模，是拉动消费的有效途径，并且增加了潜在的就业机会，是一种值得大力推广的商务渠道。由上述数据可以看出，网上购物在我国已经取得了一定的发展，但是与发达国家相比，仍有很大差距。调查结果还显示，中国网民的人数早已经超越美国，居世界第一，但早在 2006 年 8 月美国网民中就有 71％的人进行网上购物，而在本次调查中发现这一比例在中国仅为 28.1％。在互联网发展如此迅猛的中国，为什么拥有这么多优点的网上购物的发展却远远落后于网络本身的发展是一个值得研究的问题。

另一方面，根据 CNNIC 于 2010 年 1 月发布的中国互联网络发展状况统计报告，目前中国的网民群体以年轻人为主，10—19 岁的网民占到了 31.8％，20—29 岁的青年在总体网民中占到的比例为 28.6％。这个年龄段的网民中，学生网民群体占据重要地位。从调查结果可以看到，中国的网民结构是年轻人"一统天下"。作为使用互联网的重要群体，他们的行为更值得我们关注。2009 年 6 月 CNNIC 发布的《2008 年中国网络购物调查研究报告》中显示，青少年网民中参与网上购物的人数在网上购物总人数中所占的比例虽然不高，但是总人数仍然相当可观。2007 年 CNNIC 针对 C2C 网上购物的一项调查显示，青少年网民中对网上购物的使用率甚至要高于全国平均水平。

青少年作为网络使用的重要群体，基于他们自身的特点，他们的网上购物行为应有别于成年人。现有研究中对于青少年的网上购物行为研究很少，大部分研

究结论都来自于对成年人的调查。

在此令人感兴趣的话题是,青少年的网上购物意向与一些重要的影响因素之间有什么关系?

二、网上购物意向有赖网店产品及服务

网民的网上购物意向与产品及服务的关系已经有一些研究发现。成功的网上销售基于商家产品和服务种类的市场化,商家的特点包括店面大小、声誉、物理存在、门户数量、确认机制、使用鉴定等。产品特点包括产品类别、质量的不确定性、产品可依赖性、价格、社会存在需要、品牌等。有研究探讨了消费者所认识到的商店的大小和名声对商店信任、感知风险、态度和购买意愿的影响,发现消费者对商店的信任与商店的名声和大小有正相关,高信任感也减少了网上购物所感受到的风险,并更乐意专门在这家商店买东西(Jarvenpaa, Tractinsky, & Vitale, 2000)。

另一方面,研究者通常从产品价格、购买频率、实体性以及信息量几个维度划分产品,探讨了其对购物意向的影响。对网上产品类别的研究发现,低价、常用、无形、信息含量大,以及差异性大的产品更利于网上销售(Phau & Poon, 2000)。隐私担忧和产品卷入对低价、常用、可视性商品(如书籍)的购买态度的影响效果显著;网站安全知觉、隐私担忧和产品卷入因素对价格昂贵且不常购买的实体产品(如电视游戏系统)的网上购买态度有显著影响;产品卷入对低价常买非实体产品(如电子报纸和杂志)购买态度影响显著;个人对信息技术革新的接受、网站安全知觉以及产品卷入对高价不常购买非实体产品或服务(如计算机游戏)购买态度影响显著,互联网自我效能感和隐私担忧对其影响不显著(Lian & Lin, 2007)。

再者,从购物网站的特点来看,网站质量与消费者对网上购物的选择密切相关,高质量的网站界面能够激起消费者更多的积极情绪,而带积极情绪的购买经历能导致一些重要结果,例如,增加停留在站点的时间、消费支出的增加以及非计划型购买行为的增加(Jones, 1999)。

购物的社会层面对激起积极情绪有重要作用(Jones, 1999)。网络卖家若使其店面有更强的视觉效果,增强信任,则会吸引更多的消费者。研究发现,社会性丰富的描述和图片对网站知觉到的有用性、信任以及趣味性有积极影响,能使得消费者产生更积极的网上购物态度(Hassanein & Head, 2007)。

三、网上购物意向亦受消费者特征影响

从消费者的个人特征来看,具有无线生活风格的人会自发地光临网上购物站

点(Bellman, Lohse, & Johnson, 1999)。这类消费者使用互联网作为收发邮件、工作、阅读新闻、搜集信息和娱乐的工具，他们惯常使用网络的其他服务，导致其自然而然地使用网络的购物渠道。互联网的使用以及网上购物方式的采用都受物质资源的影响，不接触网络的人群没有网上购物的客观条件，而有机会接触网络的群体通过在网上购物经历中对渠道和技术的熟悉度的增加，倾向于更频繁地进行网上购物。所以网上商城比起传统购物对老顾客更有吸引力。

此外，消费决策风格对消费者的购买决策具有其不能意识到的心理强制作用，这种心理强制作用会在根本上支配消费者的决策行为。研究发现，具有便利导向和冲动习惯的消费者更倾向于网上购物，但是时间意识对其影响不显著(Sin & Tse, 2002)，也就是说网上购物的消费者更看重商品购买过程的便捷，也更容易在受情绪激发下做出购买决策。由于网上购物订货支付与商品配送的时间差的存在，电子商务的确不能达到传统购物方式一手交钱一手交货的零时间感觉，但这不是他们主要关心的问题。

相比而言，网上购物的顾客更看重挑选和决策前环节的便利性。而偏爱体验产品的顾客更倾向于回避网上购物，因为网上购物还没有让消费者体验到传统购物中的现场感，这与只有图片作为感知觉的信息来源有很大关系，而传统购物可以有触觉等其他感觉渠道的信息来源。

娱乐导向的消费者将购物视为消闲方式，但对此的研究结果不一致，有的发现两者之间存在正相关，但是也有研究显示效应不显著(Swaminathan, Lepkowska-White, & Rao, 1999; Donthu & Garcia, 1999)。网上购物一方面是购物便捷选择，另一方面也不能完全排除制作精美的界面给消费者带来的消闲享受。对价格意识和品牌意识的研究没有发现这种导向的消费者有偏爱网上购物的倾向。

考虑到性别上存在的消费决策风格差异，研究发现男性和女性在网上购物决策中差别仍然存在，并且在品牌意识和新奇意识上差异显著，网上购物决策中男性更看重品牌，女性则更关注于产品的新奇和流行程度(Yang & Wu, 2007)。性别的差异对网上购物的影响显著。

对消费决策风格和网上购物态度行为的研究意味着，如果网上购物的优势与消费者的决策风格等因素相匹配，那么将使消费者增加网上购买行为。

另一方面，消费者对新信息技术运用的可接受性及自我效能感也是重要的影响因素。网上购物是购物行为与信息技术的结合产物，人们对网上购物的使用很大程度上受到自我效能感和对新IT运用的接受程度的影响，与人们对计算机技术及互联网技术的接受有关。

研究发现,有用知觉对消费者网上购物态度的形成有显著的正向影响(Agarwal & Prasad, 1999; Dishaw & Strong, 1999; Moon & Kim, 2000; Venkatesh, 2000),而好用知觉的研究结果并不一致,两者的先导因素包括信息质量(Lin & Lu, 2000)、乐趣(Teo, Lim, & Lai, 1999)以及风险(Lee, Park, & Ahn, 2001)。

自我效能感是知觉到的行为控制重要的方面,自我效能感的提高能增加对技术的接受和使用,是因为人们在使用技术时觉得更舒服,产生较少的焦虑感,从而增加好用知觉。网络自我效能感正向影响个体对于网络活动的接受程度(Eastin, 2002; O'Cass & Fench, 2003)。Choi 和 Geistfeldyng(2003)认为自我效能感对网上购物意向有很大影响,并且不存在文化差异。

四、信任及风险知觉对网上购物举足轻重

研究者对影响网上购物信任的因素进行了探索,从个性、态度、经验、知识和知觉五类因素对网上购物的信任进行了问卷测查,发现知觉因素是网上购物态度最主要的决定因素,说明消费者对网上购物的信任并不是非理性的,而是依据知觉经验做出的判断(Walczuch, Henriett, & Lundgren, 2004)。

根据对网上信任研究的综述,发现对信任有 9 种操作定义,分别涉及到整体、网上店铺、电子供应商、网上购物、店铺、卖方、互联网服务提供者、零售商以及银行等方面,如此繁多的定义是因为信任是基于其总是依托于特定的情境的(Krauter & Kaluscha, 2003)。总体来看,对信任的研究可分为两类:一是对网上购物这一特殊渠道的认可,二是对特定商家的信任。这可能使得与信任有关的研究成果出现含糊不清的情况。例如,有研究者提出了有用知觉、好用知觉、对网上店铺的信任以及风险知觉影响网上购物态度的模型,结果只发现风险知觉与网上购物态度和信任之间存在负相关(Heijden, Verhagen, & Creemers, 2003)。但是其他的研究却发现有用知觉、好用知觉、对网上店铺的信任都与网上购物意向显著正相关(Gefen et al., 2003)。

另一方面,风险知觉普遍被认为是消费者由于担心使用某种产品或服务可能带来不好的结果而产生的不确定的感受。在网上购物的框架下,风险知觉是使用网络服务寻求想要的结果时可能的损失(Featherman & Pavlou, 2003)。风险知觉在很多情况下都会被唤醒,比如,不舒服或焦虑(Dowling & Staelin, 1994)、认知失调(Festinger, 1957; Germunden, 1985)等。网上购物风险知觉可以分为两类:产品与服务的风险知觉和网上交易过程中的风险知觉(Lee et al., 2001)。网上购物风险知觉具体可以体现在七个方面(Featherman & Pavlou, 2003)(见表 11 - 1)。

表 11-1　风险知觉构成要素

风险知觉构成要素	描述——定义
1. 表现风险	产品并未像设计或宣传的那样好用,因而未能获得预期中的益处的可能性
2. 金融风险	金钱损失及机会成本
3. 时间风险	消费者由于搜寻、交易或学习而付出的时间成本
4. 心理风险	对消费者的平静心情或自我知觉的负面影响;自尊的丧失
5. 社会风险	社会或团体中地位丧失的风险
6. 隐私风险	对个人信息丧失控制的风险
7. 一般风险	对风险知觉的一般度量

风险知觉与消费者的网上购物意向之间有非常紧密的关系。研究指出,消费者是否选择网上购物的关键因素是风险知觉(Thompson, 2002)。大多数研究发现风险知觉与网上购物态度、意向和行为之间存在负相关(Jarvenpaa, Tractinsky, & Vitale, 2000; Heijden et al., 2003)。

影响消费者风险知觉的因素有很多,比如,人口统计学变量、网络经验、产品特点等。有研究指出,消费者的风险知觉因年龄与网络经验而异(Bhatnagar & Ghose, 2004)。随着消费者年龄的增长,他们不断积累的经验与知识使得他们购物时更加偏好于选择固定品牌,也使得他们更自信,从而降低了产品风险与购买前信息搜索的需要。同样地,网上消费者不断增加的购物经验提高了他们的产品搜索效能,并相应地降低了他们的风险知觉(Zhou, Dai, & Zhang, 2007)。但也有一些研究发现,不断积累的网上购物经验不仅没有降低消费者的风险知觉,反而还提高了它(Pires, Stanton, & Eckford, 2004)。此外,有研究表明风险知觉还存在性别差异,该研究选取了不同年龄段、不同性别的研究对象,运用问卷法和情景实验研究了性别、风险知觉等变量之间的关系,发现女性的风险知觉高于男性(Garbarino & Strabilevitz, 2004)。

风险知觉对网上购物意向的影响也可能受到产品种类的调节(Zhou, Dai, & Zhang, 2007)。相对于低卷入商品来说,消费者在购买高卷入商品时风险知觉更高,而消费者过去愉快的购买经验却与低卷入商品的风险知觉呈负相关(Pires et al., 2004)。

五、网上购物意向与主观规范关系紧密

主观规范指的是个体做出或不做出某种行为时感觉到的社会压力(Ajzen, 1991)。影响主观规范的因素有两方面,一是个体所认为的他所看重的群体对于

他是否应该采取某种行为的看法,即规范信念;一是个体依从群体的意愿。这当中,参照群体可以是消费者的家人、朋友或大众媒体。

参照群体通过主观规范施加影响,主观规范的影响来源于不同的参照群体。研究者将参照群体的影响划分为信息性、功利性和价值表现性三个维度(Park & Lessig,1977),贾鹤等(2008)从动机、导向、过程、表现和结果五个方面对这三个维度进行了剖析(见表11-2)。

表11-2 参照群体影响各维度的动机、导向、过程、表现和结果

维度	动机	导向	过程	表现	结果
信息性影响	规避风险	获得满意的产品	内化	从他人那里搜寻信息;观察他人的消费决策	提升消费决策能力与知识
功利性影响	遵从社会	建立满意的关系	顺从	通过消费选择来迎合群体的偏好、期望、标准和规范	赢得来自参照群体的赞扬;避免来自参照群体的惩罚
价值表现性影响	提升自我心理隶属	获得心理满足	认同	通过消费选择来与自己所向往的群体建立联系,并与自己所否定的群体或想要避开的群体进行区别	强化自我表达;提升自我形象;表达对参照群体的喜爱之情

主观规范的影响是网上购物意向的重要前因。研究发现,主观规范对消费者网上购物意向的影响显著,在研究中,研究者区分了不同的参照群体,结果发现家庭对个体的影响不如媒体,而朋友的影响不显著(Limayem et al.,2000)。

一项针对校园中笔记本电脑购买的研究以156名大学生为研究对象,运用纸笔调查,考察了一些社会动机、知觉动机对他们网上购买笔记本电脑意向的影响,发现来自朋友的意见显著影响个体的购买行为(Faucault & Scheufele,2002)。

还有研究显示,主观规范对消费者网上购物意向的影响存在性别差异,主观规范对女性网上购物意向的影响大于男性(Garbarino & Strabilevitz,2004)。

六、研究方法

(一) 研究对象

本研究选取某市两所全日制普通中学初一、初二、高一、高二的学生共1365名。这两所学校均是既有初中、又有高中的完全中学。其中一所为区级示范校,另一所为普通中学。研究对象的平均年龄为15.33岁,标准差为1.70;男生651人,女生714人(见表11-3)。

表 11 - 3 研究对象基本情况

	年龄		性别		网上购物经验		总计
	平均数(岁)	标准差	男(人)	女(人)	有	无	
初一	12.86	0.04	141	126	82	185	267
初二	13.73	0.04	92	98	85	105	190
高一	15.85	0.03	174	212	149	237	386
高二	16.79	0.02	244	278	232	290	522
总计	15.33	1.70	651	714	548	817	1365

(二) 研究工具

首先,本研究对研究对象的年级、年龄、性别等人口统计学变量以及是否进行过网上购物进行了测量。同时,本研究使用自编问卷,包含三个问卷,即青少年网上购物意向问卷、风险知觉问卷和主观规范问卷,其信效度指标均较好。其中"青少年网上购物主观规范问卷"包含三个维度:

1. "信息性影响",指的是个体从他人处收集相关信息以引导自己的消费决策时所受的影响;

2. "功利性影响",指的是个体在消费决策时为了迎合群体的偏好与期望而受到的影响;

3. "价值表现影响",指的是个体试图通过消费决策来建立自己与目标群体的联系或区别时所受的影响。

此外,"青少年网上购物风险知觉问卷"包含六个维度:

1. "金融风险",指个体金钱损失的风险及机会成本;

2. "隐私风险",指个体对个人信息丧失控制的风险;

3. "省时知觉",指个体感知到的网上购物的省时程度;

4. "费时知觉",指个体对网上购物浪费时间程度的感知;

5. "一般风险",指个体对风险的一般度量;

6. "心理社会风险",指个体产生负面心理或遭到团体惩罚的风险。

本研究希望考察产品种类与风险知觉和主观规范之间是否存在交互作用,因此需要在编制问卷时对这一变量加以区分,具体方法为采用不同的指导语对产品种类加以区分,即存在两套问卷,一套问卷的目标商品为"奢侈品",一套问卷的目标商品为"必需品",在作答问卷时,研究对象会按照指导语的要求想象不同种类的商品(即主观分类,如"奢侈品"即是研究对象自认为的"奢侈品",而不管具体是什么产品)。

(三) 研究程序和数据处理

对初步编制的问卷进行施测。问卷施测之前,主试向研究对象宣读指导语,向学生保证不向他人透露与此次问卷结果有关的任何信息,学生对问卷的反应将得到充分信任。产品种类的操作方法为以指导语进行区分,如上所述,研究对象在作答问卷时会按照指导语的要求想象不同种类的产品,以此为根据回答问卷上的各道题目。

对预测问卷进行探索性因素分析,将修订完成后的问卷正式施测。问卷正式施测之前,主试向研究对象宣读指导语。

数据处理使用 SPSS 与 AMOS。

第二节　研究发现与分析

一、曾经网上购物的青少年会"得寸进尺"

为了对青少年网上购物意向的基本情况有所了解,首先对不同性别、不同年级的青少年在网购意向上的得分进行描述统计(见图 11 - 1、图 11 - 2)。

为了考察研究对象网上购物经历与他们网上购物意向之间的关系,分别对有过和没有过网上购物经历的研究对象的网上购物意向得分进行描述统计(见图 11 - 3)。

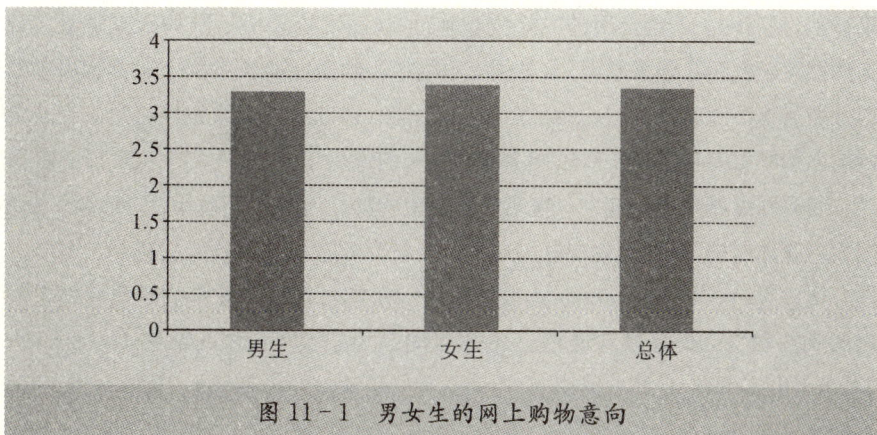

图 11 - 1　男女生的网上购物意向

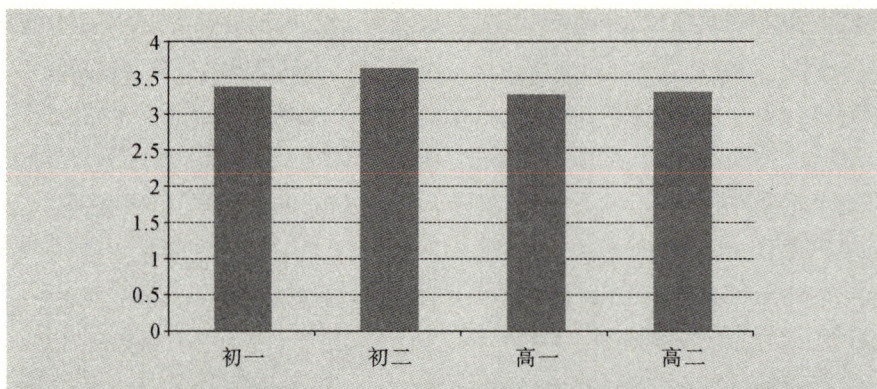

图 11-2　不同年级学生的网上购物意向

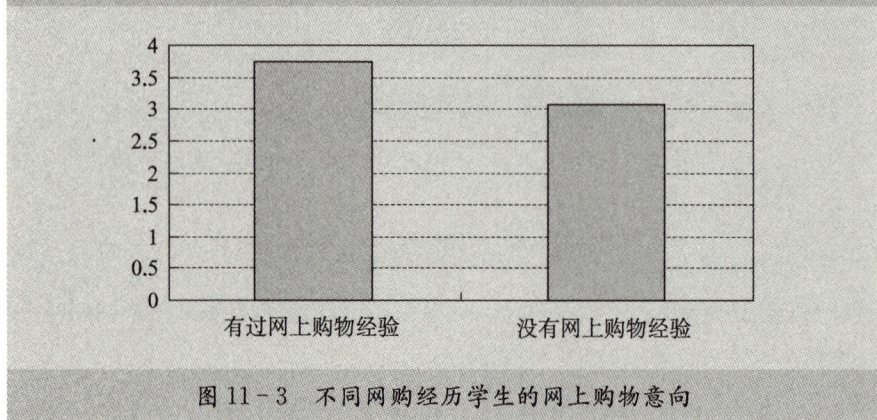

图 11-3　不同网购经历学生的网上购物意向

为了检验青少年在网上购物意向上是否存在性别、年级和网购经历的差异，对青少年网上购物意向进行 2(性别)×4(年级)×2(网上购物经历)方差分析。结果显示，只有网上购物经历的主效应显著，这说明网购经历不同的研究对象在网上购物意向上存在显著差异，有过网上购物经历的研究对象在网上购物意向上的得分显著高于没有过网上购物经历的研究对象，即有过网上购物经历的研究对象的网上购物意向显著高于有过网上购物经历的青少年。

其原因可能是本研究中研究对象的网上购物经历都比较愉快，因而增加了他们的自我效能感、有用知觉和好用知觉。有研究者认为自我效能感对网上购物意向有很大影响(Choi & Geistfeld，2003)。研究指出有用知觉影响消费者网上购物的购买行为，好用知觉通过有用知觉间接影响购买行为(Gefen & Straub，2000)。由此可见，自我效能感、有用知觉和好用知觉的提高增加了研究对象的网上购物意向。

另外，虽然年级在网上购物意向上的主效应不显著，但事后检验分析的结果显示，初二年级的网上购物意向平均分与高一、高二年级存在显著差异，初二年级研究对象在网购意向上的得分显著高于高一、高二年级,略高于初一年级研究对象(见图 11-2)。

青少年时期最主要的特征之一就是个体开始了对自我的探索。在这个过程中,青少年会认识到自己的多重角色并为此感到困惑。青少年为了给人留下深刻的印象,为了尝试新的行为和角色还会表现出虚假的自我(雷雳、张雷,2003)。网上购物作为一种时尚的购物方式,可能更会满足青少年尝试新的行为和角色以及追逐时尚的心理。研究发现,14—15 岁的青少年能够认识到自己不同角色之间的不一致,并且对这些矛盾更加困惑(Damon & Hart,1988)。选择网上购物对于青少年来说或许是对新角色的一种尝试,因而带有对自我进行探索的意味。

二、风险知觉与主观规范的影响背道而驰

为了考察青少年网上购物意向、风险知觉及主观规范之间的关系,根据本研究的理论构想,以网上购物意向为因变量,采取逐步回归的方法进行回归分析。自变量包含主观规范和风险知觉两个大变量,其中,主观规范这一变量包含三个维度:信息性影响、功利性影响和价值表现性影响;风险知觉这一变量包含六个维度:金融风险、隐私风险、省时知觉、费时知觉、一般风险和心理社会风险,共计九个变量作为自变量。样本选取与验证性因素分析和特点分析采取统一样本,样本数量为 697,其中在产品分类这一维度上,指导语为"奢侈品"的问卷有 340 份,指导语为"必需品"的有 357 份。

逐步回归的结果显示,金融风险、省时知觉、费时知觉、一般风险和功利性影响五个自变量对网上购物意向有显著的预测作用。其中,金融风险、省时知觉、费时知觉与一般风险可反向预测青少年的网上购物意向,功利性影响可正向预测青少年的网上购物意向。

这当中值得关注的是青少年对于时间风险的关注,省时知觉与费时知觉两个与时间有关的变量全部进入了回归模型。这或许是由于中学学习比较紧张,青少年在购物方式的选择上也更多地考虑它对于时间的占用。另一方面,具有"无线生活风格"和"时间被限制"的人更倾向于网上购物(Bellman et al.,1999),青少年恰好符合这两个特征,这也能解释他们的网上购物意向为何与时间如此息息相关。

功利性影响指的是个体为了迎合参照群体的期望、规范等做出的消费选择。功利性影响对于青少年网上购物意向的显著影响,很可能是由于青少年出于对友谊的需要因而选择服从同伴的结果。同时,功利性影响可正向预测青少年网上购物意向,说明在青少年团体中对于网上购物持积极态度。

在此回归分析基础上,进一步建构了青少年网上购物意向、风险知觉与主观规范之间的关系模型(见图11-4)。

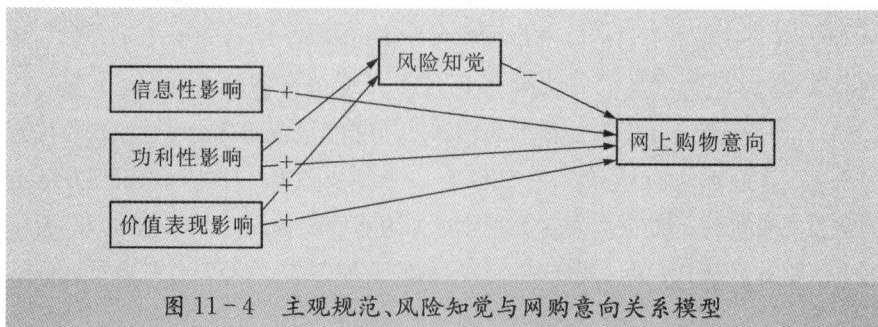

图11-4 主观规范、风险知觉与网购意向关系模型

从关系模型可以看到:(1)风险知觉对网上购物有着显著的反向预测,即青少年的风险知觉越高,他们选择网上购物的意向就越低。(2)本研究中主观规范由信息性影响、功利性影响和价值表现影响三个维度构成,这三个维度都对网上购物意向存在显著的正向预测,即青少年受到越多的主观规范的影响,他们选择网上购物的可能就越大。(3)功利性影响与价值表现影响除了能够直接预测网上购物意向之外,还能通过影响风险知觉间接预测网上购物意向,即风险知觉存在中介作用。青少年越容易接受功利性影响,风险知觉就越低,从而会表现出更高的网上购物意向;相反地,青少年接受的价值表现影响越多,他们的风险知觉就越高,因而就会降低其网上购物意向。这也再一次说明青少年的参照群体中对网上购物持一种积极态度。

三、金融风险与心理社会风险共阻网上购物

为了进一步深化研究,本研究对风险知觉进行了分解,并充分考虑了这六个维度之间的内在联系,以风险知觉所包含的金融风险、隐私风险、省时知觉、费时知觉和一般风险来代替总风险知觉,对模型进行修改,逐渐删去不显著的路径,最终得到以金融风险为中介变量的关系模型(见图11-5)和以心理社会风险为中介变量的关系模型(见图11-6)。

从图11-5模型中我们可以看到:(1)金融风险知觉对网上购物有着显著的反向预测,即青少年的金融风险知觉越高,他们选择网上购物的意向就越低。(2)信息性影响、功利性影响和价值表现影响这三个维度都对网上购物意向存在显著的正向预测,即青少年受到越多的主观规范的影响,他们选择网上购物的可能就越大。与总体风险知觉模型相比,信息性影响和功利性影响对研究对象网购

信息性影响 + 金融风险 —
功利性影响 +
价值表现影响 + 网上购物意向
+

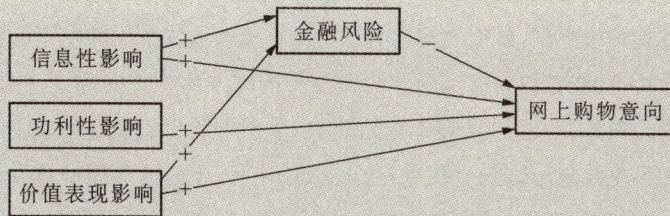

图 11-5　主观规范、金融风险与网购意向关系模型

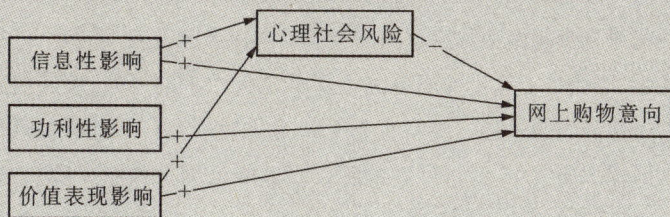

信息性影响 + 心理社会风险 —
功利性影响 +
价值表现影响 + 网上购物意向
+

图 11-6　主观规范、心理社会风险与网购意向关系模型

意向的预测有所增强,价值表现影响的预测则有所下降。(3)信息性影响与价值表现影响除了能够直接预测网上购物意向之外,还能通过金融风险知觉间接预测网上购物意向,即金融风险知觉存在中介作用。青少年越容易接受信息性影响,金融风险知觉就越高,从而会表现出更低的网上购物意向;同样地,青少年接受的价值表现影响越多,他们的金融风险知觉就越高,因而就会降低其网上购物意向,与总体风险知觉模型相比,价值表现影响的中介作用有所增强。

从图 11-6 模型中我们可以看到:(1)心理社会风险知觉对网上购物有着显著的反向预测,即青少年的心理社会风险知觉越高,他们选择网上购物的意向就越低。(2)信息性影响、功利性影响和价值表现影响这三个维度都对网上购物意向存在显著的正向预测,即青少年受到越多的主观规范的影响,他们选择网上购物的可能就越大。与总体风险知觉模型相比,信息性影响和功利性影响对青少年网购意向的预测有所增强,价值表现影响的效应值则有所下降;与金融风险模型相比,信息性影响和价值表现影响的作用有所下降,功利性影响的影响则保持不变。(3)信息性影响与价值表现影响除了能够直接预测网上购物意向之外,还能通过心理社会风险知觉间接预测网上购物意向,即心理社会风险知觉存在中介作用。青少年越容易接受信息性影响,心理社会风险知觉就越高,从而会表现出更低的网上购物意向;同样地,青少年接受的价值表现影响越多,他们的心理社会风险知觉就越高,因而就会降低其网上购物意向,与金融风险模型相比,价值表现影响的中介作用有所增强,而信息性影响的中介作用则有所下降。

一个有趣的现象是,价值表现影响在正向直接预测青少年的网上购物意向的同时,还通过风险知觉而间接反向预测青少年的网上购物意向,同样的现象也存在于金融风险模型、心理社会风险模型的信息性影响和价值表现影响中。这很大程度上是因为主观规范这三个维度的影响太过广泛,不同的参照群体会有不同的意见,当参照群体的意见不统一时,或许就会导致这种情况。另一方面,同一参照群体因为针对的是不同变量所以看法也会不同,某一参照群体完全有可能在意识到网上购物的风险之后,由于其他方面的原因仍然愿意进行尝试,这也能解释为什么主观规范对青少年网上购物意向的直接与间接影响方向不同。

一般认为,个体在不确定情境下为了降低风险而求助他人、搜寻信息的过程就是接受信息性影响的过程。按照这个逻辑,信息性影响应该能够减低网上购物风险知觉。但在本研究中,信息性影响不仅没能降低网上购物风险知觉,反而还提高了它。这可能跟接受的信息内容有关,如果接受的信息不是关于怎样防范风险而仅仅是风险很高的话,那这种信息一定会提高个体的风险知觉。

心理社会风险指的是个体内心的平静被打破或者在社会及群体中丧失地位。越多的负面信息可能会打破消费者内心的平静,使得他们时刻为风险而担忧;消费选择的失误或许会导致个体与自己向往的团体渐行渐远,从而降低他的自我认同。

四、产品种类对主观规范、风险知觉的影响

为了考察风险知觉、主观规范与产品属性的交互作用,针对这两个变量的各分维度与产品属性进行了相应的检验。结果显示,金融风险与产品属性在网上购物意向上存在交互作用,价值表现影响与产品属性在风险知觉上存在交互作用。

首先,当产品是奢侈品时,金融风险对于网上购物意向的反向预测被放大,当产品是必需品时,金融风险对于网上购物意向的反向预测有所下降。相反地,当产品是奢侈品时,价值表现影响对风险知觉的预测被降低,即风险知觉对于价值表现影响与网上购物意向的中介作用降低;当产品是必需品时,价值表现影响对风险知觉的预测被放大,同时也放大了风险知觉对于价值表现影响与网上购物意向的中介作用。

其次,本研究检验产品种类对风险知觉、主观规范和网上购物意向之间的关系是否存在调节作用,分析结果显示,产品种类与金融风险在网上购物意向上存在交互作用,即产品种类能够调节金融风险与网上购物意向之间的关系。当产品

是奢侈品时，由于其价格昂贵，金融风险对于网上购物意向的反向预测被放大，消费者对风险更加敏感，变得更加谨慎；当产品是必需品时，低廉的价格使得消费者放松了心情，从而也愿意承担更多的风险。

另外，产品种类与价值表现影响在风险知觉上也存在显著的交互作用。当产品是必需品时，消费者很愿意参照他所向往的群体进行消费选择，因而价值表现影响的作用被放大；当产品是奢侈品时，由于其价格昂贵，消费者需要更多的信息，尤其是来自于专业人士的信息，因此他所向往的团体对他的影响反而会降低。

第三节 建议与展望

一、研究结论

综上所述，对青少年网上购物意向与主要相关变量之间关系的研究，可以得出以下结论：

1. 金融风险、一般风险、省时知觉、费时知觉可反向预测青少年网上购物意向；即对于网上购物，认为在金融风险、一般风险、省时知觉、费时知觉等方面存在较大风险的青少年，其网上购物意向较弱。

2. 主观规范中的功利性影响可正向预测青少年网上购物意向；即如果青少年在消费决策时为了迎合群体的偏好与期望而受到的影响较大，其网上购物意向就较强。

3. 主观规范除了能够直接预测青少年网上购物意向之外，还能通过风险知觉间接预测青少年网上购物意向。

4. 产品种类能够调节金融风险与青少年网上购物意向之间、价值表现影响与风险知觉之间的关系，青少年在网上购买"必需品"和"奢侈品"的意向与其风险知觉的关系是不同的。

二、对策建议

根据本研究的结果，对青少年网上购物给出如下建议：

首先，我们可以看到，青少年网上购物市场潜力巨大，而且，网上购物也是一种发展趋势，因此，如果要进一步开拓该市场，就应该针对青少年特点开发相应的程序，使购物过程互动性、参与性更高。

由于青少年的可支配资金有限,针对青少年的网上销售产品应是廉价的时尚品、"必需品",这些商品更适合青少年在网上购物中消费。而如果试图以所谓的"精品"等"奢侈品"为主要销售商品,再考虑种种风险的情况下,青少年可能会望而却步。

由于网上购物经历可以大大降低青少年网上购物的风险知觉,因此帮助青少年熟悉、适应网上购物的流程,协助他们评估网上购物中可能的种种风险,则青少年能够成长为"成熟的"网上购物者。

另一方面,有关部门应规范网上购物市场,防止不法商家利用青少年爱冒险、标新立异、追逐时尚等特点进行欺诈。

三、问题展望

1. 本研究抽样选取自两所普通中学,但初中人数明显少于高中,尤其初二年级较为缺乏。由于青少年中有过网上购物经历的人数有限,因此没有过网上购物经历的研究对象明显多于有过网上购物经历的研究对象。未来的研究可以考虑弥补这些样本上的局限。

2. 未来研究如果能够包括成年研究对象,并直接进行对比,则能更加突出青少年的特点,也更具说服力。

第十二章

青少年的互联网信息焦虑

第一节　问题缘起与研究方法

一、包罗万象的互联网信息可致人如坠烟云

为什么要探讨青少年的互联网信息焦虑呢？这一问题的背景又是怎样的呢？

进入 21 世纪以来，互联网得到极大普及，越来越多的青少年开始接触和使用互联网。但是，从上网行为来看，近几年的中国互联网发展报告结果都显示，青少年对互联网功能及服务的应用结构极不平衡，信息渠道功能（浏览新闻、搜索引擎）使用远远少于娱乐功能（网络音乐、游戏和视频）和社交功能（即时通信）的使用（CNNIC，2007 - 07；2009 - 01）。

不过，值得注意的是，尽管青少年的互联网信息功能使用少于娱乐功能和社交功能使用，但是其搜索引擎和网络新闻的使用仍然达到了 63.5％和 68.1％（CNNIC，2009 - 01），可见，互联网也开始成为青少年重要的信息资源。互联网也几乎提供了青少年心理行为发展所需要的一切信息。青少年好奇心和求知欲望强烈，急需拓展知识面，探索外部世界以及追求新体验，互联网信息的多样性和巨大容量的特点也正好迎合了他们的心理特点，所以，随着年级的升高，青少年会更多地使用互联网信息服务（柳铭心、雷雳，2005）。

但是，互联网信息的多样性和大容量一方面提供了便利的信息需求渠道，另一方面也使互联网信息数量的增加和信息质量的增加不成比例，造成了信息质量的相对降低（刘君，2004）。用户使用信息功能时，如果接受的信息超过其所能够消化或负载的信息量时容易紧张焦虑，产生"信息焦虑症"（程焕文，2002）。研究发现，青少年也会受到信息网络的负面影响（Subrahmanyam，Greenfield，Kraut，& Gross，2001），信息超载容易造成认知负载，从而使青少年的认知压力加重，兴趣过于泛化和注意力不稳定（张智君，2001），容易出现焦虑现象（谢奎芳，2004）。

网络信息搜索策略（Web-searching Strategies）是影响网络信息搜索绩效的重要因素。人们在网上搜索信息时，会使用不同的搜索策略，这些策略会导致不同的搜索效果（Wirth，Böcking，Karnowski，& von Pape，2007；Tsai，2003）。国内近年来开始关注心理因素对信息搜索过程、行为及结果的影响（谢宏赐，2000；刘晓燕，2005）。

此外，以往研究发现，大学生互联网自我效能感对搜索策略有一定的影响，相比低互联网自我效能感水平的用户，高互联网自我效能感水平用户倾向于使用多

种搜索策略,更快地获得准确的信息,并且,不同的搜索策略会导致不同的搜索结果(谢宏赐,2000;刘小燕,2005;Tsai,2003)。同时,研究发现,43%的青少年儿童在搜索引擎的使用中感到迷惑和挫败(Bilal & Kirby,2002),并且,计算机自我效能感与计算机焦虑(Durndell & Haag,2002;杨琨,2007)、互联网自我效能感与互联网焦虑也都存在密切的关系(Eastin & LaRose,2000)。那么,青少年的互联网自我效能感水平与信息焦虑程度是否有关?网络信息搜索中的迷惑和焦虑是否与搜索策略有关?青少年互联网自我效能感水平、搜索策略和信息焦虑之间的关系又是怎样的?这些都是令人感兴趣的问题。

二、互联网信息焦虑可谓信息焦虑的加强版

互联网信息焦虑到底指的是什么呢?

信息焦虑是近年来研究者开始关注的一种焦虑类型。它是一个新的社会现象,目前对这个概念的阐释还不统一。有美国学者(Wurman,1989)认为,信息焦虑是"数据与知识间的黑洞,当所得到的信息不是所需的"或者"已经理解的信息与本应理解的信息差距过大时产生的紧张状态"(李银胜译,2001)。随后,国内外研究者从不同的角度研究了"信息焦虑"现象。也有人提出了互联网搜索焦虑(Net-search Anxiety),即在一个迷宫似的电脑空间里搜索信息引起的焦虑情绪(Presno,1998)。

从信息技术应用角度看,信息焦虑是指用户由于对信息技术的恐惧而不能利用先进的技术手段获得所需要的信息,从而产生的信息焦虑(曹锦丹、贺伟,2007),这一信息焦虑主要是指使用技术困难而产生的信息匮乏导致的焦虑。另一方面,从信息用户的心理和行为角度看,信息焦虑是指用户在心理上产生信息匮乏之感;同时,由于信息更新速度过快、新信息过多,人的大脑负担过重,变得思绪混乱、言语吞吐、行动犹豫不决、判断力下降(曹锦丹、贺伟,2007)。在这一视角下,图书馆焦虑受到研究者的关注。

因此,广义的信息焦虑指个体没有获得所需信息,或者获得的信息量大大超过大脑认知负载时产生的紧张和焦虑的情绪,包含着图书馆焦虑和互联网环境下的信息焦虑。

而互联网信息环境下的信息焦虑,指的是用户在使用互联网获取信息时产生的紧张焦虑情绪。以往研究从不同方面阐述了互联网信息焦虑,但最终反映在两个角度上,一个是互联网搜索技术角度,一个是互联网的信息内容角度。

国外的研究将互联网信息焦虑作为互联网焦虑的一个方面。普雷丝诺(Presno,1998)首先提出了互联网焦虑,即个体使用互联网时体验到的害怕和担

忧。她定义了四种领域的互联网焦虑,一是信息术语焦虑,即有一大段新词汇和首字母缩写术语的焦虑;二是网络搜索焦虑,即在一个迷宫似的电脑空间里搜索信息引起的焦虑;三是网络时间延迟焦虑,即占线信号、时间推迟和更多的人堵塞网络;四是网络失败者的总体恐惧,是一种无显著特点的焦虑,个体害怕不能使用互联网或者在互联网上完成作业。

在此研究的基础上有研究者编制了适用于高中教师的互联网焦虑量表(Chou, 2003),试图将互联网焦虑作为一个新的与互联网相关的问题,并且以此来扩展计算机焦虑的评估量表,用"从大量的互联网资源中搜索特殊的信息"等项目来反映网络搜索焦虑。

对大学生互联网认同、互联网焦虑和互联网使用之间关系的研究(Joiner et al., 2007)发现,大部分学生都没有互联网焦虑现象,但是8%的学生存在焦虑情绪,互联网焦虑与互联网使用存在着显著的负相关,高互联网焦虑的学生倾向于回避互联网使用。

另有研究者(Thatcher et al., 2007)进行了一个互联网焦虑的实证研究,考察了个性、信念和社会支持对互联网焦虑的影响。在研究局限中,作者提到,研究只是考察了一组互联网应用而不是一个应用程序。焦虑可能与应用软件的类型有关系。因此,关注互联网信息焦虑是必要的。

总之,从国内外的研究资料来看,互联网信息焦虑的研究还停留在最初阶段,需要进行深入细致的研究,特别是实证性的研究。

三、互联网自我效能感可舒缓互联网信息焦虑

由于国外对互联网信息焦虑的考察都放在互联网焦虑的研究中,因此,探讨互联网自我效能感和互联网信息焦虑的关系,首先应关注互联网自我效能感与互联网焦虑、计算机自我效能感与计算机焦虑的关系的研究。

研究发现,计算机自我效能感与计算机焦虑有显著的反向关系,计算机自我效能感的提升能够降低其计算机焦虑和计算机恐惧程度(杨琨,2007;Wilfong, 2006)。而研究者通过实证研究发现,计算机焦虑可以直接预测互联网焦虑(Thatcher, Loughry, Lim, & McKnight, 2007)。因此,互联网自我效能感和互联网焦虑可能存在一定的关系。

研究者(Eastin & LaRose, 2000)指出,整体互联网自我效能感与互联网使用中的焦虑感存在密切关系。互联网自我效能感与互联网焦虑有显著的负相关,高互联网自我效能感的个体倾向于更多地使用互联网,积累更多的互联网经验和技巧,其互联网焦虑也相对较低(Sun, 2008)。鉴于以往研究中互联网信息焦虑与

互联网焦虑的关系,我们也可以推论,互联网自我效能感与互联网信息焦虑也存在一定的关系。

从人格特质的角度看,研究(Tuten & Bosnjak, 2001)发现,高神经质性的个体在搜索信息时,会没有安全感并且很焦虑,他们会试图比自信的个体收集更多的信息。这种倾向可能是因为高神经质个体在这个领域有较高的焦虑感和较低的自我效能感(柳铭心、雷雳,2005),也就是说,互联网自我效能感与焦虑感成反向的关系,并共同影响着个体的搜索行为。

另一方面,互联网自我效能感和信息搜索略有一定的关系。相比低互联网自我效能感水平的个体,高互联网自我效能感水平的个体倾向于使用多种搜索策略,更快地获得准确的信息,并且,不同的搜索策略会导致不同的搜索结果(谢宏赐,2000;刘小燕,2005;Tsai, 2003)。分析式的搜索策略需要的认知努力更多,信息加工过程更精细,而互联网信息环境不确定性高,所以更容易出现信息超载和疲倦;启发式的策略需要较少的认知努力和较粗糙的信息加工过程,不容易信息超载(Wirth et al. , 2007)。同时,研究发现,43%的青少年在搜索引擎的使用中感到迷惑和挫败(Bilal & Kirby, 2002)。

四、研究方法

(一) 研究对象

研究对象包括三部分。首先,第一部分研究对象随机抽取两个县市的初中生和高中生,共412人,有效研究对象385人。其中,男生155人,女生230人。研究对象年龄在13—19岁,平均年龄15.72±1.01岁(见表12-1)。这部分研究对象主要用以编制"青少年互联网信息焦虑问卷"及考察青少年互联网信息焦虑的大致特点。

表12-1 研究对象的基本情况(一)

研究对象	初二	初三	高一	高二
男	54	36	44	21
女	58	39	45	88
总数	112	75	89	109
年龄($M\pm SD$)	14.46±0.81	15.59±0.65	15.83±0.51	16.77±0.89

第二部分研究对象随机抽取两个县市的初一、初二、高一和高二学生,共400人参加研究,有效研究对象370人。其中,男生216名,女生154名。研究对象的年龄在11—19岁之间,平均年龄为14.74±2.16岁。

第三,随机选取中学高一和高二两个年级各 1 个班的学生,平均年龄为 16.90±0.98 岁,共 83 人参加实验研究,有效研究对象 78 个。该部分用于现场实验研究,考察青少年互联网信息搜索策略、互联网自我效能感和青少年互联网信息焦虑的关系(见表 12-2)。

表 12-2　研究对象的基本情况(二)

研究对象	高一	高二	总数
男	16	16	32
女	16	30	46
总数	32	46	78
年龄($M±SD$)	16.22±0.87	17.43±0.75	16.94±0.998

(二) 测量工具

首先,采用我们编制的"青少年互联网信息焦虑问卷"。该问卷分为四个维度,共 28 道测题,采用 5 点自评量表,从"完全不符合"至"完全符合"分别评定为 1—5 分,最高得分为 140 分。个体得分越高,表明其焦虑程度越高。问卷的四个维度如下:

(1) 网络搜索知识,简称为"知识维度",即青少年对互联网信息和搜索知识的认知;

(2) 网络信息环境,简称为"环境维度",即青少年对互联网信息环境的困扰;

(3) 网络搜索障碍,简称为"搜索维度",即青少年在互联网搜索上的困扰与障碍;

(4) 网络搜索感受,简称为"情感维度",即青少年对其搜索能力的自我评估与情绪感知。

为验证该问卷的效度和信度,再次进行了因素分析和信度分析。总问卷及其知识维度、环境维度、搜索维度和情感维度的内部一致性信度 α 系数、验证性因素分析的各项拟合指标均达了理想水平,说明该问卷的信度和效度是可靠的。

其次,采用 Hsu 和 Chiu 编制的"一般互联网自我效能感量表"(Hsu & Chiu, 2004)测量青少年互联网自我效能感,该问卷为 5 点自评量表,从"完全不符合"至"完全符合"分别评定为 1—5 分,共 19 道题目。杨洋、雷雳(2006)在研究中使用了该量表,进行了探索性因素分析,将量表分为"浏览/冲浪"、"电子邮件操作"和"其他网上操作"三个因素,总的同质信度及各个维度的内部一致性系数表明该量表具有良好的信度和效度。

此外,对于信息搜索策略的评估,采用计算机软件记录法和开放式结构问卷法获得。首先采用阿珊境界网络软件技术公司开发的屏幕间谍 2008V10.20 软件进行监控，该软件可在研究对象桌面上隐藏运行，自动记录研究对象搜索的所有网站地址、时间和使用的关键词。为获得研究对象搜索过程中更丰富的心理过程，同时也印证和补充软件记录材料，我们设计了一个开放式的结构问卷，根据研究对象搜索过程中的行为表现和问卷回答，将研究对象的搜索策略归为三种类型：

（1）如果研究对象输入一个关键词，分析出现的各个结果链接，并顺着一个链接持续搜索，分析对比各个网站的信息，则为"分析式策略"；

（2）如果研究对象根据经验和直觉直接进入某个相关网站查询信息，快速浏览网页信息完成搜索任务，则为"启发式策略"。

（3）如果研究对象通过转换关键字、组合关键字进行搜索，或者搜索和前次相似类型网站的方式进行信息查找，则为"混合式策略"。

（三）研究程序与数据处理

对于问卷施测的部分，以班级为单位集体施测。问卷正式施测之前，主试向研究对象宣读指导语，向他们保证不向他人透露与此次问卷结果有关的任何信息，学生以自身的实际情况对问卷作答，并将得到充分信任。问卷收集完毕，剔除无效问卷后，将有效数据输入 SPSS 软件进行处理分析。

第二节　研究发现与分析

一、青少年互联网信息焦虑总体体验适中

首先，对 370 名研究对象在青少年互联网信息焦虑及其各维度上的均分进行了描述统计，由高到低排列依次为环境维度、搜索维度、情感维度和知识维度，均分都处在 2—3 之间，其中知识维度上的均分最低，环境维度上的均分最高，整体的互联网信息焦虑为中等数值（见图 12-1）。

描述统计分析说明，青少年报告的互联网焦虑程度比较低，但是，也有一部分青少年的焦虑程度比较高，且青少年在互联网信息环境上的焦虑和不安等级最高。

其次，为了检验青少年互联网信息焦虑在性别和年级上是否存在差异，进行了 4（年级）×2（性别）方差分析。在互联网信息焦虑的情感维度上，年级与性别交互作用显著。在情感维度上，高一年级女生的得分要显著高于同年级男生的得分，在其他年级上没有性别差异。

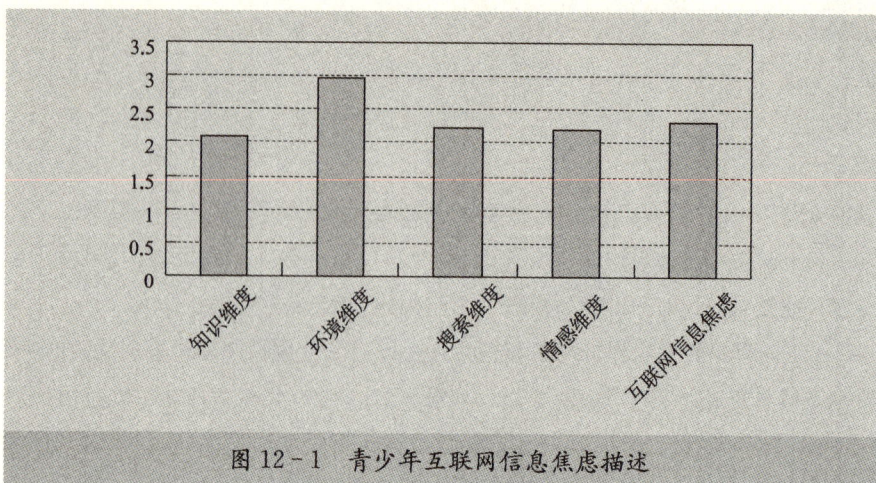

图 12-1　青少年互联网信息焦虑描述

　　但是,性别在年级水平上差异达到显著。高一男生的得分($M = 2.37$)显著地高于初一($M = 1.90$)、初二男生($M = 1.84$)的得分,高二男生的得分($M = 2.55$)显著的高于初一、初二男生的得分。与男生一样,高一女生的得分($M = 2.89$)显著地高于初一($M = 1.75$)、初二女生($M = 1.98$)的得分,高二女生的得分($M = 2.88$)显著地高于初一、初二女生的得分(见图 12-2)。

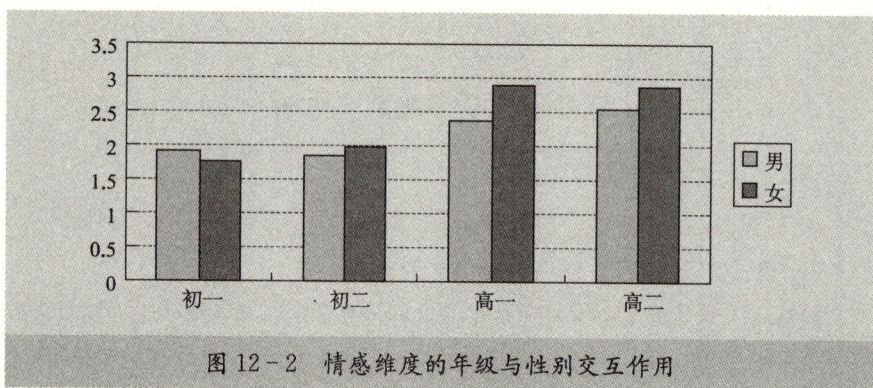

图 12-2　情感维度的年级与性别交互作用

　　互联网信息焦虑的情感维度受到年级和性别的交互影响,男生在情感维度上的焦虑得分从初一到初二有所下降,但是从初二到高一急剧上升,差异达到显著水平,但高一和高二得分差距不太大。也就是说,男生的互联网信息焦虑程度变化曲折,并且高中男生针对互联网信息内容和网络信息搜索中的消极情绪认知要高于初中男生。

　　而女生在情感维度上的焦虑得分一直处于上升状态,在高一时得分最高,并与初中女生的得分差异显著,高一和高二得分基本上持平,说明女生的互联网信息焦虑程度比较高,且高中女生针对互联网信息内容和网络信息搜索中的消极情绪认知也要高于初中女生。高一年级时,男生在情感维度上的得分显著低于女生,其他年级男生和女生的得分没有显著的差异,说明高一年级男生在网络搜索时认知到的焦虑情绪要低于同年级的女生,这可能是由于刚升入高中,环境适应能力的差异和性别差异造成女生在网络使用上的焦虑程度更高一些。

二、高中生互联网信息焦虑"力压"初中生

进一步检验情感维度在年级水平上的变化趋势(见图 12-3),可以看到,高中生在情感维度的焦虑程度显著高于初中生。

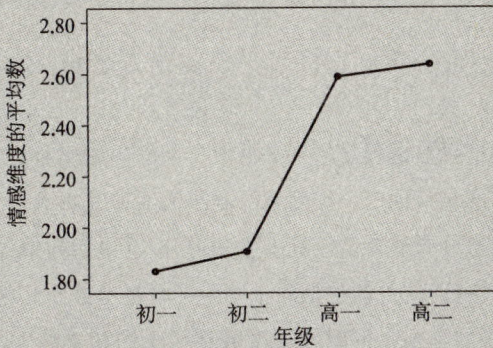

图 12-3 情感维度的年级变化趋势

同时,对互联网信息焦虑及其他维度在年级和性别上进行差异性检验。结果显示,在年级变量上,互联网信息焦虑及其三个维度均有显著的差异。进一步检验互联网自我效能感及其两个维度在不同年级水平上的变化趋势,其变化趋势见图 12-4。

从图 12-4 可以看出,互联网信息焦虑及其三个维度在年级变化趋势上相似,高中学生的焦虑程度均比初中学生高,事后检验显示,在互联网信息焦虑上,高一学生($M = 2.76$)显著高于初一($M = 1.99$)、初二($M = 2.02$)的学生,与高二的学生没有显著差异。高二学生($M = 2.76$)显著地高于初一、初二的学生。

在知识维度上,高一学生($M = 2.39$)显著高于初一($M = 1.85$)、初二($M = 1.79$)的学生,高二学生($M = 2.46$)显著地高于初一、初二的学生。

在环境维度上,高一学生($M = 3.25$)显著高于初一($M = 2.68$)、初二($M = 2.76$)的学生,高二学生($M = 3.34$)显著地高于初一、初二的学生。

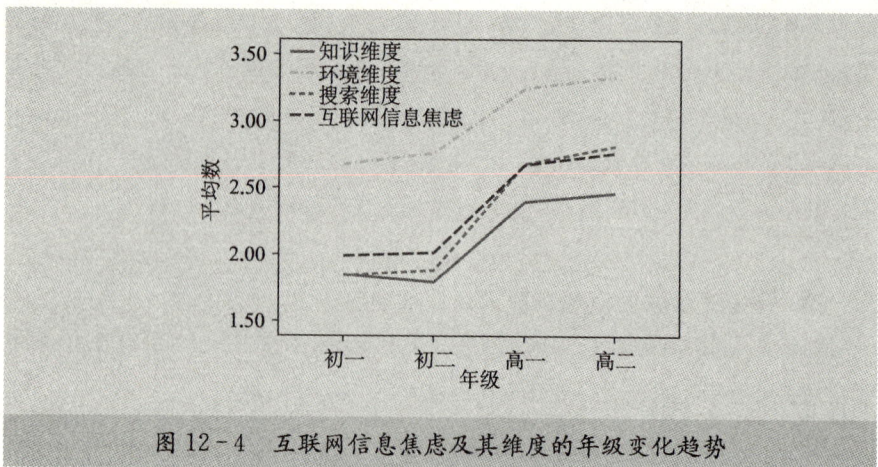

图 12-4　互联网信息焦虑及其维度的年级变化趋势

在搜索维度上，高一学生（$M = 2.68$）显著高于初一（$M = 1.84$）、初二（$M = 1.82$）的学生，高二学生（$M = 2.81$）显著地高于初一、初二的学生。这表明高中学生互联网信息焦虑程度特别是搜索方面的焦虑程度要远高于初中学生。

互联网信息焦虑与其他三个维度只受到年级的显著影响，初中生的互联网信息焦虑及其维度的得分要显著低于高中生的得分，这说明初中生的互联网信息焦虑程度明显比高中生低，这可能也是由于网络经验对年级和互联网信息焦虑的关系的影响，现在高中的学生上网时间和次数都要少于初中学生，上网经验相对比较少，容易在使用互联网时出现紧张焦虑的情绪。以往研究也发现互联网经验与互联网焦虑呈显著的负相关（Chou，2003）。

在性别上，多数研究显示女性比男性的互联网焦虑水平更高（Sun，2008），但是，也有少数研究不支持这一结论，发现性别差异不显著（Joiner et al.，2007）。本研究中，除了高一年级男生和女生在情感维度上出现了显著的差异外，互联网信息焦虑及知识维度、环境维度、搜索维度在性别上不存在显著的差异。这说明，性别对互联网信息焦虑程度的影响可能不是很大。

三、互联网自我效能感与信息焦虑此消彼长

为探讨青少年互联网信息焦虑与互联网自我效能感的关系，对互联网自我效能感及其维度与互联网信息焦虑及其维度进行了相关分析。结果显示，互联网自我效能感及其维度分别与互联网信息焦虑及其维度有显著的负相关，并且在互联网自我效能感的三个维度中，信息功能维度与互联网信息焦虑及其维度的相关系数最高，说明互联网自我效能感及其维度对青少年互联网信息焦虑可能有反向的预测作用。

在相关分析的基础上，进行了多元逐步回归分析。结果显示，进入互联网信息焦虑总分、知识维度、搜索维度和情感维度的回归方程式的显著变量分别有 2 个，进入环境维度的回归方程式的显著变量有 1 个。这些结果可以形象地以下面的图示来表示：

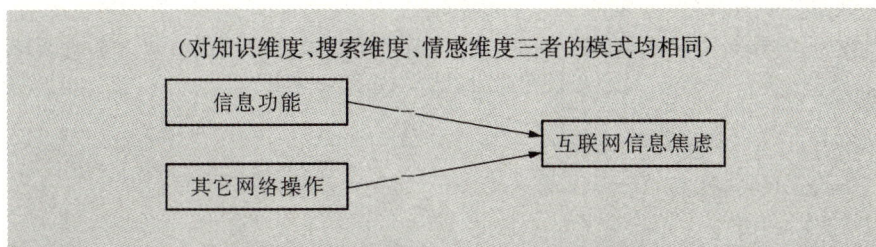

图 12-5　互联网自我效能感对互联网信息焦虑的预测（一）

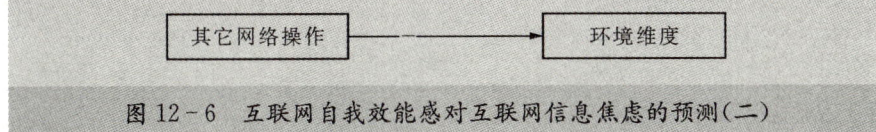

图 12-6　互联网自我效能感对互联网信息焦虑的预测（二）

从图 12-5、12-6 中可以看出，互联网自我效能感中的信息功能和其他网络操作维度，对互联网信息焦虑及其知识维度、搜索维度、情感维度都具有显著的预测力，其中联合预测力分别为 52%、50%、43.9%、47.9%，其他网络操作对环境维度有预测力，预测力为 13.4%。

回归分析结果显示，互联网自我效能感显著地反向预测互联网信息焦虑及其各维度，青少年互联网自我效能感越高，互联网信息焦虑程度越低。互联网自我效能感的三个维度中，其他网络操作和信息功能对互联网信息焦虑及其知识维度、搜索维度、情感维度都具有显著的反向预测力，其他网络操作对环境维度有显著的预测力，可见，信息功能上的自我效能感对互联网信息焦虑也具有很好的预测作用，信息功能的自我效能感越高，其互联网信息焦虑程度越低。

互联网自我效能感与互联网信息焦虑的反向关系，与以往研究中互联网自我效能感与互联网焦虑的研究一致（Sun，2008）。从前面青少年互联网自我效能感和互联网信息焦虑状况的分析结果来看，初中生互联网自我效能感高于高中生，互联网信息焦虑的程度相应地低于高中生，这一结果也正与互联网自我效能感反向预测互联网信息焦虑相吻合。

四、混合式搜索策略可减少互联网信息焦虑

通过实验设计来探讨青少年的互联网信息搜索策略，结果表明，使用分析式

搜索策略的研究对象人数为 35 人,占 44.9%,混合式搜索策略的研究对象人数为 43 人,占 55.1%,可见,在搜索实验中使用混合式搜索策略的同学多于使用分析式搜索策略的同学。

但是两个年级的情况不一样,高一年级中,使用分析式搜索策略的青少年人数为 22 人,约占 69%,使用混合式搜索策略的研究对象人数为 10 人,约占 31%。也就是说,在高一年级,使用分析式搜索策略的学生要多于使用混合式搜索策略的人。而在高二年级,使用分析式搜索策略的研究对象人数为 13 人,约占 28%,使用混合式搜索策略的人数为 23 人,约占 72%,即高二年级的学生多数使用混合式的搜索策略(见表 12-3)。

表 12-3 青少年搜索策略的统计

	男		女		合计
	分析式	混合式	分析式	混合式	
高一	12	4	10	6	32
高二	6	10	7	23	46
总数	18	14	17	29	78

采用列联表卡方检验法检验年级及性别差异,结果表明,两个年级在搜索策略的使用上存在显著差异,但是,男生和女生在搜索策略的使用上没有显著差异。

青少年在互联网信息搜索中主要使用分析式搜索策略和混合式搜索策略,很少用启发式搜索策略。青少年搜索策略的使用受年级影响显著,受性别影响较小,不显著。在年级方面,在高一年级,使用分析式搜索策略的学生要多于使用混合式搜索策略的学生,但是,高二年级的情况相反,使用混合式搜索策略的学生要多于使用分析式搜索策略的学生。这有可能是因为高二年级的学生在学校接受网络技术的课程比高一学生多,使用网络搜索信息的机会也相对较多,在网络信息搜索上能更灵活地使用搜索策略。

进一步,为考察青少年搜索策略的使用与其互联网信息焦虑的程度是否有关系,以搜索策略类型为自变量,互联网信息焦虑及其维度为因变量,做 t 检验。结果显示,使用分析式搜索策略的研究对象与使用混合式搜索策略的研究对象,在互联网信息焦虑及其情感维度上存在显著的差异,在其他三个维度上差异不显著。

接着对搜索策略与互联网信息焦虑的回归分析显示,搜索策略的类型的确显著地反向影响青少年互联网信息焦虑的程度,使用分析式搜索策略的学生的互联网信息焦虑程度要显著地高于使用混合式搜索策略的研究对象的焦虑程度。

青少年互联网自我效能感和搜索策略两因素对互联网信息焦虑的交互作用分析显示，两因素的主效应显著，但是交互作用不显著。也就是说，当把互联网自我效能感划分为高、中、低三个水平时，搜索策略对它与互联网信息焦虑的关系影响不显著。

但是，将互联网自我效能感还原为连续变量，做搜索策略对它与互联网信息焦虑关系的影响，发现分析式搜索策略对互联网自我效能感与互联网信息焦虑的关系的影响没有达到显著水平，也就是影响不大。而混合式搜索策略的使用显著地增强了互联网自我效能感与互联网信息焦虑的反向关系，也就是说，使用混合式搜索策略的学生，其互联网自我效能感越高，互联网信息焦虑程度就越低。

同时，混合式搜索策略的这一调节作用在互联网自我效能感的信息功能维度与互联网信息焦虑的关系上也成立，使用混合式搜索策略的学生，其信息功能上的自我效能感越高，互联网信息焦虑程度越低。这一结果可以为学校的信息技术教育提供一定的指导，在提高学生整体互联网自我效能感和信息功能使用上的自我效能感的同时，教会学生灵活使用各种搜索策略，会大大降低其互联网信息焦虑程度，提高学生在学习和日常生活中对互联网信息功能的使用。

第三节　建议与展望

一、研究结论

综上所述，对青少年互联网信息焦虑的研究，可以得出以下结论：

1. 青少年网络信息搜索中存在一定程度的互联网信息焦虑，初中生的互联网信息焦虑程度要低于高中生，但男生和女生在互联网信息焦虑上的差异不明显。

2. 青少年搜索策略的类型对其互联网焦虑有显著影响，分析式的搜索策略比混合式的搜索策略在网络信息的搜索中引起的互联网信息焦虑程度高。

3. 青少年互联网自我效能感及其信息功能的自我效能感都与互联网信息焦虑有显著的反向关系，互联网自我效能感得到提高，互联网信息焦虑程度就降低。同样，信息功能方面的自我效能感得到提高，互联网信息焦虑程度也会降低，这一反向关系受到混合式搜索策略的调节；

即使用混合式搜索策略的学生,其互联网自我效能感或者信息功能的自我效能感得到提高时,互联网信息焦虑降低的程度会越大。

二、对策建议

根据上述研究结果,本研究提出以下建议和对策。

首先,研究发现青少年在互联网信息环境上的焦虑和不安最高,这是青少年互联网信息焦虑的一个重要方面。这提醒政府和有关网络技术工作人员要规范网络信息环境,提高信息质量,为青少年有效使用互联网信息功能提供前提和保障。

其次,青少年互联网自我效能感的提高,特别是信息功能上的自我效能感的提高,能够降低互联网信息焦虑的程度。因此,学校信息技术教育可以从提高青少年使用网络的自我效能感入手,提高他们对自己使用网络获取有效信息的信心,从而预防或降低互联网信息焦虑程度。

再次,相比分析式搜索策略,混合式搜索策略的使用更能降低互联网信息焦虑的程度。以往的结论也证明,混合式和启发式搜索策略在简单和中等难度的任务中能更有效更快速地获得信息,因此,学校网络信息技术教育中,除了引导学生使用搜索引擎,进行分析式搜索策略外,应适当地多教学生启发式策略与混合式策略,引导他们灵活使用,提高搜索技术。

最后,在青少年的信息技术教育中,要注重心理因素与技术因素的结合,家庭和学校可以通过鼓励、表扬,为孩子创设使用网络信息的机会,增加上网经验等多种方式,提高其内在自信心和使用网络获取信息的兴趣,同时结合搜索技术教育,发挥技术教育对互联网自我效能感与互联网信息焦虑的反向关系的增强作用,促进其更合理有效地使用互联网。

三、问题展望

1. 在问卷调查研究中,影响互联网自我效能感和互联网信息焦虑的因素是多方面的,例如,研究对象的个性特点、生活环境因素等,由于本研究重点考察青少年互联网自我效能感与互联网信息焦虑的关系,采取随机抽取样本和扩大研究对象样本的方法控制了这些因素,没有将它们的影响考虑在内。因此,在随后的研究中,要考虑这些变量的影响,争取得到更加生态化的结论。

2. 在现场实验研究部分,没能将初中生一起纳入实验,这在考察搜索策略的年级差异以及三个因素的关系方面有一定的局限性,在下一步的研究中需要扩展这一部分研究对象,补充或验证得到的结论。

3. 从网络信息搜索行为的研究中可以看到,任务难度、类型等因素也会影响个体在搜索实验中使用的搜索策略,本研究由于考虑到青少年的接受程度和实验条件的现实情况的局限,只采用了简单难度的数字搜索任务,因此,在以后的研究中,可以将任务难度、类型等其他因素加入研究范围,扩展研究结论。

第十三章
青少年的互联网服务偏好

第一节 问题缘起与研究方法

一、虚拟世界中社交娱乐信息服务任人挑选

为什么要探讨青少年的互联网服务偏好呢？这一问题的背景又是怎样的呢？

随着互联网的飞速发展，人们不时地看到一些"触目惊心"的媒体报道，某某学生因为沉溺于网络聊天而荒废学业、离家出走或是在网络聊天中轻信他人而受骗上当，这些现象是值得关注和研究的，并且迫切地需要引起家长和教育者的重视。

实际上，互联网社交自从 2003 年在世界各地快速兴起，时至今日，已经缔造出了许多神话，被视为互联网的第二次浪潮。随着 friendster. com、Orkut. com、Ryze. com、tribe. net、linkedin. com 等网络社交网站的兴起，网络社交蓬勃发展，新的互联网热再次升温，有分析人士甚至说，互联网社交将缔造人际交往的新模式。

青少年面临着重要的发展任务，比如，发展归属感和认同感、发展新的有意义的人际关系。有研究者认为青少年过多使用互联网就是为了完成这些困难的任务(Kandell，1998)。互联网使用者以计算机为媒介彼此进行交流，可以形成网上的社会支持，经常访问某个聊天室、新闻组、BBS，能够建立亲密感和归属感(Young，1997)。而互联网使用是健康的或是病理性成瘾的，还是介于两者之间，正是由互联网可以满足的需要以及互联网如何满足需要决定的(Suler，1999)。

同时，互联网的出现为电脑游戏行业的发展注入了新的活力，利用互联网进行娱乐已经成为一种全新的时尚。互联网娱乐凭借信息双向交流、速度快、不受空间限制等优势，让真人参与游戏，提高了游戏的互动性、仿真性和竞技性，使"玩家"在虚拟世界里可以发挥现实世界无法展现的潜能，也更容易使"玩家"上瘾。俗话说玩物丧志，凡是容易使人上瘾的娱乐项目，往往容易产生不良的社会影响，特别是"网络游戏"的主要参与者还是青少年。各种媒体也不时报道青少年因沉溺于"网络游戏"而学业下降、行为出轨⋯⋯那些正沉迷于互联网游戏、人格尚未定型的青少年，他们又会受到什么样的影响？

青少年在现实的学习、生活中压力过大，或是受到挫折，在"网络游戏"中可以宣泄压力，或是在注重技术的游戏中体验虚拟的成就感，获得其他网游者的认可，或是在角色扮演游戏中，创建、体验新的人际关系⋯⋯所以在虚拟世界中获得、体验、使用社会支持对青少年来说有着特殊的意义。

再者,互联网以一种前所未有的方式提供了海量的信息,这种信息服务是互联网的一个重要功能(Hamburger & Ben-Artzi, 2000)。对使用者来说,互联网信息服务既有积极影响又有消极影响,人们不必担心信息的枯竭,而是要留神不要被信息所淹没,也就是信息过载的问题。对青少年来说,互联网上几乎提供了心理行为发展所需要的一切信息(Steinberg, 1999),他们可以利用互联网来完成学校的功课,查找与自己的兴趣爱好相关的信息(Subrahmanyam et al. , 2001)。但是,信息过载容易造成认知负载,从而使青少年的认知压力加重,兴趣过于泛化和注意力不稳定(张智君,2001)。

在此令人感兴趣的话题是,青少年的互联网服务使用偏好与其人格及社会支持之间的关系是怎样的?

二、外向性神经质人格与网上社交关系密切

在互联网提供的种种服务中,人与人之间的交流可能是最重要的,并且推动着互联网的其他应用(Kraut et al. , 1998)。与现实生活中面对面的交流相比较,网上交流主要有四点不同:匿名性、隐形性、没有地理位置限制以及时间上的非同步性(McKenna et al. , 2000)。

研究者认为,在互联网上与他人交往主要有两种动机,即个人动机和社会动机,在日常的社会交往中这两种需要没有得到满足的个体就会选择互联网去实现它们(McKenna & Bargh, 2000)。

内向并且神经质的人在社会交往中有困难,所以他们倾向于在互联网上定位"真实自我",而外向并且非神经质的人则是通过传统的面对面的社会交往定位"真实自我"(Amichai-Hamburger, Wainapel, & Fox, 2002)。

对于外向性,有的研究者认为外向的、善于交际的个体比内向的个体更可能使用互联网来保持与家人和朋友之间的关系,或者频繁地使用网上聊天室结识新朋友(Kraut et al. , 2001)。而对于神经质性来说,人们总是认为神经质的人是羞怯的、焦虑的,他们在真实的社会情境中很难形成社会关系,只有坐在电脑屏幕前面才能够进行社会交往。有的研究者做了网上交流工具 ICQ 与孤独感之间关系的研究,结果表明,尽管在 ICQ 上可以隐瞒真实身份,与不同的人进行交流,但是孤独的个体仍然不会求助于 ICQ 来减少自己的孤独感(Leung, 2002)。并且从人格理论看,低焦虑、善于交际的个体更有可能使用新的交际工具来满足他们的社会需要,如互联网(Peris et al. , 2002)。

不过有研究发现,对女性来说,社交性站点的使用与外向性呈负相关,与神经质性呈正相关,这是因为女性有较高的自我意识,更可能通过使用社交性网站寻

求支持(Hamburger & Ben-Artzi, 2000)。其后继研究也支持了这种结果,认为神经质性的个体更容易孤独,并且更倾向于使用互联网上的社交性服务(Amichai-Hamburger & Ben-Artzi, 2003)。

在人格特征中,除了外向性和神经质性这两种倾向与使用网上社交服务有关系外,有研究认为宜人性也是一个因素,高宜人性的个体总是友善易于相处的,这种人格特质使他们在有时不太友好的互联网环境中可以吸引他人,从而较容易和网络上的其他人形成友谊(Joinson, 1998)。

人们在网上寻求与保持社会关系的理由是不同的,不论何种人格倾向,都有可能利用网络来寻求会话对象,试验新的交流媒介,或是和其他人发展关系。一般人是为了寻求友谊、社会化、聊天,或是为了娱乐、与他人会面,孤独的人则是为了寻求同伴,害羞的人或是社会关系有问题的人是为了寻求爱或是一种友谊,粗鲁的人想要骚扰其他人,人格反复无常的人是为了寻求性关系,研究人员是为了寻找信息,无聊的人是为了寻找乐趣(Peris et al. , 2002)。

三、网上娱乐及信息服务使用也显人格变奏

网上的娱乐性服务主要是即时信息和网络游戏,有的研究者认为这类活动是通过在线与他人打游戏或是交流来放松身心、享受快乐的(Swickert et al. , 2002)。

研究表明,对男性来说,外向性与娱乐服务的使用呈正相关,外向型的男性对娱乐性服务(使用性网站)的过多使用,是因为他们对刺激和唤醒的更大需求(Hamburger et al. , 2000)。还有研究表明,高开放性的个体有着好奇的作风,他们倾向于把网上活动作为探索寻求新异性的机会,因此经验的开放性与娱乐服务的使用有着显著的正相关;高责任感的个体在网上进行娱乐活动的可能性较小,除此之外,研究还表明低认知需求的个体与娱乐服务的使用也是有关系的(Tuten et al. , 2001)。神经质性和娱乐性服务之间存在边缘显著负相关的关系,也就是说,高神经质性的个体使用网上娱乐性服务的可能很小(Swickert et al. , 2002)。

另一方面,信息服务是互联网的又一个重要功能(Hamburger et al. , 2000)。研究发现,对男性来说,神经质人格与信息服务的使用呈负相关(Hamburger et al. , 2000)。研究也表明,高神经质性的个体在搜索信息时,会没有安全感并且很焦虑,他们会试图比自信的个体收集更多的信息,这种倾向可能是因为高神经质个体在这个领域有较高的焦虑感和较低的自我效能感(Tuten & Bosnjak, 2001)。除此之外,研究还发现有高认知需求的个体更可能使用含有认识成分的网站,比如,新闻、教育信息等。

之后的研究支持了这一结果,发现神经质人格和信息交换之间存在边缘显著负相关的关系,也就是说,高神经质性的个体不太可能使用网上的信息服务(Swickert et al.，2002)。

人格特征对互联网使用的影响不仅仅体现在互联网提供的不同服务内容上,而且在对互联网内容的呈现方式上也有所表现。比如,高封闭性需要(need for closure)的个体倾向于避免不确定性,他们认为大量的超级链接使人心烦意乱,是多余的;而低封闭性需要的个体在充满链接的网络环境中会感觉不错。

墨守成规的人更喜欢带有一些固定因素的网站,如果网站频繁地改变,他们会感觉到压力;而创新者喜欢经常变化的网站,一成不变会使他们感觉没有乐趣很无聊。控制点会影响人们在网上对时间的控制,内控制点的人更容易控制自己在网上的时间(Amichai-Hamburger，2002)。

四、网上社会支持看似无形却有特殊益处

互联网所具有的各种特性使其与使用者的社会支持状况产生了密切的关系。研究表明,那些对自己现实中的社交生活很满意的人,更喜欢使用互联网来实现工具性目的(也就是说信息搜索);而那些对生活不太满意,在面对面的交往中感受不到重视的人,则把互联网作为社会交往的替代(Papacharissi & Rubin，2000)。

在互联网上,存在着许多提供在线支持的群体,与传统的面对面的人际交流方法相比,参与者把在线咨询这种方式看作是可以接受的、有效的(Dolezal-Wood，1998)。例如,将要经历某种痛苦过程的患者更愿意与那些正在经历中或是已经经历过同样事情的人在一起(Schachter，1959；Davison，Pennebaker，& Dikersan，2000),参与支持群体反映了处于苦恼中的人渴望与他人交流的愿望(Davison et al.，2000),这表明人们特别愿意加入由和自己有相似问题的人组成的支持群体。

研究表明在线支持群体包含了在面对面群体中观察到的治疗要素(Finn，1995；Weinburg，Uken，Schmale，& Adamek，1995)。美国癌症协会的研究表明,情感支持和表达对支持和治疗群体的成功来说起了关键作用(ACS，1994；Classen & Spiegel，1999)。还有一些研究发现,通过文字进行情感表达也是有治疗效果的。例如,用文字表达情感经历可以促进身体健康(Pennebaker，Mayne，& Francis，1997),而互联网交流主要就是基于文本信息进行的。可见,支持群体对正在体验苦恼和人际关系问题的人来说是一个主要的帮助来源(Taylor，Falke，Shotpaw，& Lichtman，1986),网上的支持群体更是带着自身的

优势「成为人们寻求支持的一个选择。

五、研究方法
（一）研究对象

研究对象随机选自某市某所普通中学，为该校初一、初二、高一、高二年级共 8
个班的学生，共有 339 人。其中，男生 158 名，女生 181 名。研究对象的年龄在
12—18 岁之间，平均年龄为 14.37±1.72 岁（见表 13-1）。

表 13-1 研究对象基本情况

	初一	初二	高一	高二
男	48	42	47	21
女	43	39	46	53
总数	91	81	93	74
年龄($M \pm SD$)	12.22±0.44	13.68±0.74	15.44±0.62	16.45±0.50

（二）测量工具

首先，自编"青少年互联网服务使用偏好问卷"，收集了研究对象的性别、年
龄、年级等人口学变量内容，同时测量了研究对象的互联网服务使用偏好。这方
面的项目选自中国互联网络信息中心（CNNIC）2004 年 7 月发布的《第十四次中
国互联网络发展状况统计报告》中"用户经常使用的网络服务/功能"的内容，删
除了其中与中学生无关的选项（如网上炒股等）后，最终互联网服务使用偏好问
卷由 17 个项目组成，从"1—不喜欢"到"5—很喜欢"分 5 个等级记分。对这些项
目进行因素分析，抽取了四个因素，分别命名为"信息"、"娱乐"、"社交"、"交
易"，各维度的内部一致性系数 α 及总问卷的内部一致性系数 α 均较好。由于青
少年对网上交易的使用稀少，本研究在此仅关心互联网社交、信息、娱乐服务的
使用偏好。

其次，采用"中学生人格五因素问卷"，这是国内根据五因素模型编制的评价
儿童青少年人格的问卷（周晖、钮丽丽、邹泓，2000），包括五个因子，分别为开放
性、外向性、宜人性、谨慎性和情绪性（"情绪性"的特征几乎类同于艾森克人格维
度中的神经质，所以本研究中把这个维度称为"神经质"）。问卷由 60 个项目组
成，采用自陈量表的形式，从"1—完全不像我"到"5—非常像我"分 5 个等级
记分。

第三，采用"社会支持评定量表"，此量表由肖水源（1986）编制。该量表共包

括10个项目,涉及三方面的内容:客观社会支持(包括物质上的直接援助和社会网络、团体关系的存在和参与)、主观社会支持(个体在社会中受尊重、被支持、被理解的情感体验和满意程度)以及对社会支持的利用(对社会支持的主动利用)。该问卷具有较好的重测信度。

第四,采用"社交焦虑量表",这是 Scheier 和 Carver 在 1985 年的修订版量表。量表含有 6 个条目,从"1——一点也不像我"到"5—非常像我"分 5 个等级记分。量表不仅测量主观焦虑,同时也测量言语表达及行为举止上的困难。修订量表的内部一致性系数 α 较好。

(三) 研究程序与数据处理

本研究以班级为单位进行施测。问卷正式施测之前,主试向研究对象宣读指导语,向学生保证不向他人透露与此次问卷结果有关的任何信息,学生对问卷的反应将得到充分信任。数据处理使用 SPSS 与 AMOS。

第二节　研究发现与分析

一、网上社交女生更爱且随年级而增加

为了检验青少年的性别、年级在互联网使用偏好上是否存在差异,首先进行了方差分析。结果表明性别和年级在社交服务上的交互作用并不显著,但是性别和年级的主效应都达到了非常显著的水平。从事后比较可以看出,女生($M=3.62$)比男生($M=3.28$)更喜欢使用网上的社交服务,也就是说女生更喜欢使用网络聊天这样的服务。

在青春期,女生比男生更早进入青春期发育,适应青春期变化带来的压力、追求独立、建立自我认同、满足情感方面的需要等方面,通常比男生更为迫切,而现实生活中的人际沟通不足以满足这些需要时,互联网就成了一个选择。此外,经过与中学生的访谈我们也进一步证实,男生和女生在建立社会关系时所使用的方式是不同的,女生之间常常通过"言语"表达亲密关系,男生之间通过"游戏"等非言语方式建立友情,而网络聊天这种全新的更加自由开放的方式正是现实中"言语"交流的一种延伸。所以女生使用互联网的社交服务更为突出。

另一方面,检验互联网社交服务使用偏好在不同年级水平上的变化趋势,结

果表明青少年学生对互联网社交服务的喜爱随着年级的升高而升高,其线性趋势显著。初二($M = 3.56$)、高一($M = 3.62$)和高二($M = 3.84$)年级的学生对互联网社交服务的喜爱都分别显著地高于初一($M = 2.79$)的学生(见图 13-1)。也就是说,青少年对互联网社交服务的喜爱在初二时发生了质的变化,之后这种喜爱仍然呈继续增长的趋势。

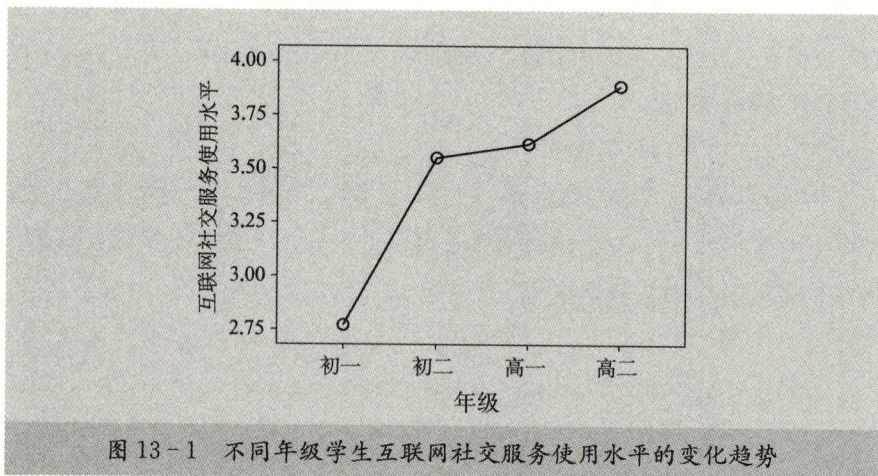

图 13-1　不同年级学生互联网社交服务使用水平的变化趋势

随着年级的升高,学习压力相对增大,伴随而来的还有身体上和心理上的困惑和不安,而当前的社会环境和家庭环境又不能恰当而及时地排除他们心中的困惑,青少年就会不断寻求新的方式去交流,去缓解压力或是解决问题。网上聊天这种交流方式带给青少年的远远超出了它所带来的新鲜感,它提供了一个超出现实的平台,使有相似问题的人能够共同交流,在无形中增加一种社会支持。本研究为此提供了充分的证据,青少年在互联网社交服务的使用上存在着显著的年级差异,并且线性变化趋势很明显,在图中可以看到中学生对网络社交服务的喜爱在初二时发生了质的变化,而且之后也是呈上升趋势,这也是青少年情感交流需要不断增加的体现。因此,年级是影响青少年使用互联网社交服务的一个重要变量。

二、外向性神经质青少年钟情网上社交

为了进一步检验人格特征与互联网社交服务使用偏好的关系,在相关分析的基础上,我们建构了外向性、神经质、社会支持和社交焦虑与互联网社交服务使用的关系模型(见图 13-2)。

从图中可以看出:(1)外向性、神经质、客观社会支持对互联网社交服务的使用偏好均有直接的正向预测作用;对社会支持的利用越低的青少年,越有可能使

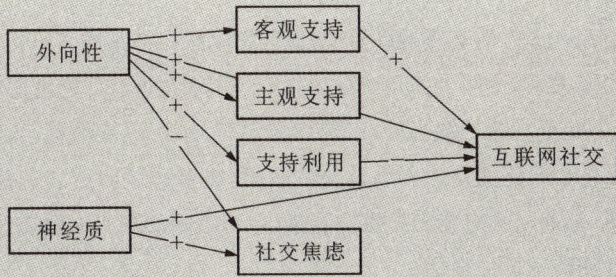

图 13-2　人格特征与互联网社交服务使用偏好的关系模型

用互联网社交服务。(2)外向性也可以通过客观社会支持和对社会支持的利用，间接地预测互联网社交服务的使用偏好；越外向的青少年其获得的客观社会支持越多、感知到的社会支持越多，越能较好利用社会支持；外向者如果较多地利用社会支持，会对其使用互联网社交服务起到一定的干预作用，在一定程度上削弱其使用互联网社交服务。

处于青春期的青少年，其人格正在不断地定型并且趋于完善。外向的青少年比内向的青少年更加坦率、活跃、合群、热情并且具有更多的积极情绪，拥有更多的社会支持。本研究发现越外向、主观社会支持和客观社会支持越多的青少年，越有可能使用互联网社交服务。这与"富者更富"模型是一致的，即外向的与拥有更多现存社会支持的个体能够从互联网使用中得到更多的益处。外向的、善于交际的个体可以通过互联网结识他人，并且特别愿意通过互联网进行人际交流。已经拥有大量社会支持的个体可以运用互联网来加强他们与其网络支持中的他人的联系。这一结果也与之前的研究结果一致(Kraut et al.，2002)。

此外，在与较外向的受访中学生的谈话中，他们都提到有高兴的事情时，除了愿意与身边的同学和家长共享外，还愿意上网与网友分享，网上好友团体的祝贺与支持鼓励可以使他们体验到更多的积极情感。从访谈中可以发现他们在心情好的时候更愿意上网聊天，这可能是因为他们在现实中得到的和感受到很多支持，并且在有困难时能够充分地利用这些支持。

可见，外向性既可能直接影响青少年使用互联网社交服务，又可以通过现实中青少年的社会支持情况对他们使用互联网社交服务产生间接的影响。网络交往具有的匿名性、隐形性这些特点，使社交焦虑的个体有可能通过网络社交来弥补现实社会交往的不足，而内向的个体较外向个体更容易产生社交焦虑，所以青少年的外向性通过社交焦虑也会间接预测青少年的互联网社交服务的使用。

高神经质的青少年具有易情绪化、易冲动、依赖性强、易焦虑和自我感觉差的特点。现实生活中面对面的交往使他们容易产生社交焦虑、孤独,对社会支持的感知性较低。而在虚拟的互联网世界中,他们可以从容地按照自己的节奏与兴趣建立自己的人际关系,从网络关系中获得社会支持,从而也可以更好地了解自己的社交特性,由此更好地了解自己,正确认识自己,愉快地接纳自己,正确对待他人的评价。在他们自己建立的网络社交关系中,能够体验到更多的社会支持、归属感和亲密感,从而增强自信和自我效能感,在面对面的现实人际交往情境中,可能对自己的社交能力更加自信。

三、社会支持善利用,网上娱乐靠边站

为了检验青少年的性别、年级在互联网娱乐服务的使用偏好上是否存在差异,首先进行了方差分析。结果表明,在娱乐服务上性别和年级的主效应均没有达到显著水平,并且它们之间的交互作用也不显著,也就是说,性别和年级并不能较好预测青少年互联网娱乐服务的使用偏好,青少年对互联网娱乐服务的偏好并不受性别和年级高低的影响。

为了进一步检验人格特征与互联网娱乐服务使用偏好的关系,在相关分析的基础上,我们建构了宜人性、外向性和社会支持与互联网娱乐服务的使用偏好之间的关系模型(见图 13 - 3)。

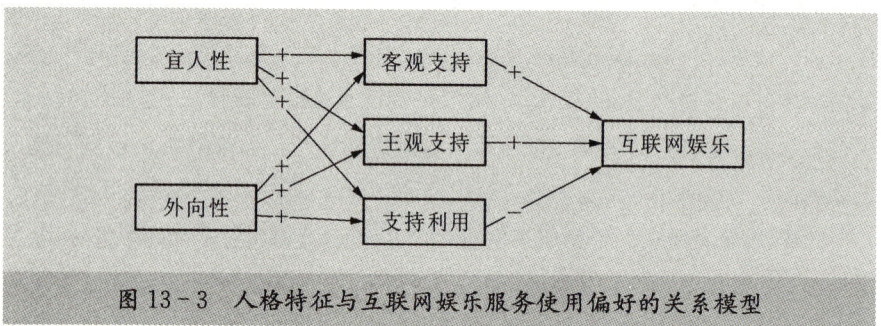

图 13 - 3　人格特征与互联网娱乐服务使用偏好的关系模型

从中可以看到:(1)客观社会支持、主观社会支持对互联网娱乐服务的使用偏好有着直接的正向作用。也就是说,所获得的客观社会支持较多、感知到的社会支持较多的青少年,更有可能倾向于使用互联网娱乐服务;而对社会支持的利用水平对互联网娱乐服务的使用偏好有着直接而显著的反向作用,即对社会支持的利用水平较低的青少年更有可能倾向于使用互联网娱乐服务。(2)宜人性、外向性均可以通过客观社会支持、主观社会支持和对社会支持的利用间接地影响互联网娱乐服务的使用偏好;外向性和宜人性对社会支持的三个方面均有正向作用,即越外向、宜人性越高的青少年,其获得的客观社会支持越多、感知到的支持越

多、对社会支持的利用水平也较高。

高宜人性的青少年具有宽容、坦诚大方、利他并且谦逊的特点,他们善于为别人考虑,乐于助人,对人真诚,不弄虚作假,所以较易获得更多的社会支持。而外向的青少年比内向的青少年更加坦率、活跃、合群、热情并且具有更多的积极情绪,他们喜欢参加各种活动,喜欢与别人交往,因此拥有较多的社会支持。从研究结果可以看出,这两种人格特点正是通过社会支持对青少年使用互联网娱乐服务产生影响的。

互联网娱乐的形式很丰富,也大致可以分为非交互性(如多媒体娱乐)和交互性(如网络游戏)两类。前者主要是对网络资源的利用,外向性和高开放性的青少年更喜欢寻求、使用、接受新的娱乐方式,因此,他们更有可能积极主动地使用互联网来获取更多的资源,使生活更加丰富。而后者在某种程度上与互联网社交服务有类似之处,它作为娱乐项目的同时,也给使用者提供了一个交际的平台,比如"竞技类"游戏中的反恐精英、星际争霸、魔兽争霸2、网络围棋、象棋、军棋、拱猪、斗地主、拖拉机等,"角色扮演类"的剑侠情缘、三国演义、天龙八部、大富翁等。

不论在哪类游戏中,所有玩家都像是生活在一个全新的社会里,这个世界同样有需要遵守的准则与崇尚的标准,在现实世界中受到欢迎的那些特点在这个虚拟世界中也会受欢迎。所以,高宜人性、外向的青少年在网络游戏中更有可能营造一个积极的氛围,体验到更多的积极情绪和社会支持。这也与"富者更富"模型是一致的,即拥有更多现存社会支持的个体能够从互联网使用中得到更多的益处。可见,青少年对互联网娱乐服务的使用偏好会受到人格特征和社会支持三个方面的共同影响。

四、互联网信息服务偏好随年级而增加

为了检验青少年的性别、年级在互联网信息服务的使用偏好上是否存在差异,首先进行了方差分析。结果表明性别和年级在信息服务上的交互作用并不显著,但是年级的主效应达到了显著水平。也就是说,性别并不能较好地预测青少年使用互联网信息服务,青少年对互联网信息服务的偏好并不受性别的影响。

进一步检验互联网信息服务使用状况在不同年级水平上的变化趋势,发现青少年对互联网信息服务的喜爱从初二开始随着年级的升高而升高,其线性趋势显著(见图13-4),青少年对互联网信息服务的喜爱在初二时发生了质的变化,之后这种喜爱呈持续增长的趋势。

247

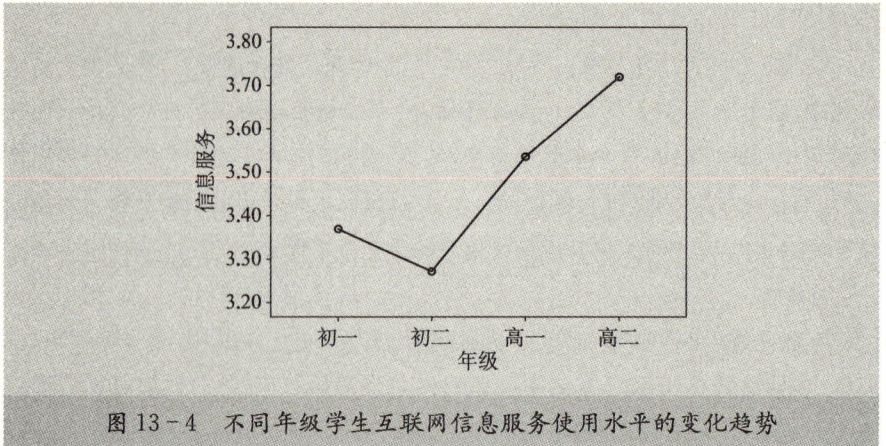

图 13 - 4　不同年级学生互联网信息服务使用水平的变化趋势

　　随着年级的升高,青少年的求知欲不断增强,急于拓展自己的知识面,而且探索外部世界、追求体验新事物的心理倾向也会增强。因此,年级是影响青少年使用互联网信息服务的一个预测变量。

五、开放性人格的青少年更爱信息服务

　　为了进一步检验人格特征与互联网信息服务使用偏好的关系,在相关分析的基础上,我们建构了宜人性、外向性、开放性和社会支持与使用互联网信息服务之间的关系模型(见图 13 - 5)。

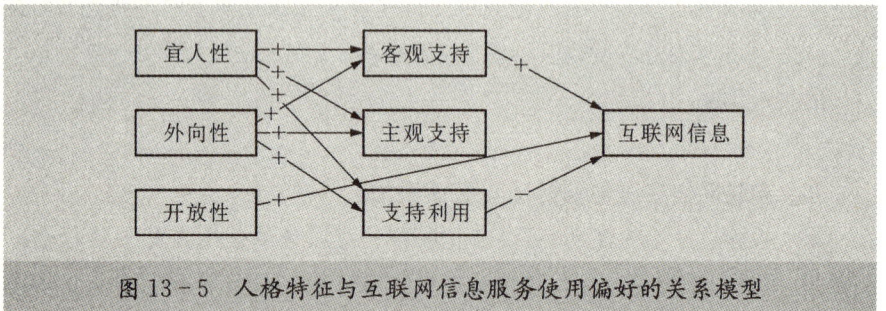

图 13 - 5　人格特征与互联网信息服务使用偏好的关系模型

　　从图中我们可以看到:(1)在宜人性、外向性和开放性这三个与互联网信息服务有关的人格因素中,宜人性和外向性并不能直接预测互联网信息服务的使用,而开放性可以作为互联网信息服务使用的预测指标,开放性对互联网信息服务使用有着显著的直接预测,高开放性的青少年更有可能使用互联网信息服务。(2)在社会支持的三个方面中,客观社会支持和对社会支持的利用水平对使用互联网信息服务有着显著的预测,感知到的社会支持对互联网信息服务的使用影响

很小。青少年所获得的客观社会支持越多,就越有可能使用互联网信息服务,但是如果青少年能够较好地利用社会支持就可以在一定程度上削弱对互联网信息服务的使用。也就是说,对社会支持的利用水平可以作为一个干预互联网信息服务使用的因素。(3)宜人性和外向性正是通过客观社会支持和对社会支持的利用水平可以间接地预测互联网信息服务使用,而开放性对社会支持的三个方面的影响均非常微弱。也就是说,开放性是直接影响互联网信息服务的使用,并不通过社会支持对互联网信息服务的使用产生间接影响。

高宜人性的青少年具有宽容、坦诚大方、利他并且谦逊的特点,较易获得更多的社会支持。而外向的青少年比内向的青少年更加坦率、活跃、合群、热情并且具有更多的积极情绪,因此拥有较多的社会支持。这两种人格特征更多地是在社交活动上对个体产生影响,在本研究中也可以看到它们对互联网信息服务的使用偏好的直接影响是非常微弱的,但是个体的社会支持状况却可以作为一个调节因素,对宜人性、外向性与互联网信息服务使用偏好之间的关系产生影响。

高开放性的青少年具有很强的洞察力、聪明、想象力丰富,他们具有创新性,敢于打破常规,善于接受和应用新知识和新事物。互联网上的信息服务对具有高开放性的青少年来说是非常具有吸引力的。具体而言,首先,在互联网提供的信息内容上,互联网世界是个信息极其丰富的百科全书式的世界,其中包罗万象,青少年能够开阔眼界,并且根据自己的需要自由地搜索相应的资料。

其次,在互联网提供的信息数量上,来自各种不同信息源的信息数量按几何级数不断增长,而且信息更新的速度很快,而这一点正好满足了具有创新性的青少年的需求,有研究表明创新者喜欢经常变化的网站,一成不变会使他们感觉没有乐趣很无聊(Amichai-Hamburger,2002)。

再次,在互联网信息的呈现方式上,互联网上的信息并不单纯是文本信息,它已经成为集声音、图像、视频于一身的多媒体载体,大量的信息直观而感性,这样既会吸引青少年的注意,满足他们的新鲜感,又可以使他们的想象力不受现实条件的限制,得以充分地发挥。正因为互联网上所提供信息的这些特点与高开放性青少年的认知需求相符,所以开放性可以作为互联网信息服务使用偏好的一个预测指标。

一、研究结论

综上所述,对青少年互联网服务偏好与其与相关因素之间关系的研究,可以得出以下结论:

1. 青少年互联网社交服务使用偏好上存在着性别差异,女生使用更多,以及存在随年级升高而增加的年级差异。外向性、神经质人格对青少年互联网社交服务使用偏好有直接的正向预测作用,并且可以通过社会支持以及社交焦虑间接地预测互联网社交服务的使用偏好。

2. 青少年在互联网娱乐服务的使用偏好上不存在性别和年级差异。客观社会支持、主观社会支持对互联网娱乐服务的使用偏好有着直接的正向作用;而对社会支持的利用对互联网娱乐服务的使用偏好有着直接的反向作用;并且宜人性、外向性均可以通过社会支持间接地预测互联网娱乐服务的使用偏好。

3. 青少年在互联网信息服务的使用偏好上不存在性别差异,但是年级差异显著;开放性、客观社会支持和对社会支持的利用对互联网信息服务的使用偏好有直接而显著的预测。宜人性通过社会支持间接地预测互联网信息服务的使用偏好。

二、对策建议

在研究结果中值得注意的一点是,对社会支持的利用度与使用互联网服务之间的反向关系,对社会支持的利用更主要是作为调节因素起作用的,它具有一定的干预作用,能够在一定程度上削弱对互联网的依赖。对社会支持的利用度考察了个体如何使用所拥有的社会支持,以及这种使用的充分程度。当青少年不能充分地利用现实生活中所获得的社会支持或者所感知到的社会支持时,他们更有可能使用互联网服务,所以,我们在给予青少年各种支持时,还要使他们意识到这些支持并清楚该如何使用这些支持。

因此,依据本研究的发现,我们认为,作为家长和其他教育者,简单粗暴地禁止青少年上网并不理智。对青少年使用互联网社交服务要进行正确的引导,使他们明白网络社交只是现实社交的补充。

同时,在给予青少年各种支持时,还要使他们意识到这些支持,并清楚该如何使用这些社会支持;而且,在强调学业成绩的同时,关注青少年的人格发展及其人际关系的发展至关重要。青少年面对着身心变化以及与日俱增的学业压力,他们除了需要富足的物质条件,更需要的是精神上的交流和解决问题、释放自己的方法。要让青少年学会应对挫折的心理应对方式,懂得沉溺于焦虑、烦躁等消极情绪对于解决任何问题都无济于事。可以组织他们进行现实社交的训练,让他们得到更多的社会支持,学会在现实的人际交往中体会到更多的快乐,而不是最终逃避到网络社交中去。"人合百群"是新世纪社会交往的要求。健康积极的人格、良好的社会支持、宽容的生活环境是青少年合理、健康地进行网络社交的前提。

依据研究中的发现,我们认为只有了解互联网娱乐服务在哪些方面能够满足青少年的需要,才能更好地控制、指导他们对互联网娱乐服务的使用。

三、问题展望

1. 由于本研究的研究对象样本有一定局限,研究结果是否适用于其他地域的青少年还有待进一步的研究。

2. 在以后的研究中,也有待澄清互联网对发展中的青少年人格的形成会产生什么样的影响。

第十四章

青少年上网的某些影响因素

第一节　问题缘起与研究方法

一、纷繁复杂的因素均可影响上网行为

为什么关心影响青少年上网的种种因素呢？除了前面若干章节中提到的影响因素外，还有一些怎样的因素会起作用呢？这一问题的背景又是怎样的呢？

青少年期是儿童期向成人期过渡的时期，也是个体开始探索并检验自我的时期。此时，个体在认知、情感上都发生着很大变化，生理心理方面的变化（如身体发育、自身健康问题等）都会令他们产生矛盾、迷茫、甚至压力，同时青少年生活成长的各种环境也会给他们带来巨大压力。家庭是青少年成长的重要环境，而亲子冲突在青少年期似乎普遍存在，家庭环境（如父母离婚、经常与父母争吵等）必然会给青少年带来很大压力。同伴关系对青少年来说似乎有着更大的影响，比如，同伴对诸如吸毒、酗酒、抽烟、犯罪等问题行为的态度会对青少年产生影响（Urberg et al.，1997）。师生关系（例如，老师不喜欢自己、与老师关系紧张等）也会对青少年产生影响，带来压力。

青少年如何从这些消极生活事件中正常发展和成长等问题引起了研究者们的注意，这种应对压力、挫折或创伤等消极生活事件的能力，便是"心理弹性"（Resilience）。面对生活中的种种压力、挫折，人们会表现出不同的反应。有的人能够积极地调整自己以减小压力带来的负面影响，甚至在压力中吸取经验使自己得以成长。而有的人面对挫折、压力时却表现得异常脆弱，逃避、退缩，特别是经历严重的创伤性事件（如丧失亲人）后甚至表现出一些明显的生理症状（如腹痛），有的人则会出现焦虑、抑郁等问题。因此，心理弹性在青少年应对压力的过程中应该是一个重要的因素。

互联网的迅猛发展给当今世界带来了前所未有的变化，同时也对我们生活、学习、工作的方方面面带来了深刻影响。我们使用互联网浏览新闻，下载喜欢的音乐、电影、动漫，玩网络游戏，利用QQ、MSN等和家人、朋友或者陌生人交流、沟通，这些都给我们的生活带来了极大的乐趣。同时我们还利用互联网搜索与我们学习、工作有关的信息、资料，互联网在许多方面极大地帮助了我们。互联网的积极影响不可否认，但同时也带来了一些负面影响，其中与青少年有关的主要问题便是病理性互联网使用（Pathological Internet Use，PIU），即通常所说的网络成瘾，这已经引起了国内外许多研究者们的注意，同时也是一个比较严重的社会

问题。

　　青少年在使用互联网的过程中,会因为互联网的种种有利条件而使自我得以发展和成长,还使学习、生活受到干扰遇到障碍。在上网的过程中其心理行为的各种表现,都受到来自自身、环境及网络诸方面因素的影响。实际上,前面十几章中所探讨的内容都涉及到了影响青少年上网的因素,在此,我们再来看看其他的影响因素。

二、着眼未来,积极应对者无缘网络成瘾

　　现有关于媒介的心理学研究所获得的一个具有普遍意义的结论是,对某些儿童来说,在某些条件下,一些电视节目可能是有害的;但是对于相同条件下的其他儿童或不同条件下的相同儿童,这些电视节目可能是有益的,对于大多数儿童,在大多数条件下,大多数电视节目可能既不是非常有害的也不是非常有益的(Schramm, Lyle, & Parker, 1961)。青少年的病理性互联网使用是通过某些特定功能而形成的一种互联网使用模式。互联网实际上也是一种媒介,上述结论可能也适用于互联网使用,不同用户使用互联网的不同功能或服务项目但受到不同影响。可以认为,不同用户可能受到互联网的不同影响,除了互联网的某些功能或服务项目可能导致病理性互联网使用之外,个体差异可能也会导致 PIU。

　　时间透视是个体对过去、现在与未来时间的意识和相对注意(黄希庭等,2000)。通常情况下,大多数个体倾向于经常使用时间透视的特定维度,而其他维度较少使用或不使用,即个体的时间透视可能定向于过去、现在或未来中的一个或两个维度,这能引起个体对时间透视形成偏见(Wills et al. , 2001; Zimbardo et al. , 1999)。Boyd 等人认为,时间知觉(包括时间透视)产生了一种可以过滤和解释个人经历的认知反应偏见,因为经验与意识源源不断地在现在、过去与未来时间结构中被赋予意义,所以这种认知反应偏见对个体的思维、情感与行为有重要的意义,时间透视对个体的思维、情感与行为具有组织与结构化的作用。

　　时间透视可视为个体的一种基本心理维度(Wills et al. , 2001)。Zimbardo 与 Boyd (1999)认为时间透视是测量个体差异的有效变量。他们经过 12 年的研究发现,时间透视的三个维度(现在—享乐定向、现在—宿命定向、过去—否定定向)可以预测许多对个体有负面影响的心理行为问题,如成瘾行为、感觉寻求、特质焦虑、抑郁、猎奇等;其他两个维度(未来定向、过去—肯定定向)可以预测较好的学业表现、低水平的冒险行为。

　　未来定向占优的个体更有可能计划与监控自己的行为以便获得未来预期结果,然而现在定向占优的人可能较敏感于当前情景因素(如同伴认同)。未来定向

常见于通过较多努力获得奖赏的个体,但这种奖赏具有重要的长期影响;然而现在定向常见于较敏感于即刻满足感(如物质使用)的个体,但这种即刻满足感在较长时间内却有较少的奖赏价值(Wills & Sandy,1997)。

另一方面,应对方式是个体面临压力时为减轻其负面影响而做出的认知与行为的努力过程(黄希庭、余华、郑涌等,2000)。Wills 等人(2000)、Zimbardo 等人(1999)、Holman 与 Silver(1998)、Holman 与 Zimbardo(1999)都发现时间透视对物质使用、无家可归、心理创伤等心理行为问题的预测以应对方式为中介。国内很多研究者认为应对方式是影响很多心理行为问题的中介变量(陈树林、郑全全、潘建男等,2000;梁军林、李东石、刘珍妮等,1999;冯永辉、周爱保,2002)。应对方式主要有两种:用来解决问题的"注重问题的应对"(如问题解决、求助)和用来减轻情绪痛苦的"注重情绪的应对"(如发泄、幻想、退避、否认)(陈树林等,2000)。生活压力与有限的应对资源可能使个体出于调节情绪的目的而进行物质使用(烟草、大麻、酒精等)(Wills & Shiffman,1985)。

研究者认为,青少年可能像物质使用那样使用互联网来应对现实生活中的问题(Tsai & Lin,2001;Goldberg,2000;Hall & Parsons,2001)。特别需要指出的是,病理性互联网用户或网络依赖者可能更多地使用指向情绪的非适应性应对方式,如发泄、退避、幻想、否认等(Hall & Parsons,2001)。

互联网使用对青少年的影响可能以应对方式为中介。未来定向占优的个体可能因为更多在现实生活中使用问题解决、求助等指向问题的应对方式,因而互联网使用过程中,可能更多把互联网当成现实生活中问题解决的工具,较少地使用易于成瘾于互联网的某些功能。现在定向占优的个体可能在现实生活中使用退避、发泄、幻想、否认等指向情绪的应对方式,所以互联网使用中,这些个体为获得现实生活中不能得到的社会支持或为获得较多积极情绪体验,可能更多使用互联网中的聊天室、BBS、网络游戏、浏览黄色信息等。

三、生活压力可使青少年逃入网络空间

在关于互联网使用的相关研究中,很多研究者是从用户自身特点和互联网的功能、特性等方面探讨病理性互联网使用形成的原因。而个体所经历的生活事件所带来的压力也会影响其对互联网的使用,有研究表明生活事件所带来的主观压力能够显著地预测个体的病理性互联网使用(马利艳、郝传慧、雷雳,2007)。

对初中生生活事件和电子游戏成瘾的研究表明,生活事件得分和研究对象的电子游戏成瘾得分相关显著,并且高生活事件组和低生活事件组在电子游戏成瘾问卷得分上存在显著差异,经历更多生活事件的初中生所承受的压力更大,在电

子游戏成瘾问卷上得分更高（杨珍，2005），他们更偏好这种网上的娱乐服务。

对网络成瘾青少年和非网络成瘾青少年的对比研究表明，两组研究对象在生活事件总分和生活事件各个分维度上得分都存在显著性差异，网络成瘾青少年所经历的生活事件更多，也就是承受的压力更大（赵鑫，2006）。对大学生的研究也表明，生活事件和网络成瘾相关显著，但网络成瘾组和非网络成瘾组在生活事件上未发现差异，也就是说两组研究对象在生活事件所带来的压力上没有显著性差异（林雪美，2007）。相关的研究大多数是对互联网上的社交服务（QQ、MSN等）和娱乐服务（网络游戏等）进行的，对于互联网信息服务和交易服务，研究还比较少。

从 Young 的 ACE 模型中我们也可以看到，互联网的匿名性使得互联网用户可以隐藏自己的真实身份，可以在互联网上做自己想做的事情，可以在互联网上向陌生人倾诉或发泄自己的压力。而互联网的便利性使我们可以很方便地到网上调节我们的消极情绪、缓解生活事件带来的压力。我们可以和朋友、同学或者陌生人在线聊天缓解压力，也可以玩网络游戏缓解压力，在互联网快速发展的今天，这些对当今的青少年来说都是很方便的事情。互联网的逃避现实性使得青少年可以暂时离开现实世界进入到网络虚拟世界寻找安慰、逃避现实生活中的压力。当个体承受高水平的压力时倾向于采取消极的应对方式（李文道、钮丽丽、邹泓，2000），更多地沉浸于虚拟世界中以逃避失败和挫折，借由互联网来获得归属感和满足感，互联网成为其思维与行为活动的中心。

Davis 的认知行为模型中提到，不适当认知是模型的中心因素，位于 PIU 病因链的近端，是 PIU 发生的充分条件。生活事件带来的压力可使个体产生自卑感，其自我价值感较低，这种对自我的不适当认知使个体倾向于过度地和不恰当地使用互联网，表现出更多的网络成瘾的认知、情感和行为症状。

四、心理弹性高对网络成瘾可能有免疫

在关于心理弹性的许多研究中，研究者都根据个体所经历的压力大小和经历压力后所表现的各方面能力的高低，将研究对象分为"弹性组"（Stress-Resilient，SR）和"受压力影响组"（Stress-Affected，SA），之后通过进一步比较 SR 组和 SA 组的不同来进行研究。比如，研究者比较了 SR 组和 SA 组在自尊、自我价值、内部控制源、社会支持、应对方式等方面的不同，并且发现了两组研究对象在自尊、自我价值、应对方式和内部控制源上存在显著差异（Cowen，Work，Wyman，Parker，Wannon，& Gribble，1992）。弹性组比受压力影响组认为自己更有能力，有更高的自尊，认为自己适应更好，能够使用有效的应对方式，并且表现出更高的内控。个体的上述特征都是心理弹性的重要影响因素，除此之外，家庭方面

的支持,如支持性的父母、良好的亲子关系等,以及家庭外的各种资源,如邻里、学校氛围、良好的同伴关系等也都影响个体心理弹性的高低。

许多研究也发现网络成瘾者比非网络成瘾者的自尊更低(Young,1998)。对青少年互联网使用的研究发现,PIU 高分组研究对象和 PIU 低分组研究对象在应对方式上存在显著性差异,PIU 高分组研究对象较少采用问题解决这一应对方式,而更多采用幻想与发泄这两种应对方式(李宏利、雷雳,2005)。

心理弹性高的个体具备更多的保护性资源,比如,高自尊、内控性、积极的应对方式、更多的社会支持等,而这些保护性资源又很可能缓冲个体的病理性互联网使用。高自尊的个体可能更不容易卷入病理性互联网使用(Young,1998),内控性高的个体更能够控制自己的生活(Cowen, Work, Wyman, Parker, Wannon, & Gribble, 1992),遇到问题时能够使用更有效的应对方式解决问题,不会到互联网上去逃避压力,他们更能够利用现实中的社会支持,因此,相比之下,不容易卷入病理性互联网使用。

五、研究方法

(一) 研究对象

研究对象包括三部分,第一部分研究对象来自某市 2 所普通中学,年级包括初二年级、高二年级,总数约为 600 人,收回有效问卷为 589 份,平均年龄为 15.07±1.37 岁。这部分用以探索时间透视、应对方式与互联网使用的关系。

第二部分研究对象随机选取某市普通中学初一、初二、初三、高一、高二年级 10 个班的学生,发放问卷 402 份,删除没上过网的研究对象和无效问卷,最后回收有效问卷共 358 份。其中,男生 181 名,女生 177 名,年龄在 12—18 岁之间,平均年龄为 14.14±1.45 岁。这部分用以探索人格与互联网服务偏好的交互作用。

第三部分研究对象选取某市三所学校和另一市两所学校初一、初二、高一、高二年级的学生,有效研究对象共 450 人,其中男生 204 人,女生 246 人。研究对象的年龄在 10—20 岁之间,平均年龄 14.99±1.79 岁。这部分用以探索生活事件、心理弹性与互联网使用的关系。

(二) 研究工具

针对第一部分研究对象,首先,采用 Morahan-Martin 与 Schumacher (2000)编制的"病理性互联网使用量表",这一量表共 13 个项目,各项目主要围绕互联网使用引起个体的学业活动受到伤害、消极情绪、时间管理混乱、耐受性提高(不断增加互联网使用)等问题展开。该量表采用 5 级评定(1—非常不符,5—非常符合)。因为原版本量表并未进行维度的划分与确定,所以本研究仅对量表进行了结构效度分析,删除了原版本问卷中 3 个项目。修改后量表具有较好的结构效度。

其次,采用 Zimbardo 与 Boyd(1999)编制的"时间透视简式量表",包括两个维度:现在定向(Time Perspective Present)与未来定向(Time Present Future),21 个项目。本研究首先对时间透视的二维结构进行了验证性因素分析,经修订后的量表为 11 个项目。

第三,采用黄希庭等(2000)编制的"中学生应对方式量表",因为原版本量表具有可以接受的信度与效度,并且信度与效度指数的修订在中国进行,样本量较大,所以本研究没有对中学生应对方式量表做进一步的信度与效度分析。整个量表的内部一致性信度 α 系数较好。

第二部分研究对象使用的工具包括:首先,采用周晖、钮丽丽和邹泓(2000)根据"大五"人格结构编制的更适应我国中学生的"中学生人格五因素问卷"。问卷包含五个维度,分别为外向性、责任心(谨慎性)、神经质(情绪性)、宜人性和开放性。量表共 60 个项目,从"1—完全不像我"到"5—非常像我"分 5 个等级记分。本研究中,各维度的内部一致性信度 α 系数均较好。

其次,"青少年互联网服务使用偏好问卷"为自编问卷。项目选自中国互联网络信息中心(CNNIC)2006 年 1 月发布的《第十七次中国互联网络发展状况统计报告》中"用户经常使用的网络服务/功能"的内容,删除了其中不适合中学生的选项(如网上招聘等)后,最终互联网服务使用偏好问卷由 22 个项目组成,分 5 个等级记分。采用主成分分析,经斜交旋转后提出了四个因子,分别命名为:"互联网社交类服务"、"互联网娱乐类服务"、"互联网信息类服务"以及"互联网交易类服务"。本研究中,各维度的 α 系数及总问卷的 α 系数均较好。

第三,采用雷雳、杨洋(2007)编制的"青少年病理性互联网使用量表",由六个维度构成:凸显性;耐受性;强迫性上网/戒断症状;心境改变因素;社交抚慰;消极后果(详见第二章)。APIUS 显示了良好的信、效度指标。本研究中,各维度的 α 系数及总问卷的 α 系数均较好。

第三部分研究对象使用的测量工具除了上述的"青少年病理性互联网使用量表"及"青少年互联网服务使用偏好问卷"之外,还有:

采用江光荣和靳岳滨 2000 年编制的"中国青少年生活事件检查表"。该量表包括 47 个题目,测量了青少年在日常生活中所知觉到的外在应激源。要求研究对象首先回答在过去一年内是否经历过检查表中的事件,最后可以得到"客观压力"及"主观压力"两个分数。得分越高表示个体的精神压力越大。在本研究中该量表的内部一致性 α 系数较好。

采用 Wagnild 和 Young(1993)编制的心理弹性量表来测量青少年的心理弹

性,该量表包括 25 个题目,经过项目分析后剩余 22 个项目,从"1—十分不符合"到"7—十分符合"七点计分,得分越高说明心理弹性越高。在本研究中该量表的内部一致性 α 系数、量表的效度可以接受。

(三) 程序与数据处理

以班级为单位进行,主试均为心理系研究生,在正式施测前对所有主试进行统一培训。问卷正式施测之前,主试向研究对象宣读指导语,向学生保证不向他人透露与此次问卷结果有关的任何信息,学生对问卷的反应将得到充分信任。数据处理主要使用 LISREL、AMOS 与 SPSS。

第二节 研究发现与分析

一、注重当前及幻想发泄者难逃网络成瘾

为了考察青少年的时间透视、应对方式与互联网使用之间的关系,本研究首先对时间透视、应对方式与 PIU 进行了相关分析。结果表明,PIU 与问题解决、幻想和发泄等应对方式存在显著相关;但 PIU 与求助、退避和忍耐不存在显著相关。这表明问题解决、幻想与发泄可能比求助、退避和忍耐更可能预测 PIU。问题解决与 PIU 是显著负相关,这似乎表明问题解决对 PIU 具有抑制性作用;而幻想与发泄之间是显著正相关,说明幻想与发泄更可能引起 PIU。

在此相关分析的基础上,进一步建构了其间的关系模型(见图 14-1)。

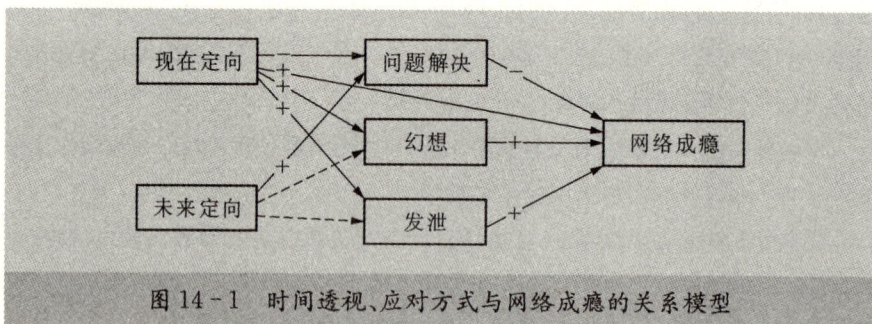

图 14-1 时间透视、应对方式与网络成瘾的关系模型

可以看到,现在定向、未来定向通过发泄、幻想、问题解决较好预测 PIU,现在定向也直接指向 PIU,这表明现在定向占优个体更容易卷入 PIU。而且,现在定向占优个体比未来定向占优个体更容易通过发泄与幻想这两个指向情绪的应对方式指向

PIU,而未来定向占优个体比现在定向占优个体更容易通过问题解决反向预测 PIU。

现在定向占优个体在现实生活中可能较多地卷入 PIU,其中的主要原因可能是时间定向指向现在的个体可能更多地使用类似于发泄的指向情绪的应对方式,或缺少必要的社会资源或社会支持。现在定向占优的个体因为较敏感于情景中即刻刺激(如同伴压力),获得即刻的心理满足,自我控制能力较低(Carstensen & Isaacowitz, 1999),所以在现实生活中可能经常使用类似于发泄(把不愉快的经验宣泄出来,以减轻挫折和压抑)的指向情绪的应对方式。青少年使用互联网发泄心中不满,有利于缓解现实生活中的压力。

青少年可以在互联网空间中幻想与进行精神宣泄。幻想与宣泄是指向情绪的非适应性应对方式,青少年的情绪宣泄与幻想可以在互联网空间中完成,这说明青少年情绪情感发展的部分任务可能在互联网空间中完成。

另一方面,因为现在定向占优的个体缺乏互联网使用中必要的自我调节能力,可能难于控制互联网使用产生的消极影响,进而卷入 PIU。而且,现在定向占优个体可以通过问题解决反向预测 PIU,这进一步说明,问题解决对青少年的 PIU 具有抑制性保护作用,能让青少年更少受到互联网的消极影响,较少卷入 PIU。换句话说,现在定向占优个体因为较低的问题解决能力以至于更容易卷入 PIU。

相反,未来定向占优个体比较关注行为活动的未来结果,能够较好地计划与监控行为,这些个体能够使短时间内较小的行为序列组织成具有复杂结构、并具有连续性的目标定向活动(Wills, Sandy, & Yaeger, 2000)。因此未来定向占优个体可能在现实生活中经常使用具有计划性与指向问题的应对方式,这对他们的心理幸福感具有重要意义(Zimbardo & Boyd, 1999;Wills, Sandy, & Yaeger, 2001)。PIU 是互联网使用带给青少年心理行为发展的消极影响,而未来定向个体可能会因此较少受到互联网使用的消极影响。

对于时间定向指向未来的个体来说,现实生活中可能经常使用指向问题的应对方式(如问题解决),因为未来定向占优个体的行为活动目标可能经常指向知识性的活动,所以他们可能使用互联网进行获取知识的活动,较好的问题解决能力能够保证他们较好控制互联网使用带来的消极影响,较少卷入 PIU。也就是说,未来定向占优个体积极的认知与行为的努力,能够使现实生活中的问题得到解决或压力源得以消除,进而没有必要像现在定向占优个体那样使用互联网发泄不满。

未来定向个体因为具有较好的自我控制能力、问题解决能力以及知识目标的指引,可能比现在定向的个体更容易受益于互联网使用。但应该看到,未来定向占优个体也可能通过发泄与幻想使个体卷入 PIU(尽管这种预测关系较弱),这可能是 PIU 不同于物质使用之处,这说明 PIU 具有自己的独特特点。

二、高责任心青少年会因网络社交而成瘾

我们考察了责任心人格特征与互联网服务偏好的交互作用对 PIU 的影响,研究结果表明,责任心人格特征与互联网社交服务偏好存在显著的交互作用。为了更清楚地显示责任心人格与互联网社交服务偏好的交互作用对 PIU 的影响,我们进行了曲线图分析(见图 14 - 2)。

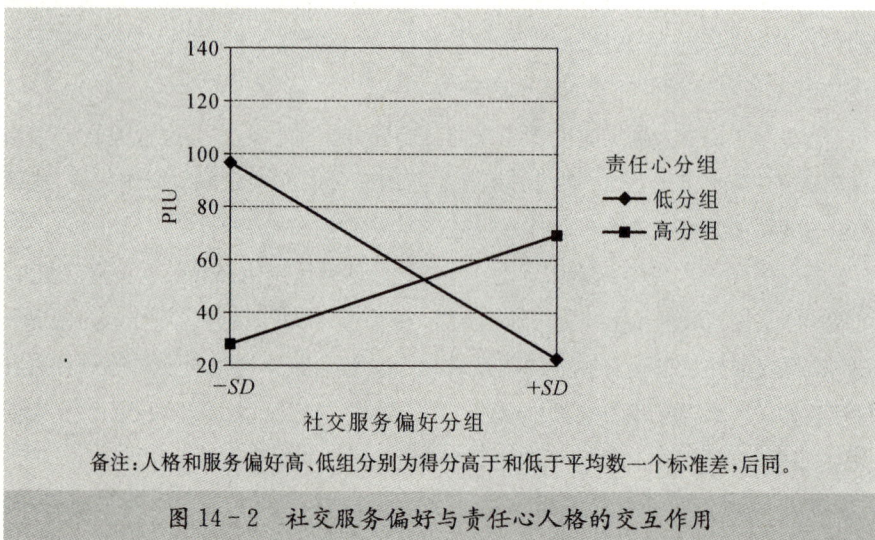

备注:人格和服务偏好高、低组分别为得分高于和低于平均数一个标准差,后同。

图 14 - 2 社交服务偏好与责任心人格的交互作用

从平均水平上看,互联网社交服务偏好与 PIU 是一个正向的关系,但是,如果同时考虑到责任心人格,就发现:在责任心高分组中,互联网社交服务偏好与 PIU 卷入程度是一种正向的关系,而在责任心低分组中,互联网社交服务偏好与 PIU 卷入程度却呈现出反向的关系。这说明责任心人格能够调节互联网服务偏好与 PIU 的关系,高责任心人格对互联网服务偏好与 PIU 的正向关系有加强的作用,而低责任心人格则对这种正向关系有抑制作用。

进一步的斜率检验也发现:在责任心低分组中,互联网社交服务偏好对 PIU 回归斜率不显著;责任心高分组中,互联网社交服务偏好对 PIU 的回归斜率显著。这意味着对高责任心人格的青少年而言,互联网社交服务偏好对 PIU 有显著的正向影响,即容易导致其成瘾;对于低责任心人格的青少年来说,互联网社交服务偏好对 PIU 并没有显著的影响,即不易导致其成瘾。

出现这种结果,很可能还是由于责任心人格和互联网社交服务两者的特点共同造成的。高责任心青少年责任感高、自律性强,这些特质使得青少年更能控制自己的行为,区分现实世界和虚拟世界。但是,互联网社交服务其终端是现实社会中的人,这会模糊现实世界与虚拟世界的区别(这可能也是责任心

人格没有与互联网娱乐、交易和信息服务偏好产生交互作用的原因）。高责任心青少年一旦在网上建立起自己的社交网，很可能会把这一社交网作为一种现实来对待，负责任、守承诺的特征会促使他们投入更多的时间和情感，因此会更容易卷入 PIU。

三、高神经质青少年网络社交娱乐均致瘾

我们考察了神经质人格特征与互联网服务偏好的交互作用对网络成瘾的影响，研究结果表明，神经质人格特征与互联网社交、娱乐和信息服务偏好的交互作用都达到了显著水平。为了更清楚地显示神经质人格与互联网社交、娱乐、信息服务偏好的交互作用对 PIU 的影响，我们进行了曲线图分析（见图 14-3、14-4、14-5）。

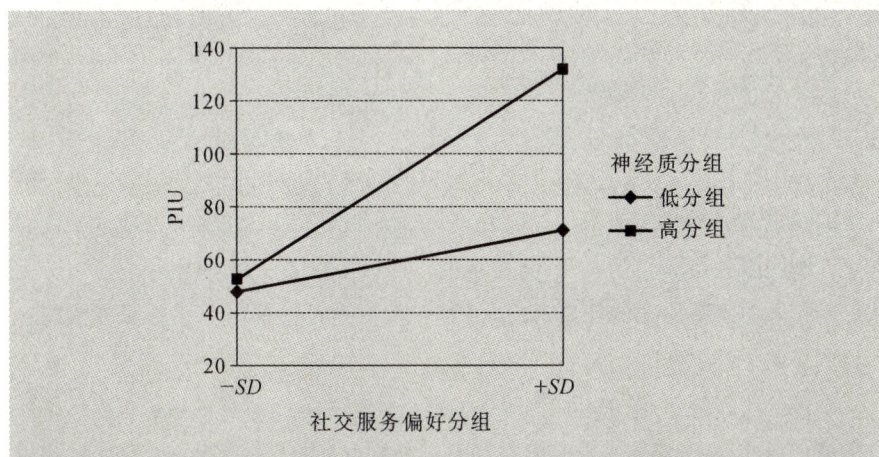

图 14-3　社交服务偏好与神经质人格的交互作用

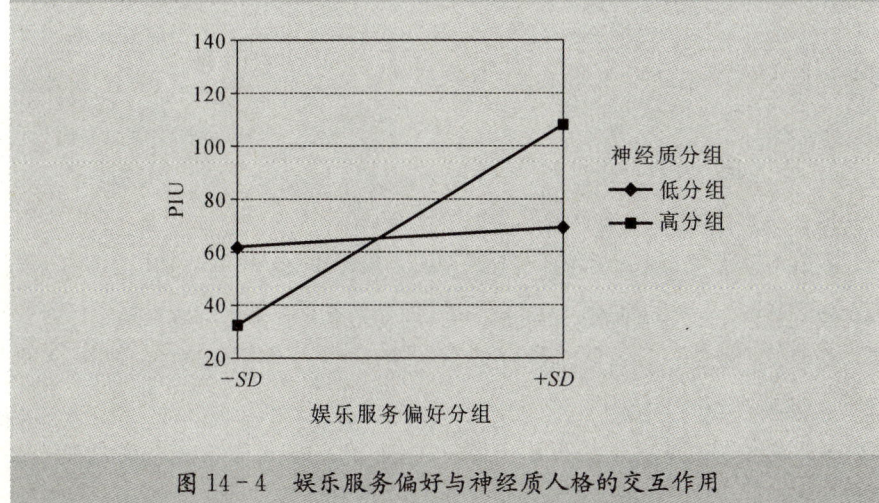

图 14-4　娱乐服务偏好与神经质人格的交互作用

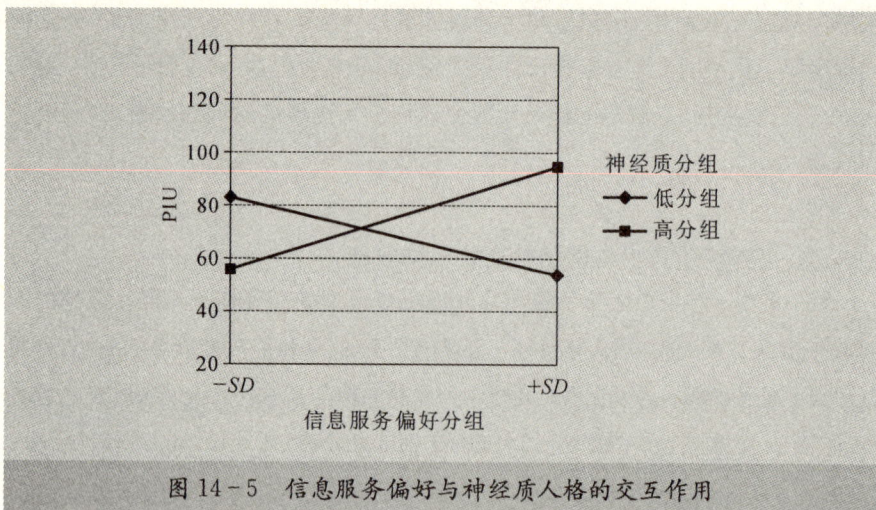

图 14 - 5 信息服务偏好与神经质人格的交互作用

研究结果显示,在神经质高分组中,互联网社交、娱乐和信息服务偏好与 PIU 的正向关系都是最强的;在神经质低分组中,互联网社交服务偏好与 PIU 虽然还是存在一个正向关系,但这种正向关系是最弱的,而互联网娱乐和信息服务偏好与 PIU 在神经质低分组中甚至呈现出微弱的反向关系。这说明神经质人格能够调节互联网服务与 PIU 的关系,高神经质人格对互联网社交、娱乐和信息服务与 PIU 的正向关系有加强的作用,而低神经质人格则可以抑制互联网服务偏好与 PIU 的正向关系。

对神经质高、低分组中互联网服务偏好与 PIU 关系的斜率的检验也揭示了几点有意义的信息:神经质高分组中信息服务偏好对 PIU 的回归斜率不显著,这说明即便是高神经质人格类型的青少年,对信息服务的偏好也不容易使其卷入 PIU;神经质低分组中互联网社交和娱乐对 PIU 的回归斜率均不显著则说明对于低神经质人格类型的青少年来说,即便是偏好社交和娱乐服务,也不容易卷入 PIU。

四、高宜人性青少年会因网络社交而成瘾

我们考察了宜人性人格特征与互联网服务偏好的交互作用对 PIU 的影响,研究结果表明,宜人性人格特征与互联网社交服务偏好存在显著的交互作用。为了更清楚地显示责任心人格与互联网社交服务偏好的交互作用对 PIU 的影响,我们进行了曲线图分析(见图 14 - 6)。

从平均水平上看,宜人性与 PIU 是一个反向的关系,但是,如果同时考虑到互联网服务偏好,就会发现:互联网社交服务偏好与 PIU 的正向关系在宜人性高分

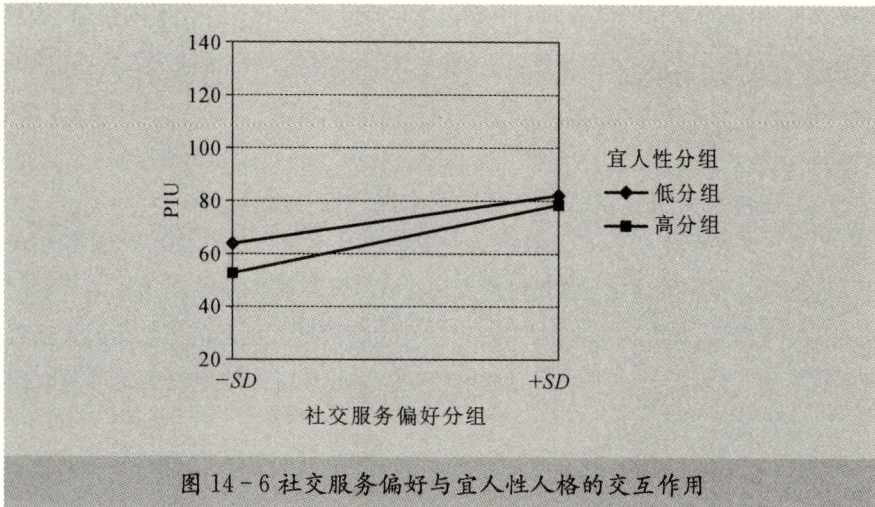

图 14-6 社交服务偏好与宜人性人格的交互作用

组中反而要强于宜人性低分组。这说明宜人性人格能够调节互联网社交服务与PIU的关系,高宜人性人格对互联网社交服务偏好与PIU的正向关系有加强的作用,而低宜人性人格则可能对互联网服务偏好与PIU的正向关系有所抑制。

进一步的斜率检验也发现:宜人性低分组中,互联网社交服务偏好对PIU回归斜率不显著;宜人性高分组中,互联网社交服务偏好对PIU的回归斜率显著。这意味着对高宜人性人格的青少年而言,互联网社交服务偏好对PIU有显著的正向影响,即容易导致其成瘾;对于低宜人性人格的青少年来说,互联网社交服务偏好对PIU并没有显著的影响,即不易导致其成瘾。

出现这种结果,很可能还是由于宜人性人格和互联网社交服务两者的特点共同造成的。高宜人性的青少年具有有礼貌、灵活、合作、宽容、关心、信任、支持、利他、同情、和蔼、谦让等特点,这些特质使得青少年在现实交往中往往更受欢迎,一般也具有更多的社会支持,这使得其不易卷入PIU。

但另一方面,高宜人性的青少年在网上交往中也可能更受欢迎,更容易在网上建立起社交网。由于互联网社交服务其终端是现实人,这会模糊现实世界与虚拟世界的区别(这可能也是宜人性人格没有与互联网娱乐、交易和信息服务偏好产生交互作用的原因),青少年一旦在网上建立起自己的社交网,很可能会把这一社交网作为一种现实来对待,而高宜人性青少年礼貌、合作、宽容、关心、信任、支持、利他和同情等特征会促使他们投入更多的时间和情感,因此会更容易卷入PIU。

此外,虽然高宜人性个体产生人际冲突的可能性小,但他们心肠软、脾气好,为了维持和谐的关系,很可能会压抑自己的情感(张兴贵、郑雪,2005)。而网上社交匿名性的特点,可能给了他们一个可以不用顾忌后果而任意宣泄的途径,从而带给他们足够的满足感和愉悦感,促使他们更多地使用互联网社交服务,进而沉溺于此。

五、主观压力催化网络社交与成瘾心理弹性有缓冲

在考察青少年生活事件、心理弹性与互联网社交服务的关系时,考虑到主观压力和心理弹性之间的交互作用可能受到互联网服务偏好的影响,不同的互联网服务偏好条件下,青少年生活事件、心理弹性和病理性互联网使用之间的关系可能会有所不同,因此,我们把各种互联网服务偏好分开,利用结构方程对变量之间的关系进行了进一步分析。

首先,在相关分析的基础上,我们建构了青少年生活事件、心理弹性、互联网社交服务和病理性互联网使用的关系模型。

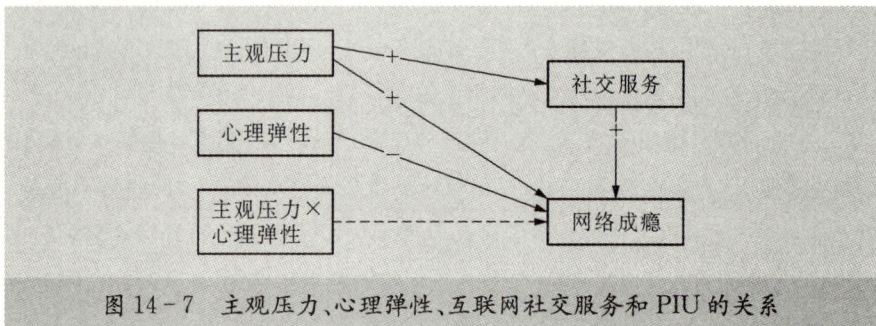

图 14-7 主观压力、心理弹性、互联网社交服务和 PIU 的关系

可以看到:(1)主观压力可以正向预测互联网社交服务;(2)主观压力对病理性互联网使用有直接的显著正向预测作用,并且可以通过互联网社交服务对病理性互联网使用起到间接的预测作用;(3)互联网社交服务对病理性互联网使用有显著的正向预测作用;(4)心理弹性可以反向预测病理性互联网使用,心理弹性高的个体更不容易卷入病理性互联网使用;(5)主观压力和心理弹性的交互作用不显著。

主观压力可以正向预测青少年的社交服务,意味着压力越大的个体越有可能偏好互联网社交服务。互联网社交服务主要包括网络聊天、论坛/BBS/讨论组、网上校友录、即时通讯等。互联网给青少年提供了一个不同于现实生活的社交平台,和现实生活中的社交相比,网上社交缺少了许多现实线索,这种非面对面的交流由于视觉和听觉线索的缺失变得更加容易,人们不必担心自己的外表或一些生理缺陷会影响和别人的交流,"在互联网上没有人知道你是一条狗"(Christopherson,2006)。

Turkle (1995)认为青少年和成人在互联网上经常改换角色,尝试不同性别的虚拟身份,一些人在互联网上会学着更自信,一些人会扮演与原来的自己不同的人,这种匿名性可以给青少年带来心理上的安全感和放松感,他们可以通过网上社交发泄自己的压力。并且,利用互联网和自己的亲朋好友建立联系也是十分便捷的事情,在遇到压力挫折时,青少年可以方便地在网上向好朋友倾诉、交流,在网上人们更容易表达自己的情绪。经历消极生活事件后,青少年可以到网上论坛/BBS/讨论组、校友录上等寻求帮助,这种网上支持会让青少年产生一种归属感,有效地缓解生活事件带来的压力。网上社交的种种益处可能会驱使青少年遇到压力时不断地到互联网上寻求情绪的宣泄,当他们过度沉迷于网上社交时就可能导致病理性的互联网使用。

心理弹性高的青少年自身具备许多优秀品质,比如,高自控性,他们可以有效地控制自己的行为(Luthar, 1991;Werner & Smith, 1992),在遇到消极生活事件后,他们可能不会放纵自己到互联网上去逃避、去发泄,而更可能采取积极有效的应对方式来解决遇到的问题(Campbell-Sills, Cohan, & Stein, 2005)。高自律使他们对自己的行为有更强的约束力,他们知道自己该做什么,不该做什么,他们可能更能够区分现实和虚拟的网络世界。他们有更高的幸福感,有更多现实中的社会支持,遇到压力、挫折时更可能求助身边的父母、朋友,而不是到网上去发泄、去逃避。因此,心理弹性能够反向预测病理性互联网的使用,能够有效缓解青少年对互联网的不适当使用。

六、主观压力催化网络娱乐与成瘾心理弹性有缓冲

为了考察青少年生活事件、心理弹性与互联网娱乐服务的关系,在相关分析的基础上,我们建构了青少年生活事件、心理弹性、互联网娱乐服务和病理性互联网使用的关系模型(见图14-8)。

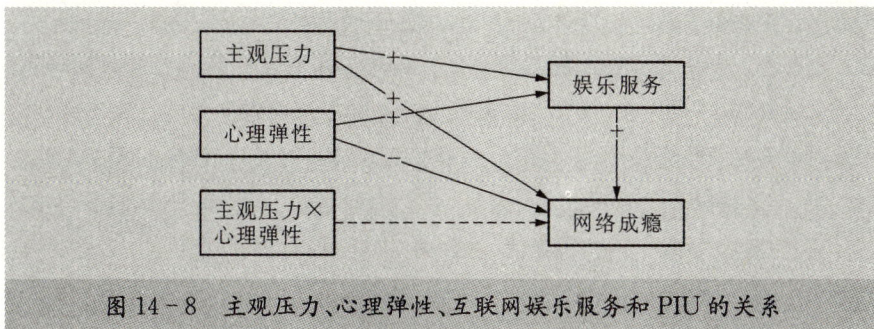

图14-8 主观压力、心理弹性、互联网娱乐服务和PIU的关系

可以看到:(1)主观压力可以正向显著预测互联网娱乐服务偏好;(2)主观压

力对病理性互联网使用有直接的、正向的显著预测作用,并且可以通过互联网娱乐服务对病理性互联网使用产生间接的预测作用;(3)互联网娱乐服务偏好可以显著正向预测青少年的病理性互联网使用;(4)心理弹性可以显著反向预测青少年的病理性互联网使用;(5)主观压力和心理弹性的交互作用不显著,心理弹性不能调节主观压力和病理性互联网使用之间的关系。

主观压力可以正向显著预测青少年对互联网娱乐服务的偏好,意味着主观压力大的青少年更喜欢到互联网虚拟的空间进行压力宣泄,更有可能偏好网上的娱乐服务。网上的娱乐活动给青少年提供了一个丰富多彩的娱乐世界,模拟现实的网络游戏可以让青少年体验到在现实生活中无法体验的成就感和自豪感,通过网络游戏他们还可以结识许多网友,而网友之间的相似性又可以使他们体验到网上社交带来的快乐。网上丰富的免费音乐、影视也是深受青少年喜爱的,他们可以通过听音乐、看电影来缓解自己的压力。网上博客、个人主页可以让青少年方便地在网上记录自己的生活和学习,也可以借此把压力发泄出来,网上的点击率也可能给青少年带来成就感。

通过和网络成瘾青少年的接触我们也发现,许多青少年在遇到压力、挫折时无处倾诉,只有到互联网上寻求暂时的发泄。因此,主观压力大的青少年更可能偏好网上的娱乐服务,而对网上娱乐活动的过度投入有可能导致他们成为病理性互联网使用者。

通过对网络成瘾青少年的访谈发现,青少年网络成瘾者大部分都十分喜欢玩网络游戏,他们在网络游戏中能够体验到现实生活中无法体验的成就感,能够通过网络游戏结交许多好朋友。现实生活中,父母和孩子的交流沟通很有限,他们很少有机会和父母朋友交流,于是,遇到压力挫折或心情低落时就到网上寻求发泄,网络游戏等网上的服务能够满足他们的这些心理需求,因此,他们不断地到互联网上寻找缺失的社会支持。对网络游戏等服务的不断投入使他们沉迷于虚拟的互联网而不能自拔。

本研究发现心理弹性能够显著正向预测青少年对互联网娱乐服务的偏好。之前的研究发现,外向性、开放性人格特征能够通过影响青少年的社会支持而进一步对互联网娱乐服务产生间接作用(柳铭心、雷雳,2005)。外向的青少年比内向的青少年更加坦率、活跃、合群、热情,并且具有更多的积极情绪,他们喜欢参加各种活动,喜欢与别人交往,因此拥有较多的社会支持。而外向性对心理弹性也有显著的预测作用(Campbell-Sills, Cohan, & Stein, 2005),心理弹性高的个体更可能拥有更多的社会支持,他们乐于寻找各种新资源,互联网上的资源能够满足他们对新资源的需求,他们能够利用网上娱乐活动丰富自己的现实生活,而他们的高自控性又能够使他们适度利用互联网上的娱乐活动而不至于沉迷于网上的虚拟空间中,他们能够从互联网上获益。

七、主观压力催化网络信息与成瘾心理弹性有缓冲

为了考察青少年的生活事件、心理弹性与互联网信息服务使用的关系,在相关分析的基础上,我们建构了青少年生活事件、心理弹性、互联网信息服务和病理性互联网使用的关系模型(见图14-9)。

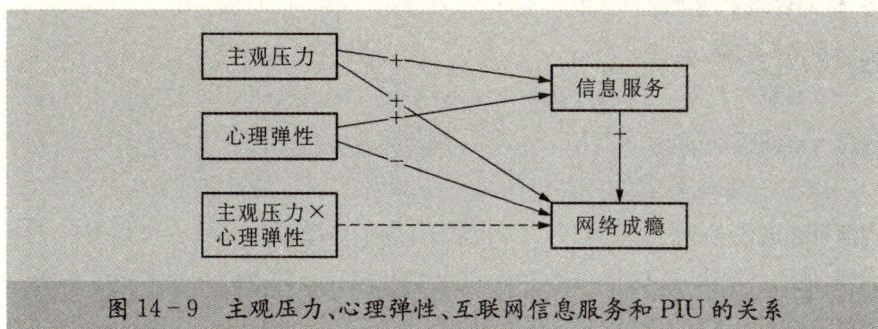

图14-9 主观压力、心理弹性、互联网信息服务和PIU的关系

可以看到:(1)主观压力可以正向显著预测互联网信息服务;(2)主观压力对病理性互联网使用有直接的显著正向预测作用,并且还可以通过互联网信息服务间接地预测青少年的病理性互联网使用;(3)青少年的心理弹性可以正向显著预测互联网信息服务,并且可以显著反向预测病理性互联网使用;(4)互联网信息服务偏好可以正向预测病理性互联网使用;(5)主观压力和心理弹性的交互作用不显著,心理弹性不能调节主观压力和病理性互联网使用之间的关系。

主观压力可以正向显著预测青少年对互联网信息服务的偏好,也就是说,主观压力越大的个体可能越喜欢互联网上的信息类服务。压力大的个体可能有时候更需要在互联网上通过搜索引擎来搜索一些对自己有用的信息,比如,搜索和学习有关的资料来降低学习带来的压力;比如,家人生病,可能通过搜索引擎查找一些相关的信息来应对消极的生活事件;还可能通过电子邮箱来求助可以帮助自己的人来降低各方面的压力。

青春期的一系列生理和心理方面的变化会给青少年带来巨大的压力,在现实生活中,青少年可能不知道该向谁获取青春期相关的一些信息,他们也可能不好意思向父母或老师询问这方面的信息,而互联网可以提供他们想要的信息,对相关信息的掌握可以适度降低他们的压力。生活事件带来的压力会使人产生无望感,而这种无望感又会引起人们的紧张和焦虑情绪,在这种情绪状态下,人们会盲目希望自己拥有尽可能多的信息,所以,压力大的个体更可能通过互联网获得更

多信息来降低压力带来的紧张感。互联网上的信息取之不尽,用之不竭,青少年对互联网信息服务的过度偏好也可能会导致病理性互联网使用。

互联网能够给人们提供海量的信息,在网上我们可以轻而易举地搜索到我们需要的信息,可以浏览到最及时的新闻。研究者总结了一系列弹性品质:计划性、高自尊、高自我效能、高成就动机、高社会能力等(Benson, 1997)。心理弹性高的个体更可能利用互联网这个便捷的工具来不断获取自己需要的各方面的信息,不断丰富自己所掌握的知识,因此,心理弹性高的青少年更可能偏好互联网信息服务,他们可能更注重这种能带来实际收益的服务类型,信息服务的这一特点正好能满足他们的需求。

现有研究表明,心理弹性高的个体更可能使用问题解决的应对方式来处理生活压力事件(Campbell-Sills, Cohan, & Stein, 2005),他们在遇到压力生活事件后,可能会积极寻求有效的解决问题的方法,而不是选择到互联网上去逃避压力、宣泄情绪这种消极的应对方式。弹性高的青少年自控性强,能够合理利用自己的时间,他们更自律,在使用互联网时可能更能控制自己的上网时间和自己在网上的行为而不至于成为病理性互联网使用者。

第三节　建议与展望

一、研究结论

综上所述,对青少年上网的某些影响因素的研究,可以得出以下结论:

1. 现在定向占优个体更容易卷入 PIU。而且,现在定向占优个体比未来定向占优个体更容易通过发泄与幻想的应对方式指向 PIU,而未来定向占优个体比现在定向占优个体更容易通过问题解决预测 PIU。

2. 青少年责任心人格与互联网社交服务偏好在对 PIU 的影响上存在显著的交互作用,对高责任心人格的青少年,互联网社交服务偏好容易导致其成瘾,而对于低责任心人格的青少年,互联网社交服务偏好不易导致其成瘾。

3. 青少年神经质人格与互联网社交、娱乐和信息服务偏好在对PIU 的影响上存在显著的交互作用,即使是高神经质人格的青少年,对信息服务的偏好也不容易使其成瘾,而对于低神经质人格的青少年来说,即便是偏好社交和娱乐服务,也不易成瘾。

4. 青少年宜人性人格与互联网社交服务偏好在对PIU的影响上存在显著的交互作用,对高宜人性的青少年,互联网社交服务偏好容易导致其成瘾,而对于低宜人性人格的青少年来说,互联网社交服务偏好不易导致其成瘾。

5. 生活事件带来的主观压力能够正向显著预测青少年对互联网信息服务、社交服务和娱乐服务的偏好以及青少年的病理性互联网使用。

6. 心理弹性能够显著正向预测青少年对互联网信息和娱乐服务的偏好,并且能够显著反向预测青少年的病理性互联网使用。

二、对策建议

由于关注即刻满足的(现在定向)青少年更容易卷入PIU,而且,现在定向占优个体比未来定向占优个体更容易通过发泄与幻想的应对方式指向PIU,而未来定向占优个体比现在定向占优个体更容易通过问题解决预测PIU,因此,可帮助这些青少年练习延迟满足,把注意力放在未来,同时,要让这些青少年在面对问题时放弃通过幻想和发泄的方式来解决问题,训练他们直面问题、解决问题的应对方式。

从人格与互联网服务存在交互作用的角度来看:其一,一般情况下,责任心高的青少年不易沉溺于网络,但是必须特别关注这类青少年对互联网社交服务的偏好情况,因为对高责任心人格的青少年而言,一旦喜欢上互联网社交服务则更容易卷入PIU。其二,一般情况下,高神经质人格特征的青少年容易卷入PIU,但对此类青少年对互联网信息类服务的偏好可以不必紧张,因为即便是高神经质人格类型的青少年,对信息服务的偏好也不容易使其卷入PIU。其三,一般情况下,高宜人性人格特征的青少年不易沉溺于网络,但是必须特别关注这类青少年对互联网社交服务的偏好情况,因为对高宜人性人格的青少年而言,一旦喜欢上互联网社交服务则更容易卷入PIU。

对于应对方式、心理弹性与病理性互联网使用的研究表明,积极的应对方式和心理弹性能够反向预测青少年的病理性互联网使用。由于青少年自身发展的特点,他们会体验到很多的消极情绪和压力,家长和学校应该重视加强青少年应对压力和挫折的教育,教会他们积极地应对生活和学习中的事件,增强其心理弹性,减少他们通过沉溺网络来逃避现实压力的机会，引导青少年正确使用互联网。

三、问题展望

1. 本研究中青少年生活事件的内容虽然比较全面，但是却没有细化的分类，未来可以把生活事件进一步划分为学习压力、家庭压力、父母压力、教师压力、同伴压力等方面进行分析。

2. 互联网服务类型越来越细化，本研究只是从大的层面上进行了研究，可以对互联网服务类型进行更深入地分析，对每种服务类型进行单独研究。

第十五章

青少年的健康上网

第一节 问题缘起与研究方法

一、健康上网可让青少年如虎添翼

为什么会提出所谓的"健康上网"？这一问题的背景又是怎样的呢？

众所周知,今天互联网以不可阻挡之势席卷全球,改变着人们旧有的思想和观念,给人们带来前所未有的快捷和便利,更深刻地影响着人们的心理和行为。如前所述,根据中国互联网络信息中心(CNNIC)2010年1月公布的调查报告显示,截止到2009年12月31日,我国的网民总人数为3.84亿人,我国网民总数的快速增长已被世界所瞩目。同时报告显示,10—19岁网民所占比例31.8%,总人数达到1.22亿人。

历次调查有关网民年龄的数据表明了,互联网的快速普及使之悄然成为现代人的一种生活方式,并已渗透在青少年的日常生活中,成为可能影响他们心理社会性成长的重要因素。当互联网越来越成为青少年生活中的重要部分时,伴随"网络成瘾"等带来的心理、教育和社会问题也变得严峻起来。由此,中国青少年网络协会自2005年起在全国掀起马拉松式的宣传活动,推广普及青少年健康上网的观念和行动。

什么是"健康上网"呢？目前来看,学术界并没有这样的一个概念,这个问题完全来源于现实生活的需要。那么公众是怎样理解健康上网的呢？有关研究(郑思明、雷雳,2006)在调查青少年健康上网的公众观时,有些人直言不讳地说,"你要是调查青少年使用互联网的坏处,我可以说一堆给你听";"健康上网是什么样的,乍一想,脑子里真没想法,没有思考过"。在访谈教师时,有的教师说:"我亲眼目睹过好些孩子由于沉迷互联网荒废学业不算,以后都完了,我希望尽可能地让孩子避免使用互联网。"但又有许多公众提到了"不久的将来,学校、社区、社会广泛地使用互联网这个现代化工具是个必然趋势"。可见,家长和教师们在这个势不可挡的网络时代带来更强烈的冲击面前,尚未做好足够的心理和行动准备。

因青少年使用互联网引发的一系列心理、社会问题极度困扰着家庭和社会。而健康上网对青少年个体的成长和发展乃至个人潜能的发挥,都可能具有非常重要的作用。但目前来看,国内部分省市下发《关于加强中小学网络健康教育的通知》大多是在贯彻《中共中央国务院关于深化教育改革全面推进素质教育的决定》、《关于进一步加强和改进未成年人思想道德建设的若干意见》及教育部《中小学生心理健康教育指导纲要》等若干方针意见的基础上制定和部署的,因此出现目标过于宽泛,内容不甚明确等问题,无疑影响了中小学网络健康教育工作开展的实效。

健康上网是一扇窗,让人们看到了孩子使用互联网的美好前景。那么,究竟什么是"健康上网"呢? 青少年"健康上网"涉及到哪些方面,有何结构,如何评估,这些都是令人感兴趣的问题。本研究希望能够为公众提供一个客观的尺度或可借鉴的科学观念,树立人们对青少年使用互联网的希望和信心,由青少年自己或由教育者引导付诸实际地追求使用互联网的健康目标。

二、互联网之双刃剑可趋利避害

正如从前面十几章中我们可以看到的,互联网对青少年的影响是多方面的。互联网已经成为一种对青少年的身心发展发挥着重要作用的媒体(Suss et al.,2001),这种新的媒介形式影响着青少年如何表征外部世界与表征自己(Meyrowitz,1985)。互联网实际上引发了新型的社会行为与社会交往、新型的社会关系与人际关系(Valentine & Holloway,2002)。然而互联网所带来的社会问题及负面影响引起了社会各界的极大关注,不断有新闻媒体向公众展示青少年沉迷网络不能自拔后深受其害的一系列反面案例,轻则影响学习,重则导致犯罪、暴亡。

互联网对青少年的负面效应以网络道德和网络成瘾问题为首(Aaron,2001;Bruce,2006;Elisabet et al.,2006)。根据2006年厦门市委未成年人思想道德建设课题组的调研报告,互联网对未成年人的危害主要有三:一是网上暴力信息。未成年人从网上获取的暴力信息,以及在飙车、砍杀、爆破、枪战等暴力网络游戏的强烈刺激中,会淡化虚拟与现实的差异,逐渐模糊道德认知,容易产生以行使暴力为乐、以致人伤亡为趣的思想和行为。二是网上色情信息。大量的色情信息,对正处于青春萌动的未成年人,造成许多令人忧虑的心理刺激和不良情绪,严重危及身心健康。三是沉溺网上游戏。沉溺网上游戏会给缺乏自制力的未成年人带来学习成绩下降、旷课、逃课、甚至走向违法犯罪等危害。互联网的消极影响不断暴露出来,媒体界和学术界纷纷从不同角度对此进行研究,致使许多老师和家长"谈网色变"。

其实,互联网是双刃剑,它对于个体、社会的作用永远是双重的。互联网的发展缔造了许多创业传奇,比如,搜狐的张朝阳、雅虎的杨致远、QQ之父马化腾等,他们通过互联网自我实现的经历为青少年的成功之路提供了榜样,激励着他们大胆尝试。Holloway等人(2003)在《网络儿童:信息时代的儿童》中指出:"我们的研究表明,儿童并没有在电脑前消磨过多的时间来取代户外活动,信息通信技术并未促成社会疏离和导致家庭关系和友谊的破裂。更恰当地说，年轻人似乎在以平衡和复杂的方式利用技术来开发和改善他们的在线和离线社会关系，这开拓了他们的眼界"。

实际上，互联网对青少年的积极影响也是很广泛的。它是一个巨大的信息库，研究发现，越来越多的青少年使用互联网满足他们对健康信息的需求（Cotton，2004；Rice，2006）。一项对互联网健康支持网站的研究表明，青少年利用 BBS 便于讨论健康主题和社会热点问题，青少年非常关心正在发生改变的身体、情绪和社会自我，因此类似性健康这样的敏感话题是他们经常发起讨论的主题（Suzuki，2004）。

同时，青少年通过互联网建立与传统的以面对面互动为基础的友谊一样的人际关系，却不受年龄、外表等因素影响，特别适合那些对身体形态缺乏信心的青少年，帮助学会悦纳自己，为其提供社会支持，并且增加社会认同感和归属感（Rheingold，1998）。互联网能对个体（McKenna & Bargh，2000）、群体和组织（Sproull & Kiesler，1991）、社区（Wellman，Quan，Witte，& Hampton，2001）甚至整个社会产生重要而积极的社会影响。

此外，互联网的道德环境将会对青少年学生的道德水平和文明程度进行新的考验，对青少年的各种道德因素进行重新组合，当外在的道德命令限制内化为学生的道德自律，并成为主体的自我选择和内在的需要时，会使青少年学生的道德进入一个新的发展阶段（姜志鹏，2004）。可以认为，如果充分发挥互联网的信息丰富性、交流功能等优势特点为青少年参与身心各方面的健康教育提供多方位服务，则健康教育的实效性也将更为显著。

三、研究方法

本研究主要采用质性研究方法，对来自全国二十几个省市地区的 52 名大中学生做深入的半结构访谈。在访谈资料的基础上，运用扎根理论、个案分析，并结合量化测量、统计分析等多种研究手段，建构了青少年健康上网行为的概念、结构以及有利影响因素、各个因素之间的关系结构。

（一）研究对象

本研究的研究对象包括两部分，首先，选择青少年网民作为初步预访谈的研究对象，正式访谈的研究对象包括中学生、大学一、二年级学生。本研究正式接受访谈的有效研究对象为 52 人（见表 15-1）。本研究中接受预访谈及正式访谈的所有研究对象来自全国各地、"学校"（代表研究对象正在学校就读）、某"网络成瘾治疗基地"。研究对象来源地比较广泛，包括北京（学校里的中学生大多数是北京本地)、山东、辽宁、黑龙江、湖南、湖北、福建、广东、江苏、四川、新疆、内蒙等在内的全国二十几个省市区。

表 15-1　接受正式访谈的研究对象基本情况

年级	男:女	年龄段	年龄($M\pm SD$)	网龄($M\pm SD$)	来源	人数
初中	7:2	12—15 岁	14.00±1.00	39.89±25.80	学校	5
					基地	4
高中	2:1	15—18 岁	16.53±1.07	58.82±21.70	学校	12
					基地	5
大学	3:2	19—22 岁	19.23±0.86	63.02±22.92	学校	24
					基地	2
总体男女构成比例大约 3:2			平均年龄($M\pm SD$):17.44±2.21		学校	41
					基地	11

备注:男女构成比都是大约比。年龄单位为"岁",网龄单位为"月"。

第二部分调查对象为某市的重点、普通中学的学生以及高等院校大学生。整群随机抽样 360 名学生,剔除没有互联网使用历史及没有作答的学生,最后得到有效研究对象 338 名。其中中学生 168 人(男 85 人,女 83 人),年龄分布 12—19 岁,平均年龄 15 岁;大学组 170 人(男 73 人,女 97 人),年龄分布为 17—22 岁,平均年龄 19 岁。

(二) 研究程序

本研究的实施程序包括预访谈、访谈过程以及访谈之后的资料整理。

正式访谈之前,研究人员分别找过专家、家长、教师进行过交流,找了青少年做预访谈,然后请教教师、实验室的研究生听录音后帮助分析、提意见,在预访谈过程中多次修改访谈大纲。本研究中接受预访谈研究对象有 18 人(初中生 2 名,高中生 9 名,大学生 7 名),其中有 7 名治疗基地的网瘾孩子。

正式访谈时,利用中学生的班会课、休息日进行。大学生时间由他们自己定,预先电话联系。对治疗基地的孩子,则先和医生事先沟通,征求孩子本人同意后进行。访谈基本上以受访者为中心安排时间,每位访谈时间大约 40 分钟。访谈地点定在受访者认为合适的地点,大多在受访者熟悉的学校环境里,选择安静的教室进行,访谈时保证没有外人干扰。

在访谈开始前,向被访对象交待此次访谈的目的,申明保密原则,让被访对象心理放松,解除戒备自我防卫,以保证在轻松愉快的氛围中进行访谈。访谈的研究问题是开放的,只有两个大的主题,一是对"健康上网"概念的理解,二是关于影响因素,每个主题下还有次级主题。由访谈者将访谈获得的录音资料逐字转录成为文字稿,研究人员仔细、反复地听录音,复查核对确保转写文字稿与录音的一致性;转录字数逾 30 万字。

研究采用扎根理论方法进行资料分析和编码,经过初步的主轴编码,整个编码利用 QSR-Nvivo7.0 软件做辅助分析,编码与评分结果导入 SPSS,并用 SPSS 统计分析数据。

第二节　研究发现与分析

一、青少年健康上网包含八类表现

本研究对青少年健康上网行为概念进行统计分析,其研究路线是自下而上的归纳路线,因而了解研究主题的意义,也先从概念类别开始分析。经过开放编码——主轴编码的反复比较、分析归类,抽象概括出类别,进行编码信度分析后初始形成的编码结果及含义分别如下,反映了青少年"健康上网"概念的大体内容:

1. 抵制不良:不登录黄色、暴力等网站,限制浏览不良网页及信息等;

2. 不可沉迷:尤其是不沉迷游戏、不依赖、不成瘾等;

3. 不扰常规:不影响正常学习生活,不带来消极影响,或最起码不要有害;

4. 控制时间:由家长帮忙限制、控制上网的时间;

5. 健康时限:给定一个健康上网的"健康"时间限度,自觉控制自己;

6. 放松身心:愉快身心、释放压力、调节自己;

7. 辅助学习:利用互联网,大部分用在学习上,帮助学习、拓展知识等;

8. 长远获益:从长期来看有积极影响,给学习、生活和身心带来积极的影响,有益发展。

这八个方面是主轴编码最初得到的关于研究主题的概念类别或次类别。

另一方面,本研究在统计编码后可以得到两种数据,一是提及各类别的研究对象的人数,二是各类别的提及频次。其中,提及频次是各类别的累计频次,包括重复登录的频次在内,因而不能用这种数据进行类别之间的统计分析,但可以在不同研究对象之间做各类别的"纵向"比较。

为了了解青少年健康上网行为概念中各类别的分量,本研究选用第一种数据,即各类别上的提及人数,将各类别进行重要性排序。但是,被选出用来统计的类别须是经研究对象提及频次不少于总数的 25%,也就是说,在 52 人中至少有 9

人以上提到这项类别。初始编码得出的八个类别均符合了这个选取标准,因而进行统计后排出各自的重要性程度(见表 15-2)。

表 15-2　青少年健康上网行为概念的重要类别

二级编码名称	提及的人数	占受访人数比例(%)	重要程度排序
控制时间	27	51.9	1
健康时限	27	51.9	1
辅助学习	22	42.3	3
抵制不良	19	36.5	4
不扰常规	16	30.8	5
长远获益	15	28.8	6
放松身心	14	26.9	7
不可沉迷	14	26.9	7

从表中可以看出,"控制时间"、"健康时限"、"辅助学习"是青少年健康上网行为中最重要的前三个项目,接下来是"抵制不良"、"不扰常规"和"长远获益",然后才是"放松身心"、"不可沉迷"这两类。

二、健康上网有标准健康时限十小时

在对访谈结果编码分析的基础上,我们试图建构青少年健康上网行为的概念。本研究采用质性方法,依据扎根理论,在经过严密分析判断开放编码和主轴编码得到的概念类别及其之间的关联之后,最后的选择编码抽取出两项核心类别:"有益因素"和"控制因素"。这两个类别对上述几个方面具有统领性。因此,在两个核心类别之间建立起联系,形成了本研究关于青少年健康上网行为的概念理论:青少年的健康上网行为指的是,青少年对互联网的使用从外控到内控,形成有节制的上网行为,从而获得对学习、生活和身心发展有益的结果。

然后,我们试图提出青少年健康上网行为的标准。对访谈资料的进一步主轴编码分析中,我们根据类别之间的关联性进行分析、比较、归纳,将最初的八个类别归为六个类别,它们是:"抵制不良"、"不可沉迷"、"控制时间"和"放松身心"、"辅助学习"、"影响适度"。之后,根据发展核心类别的原则来选择编码,将前三个归到"控制因素",后三个归到"有益因素"。也就是说,青少年的健康上网行为包括了以上六项内容。

为了全面探讨青少年的健康上网行为,我们认为有必要就健康上网行为的内容形成一个可判定的标准。因此提出在以上的六条中,在数量上满足五条或五条以上的行为可称为青少年的健康上网行为。其依据可以从"右四分点"的角度来

表 15-3 "青少年健康上网行为概念"的核心类别

核心类别	次级类别
控制因素	抵制不良、不可沉迷、控制时间
有益因素	放松身心、辅助学习、影响适度

看。在很多对心理行为进行的评估中,某种现象的出现达到或超过75%,就可以认为,或者认定为一个质变。也就是说,在涉及青少年上网的六个次级类别上,数量上满足五条或五条以上的行为与五条以下的互联网使用行为有着质的差别。因此,在此对青少年健康上网的标准设定上提出,在以上的六条中,让研究对象回答是否符合这些标准,符合其中五条就可以判定为健康上网行为。

本研究提出的青少年健康上网行为的概念,体现了青少年使用互联网行为的行为过程和行为结果,可以认为它具有以下几个特点:

1. 系统性。本研究由扎根理论归纳得出的健康上网行为概念包括了六个类别,类别之间存在着一定的关联,从而构成一个整体(陈向明,2000;Strauss & Coxbin,2003)。因而,假如抽出某个类别而不考虑其他类别的重要意义,等于生生剥离了它们之间内在的关联性,那么概念也就不成其为一个概念了。所以,对青少年来说,要全面系统地考虑他们在六个方面的行为表现,才可做出是不是健康上网行为的综合评价。

2. 积极性。本研究是在积极心理学的理论背景之下去挖掘、建构这个研究主题,因而"积极、正向"就是健康上网行为固有的特性(任俊,2006)。另外,从研究结果看,由表15-2得知,前五个项目中有三项涉及互联网使用带来的行为结果,"辅助学习"反映了青少年利用互联网的"学习方向",同时行为结果应该是积极有益的。

3. 控制性。从重要性排序中得知控制时间是概念中的最重要类别,突出反映了"控制"在健康上网行为概念中的重要意义。"抵制不良"、"不可沉迷"也具有同样的意义。

4. 主观性。本研究概念的资料来源是青少年主体,是在青少年自身认识的基础上建构得来的。根据皮亚杰的观点来推论,青少年对健康上网行为的认识起源于他们与环境(包括互联网环境)之间的相互作用,在这个过程中,青少年通过思考或反省自己的行为而获得知识和经验。青少年是行为的主体,对健康上网行为的认识和他们的主观体验有着密切的关系。

5. 稳定性。"长远获益"反映了青少年健康上网行为的另一种时间视角,这证明了它不是一次、两次的行为,而应当是在一段时间内具有相对稳定性的一种行为。事实上,研究访谈中共有 5 名受访者均谈及健康上网行为还应该是"行为习惯",即行为在较长时间内应保持稳定。

此外,青少年提出的"健康时限"是健康上网行为中的重要类别之一,为了使它明确化,我们利用量化的调查手段,得出了表 15-4 的具体数据。其中,访谈组指的是本研究中正式接受访谈的 52 名研究对象,调查组是来自随机抽样的大中学生。根据数据统计,我们认为,对于青少年而言,健康上网的总平均时间为每周 9.30±0.62 个小时、每天 1.40±0.11 个小时(计算方法:每天(周)的各组时间之和除以 2)。因此,我们建议,青少年健康上网行为的健康时间限度为每天不超过一个半小时,每周不超过十个小时。

表15-4 青少年健康上网行为的健康时限

	访谈组中学生	访谈组大学生	调查组中学生	调查组大学生
平均年龄($M\pm SD$)(岁)	15.65±1.60	19.23±0.86	15.09±2.07	19.56±1.82
平均网龄($M\pm SD$)(月)	52.27±24.47	61.64±24.16	41.98±26.23	56.93±25.33
每天健康时限(小时)	1.26±0.84	1.38±0.45	1.52±0.84	1.44±0.91
每周健康时限(小时)	8.62±4.06	10.10±4.10	9.38±4.03	9.11±4.92

本研究中健康时限的提出,来自于青少年的自身要求和需求,实际上,它也一直是许多有关互联网研究的关注点之一。这些研究从不同角度探索了青少年上网的时间与互联网使用之间的密切关系,从而突出了时间指标在互联网使用中的重要性。比如,研究者以反映个体使用网络的客观时间作为划分青少年网络使用问题不同类别的维度之一,进而提出"青少年网络问题谱系"的概念(高文斌,2006);时间管理倾向是中学生互联网使用方式的影响因素之一(汪文庆等,2006);青少年平均每周的上网时间与互联网卷入成显著正相关(陈猛,2005);中学生每周上网小时数与网络成瘾之间有显著关系(潘琼等,2002);互联网过度使用学生的时间管理水平较差,可能是造成互联网过度使用的原因之一(曹枫林等,2006)。

可以看到,时间对青少年科学健康地使用互联网有着指导和测量的作用。本研究得到的健康时限(具体为每天不超过一个半小时,每周不超过十个小时),是遵循量化研究抽样、统计之后的结果,是青少年根据自身实际情况给出的尺度,因此它的含义可以作为衡量青少年健康上网行为的参照标准。

三、青少年健康上网行为可分四形态
结合以上概念,我们构想按照控制的内—外方向和个体寻求有益影响的现

实—虚拟倾向,以形成青少年健康上网行为结构的两个维度(见图 15-1)。第一个维度可以命名为"控制性"维度,其正向是由内部控制的行为特征,命名为"内控型";其负向为受外部控制的行为特征,命名为"外控型"。第二个维度可以命名为"有益度"维度,其正向含义包括利用资源、拓展知识、获得对学习、生活、身心发展有益的结果,命名为"现实型";其负向为"虚拟型",包括代偿满足、追求虚拟生活。

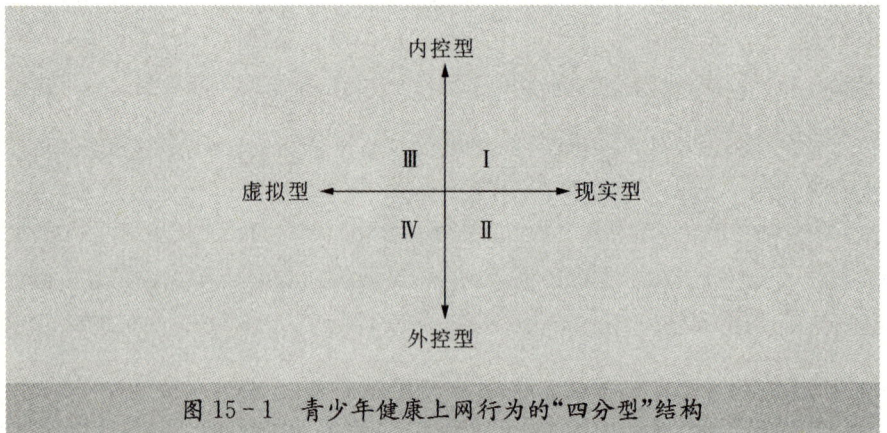

图 15-1 青少年健康上网行为的"四分型"结构

进一步,由这两个维度构成的二维空间可以把青少年的健康上网行为分在四个象限(即所谓"四分型"):

在第 I 象限(控制性维度和有益度维度皆为正向),行为具有主动控制、自我要求、积极寻求、利用等特征;

在第 II 象限(控制性维度为负向,有益度维度为正向),行为具有寻求发展、获得有益的结果、受外界影响等特征;

在第 III 象限(控制性维度为正向,有益度维度为负向),行为具有自己控制、约束自己、代偿愿望、无不良结果等特征;

在第 IV 象限(控制性维度和有益度维度皆为负向),行为具有受外界影响、抵制不良较弱、虚拟满足、无不良结果等特征。

进一步分析比较,我们认为可以把健康上网行为的四个象限予以命名,即 I、II、III、IV 象限分别为"健康型"、"成长型"、"满足型"和"边缘型"。

这四种类型可以从个案分析中找到验证其合理性的证据,证实青少年健康上网行为"四分型"的结构。从对个案的分析中也可以归纳出每个典型个案的关键特点,具体是:健康型的突出特点是能自觉控制自己,利用互联网学习和主动寻求有益发展;成长型的突出特点是能够有效利用互联网帮助学习、寻求发展、自我的约束能力稍弱,而这种情况可能跟成长有关;满足型的突出特点是利用互联网代偿需求、心情愉快、自我控制、利用互联网帮助现实(学习)少、无不良影响;边缘型的突出特点是追求虚拟生活、利用互联网帮助现实(学习)少、自觉性较差、无不良影响。

综合来看,这四种类型既是不同的,但又有两两相似的特点,它们之间会互相转化。也就是说,对个体而言,他有可能同时具有两种有相似性类型的健康上网行为,比如,健康型和满足型都具有自我控制性,健康型和成长型都具有寻求现实发展的积极性。

四、教育指导、经验引导、心理参照护航健康上网

为了澄清青少年健康上网行为的影响因素,我们借助概念图和本体语义分析方法对影响因素之间的关系进行分析。编码信度平均数达到可接受水平,说明编码手册具有一定的稳定性,利用这个工具可以比较有效地辨识青少年健康上网行为的主要影响因素。

根据编码手册,本研究对有利于青少年健康上网行为的内外部因素都进行了分析,得出表 15 - 5、15 - 6 的分析结果。

表 15 - 5　影响青少年健康上网行为的主要因素

影响因素名称	提及的人数	占受访人数比例(%)	重要程度排序
自身的作用	52	100.00	1
父母的作用	48	92.31	2
同伴的作用	27	51.92	3
社会的作用	19	36.54	4
教师的作用	18	34.62	5
学校的作用	17	32.69	6

备注:选取标准是提及人数不少于总人数的 25%,即不少于 52×25%＝13 人 (以下同)。

表 15 - 6　个体心理方面影响健康上网行为的有利因素

影响因素名称	被提及的人数	占受访人数比例(%)	重要程度排序
自制力强	45	86.5	1
互联网的态度—知觉用途	44	84.6	2
行为态度	42	80.8	3
道德态度	40	76.9	4
互联网的态度—知觉控制	39	75.0	5
有现实目标	38	73.1	6

影响因素名称	被提及的人数	占受访人数比例（%）	重要程度排序
愉快体验	24	45.2	7
乐群开朗的性格	16	30.8	8
多样化活动兴趣	15	28.8	9
有自信心	14	26.9	10

备注:行为态度指的是青少年对健康上网行为的积极态度,即认为健康上网行为对青少年是重要或非常重要的。

　　由表15-5可以看到,影响青少年健康上网行为的外部因素中,父母作用最重要,提及人数占总人数的92.31%,其次是同伴作用,接下来分别是社会、教师和学校的作用。表15-6中显示,影响健康上网行为最重要的心理特征是自制力;然后是态度(包括对互联网的态度、对健康上网行为的态度以及道德态度),其中对互联网的态度包括了知觉用途和知觉控制两方面;再就是有现实目标、愉快体验、乐群开朗的性格等。

　　在此基础上,我们对青少年健康上网行为影响因素进行了分类。对信度分析得出两位评分者具有一定的一致性,因而求出两人的平均分,以此进行统计分析。通过探索性因素分析,采用主成分分析法,进行方差最大旋转,然后根据特征值和碎石检验准则,研究抽取了三个主成分。六个影响因素中可以抽取出三个主成分,累计可以解释总变异的72.43%。每个主成分项目分别包括两个影响因素。

　　在访谈和整理资料的过程中,我们发现了家长作用与社会作用的相似点、自身作用与同伴作用的关联性。因此在分析青少年多次提及的重要影响因素的基础上,分别整理出家长与社会、自身与同伴、教师与学校三组因素发挥作用的关键特征。

　　根据每个主成分所包含的影响因素及其关键特征,给三个主成分加以命名:首先,教师和学校因素对青少年的作用是显然的,来自教师和学校的因素是"教育指导作用";其次,来自家长和社会的"经验引导作用";第三,自己与同伴为一组突出反映的是青少年个体及群体的特点,也强调了同伴关系在青少年的发展中起着成人无法替代的独特作用,称为"心理参照作用"。由此,青少年健康上网行为的所有影响因素主要分为三大类,而除了自身作用之外,其他因素均为外部影响因素。

　　同时,对影响因素评分的分类也提示我们,三组因素的地位都很重要,不过各组影响因素所起的作用可能有所不同,因此,我们建构了其间的关系路线(见图15-2),三组因素作用的主要过程可能是这样:

其一，由于许多家长本身对互联网的了解极为有限，在孩子应该如何使用互联网的问题上，他们借助于电视、报纸等各种媒体上的各种事实、案例，以这些为替代的经验引导孩子们健康地上网。

其二，青少年同伴群体是一个联合而成的群体，其中，学生交互作用，并获得一个评价个人态度、价值和行为的参考性框架；现如今使用互联网的行为方式已然成为独特的青少年同伴群体文化内容之一（白芸，2003），青少年的思想和行为在与同伴群体文化规范的对照中得以调整和修正。

其三，教师、学校发挥特有的教学功能，对孩子怎样正确使用互联网，以及如何有效利用互联网等各个方面都可以起到积极的作用。

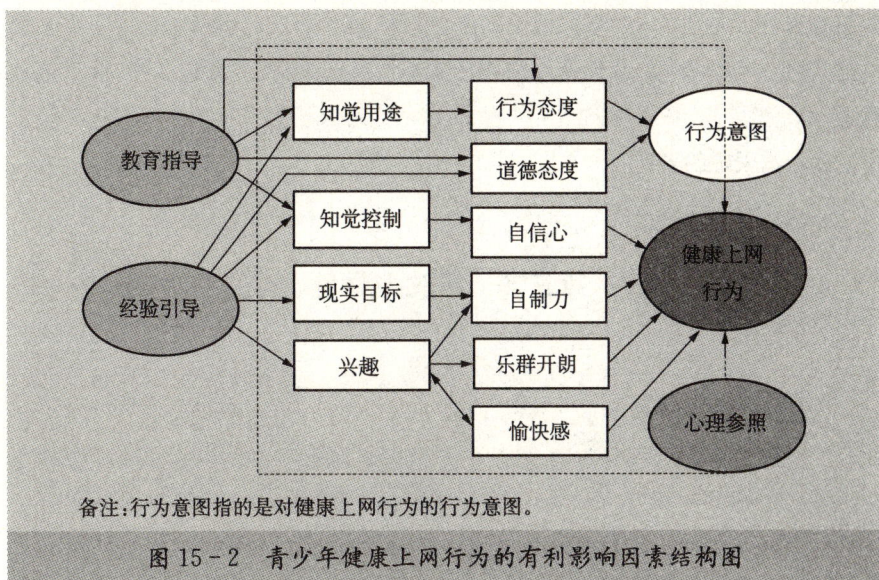

备注：行为意图指的是对健康上网行为的行为意图。

图 15-2 青少年健康上网行为的有利影响因素结构图

从关系图 15-2 中可以看出，外部影响因素没有以父母、教师、同伴这样的名称呈现，而是以它们在实际当中所发挥的作用为名，即经验引导和教育指导作用。命名来源于实际的访谈资料，研究结果与以往研究有许多相同之处，即青少年的父母、同伴、教师在青少年健康上网行为塑造上各自发挥了重要作用。

但是，在健康上网行为这个问题上，除了父母、教师这样关系密切的人物能够发挥重要作用之外，还有没有其他人物可以？换句话说，经验作用的引导者和教育作用的指导者就一定是家长和教师吗？访谈当中了解到，现在不少父母对互联网并不怎么了解，或者他们的了解并没有孩子来得多，老师方面也有这个问题；或者可能是社会上的一个陌生人，或是来自网络世界的陌生人，他们认识了这些孩子，也给予了他们良好的引导和教育。

五、消极社会影响与青春期问题不利健康上网

本研究的重点虽然是为了澄清有利于青少年健康上网行为的影响因素,但是澄清那些不利于健康上网行为的因素也同样是极有意义的。访谈过程中我们发现,不少青少年在提到有利因素的同时,也提到了不利因素。归纳起来,不利于健康上网行为的因素主要有两个:

(1) 社会的消极作用,比如,大肆宣传网络成瘾而损害了互联网的形象,网吧的泛滥、网吧的不良环境等。

(2) 青春期问题带来的消极影响,以逆反心理为主,正如有些孩子谈到的那样,"开始就是觉得,你们说不好啊,我觉得很好呀,就不相信了,然后我就验证给你们看看,肯定是很好的事";"他偏不让我们干,我们就去,比如说,他说不要去摸电门,青少年都不要摸,我们就在想凭什么不让我们摸,我们就过去摸,反正这种意思,都是这个"。访谈中归纳出共有 18 名研究对象谈到青春期心理在青少年使用互联网过程中的表现。

第三节　建议与展望

一、研究结论

综上所述,对青少年健康上网的研究,可以得出以下结论:

1. 本研究提出,青少年健康上网行为的概念界定是,青少年对互联网的使用从外控到内控形成有节制的上网行为,从而获得对学习、生活和身心发展有益的结果。

2. 本研究根据概念理论的两个核心类别"有益因素"和"控制因素",形成一个"内控—外控"和"现实—虚拟"的两维四象限(即"四分型")结构,划分了青少年上网的四种主要类型:"健康型"、"成长型"、"满足型"和"边缘型"。

3. 本研究提出了评估青少年健康上网的操作化标准,包括六个项目的综合标准与健康时限的参考标准两种。综合的标准是"抵制不良"、"不可沉迷"、"控制时间"、"放松身心"、"辅助学习"、"影响适度(至少是无不良影响)"六项中,数量上符合其中五项就是健康上网行为。青少年健康上网行为的健康时间限度为每天不超过一个半小时,每周不超过十个小时。

4. 研究发现有利于青少年健康上网行为的因素由三大类构成:家长—社会的经验引导作用、教师—学校的教育指导作用、自己—同伴的心理参照作用。有利因素之间是一种层级关系的结构,主要影响路线包括外部因素(家长、教师、社会等)影响个体的动力认知因素(互联网态度、目标、兴趣等)、动力认知因素影响人格因素(自制力、自信心等)、人格因素直接影响健康上网行为。

二、对策建议

从健康上网的质性研究中可以看到,从教育工作的角度来看,大部分的孩子是发展中的常态孩子,教育需要做出的不仅仅是矫治型的措施,而是制定预防型的发展性目标。当前关于网络成瘾的宣传、预防和干预工作已经很多,但网络成瘾孩子所占的比例毕竟很小。这提示我们在今后的工作中,应该注意以下几点:

首先,应从态度上明确互联网及其各方面功能对青少年发展的积极作用,研究发现,青少年越是具体清楚地知道互联网及其功用,就可能对其健康使用互联网越有预测性。为了让青少年更加全面地认识互联网的好处,从成年人角度特别是家长和教师,应该积极与孩子进行沟通和互动,才能对他们提出指导性意见,引导他们健康上网。

其次,从个性上的分析讨论结果发现,健康上网的青少年应具备较为完整和谐的个性功能,所以应该指导青少年协调发挥个性结构中的动力与自我调控成分的重要作用,以及个性特质能力如外向性、开放性、责任心等特质的积极作用。

再次,一个健康上网的青少年在人际、学习、道德及身体健康方面应是适应良好的,但青少年与成年人对适应特征的关注点有所不同。从现实角度考虑,即为了引导青少年健康上网,教育者可以从青少年重视的方面(如身体健康)入手,开展青少年感兴趣的各项活动。从发展的眼光看问题,教育者应该坚守发展性理念,帮助青少年充分开发自己的学习潜能,发展他们的人际沟通能力,促进青少年更好地适应社会。但适应是一个动态的、整体的过程,因此对青少年健康上网适应层面的评估需要同时考虑到以上不同的主题。

最后,从不同年龄公众评价观点的异同之处发现,青少年自评观点与成年公众期待之间存在着密切的关系,因此如何评定青少年的健康上网,这里可能涉及到自评、家长和教师的多视角评定问题。建议以青少年自我评定为主,尝试对多视角资料进行整合,从而更好地为引导青少年健康上网的教育工作服务。

三、问题展望

1. 本研究的结论是基于质性研究方法建构得到的,尽管本研究也综合了量化研究的方法,但仍然要慎重研究结果的推广问题。将来研究可以请心理学、教育学、社会学、信息学等各个领域的专家对本研究建构出的概念理论进行评定,提高理论的信效度。

2. 研究中发现青少年比较一致地倾向于"心理健康的人上网也健康"。那么,到底心理健康与健康上网行为之间存在一个什么样的关系?是相互独立,还是相互包含的?未来可对此做进一步的探讨。

3. 本研究虽然构想并证实了健康上网行为的"四分型"结构,但尚未展开对其评估方面问题的深入探讨。未来研究中,可以根据结构的两个维度编制量表,通过量表测评青少年的健康上网行为的程度和情况,以便加入其他变量的分析与研究。

第十六章
青少年上网心理的评估

一、青少年的互联网服务偏好

我们编制的测评青少年互联网服务偏好的工具,命名为"青少年互联网服务使用偏好问卷"(The Scale of Adolescents' Internet Service Preference)。

(一) 题目来源及测试样本

题目选自中国互联网络信息中心(CNNIC)2006年1月发布的《第十七次中国互联网络发展状况统计报告》中"用户经常使用的网络服务/功能"的内容,删除了其中不适合中学生的选项(如网上招聘等)。

测试样本选自某市普通中学初一、初二、初三、高一、高二年级10个班的学生,发放问卷402份,删除没上过网的被试和无效问卷,最后回收有效问卷共358份。其中,男生181名,女生177名,年龄在12—18岁之间,平均年龄为14.14±1.45岁。

(二) 分析方法及测量学指标

采用主成分分析,经斜交旋转后提出了四个因子,分别命名为:"互联网社交类服务"、"互联网娱乐类服务"、"互联网信息类服务"、"互联网交易类服务"。最终问卷由22个项目组成,分5个等级记分。

本研究中,各维度的内部一致性信度 α 系数分别为 0.76、0.76、0.70、0.84,总问卷的 α 系数为 0.90。

(三) 量表题目构成

该测评工具为 Likert 式自评量表,被试根据自己的实际情况,进行5级评定,从1(很不喜欢)到5(十分喜欢)。具体题目如下:

1. 电子邮箱

2. 浏览新闻

3. 搜索引擎

4. 浏览网页(非新闻类)

5. 在线音乐(含下载)

6. 即时通讯(QQ、UC、MSN等)

7. 论坛/BBS/讨论组等

8. 在线影视(含下载)

9. 网上校友录

10. 文件上传下载(不包含音乐、影视下载)

11. 网络游戏

12. 网络聊天室

13. 网上购物

14. 个人主页空间

15. 网上银行

16. 博客(Blog,网络日志)

17. 电子杂志

18. 网上销售(含网上推广、网上拍卖)

19. 网络电话

20. 短信息服务/彩信

21. 网上炒股

22. 网上预订(酒店、票务等)

(四) 维度构成

该问卷包括四个维度,每一维度所包含的具体题目如下:

1. 互联网信息类服务:1、2、6、7、16、17。

2. 互联网社交类服务:9、11、12、13、14。

3. 互联网娱乐类服务:3、4、5、8、10。

4. 互联网交易类服务:15、18、19、20、21、22。

二、青少年的互联网信息焦虑

我们编制的测评青少年互联网信息焦虑的工具,命名为"青少年互联网信息焦虑问卷"(Adolescent Internet Information Anxiety Questionnaire)。

(一) 题目来源及测试样本

题目来源首先是 Joiner 等人(2007)研究中关于互联网焦虑的六个测量项目,其次是贺伟(2006)修订的图书馆焦虑量表中的一些项目改编为互联网信息焦虑问卷的项目。同时,对 5 名经常使用网络和图书馆查找资料的大学生进行访谈,据此进行项目修改。然后将问卷交给相关的互联网心理领域的研究者和专家对问卷进行评定,按照一致的修改意见,删除与概念不相符或表意不清的题目,共得到 43 个题目。

此外,对中学生进行随机访谈,访谈人数约为 100 人。访谈的内容包括:你经常上网查找资料吗?查找资料的过程中有没有困难?具体有哪些困难?会有哪些心理感受等。根据访谈结果,拟定了11道题目,并分别归入5个维度。

通过上述两方面的工作,形成了初测问卷,共54题,分为5个维度。知识维度,对互联网和互联网信息搜索的认知;人际维度,他人对其信息搜索的影响;环境维度,对互联网信息环境的认知;搜索认知,对自己网络搜索技术和行为的认知;情感维度,对互联网信息内容和使用互联网查找信息的情绪认知。

测试样本选取某中学初一、初二两个年级各1个班和职业学校的高一、高二年级各1个班,进行小样本初步施测,共发放问卷170份,有效问卷165份。并对被试进行个别访谈,请被试指出表述不清、难以理解或有其他疑问的项目,然后加以修改或删除。再对施测结果进行因素分析和项目分析,根据因素负荷、内部一致性系数以及项目和总分的相关来决定对项目的删除、修改,最终形成青少年互联网信息焦虑的47个测题,其中19个题目反向计分。

正式的测试样本随机抽取自某县中学初二和初三两个年级各2个班与某市高一和高二两个年级各2个班,共412个被试参与研究,有效被试385人。其中,男生155人,女生230人。被试年龄在13—19岁,平均年龄15.72±1.01岁。

(二) 分析方法及测量学指标

经过因素分析,该问卷保留了28个项目,分为4个维度,即网络搜索知识、网络信息环境、网络搜索障碍、网络搜索感受。

各维度的内部一致性信度 α 系数分别为 0.80、0.67、0.89、0.80,总量表的 α 系数 0.92。整个量表的重测信度是 0.89,各维度的重测信度分别是 0.80、0.81、0.81、0.80。

(三) 量表题目构成

问卷采用 Likert 式五点自评量表,从"完全不同意"至"完全同意"分别评定为1—5分。

1. 网络对我的学习和生活很重要。

2. 在网上浏览时,我经常迷失方向,不知道在哪个位置。

3. 我不知道到哪个网站去找所需要的信息。

4. 我觉得搜索引擎(如百度、雅虎、谷歌等)很好用。

5. 我在网上经常找不到想要的信息。

6. 在网上搜索信息时,我感觉自己的能力很强。

7. 我觉得网络信息混乱不安全。

8. 接近计算机时,我觉得不安。

9. 我喜欢学习关于网络的新知识。

10. 我不清楚百度、雅虎等网站上提供哪些信息。

11. 我觉得现在的网站太多太杂乱。

12. 我的网络搜索能力不高,很难找到所需要的信息。

13. 我可以使用网络链接找到想要的信息。

14. 搜索信息遇到困难时,我不知道该向谁求助。

15. 我觉得网上的很多信息不准确。

16. 使用搜索类型的网站时,我总是很紧张。

17. 网络提供了我所需要的知识。

18. 我在网上搜索信息时,常感到不知所措。

19. 搜索信息时,网页上的信息排列混乱,很难快速选择。

20. 不知道怎样利用网络查找信息,我觉得惭愧。

21. 我知道怎样在网上开始我的搜索。

22. 我不知道怎样开始我的精确搜索。

23. 在网上经常找不到问题的准确答案,这让我很急躁。

24. 我的网络搜索能力不高,很少用网络搜索。

25. 我知道"如何访问网站"的相关知识。

26. 我不知道怎样快速有效地使用网络搜索信息。

27. 我知道关于网络链接的知识。

28. 我不清楚哪些网站提供的信息有用。

(四) 维度构成

该问卷包括四个维度,每一维度所包含的具体题目如下:

1. 网络搜索知识:1、4、6、9、13、17、21、25、27。指青少年对互联网信息和搜索知识的认知。

2. 网络信息环境:2、3、5、10、14、18、22、26、28。指青少年对互联网信息环境的困扰。

3. 网络搜索障碍:7、11、15、19、23。指青少年在互联网搜索上的困扰与障碍。

4. 网络搜索感受:8、12、16、20、24。指青少年对其搜索能力的自我评估与情绪感知。

要注意的是,上述题目中1、4、6、9、13、17、21、25、27为反向记分。

三、青少年的网上音乐使用

我们编制的测评青少年网上音乐使用的工具,命名为"青少年网上音乐使用问卷"(Adolescent Music Online Use Questionnaire)。

(一)题目来源及测试样本

本研究根据网上音乐使用概念的界定,参照美国 2003 年 12 月进行的美国在线服务调查结果报告(Madden,2003),以及互联网中各大音乐网站关于网上音乐使用的介绍,同时请有关心理系同学和老师对问卷进行修改以保证问卷项目的表述能适用于中学生,先编制青少年网上音乐使用的半开放式问卷。根据问卷的调查结果,拟定出青少年网上音乐使用问卷的预测题目。

在此基础上,随机选取高职学校两个班的学生为被试,进行小样本初步施测,并对被试进行个别访谈,请被试指出表述不清、难以理解或有其他疑问的项目,然后加以修改或删除。最终形成青少年网上音乐使用问卷的 16 个初测项目。

正式测试的样本为某市中学初一、初二年级,某高职学校一、二、三年级的学生 278 人,剔除无效问卷,有效样本 261 人。其中,男生 115 人,女生 146 人。被试的年龄在 12—20 岁之间,平均年龄为 15.64±2.14 岁。

(二)分析方法及测量学指标

进行项目分析,初步建构青少年网上音乐使用的理论框架,进行验证性因素分析,对问卷的理论模型进行验证和修正,从而确定正式问卷的体系结构。最后的问卷包含了 13 个题目,分为 3 个维度,即音乐信息、音乐社交、音乐欣赏。

各维度的内部一致性信度 α 系数分别为 0.82、0.78、0.81,总量表 0.87。

(三)量表题目构成

问卷采用 Likert 式五点自评量表,从"从未使用"至"总是使用"分别评定为 1—5 分。

1. 使用互联网下载音乐。

2. 参加网上音乐聊天室。

3. 浏览音乐网页以打发时间。

4. 在互联网上搜索感兴趣的音乐。

5. 使用互联网在线听音乐。

6. 在互联网上听音乐广播电台。

7. 浏览网上音乐论坛的帖子或评论。

8. 在网上的音乐社区或论坛发帖子。

9. 上传自己录制的原创音乐。

10. 在互联网上浏览音乐排行榜。

11. 使用互联网搜索歌星的信息。

12. 在互联网上搜索演唱会或音乐活动的消息。

13. 浏览音乐有关的网站以寻找音乐新闻或图片。

(四) 维度构成

该问卷包括三个维度,每一维度所包含的具体题目如下:

1. 音乐信息:3、10、11、12、13。包括了搜索歌星的信息、浏览音乐新闻和图片、浏览音乐排行榜等活动,青少年从这些活动中获得音乐的一些娱乐信息。

2. 音乐社交:2、6、7、8、9。包括了参加网上音乐聊天室、参与音乐社区和论坛等活动,青少年通过参与这些服务,结交朋友、获得友谊和归属感。

3. 音乐欣赏:1、4、5。包括了在互联网上下载音乐、在线听歌等活动,主要与音乐本身有关。

四、青少年的网上购物风险知觉

我们编制的测评青少年网上购物风险知觉的工具,命名为"青少年网上购物风险知觉问卷"(Adolescents' Perceived Risk of Online Shopping Questionnaire)。

(一) 题目来源及测试样本

项目主要来自于 Featherman 和 Pavlou(2003)的研究,由作者对其进行翻译和必要的修订使其适合中国国情及青少年使用。

初步编制的青少年网上购物风险知觉问卷包含 27 道题目,其中表现风险 5 道题目,金融风险 4 道题目,隐私风险 3 道题目,心理风险 3 道题目,时间风险 5 道题目,社会风险 2 道题目;一般风险 5 道题目。

本研究选取某市两所全日制普通中学初一、初二、高一、高二的学生共 1365 名。这两所学校均是既有初中,又有高中的完全中学。其中一所为区级示范校,另一所为普通中学。本研究对被试的年级、年龄、性别等人口统计学变量以及是否进行过网上购物进行了测量,其中被试的平均年龄为 15.33 岁,标准差为 1.70;男生 651 人,女生 714 人。其中有过网上购物经验的为 548 人。

(二) 分析方法及测量学指标

进行项目分析,进行验证性因素分析,对问卷的理论模型进行验证和修正,从而确定正式问卷的体系结构。最后的问卷包含了 19 个题目,分为 6 个维度。

量表的内部一致性信度 α 系数为 0.78,分半信度为 0.60。

(三) 量表题目构成

问卷采用 Likert 式六点量表形式,从"非常不同意"到"非常同意",依次计为 1—6 分。

1. 大多数购物网站是安全的。

2. 进行网上购物会导致黑客控制我的银行账户。

3. 进行网上购物会导致我的个人信息在我不知情的情况下被传播。

4. 进行网上购物会导致我金钱上的损失。

5. 如果结果不好,网上购物行为会导致亲友对我的评价降低。

6. 如果进行网上购物,我损失金钱的机会很大。

7. 送货上门的方式为我节省了许多时间。

8. 网上购物的失败会给我带来挫败感。

9. 网上购物给我带来了更多的不确定性。

10. 网上购物可能带来的损失会导致我心理上的不适。

11. 我不得不花很多时间与卖家探讨商品的细节以及可能出现的问题。

12. 我相信通过网络购买的商品能够表现出它应有的水准。

13. 选择网上购物会导致我对个人信息失去控制。

14. 学习网上购物流程与支付工具的使用会浪费我的时间。

15. 用网上银行进行支付,存在被欺骗的可能。

16. 用网上银行进行支付,存在金钱损失的风险。

17. 与传统购物相比,网上购物并没有额外的风险。

18. 与传统购物相比,网上购物是节省时间的。

19. 在我看来,网上购物节省了我搜寻商品的时间。

(四) 维度构成

该问卷包括六个维度,每一维度所包含的具体题目如下:

1. 金融风险:4、6、15、16。指个体金钱损失的风险及机会成本。

2. 隐私风险:2、3、13。指个体对个人信息丧失控制的风险。

3. 省时知觉:7、18、19。指个体感知到的网上购物的省时程度。

4. 费时知觉:9、11、14。指个体对网上购物浪费时间程度的感知。

5. 一般风险:1、12、17。指个体对风险的一般度量。

6. 心理社会风险:5、8、10。指个体产生负面心理或遭到团体惩罚的风险。

五、青少年的网上购物主观规范

我们编制的测评青少年网上购物主观规范的工具,命名为"青少年网上购物主观规范问卷"(Adolescents' Subject Normative of Online Shopping Questionnaire)。

(一) 题目来源及测试样本

项目主要来自于 Featherman 和 Pavlou(2003)的研究,由作者对其进行翻译和必要的修订使其适合中国国情及青少年使用,部分项目由作者自编。青少年网上购物主观规范问卷 15 道题目,三个维度中每个维度均包含 5 道题目。

本研究选取某市两所全日制普通中学初一、初二、高一、高二的学生共 1365

名。这两所学校均是既有初中，又有高中的完全中学。其中一所为区级示范校，另一所为普通中学。本研究对被试的年级、年龄、性别等人口统计学变量以及是否进行过网上购物进行了测量，其中被试的平均年龄为 15.33 岁，标准差为 1.70；男生 651 人，女生 714 人。其中有过网上购物经验的为 548 人。

(二) 分析方法及测量学指标

进行项目分析，进行验证性因素分析，对问卷的理论模型进行验证和修正，从而确定正式问卷的体系结构。最后的问卷包含了 11 个题目，分为 3 个维度。

量表的内部一致性信度 α 系数为 0.84，分半信度为 0.72。

(三) 量表题目构成

问卷采用 Likert 式六点量表形式，从"非常不同意"到"非常同意"，依次计为 1—6 分。

1. 大多数专家能够在自己擅长的领域内提出有用的建议。

2. 购物时，明星的代言会影响我的决策。

3. 朋友不成功的网上购物经历会让我觉得网上购物充满了风险。

4. 如果我的朋友们都经常通过网络购物，我也应该尝试。

5. 如果我所崇拜的人认为网上购物是不存在什么风险的，那么我会对他的看法表示同意。

6. 如果我所喜爱的明星经常通过网络购物，那么我也会尝试进行网上购物。

7. 我的大多数朋友都认为网上购物是一种很好的购物渠道。

8. 我的朋友们都对网上购物持同一种看法，如果我发表了不同的见解，可能会给我带来不利的影响。

9. 与我所喜爱的人采用同样的购物方式会使我觉得我们是一样的。

10. 在购物时，我会参考比较有经验的人的意见。

11. 在进行网上购物时，我会听取经常进行网上购物的人的意见。

(四) 维度构成

该问卷包括三个维度，每一维度所包含的具体题目如下：

1. 信息性影响：1、10、11。指的是个体从他人处收集相关信息以引导自己的消费决策时所受的影响。

2. 功利性影响：3、4、7、8。指的是个体在消费决策时为了迎合群体的偏好与期望而受到的影响。

3. 价值表现影响：2、5、6、9。指的是个体试图通过消费决策来建立自己与目标群体的联系或区别时所受的影响。

一、青少年的网上自我表现策略

我们编制的测评青少年网上自我表现的工具，命名为"青少年网络交往自我表现策略量表"（Adolescents' Self-Presentation Tactics in Internet Communication）。

（一）题目来源及测试样本

项目主要来源于以下三个来源：其一，参考侯丹编制的《小学六—八年级学生的自我表现策略》问卷中的项目，Bolino 和 Turnley（1999）编制的组织中的印象管理量表（Impression Management in Organization Scales）中的项目，以及 Lee et al. (1998)在总结众多研究的基础上编制的自我表现策略量表（Self-presentation Tactics Scales）中的项目。其二，在总结前人众多研究的基础上，形成自己对于自我表现策略的深入理解，并提出相应的测量项目。其三，与心理学专业人士讨论，总结青少年在网络交往中可能采用的行为方式，形成问卷项目的又一来源。最终形成包含 62 个项目的青少年网络交往中的自我表现策略问卷，以作为下一步研究的基础。

研究对象包括两部分，首先是用于探索性因素分析的 624 人，平均年龄为 16.06±1.70 岁。其次是用于验证性因素分析的 596 人，平均年龄为 16.01±1.63 岁。

（二）分析方法及测量学指标

根据数据进行探索性因素分析、验证性因素分析，最后形成包含 25 个项目、5 个维度的问卷：找借口、事先声明、自我提升、逢迎、榜样化。

各个维度的内部一致性信度 α 系数分别是 0.656、0.60、0.82、0.64、0.65，全量表为 0.84。

（三）量表题目构成

采用 Likert 式四点计分，分别代表被试使用此种自我表现策略的频繁程度，"从不会"记 1 分，"经常会"记 4 分，得分越高，就意味着被试越频繁地采用此种自我表现策略。

1. 在网络交往中，为某事受到网友的责备，我会找借口。
2. 在网络交往中，我会告诉网友我做的事情非常重要。
3. 在网络交往中，我会以示范者的身份出现。

4. 在网络交往中,当网友责备我没有及时回复信息时,我会找借口。

5. 在网络交往中,当网友不喜欢我的行为时,我会说一些大家普遍认可的理由。

6. 在网络交往中,我会为自己可能出现的不好表现事先给出声明。

7. 在网络交往中,为了获得对方的接纳,我会表现出与他们相同的态度。

8. 在网络交往中,我会找各种理由为自己错误的行为辩解。

9. 在网络交往中,我会说自己不行以博取对方的同情。

10. 在网络交往中,我会故意夸大自己所获成就的价值。

11. 在网络交往中,我会以一个榜样的角色出现。

12. 在网络交往中,当我认为自己会表现不好时,我会事先找好借口。

13. 在网络交往中,为了获得对方的喜欢,我会表现赞同对方的样子。

14. 在网络交往中,我会告诉网友自己是个很厉害的人。

15. 在网络交往中,我会跟网友夸大自己的成功行为。

16. 在网络交往中,我会把自己树立成一个榜样。

17. 在网络交往中,当我说一些别人可能不喜欢的话时,我会事先声明。

18. 在网络交往中,我会告诉对方自己的成就。

19. 在网络交往中,我会夸大自己在集体行为中的角色。

20. 在网络交往中,在做一些别人认为是不好的事情之前,我会先给出解释。

21. 在网络交往中,我会发表对方可能喜欢的观点。

22. 在网络交往中,我会不时提醒网友自己是个很了不起的人。

23. 在网络交往中,我会告诉网友自己对别人很重要。

24. 在网络交往中,我会附和网友的观点,以获得对方的好感。

25. 在网络交往中,我总会告诉对方自己做过的好事。

(四) 维度构成

该问卷包括五个维度,每一维度所包含的具体题目如下:

1. 找借口:1、4、5、8、12。指对消极事件进行口头上的推卸责任,并指出一个不可抗拒的理由。

2. 事先声明:6、17、20。指在窘境出现之前事先给出声明。

3. 自我提升:9、10、14、15、18、19、22、23。指个体希望网友关注他的成就和能力,希望他们认为他是有能力的。

4. 逢迎:7、13、21、24。指为了赢得网友的好感和帮助而说出一些让他们喜欢的言语或表现出对方喜欢的行为,包括讨好、赞同、恭维和附和等。

5. 榜样化:2、3、11、16、25。指为表现出自己有道德而做出相应的言语表达，必要时会做出牺牲，以得到网友的尊敬赞扬。

二、青少年的网恋倾向

我们编制的测评青少年网恋倾向的工具，命名为"青少年网恋倾向量表"（The Scale for Adolescents' Online Romantic Relationship）。

（一）题目来源及测试样本

题目改编自 Sternberg（1986）编制的爱情量表，对其在语言上进行了修改使之更适合测量互联网上出现的爱情，即"网恋"。问卷的指导语如下："下面这些项目描述的是在上网聊天过程中的感受，请以你最好的一位异性网友作答，如果没有最好的异性网友，那么请以你目前最关心的一位异性网友作答。"该量表共由 36 个项目组成，要求被试在五点量表上评价项目与自己的符合程度，得分越高表示网恋卷入倾向越高。

研究对象抽取某市初一、初二、高一、高二学生共计 371 名。剔除不上网的研究对象和问卷填写无效的研究对象，得到有效问卷 317 份。

（二）分析方法及测量学指标

本研究中问卷的内部一致性系数为 0.98。

（三）量表题目构成

问卷采用 Likert 式五点量表形式，从"1——从未如此"到"5——一直如此"。

1. 我和他（她）在一起聊时天感觉温暖和舒服。

2. 和其他人相比，我更愿意和他（她）在一起聊天。

3. 我想我和他（她）的这种关系会一直持续下去，是永恒的。

4. 我和他（她）有着亲密的交流。

5. 对于我来说，我和他（她）的关系是最重要的。

6. 我会和他（她）一起度过最艰难的时期。

7. 我强烈地希望使他（她）过得更好。

8. 我和他（她）的关系非常浪漫。

9. 我很认真地看待我对他（她）所做的承诺。

10. 我和他（她）能够互相理解。

11. 我不能想象没有他（她）会怎样。

12. 我很确定自己对他（她）的爱。

13. 我能从他（她）那里得到很大的情感支持。

14. 我很仰慕他（她）。

15. 我下定决心爱他（她）。

16. 在我需要的时候,我能够依靠他(她)。

17. 我不能自已地在日间经常想念他(她)。

18. 我得到了他(她)对我们感情的承诺。

19. 在他(她)需要的时候,我能够成为他(她)的依靠。

20. 只要一看到他(她),我就会觉得很兴奋。

21. 在某种程度上,我觉得我们的关系是经过慎重考虑决定的。

22. 在我的人生中,我非常珍视他(她)。

23. 我觉得他(她)的外表很有吸引力。

24. 任何事情都不能阻挠我对他(她)所做的承诺。

25. 我愿意和他(她)分享我的一切。

26. 我觉得他(她)很完美。

27. 对于我和他(她)关系的稳定性,我很有信心。

28. 我和他(她)在一起时感觉非常幸福。

29. 我们的关系中似乎存在一种魔力。

30. 我对他(她)总是有一种强烈的责任感。

31. 在情感上我感到和他(她)很亲密。

32. 我和他(她)的关系非常融洽。

33. 我想用我的余生来爱他(她)。

34. 我带给他(她)很大的情感支持。

35. 我特别喜欢给他(她)送一些礼物。

36. 我无法想象和他(她)的关系结束会怎样。

(四) 维度构成

该问卷包括三个维度,每一维度所包含的具体题目如下:

1. 亲密维度:9、13、14、16、19、21、22、24、23、25、26、28、30、32、35、34。

2. 激情维度:5、8、11、12、15、17、18、20、29、31、33、36。

3. 承诺维度:1、2、3、4、6、7、10、27。

三、青少年的网络道德

我们编制的测评青少年网络道德的工具,命名为"青少年网络道德量表" (Adolescent Internet Morality Questionnaire)。

(一) 题目来源及测试样本

按照国内学者对道德的认识,一般认为道德心理结构包括了道德认知、道德情感和道德意向或信念。因此我们从网络道德认知、网络道德情感和网络道德意向三个维度编制了《青少年网络道德问卷》来考察青少年的网络道德状况,其中网络道德情感部分包括了"对道德行为的积极情感"和"对不道德行为的消极情感",得分越高表明对道德行为情感越积极,对不道德行为情感越消极。

本研究选取了四个省市份的六所普通中学初一到高三年级的学生,共 992 人为被试。其中 545 名被试的数据用于探索性因素分析。用于验证性因素分析的样本量为 447 人,其中男生 182 名,女生 265 名。被试的年龄在 11—18 岁之间,平均年龄为 14.89±1.82 岁。

(二) 分析方法及测量学指标

对该量表进行探索性因素分析,得到四个主成分因子,各个项目较好地反映了各因子所要测查的内容。整个量表同质信度系数为 0.82,表明该量表具有良好的同质性。验证性因素分析结果显示,该量表的理论构想得到了数据支持,可以作为测量网络道德的工具。

最终形成的量表包含了 17 个项目,分为 3 个维度,网络道德认知(7 个项目)、网络道德情感(包括 4 个消极情感和 3 个积极情感项目)和网络道德意向(3 个项目),分量表的内部一致性系数分别为 0.82、0.73、0.61、0.79,整个网络道德量表内部一致性系数 α 为 0.81。

(三) 量表题目构成

问卷采用 Likert 式六点量表形式,从"1—完全不符合"到"6—完全符合"等级评分。

1. 我认为网络道德可以为网民的行为提供规范和准则。
2. 我认为网络道德是互联网成为文明场所的基础。
3. 我认为网络道德能够约束网民的网上行为。
4. 不良的网上行为(例如骂人、发送病毒等)让我害怕。
5. 我认为网络道德能够引导网民形成良好的网上行为(例如助人等)。
6. 我喜欢做一些不符合网上行为规范的事情。
7. 我觉得尽管网络社会是虚拟的,也应该有其道德规范。
8. 我觉得网络道德能使网民的行为变得文明。
9. 不良的网上行为(例如骂人、发送病毒等)让我愤怒。
10. 不良的网上行为(例如骂人、发送病毒等)让我伤心、难过。
11. 我不讨厌良好的网上行为(例如助人、安慰他人等)。
12. 我愿意在网上表现差劲的行为。
13. 我不害怕良好的网上行为(例如助人、安慰他人等)。

14. 我觉得网络道德能够防止网民出现不良的网上行为(例如骂人等)。

15. 不良的网上行为(例如骂人、发送病毒等)令我厌恶。

16. 我喜欢做一些挑战网络规范的事情。

17. 良好的网上行为(例如助人、安慰他人等)不会让我愤怒。

(四) 维度构成

该问卷包括四个维度,每一维度所包含的具体题目如下:

1. 网络道德认知:1、2、3、5、7、8、14。

2. 网络道德情感:

(1) 对良好行为的积极情感:11、13、17;

(2) 对不良行为的消极情感:4、9、10、15。

3. 网络道德意向:6、12、16。

四、青少年的网上亲社会行为

我们编制的测评青少年网上亲社会行为的工具,命名为"青少年网上亲社会行为量表"(Adolescent Internet Prosocial Tendencies Measure)。

(一) 题目来源及测试样本

参考寇彧等人(2007)修订的《亲社会倾向量表》(Prosocial Tendencies Measure)编制《青少年网络亲社会行为倾向量表》考察中学生网络亲社会行为表现。该量表有六个维度,共 26 个项目,分别测量公开型(4 个项目)、匿名型(5 个项目)、利他型(4 个项目)、依从型(5 个项目)、情绪型(5 个项目)和紧急型(3 个项目)六类网络亲社会行为。

本研究研测试样本与"网络道德"部分相同。

(二) 分析方法及测量学指标

本研究中,各维度的 α 系数分别为 0.74、0.85、0.78、0.82、0.84 和 0.80,总问卷的 α 系数为 0.95。

(三) 量表题目构成

问卷采用 Likert 式五点量表形式,从"1—从未如此"到"5——直如此"。

1. 在网上,当别人知道我的身份时,我会竭尽全力帮助别人。

2. 当我在网上能安慰一个情绪不好的人时,我感觉非常好。

3. 在网上,当别人请我帮忙时,我很少拒绝。

4. 在网上,当别人知道我的身份时,我更愿意帮助别人。

5. 在网上,我倾向于帮助那些真正遇到麻烦、急需帮助的人。

6. 在网上的公众场所(例如,多人正在参与的聊天室/论坛/社区等)中我更愿意帮助别人。

7. 在网上,当别人请我帮忙时,我会毫不犹豫地帮助他们。

8. 在网上,我更愿意在匿名的情况下帮助别人。

9. 在网上,我愿意帮助那些急需帮助的人。

10. 我在网上帮助他人不是为了能从中有所获益。

11. 在网上,别人求我帮助他们时,我会很快放下手头的事情去帮助他。

12. 在网上,我倾向于帮助那些需要帮助的人而不留下我的真实信息。

13. 在网上,我倾向于帮助别人,尤其是当对方情绪不稳定的时候。

14. 在网上,在有其他网民知道的情况下,我会竭尽所能帮助他人。

15. 在网上,当别人处于危难之时,我会很自然为他们提供帮助。

16. 在网上,大多数情况下,我帮助别人时不留下自己的信息。

17. 在网上,我投身论坛/社区服务,付出时间和精力,不是为了获得更多的回报。

18. 在网上,在他人情绪激动时,我更有可能去尽力帮助他们。

19. 在网上,当别人要求我帮助他们时,我从不拖延。

20. 我认为在网上对他人的帮助最好是不让他人知道。

21. 在网上,在让人情绪激动的情境下,我更想去帮助那些需要帮助的人。

22. 在网上,我经常在别人不知道我是谁的情况下去帮助他们,因为这样让我感觉很好。

23. 在网上,我帮助别人不是为了将来他们能回报我。

24. 在网上,当别人提出要我帮忙时,我会尽我所能地帮助他们。

25. 在网上,我经常帮助别人,即使从中得不到任何好处。

26. 在网上,当别人心情很不好的时候,我常常帮助他们。

(四) 维度构成

该问卷包括六个维度,每一维度所包含的具体题目如下:

1. 公开型网络亲社会行为:1、4、6、14。指个体在公开的网络空间或有其他网民知道的情况下做出的亲社会行为。

2. 匿名型网络亲社会行为:8、12、16、20、22。指在匿名网络条件情况下个体做出的亲社会行为。

3. 利他型网络亲社会行为:10、17、23、25。指个体出于减轻他人痛苦的动机而做出的亲社会行为。

4. 依从型网络亲社会行为:3、7、11、19、24。指个体在其他网民的请求下做出的亲社会行为。

5. 情绪型网络亲社会行为：2、13、18、21、26。指个体在情绪被唤起的网络情境中做出的亲社会行为。

6. 紧急型网络亲社会行为：5、9、15。指在网络环境中发生紧急事件时个体做出的亲社会行为。

五、青少年的网上偏差行为

我们编制的测评青少年网上偏差行为的工具，命名为"青少年网上偏差行为量表"（The Scale for Adolescent Internet Deviance）。

（一）题目来源及测试样本

根据我们对网上偏差行为的界定（参见第九章），分别把网上偏差行为种类的各种表现形式纳入到量表中，参照国内外对网上偏差行为各表现形式的描述，编制项目。同时请有关专家和专业人士对问卷进行修改以保证问卷能适用于中学生。

选取某市中学初一、初二、高一和高二青少年学生，共 803 人，删除没上过网的被试和无效问卷，最后回收有效问卷 710 份（包括探索性因素分析所用问卷 343 份和验证性因素分析所用问卷 367 份）。

（二）分析方法及测量学指标

研究分两个阶段进行：(1)进行探索性因素分析，初步建构青少年网上偏差行为量表；(2)进行验证性因素分析，对量表的理论模型进行验证和修正，从而确定正式量表的体系结构。最后的问卷包含了 35 个题目，分为三个维度，即网上过激行为、网上色情行为、网上欺骗行为。

问卷各维度内部一致性信度 α 系数分别为 0.90、0.94、0.79，总量表为 0.91。网上过激行为又可以分为四个维度，其中，攻击性、易怒、敌意、冲突和总量表的 α 系数分别为 0.81、0.78、0.78、0.77 和 0.90。

（三）量表题目构成

问卷采用 Likert 式五点量表形式，从"从未如此"到"一直如此"，依次计为 1—5 分。

1. 在网上，和别人有矛盾时，我会给对方发一些表示攻击性的符号/图片。

2. 在网上，有时没有什么理由，我也会和别人生气。

3. 在网上，我会下载/看过色情电影。

4. 我觉得在网上骗人很有趣。

5. 在网上，我会嘲笑别人。

6. 我在网上论坛/聊天室/帖吧中使用不文明用语。

7. 在网上,我会改变自己的性别。

8. 在网上,我和别人意见不合时,我会马上告诉对方。

9. 在网上,我会和他人共同探讨色情话题。

10. 在网上,我和他人观点稍有不同,就会着急。

11. 在网上,我曾下载/看过色情小说。

12. 在网上,我和别人交流时很容易和对方起冲突。

13. 在网上,一旦受到他人轻视或嘲笑,我很容易变得生气。

14. 在网上,和他人观点不一致时,我就会生气。

15. 在网上,我会进入色情网站。

16. 在网上,如果和对方谈得不愉快,我就会直接表达自己的感受。

17. 在网上,我会搜索一些有关于"性"的信息。

18. 在网上,我和别人交流时很容易和对方生气。

19. 当在网上不能看到想看的色情内容时,我的心情会变得不好。

20. 在网上,我会讥讽别人。

21. 在网上,我会故意说一些让别人伤心的话。

22. 网上的色情内容可以令我的心情舒畅。

23. 在网上,一旦受到别人的轻视,我就会反驳甚至骂人。

24. 在网上,我编造自己的经历。

25. 在网上,我曾下载/看过色情图片。

26. 我觉得在网上骗人让我心情愉快。

27. 在网上,看不惯别人时,我会对其进行言语攻击。

28. 在网上,我很难控制自己的怒气。

29. 在网上,我会谎报自己的年龄。

30. 在网上,我觉得有人总想激怒我。

31. 在网上,进入成人聊天室或论坛谈论与性有关的内容。

32. 在网上,我觉得讨厌我的人很多。

33. 在网上,我会发布一些关于其他人或事的虚假的信息。

34. 在网上,我经常和别人的意见对立。

35. 在网上,我经常遇到一些自己讨厌的人或事。

(四) 维度构成

该问卷包括三个维度,每一维度所包含的具体题目如下:

1. 网上过激行为:1、2、5、6、8、10、12、13、14、16、18、20、21、23、27、28、30、32、34、35。指的是在使用互联网与他人交流的过程中,出现的针对他人或其他团体的、以书面语言或符号为形式的、敌意的、侮辱性的、能引起他人愤怒，并对他人产生伤害的行为。

网上过激行为又可以分为四个维度：

(1) 攻击性：1、5、6、18、21、20。

(2) 易怒：8、16、23、27、28。

(3) 敌意：2、30、32、34、35。

(4) 冲突：10、12、13、14。

2. 网上色情行为：3、9、11、15、17、19、22、25、31。有很多形式，比如，色情图片、色情动画短片、色情电影、色情有声故事、色情文本故事等。

3. 网上欺骗行为：4、7、24、26、29、33。指的是蓄意地改变身份从而有利于获得期望的结果或者达到某种状态和个人的目的，包括改变自己的年龄、性别等。

六、青少年的病理性互联网使用

我们编制的测评青少年病理性互联网使用（即所谓"网络成瘾"）的工具，命名为"青少年病理性互联网使用量表"（Adolescent Pathological Internet Use Scale, APIUS）。

(一) 题目来源及测试样本

根据 PIU 的界定和维度构想，参照国内外有关量表的项目，同时请有关专家和教师对问卷进行修改以保证问卷能适用于中学生，先编制中学生 PIU 的半开放式问卷，并对学生和教师进行个别访谈。根据问卷的调查结果，拟定出中学生 PIU 问卷的预测题目。

在此基础上，随机选取初一至高二各一个班的学生为被试，进行小样本初步施测。同时对被试进行个别访谈，请被试指出表述不清、难以理解或有其他疑问的项目，然后加以修改或删除。再对施测结果进行初步的因素分析和项目分析，根据因素负荷、共同度以及项目和总分的相关来决定对项目的删除、修改，最终形成青少年 PIU 量表的 49 个初测项目，采用 Likert 式 5 点自评式量表，从"完全不符合"至"完全符合"分别评定为 1—5 分。为了增加问卷的可信度，我们加入 3 对（6 道）测谎题作为剔除无效问卷的参考标准。

正式测试样本选取自某市初一至高二青少年学生 1733 人，其中有效问卷 1682 份，有效率为 94.9%，在此基础上删除掉没上过网的被试（351 人），最后回收有效问卷 1331 份（包括探索性因素分析所用问卷 831 份和验证性因素分析所用问卷 500 份）。

此外，为了检验量表的实证效度并合理确定量表的划界分，本研究还选取了

30 名"网络成瘾"患者(均为北京军区总医院网络成瘾治疗中心的青少年患者,经心理咨询师诊断为"网络成瘾"患者,且入院时间均未超过 30 天)组成"成瘾组",另外选取 100 名正常青少年被试(经班主任反馈无明显 PIU 相关症状表现,并且通过 Young 的 8 项鉴别标准的检测均为互联网正常使用者)组成"正常组"。

(二) 分析方法及测量学指标

通过探索性因素分析和验证性因素分析,最后的 APIUS 共 38 个题目,由六个维度构成:凸显性、耐受性、强迫性上网/戒断症状、心境改变、社交抚慰、消极后果。

同时,我们进行了内容效度、构想效度、结构效度等分析,APIUS 显示了良好的信、效度指标,可以作为我国青少年病理性互联网使用的测量工具。本研究中,各维度的内部一致性信度 α 系数分别为 0.86、0.83、0.91、0.83、0.90、0.81 和 0.88,总问卷的 α 系数为 0.95。

(三) 量表题目构成

该测评工具为 Likert 式自评量表,被试根据自己的实际情况,进行 5 级评定,从"1—完全不符合"到"5—完全符合"。具体题目如下:

1. 一旦上网,我就不会再去想其他的事情了。
2. 上网对我的身体健康造成了负面影响。
3. 上网时,我几乎是全身心地投入其中。
4. 不能上网时,我十分想知道网上正在发生什么事情。
5. 为了上网,我有时候会逃课。
6. 为了能够持续上网,我宁可强忍住大小便。
7. 因为上网,我的学习遇到了麻烦。
8. 从上学期以来,平均而言我每周上网的时间比以前增加了许多。
9. 因为上网的关系,我和朋友的交流减少了。
10. 比起以前,我必须花更多的时间上网才能感到满足。
11. 因为上网的关系,我和家人的交流减少了。
12. 在网上与他人交流,我更有安全感。
13. 如果一段时间不能上网,我满脑子都是有关网络的内容。
14. 在网上与他人交流时,我感觉更自信。
15. 如果不能上网,我会很想念上网的时刻。
16. 在网上与他人交流时,我感觉更舒适。
17. 当我遇到烦心事时,上网可以使我的心情愉快一些。
18. 在网上我能得到更多的尊重。

19. 如果不能上网,我会感到很失落。

20. 当我情绪低落时,上网可以让我感觉好一点。

21. 如果不能上网,我的心情会十分不好。

22. 当我上网时,我几乎忘记了其他所有的事情。

23. 当我不开心时,上网可以让我开心起来。

24. 当我感到孤独时,上网可以减轻甚至消除我的独孤感。

25. 网上的朋友对我更好一些。

26. 网络可以让我从不愉快的情绪中摆脱出来。

27. 网络断线或接不上时,我觉得自己坐立不安。

28. 我不能控制自己上网的冲动。

29. 我发现自己上网的时间越来越长。

30. 我只要有一段时间没有上网,就会觉得心里不舒服。

31. 我曾因为上网而没有按时进食。

32. 我只要有一段时间没有上网,就会觉得自己好像错过了什么。

33. 我只要有一段时间没有上网就会情绪低落。

34. 我曾不只一次因为上网的关系而睡不到四小时。

35. 我曾向别人隐瞒过自己的上网时间。

36. 我曾因为熬夜上网而导致白天精神不济。

37. 我感觉在网上与他人交流要更安全一些。

38. 没有网络,我的生活就毫无乐趣可言。

(四) 维度构成

该问卷包括六个维度,每一维度所包含的具体题目如下:

1. 凸显性:1、3、22。指互联网使用占据了用户的思维与行为活动的中心。

2. 耐受性:6、8、10、29、35。指互联网用户为了获得满足感而不断地增加上网时间与投入程度。

3. 强迫性上网/戒断症状:4、13、15、19、21、27、28、30、32、33、38。指希望减少上网时间,但无法做到,并且对互联网有近似于强迫性的迷恋;停止互联网使用会产生不良的生理反应与负性情绪。

4. 心境改变:17、20、23、24、26。指使用互联网来改变消极的心境。

5. 社交抚慰:12、14、16、18、25、37。指认为在网上交流要更舒适、安全,依赖互联网作为其社交的途径。

6. 消极后果:2、5、7、9、11、31、34、36。指互联网使用对正常生活产生了负面影响,主要关注由于上网所造成人际、健康和学业问题。

此外，为了使 APIUS 更具警示和预防功效，我们将 APIUS 的项目平均得分大于等于 3.15 分者界定为"PIU 群体"，项目平均得分大于等于 3 分小于 3.15 分者界定为"PIU 边缘群体"，将 APIUS 的项目平均得分小于 3 分者界定为"PIU 正常群体"。需要注意的是，考虑到自陈量表本身所具有的局限，在做临床诊断时还需要了解受测者在 PIU 各项症状上的真实表现。

参考文献

白芸(2003)。《理解学生文化——上海市一个初中班级的个案研究》。华东师范大学博士论文。

卜卫、郭良(2001)。《2000年北京、上海、广州、成都、长沙青少年互联网使用状况及影响的调查报告》。来自中国青少年计算机信息服务网。

蔡春岚、李晓驷、董毅等(2006)。合肥市中学生网络成瘾危害性调查。《中国行为医学科学》,15(2):157-158。

曹锦丹、贺伟(2007)。信息用户的焦虑心理及其信息服务研究。《图书情报知识》,(120):101-103。

岑国桢(2005)。青少年学生网络交友及其心理健康状况调查,《中国学校卫生》,26(6):488-489。

辰野千寿(1986,山效华等译)。《学习心理学》。长春:吉林人民出版社。

陈会昌(2004)。《道德发展心理学》。北京:安徽教育出版社。

陈建文、黄希庭(2001)。公众的社会适应观初步调查研究。《心理科学》,24(1):96-97。

陈美芬、陈舜蓬(2005)。攻击性网络游戏对个体内隐攻击性的影响。《心理科学》,28(2):458-460。

陈树林、郑全全、潘建男等(2000)。中学生应对方式量表的初步编制。《中国临床心理学杂志》,8(4):217-214,237。

陈松、陈会昌(2002)。我国儿童与青少年品德心理研究综述。《南平师专学报》,21(1):19-24。

陈侠、黄希庭、白纲(2003)。关于网络成瘾的心理学研究。《心理科学进展》,11(3):355-359。

陈向明(2000)。《质的研究方法与社会科学研究》。北京:教育科学出版社。

陈晓杰(2004)。关于学习及学习适应性的界定。《芜湖职业技术学院学报》,6(3):42-43。

陈英、陈燕(2006)。城市普通高中生上网行为对心理健康影响的研究。《华北煤炭医学院学报》,8(5):603-604。

陈英和、崔艳丽、耿柳娜(2004)。关于"关系性攻击研究的新进展"。《心理科学》,27(3):208-210。

程焕文(2002)。信息污染综合症和信息恐惧综合症。《图书情报工作》。(3):5-7。

程燕、余林(2007)。网络引发的青少年心理问题及问题行为论析。《教育探索》,(12):126-128。

崔丽娟、胡海龙、吴明证等(2006)。网络游戏成瘾者的内隐攻击性研究。《心理科学》,29(3):570-573。

邓明昱等(1989)。青少年青春期性生理及性心理的调查研究。《心理科学》,(1):51-53。

丁芳(2000)。儿童的道德判断、移情与亲社会行为的关系研究。《山东师范大学学报》(社会科学版)172(5):77-80。

杜红梅、冯维(2005)。移情与后果认知训练对儿童欺负行为影响的实验研究。《心理发展与教育》,4(2):81-86。

范珍桃、方富熹(2004)。儿童性别恒常性发展。《心理科学进展》,12(1):45-51。

费尔德曼(2007;苏彦捷等译)。《发展心理学》。北京:世界图书出版公司。

冯廷勇(2002)。当代大学生学习适应性的初步研究。《心理学探新》,22(81):44-48。

冯永辉、周爱保(2002)。中学生生活事件、应对方式及焦虑的关系研究。《心理发展与教育》,18(1):71-74。

傅荣校、杨福康(2001)。《空中校园》。上海:复旦大学出版社。

高红艳、王进、胡炬波(2007)。青少年学生形体认知偏差与自尊、生活满意感的关系。《体育科学》,27(11):30-36。

高文斌、高晶、祝卓宏等(2006)。《中国青少年网络成瘾研究与调查》。北京:科学出版社。

管雷、冯聪(2005)。大学生网络成瘾与自我同一性相关研究。《深圳职业技术学院学报》,4(3):87-90。

郭玉锦、王欢(2005)。《网络社会学》。北京:中国人民大学出版社。

郝传慧(2008)。《青少年生活事件、心理弹性与互联网使用的关系》。首都师范大学硕士论文。

何双海(2007)。《浅析中学生网上偏差行为及其预防策略》。华中师范大学硕士论文。

何小明(2003)。论虚拟社区中的青少年行为与心理。《广西师范大学学报(哲学社会科学版)》,4(39):146-151。

侯丹(2004)。《小学六—八年级学生的自我表现策略研究》。华东师范大学硕士论文。

侯冬青等(2006)。北京市儿童青少年女性青春期性征发育流行病学研究。《中国循证儿科杂志》,1(4):264-268。

华莱士(著),谢影、苟建新(译)(2000)。《互联网心理学》。北京:中国轻工业出版社。

黄桂梅、张敏强(2003)。西方理性情绪疗法研究进展。《社会心理科学》,18(2):61-64。

黄希庭、余华、郑涌等(2000)。中学生应对方式的初步研究。《心理科学》,23(1):1-5。

江光荣、靳岳滨(2000)。中国青少年生活事件检查表编制报告。《中国临床心理学杂志》,8(1):10-14。

景怀斌(1995)。中国人成就动机性别差异研究。《心理科学》,(3):180-182。

寇彧、王磊(2003)。儿童亲社会行为及其干预研究述评。《心理发展与教育》,19(4):86-91。

寇彧、谭晨、马艳(2005)。攻击性儿童与亲社会儿童社会信息加工特点比较及研究展望。《心理科学进展》,13(1):59-65。

寇彧、徐华女(2005)。移情对亲社会行为决策的两种功能。《心理学探新》,25:73-77。

雷雳(2009)。《发展心理学》。北京:中国人民大学出版社。

雷雳、柳铭心(2005)。青少年的人格特征与互联网社交服务使用偏好的关系。《心理学报》,37(6):797-802。

雷雳、杨洋、柳铭心(2006)。青少年神经质人格、互联网服务偏好与网络成瘾的关系。《心理学报》,38(3):375-381。

雷雳、陈猛(2005)。互联网使用与青少年自我认同的生态关系。《心理科学进展》,13(2):169-177。

雷雳、李冬梅(2008)。青少年网上偏差行为的研究。《中国信息技术教育》,(10):4-11。

雷雳、杨洋(2007)。青少年病理性互联网使用量表的编制与验证。《心理学报》,39(4):688-696。

雷雳、张雷(2003)。《青少年心理发展》。北京:北京大学出版社。

李彩娜、邹泓(2006)。青少年孤独感的特点及其与人格、家庭功能的关系。《陕西师范大学学报(哲学社会科学版)》,35(1):115-121。

李丹(1994)。儿童角色采择能力与利他行为发展的相关研究。《心理发展与教育》,(2):8-10,14。

李冬梅(2008)。《青少年网上偏差行为的实证与理论研究》。首都师范大学博士论文。

李冬梅、雷雳、邹泓(2008)。青少年网上偏差行为的特点与研究展望。《中国临床心理学杂志》,16(1):95-97,70。

李宏利、雷雳(2004)。青少年的时间透视、应对方式与互联网使用的关系。《心理发展与教育》,20(2):29-33。

李宏利、雷雳(2005)。中学生的互联网使用与其应对方式的关系。《心理学报》,37(1):87-91。

李韬、姚斌、汪勇(2005)。大学生网络使用与孤独、抑郁的关系研究。《西安文理学院学报(社会科学版)》,8(6):83-85。

李文道、钮丽丽、邹泓(2000)。中学生压力生活事件、人格特点对压力应对的影响。《心理发展与教育》,(4):8-13。

梁军林、李东石、刘珍妮等(1999)。高中生的防御方式和应对方式与心理健康的相关性研究。《中国心理卫生杂志》,13(3):146-147。

林雪美(2006)。《扬州地区大学生网络成瘾与生活事件、应对方式的相关及矫治研究》。扬州大学硕士论文。

刘浩(2006)。《初中生网络道德现状及教育对策研究》。辽宁师范大学硕士论文。

刘君(2004)。后信息时代的信息超载与信息焦虑。《电视工程》,1:21-24。

刘小燕(2005)。《上海大学生网络自我效能实证研究》。上海华东师范大学硕士论文。

刘衍玲(2001)。《小学生心理素质与学业成绩的相关研究》。西南师范大学硕士论文。

柳铭心、雷雳(2005)。青少年的人格特征与互联网娱乐服务使用偏好的关系。《心理发展与教育》,21(4):40-45。

卢晓红(2006)。网络道德教育应关注网络亲社会行为。《职业技术教育(教学版)》,(26):115-117。

马利艳、郝传慧、雷雳(2007)。初中生生活事件与其互联网使用的关系。《中国临床心理学杂志》,15(4):420-421,423。

潘琼、肖水源(2002)。病理性互联网使用研究进展。《中国临床心理学杂志》,10(3):237-240。

彭晶晶、黄幼民(2004)。虚拟与现实的冲突:双重人格下的交往危机。《中国矿业大学学报:社会科学版》,6(3):72-74。

彭庆红、樊富珉(2005)。大学生网络利他行为及其对高校德育的启示。《思想理论教育导刊》,(12):49-51。

彭文波、徐陶(2002)。青少年网络双重人格分析。《当代青年研究》,(4):13-15。

任俊、施静、马甜语(2009)。Flow研究概述。《心理科学进展》,17(1):210-217。

任俊(2005)。西方积极心理学运动是一场心理学革命吗?《心理科学进展》,13(6):856-863。

沙莲香(1995)。《社会心理学》。北京:中国人民大学出版社。

施良方(1994)。《学习论》。北京:人民教育出版社。

史清敏、赵海(2002)。自我表现理论概述。《心理科学进展》,10(4):425-432。

宋凤宁、黎玉兰、方艳娇等(2005)。青少年移情水平与网络亲社会行为的研究。《广西师范大学学报(哲学社会科学版)》,41(3):84-88。

宋广文(1999)。中学生的学习适应性与其人格特征、心理健康的相关研究。《心理学探新》,19(1):44-47。

苏国红(2002)。虚拟自我与心理健康。《安庆师范学院学报(社会科学版)》,21(3):86-88。

孙立新(2008)。浅谈当前网络道德的特征及其规范。《辽宁师专学报(社会科学版)》,55(1):48、77。

谭伟象、吴琇莹(2002)。《华人的分离-个体化历程与关系主义》。第四届华人心理学家学术研讨会暨第六届华人心理与行为科际学术研讨会发表论文。台北。

唐东辉等(2008)。青少年学生身体自我满意度的现状及分析。《中国体育科技》,44(2):60-63。

王滨(2006)。大学生孤独感与网络成瘾倾向关系的研究。《心理科学》,29(6):1425-1427。

王丹宇(译,1997)。性别角色:男性气质,女性气质和双性气质的测量。载于杨中芳等编:《性格与社会心理测量总览》。台湾远流出版事业股份有限公司。

王登峰、崔红、胡军生等(2006)。中国青少年人格量表(QZPS-Q)的编制。《心理发展与教育》,22(3):110-115。

王立皓、童辉杰(2003)。大学生网络成瘾与社会支持、交往焦虑、自我和谐的关系研究。《中国健康心理学杂志》,11(2):94-96。

王小璐、风笑天(2004)。网络中的青少年利他行为新探。《广西青年干部学院学报》,18(55):16-19。

肖汉仕、苏林雁、高雪屏等(2007)。中学生互联网过度使用倾向的影响因素分析。《中国临床心理学杂志》,15(2):149-151。

谢宏赐(2000)。《以社会认知理论探讨网络搜索策略》。国立中山大学硕士论文。

谢奎芳(2004)。信息网络对青少年学生心理的负面影响及教育干预。《湖南第一师范学报》,4(1):94-96。

谢天、郑全全(2009)。计算机媒介影响人际交流方式的理论综述。《人类工效学》,15(1):64-67。

许有云、岑国桢(2007)。道德情绪判断、错误信念与行为问题的关系。《心理科学》,30(6):1305-1308。

严耕、陆俊、孙伟平(1998)。《网络伦理》。北京:北京出版社。

杨琨(2007)。计算机焦虑与计算机自我效能感的关系。《石家庄职业技术学院学报》,19(6):48-50。

杨礼富(2006)。《网络社会的伦理问题探究》。苏州大学博士论文。

杨洋、雷雳(2006)。影响大学生参与网上招聘意向的因素模型。《应用心理学》,12(1):36-42。

杨洋、雷雳(2007)。青少年外向/宜人性人格、互联网服务偏好与"网络成瘾"的关系。《心理发展与教育》,23(2):42-48。

杨珍(2005)。初中生生活事件与电子游戏成瘾的相关研究。《中国临床心理学杂志》,13(2):192-193。

于海琴、周宗奎(2004)。儿童的两种亲密人际关系:亲子依恋与友谊。《心理科学》,27(1):143-144。

庾月娥、杨元龙(2007)。使用与满足理论在网上聊天的体现。《当代传播》,(3):94-96。

张冠梓(2000-10-23)。互联网对当代青少年的影响调查。《北京日报》。

张国华、雷雳、邹泓(2008)。青少年的自我认同与"网络成瘾"的关系。《中国临床心理学杂志》,16(1):37-39,58。

张金山等(2006)。北京市儿童青少年男性青春期性征发育流行病学研究。《中国循证儿科杂志》,1(4):269-272。

张静、李强(2005)。大学生网络成瘾者SCL-90及艾森克人格特征分析。《黑龙江高教研究》,(7):70-72。

张敏(2007)。音乐对情感的影响。《人民音乐》,(8):59-61。

张胜勇(2003)。《中学生网络偏差行为探析》。福建师范大学硕士论文。

张兴贵、郑雪(2005)。青少年学生大五人格与主观幸福感的关系研究。《心理发展与教育》,21(2):98-103。

张怡、郎全民、陈敬全(2003)。《虚拟认识论》。上海:学林出版社。

张智君(2001)。超文本阅读中的迷路问题及其心理学研究。《心理学动态》,9(2):102-106。

章永生(1994)。中学生道德信念形成之研究。《西南师范大学学报(哲学社会科学版)》。(1):117-122。

赵景欣、张文新、纪林芹(2005)。幼儿二级错误信念认知、亲社会行为与同伴接纳的关系。《心理学报》,(6):760-766。

赵淑文、雷雳(1996)。《心理学新编》。北京:首都师范大学出版社。

赵鑫(2006)。网络成瘾青少年生活事件的对比研究。《中国学校卫生》,27(12):1046-1047。

郑丹丹、凌智勇(2007)。网络利他行为研究——以5Q地带"供种"行为为例。《浙江学刊》,(4):179-185。

郑思明、雷雳(2006)。青少年使用互联网公众观之健康上网调查。《中国教育学刊》,(8):39-43。

中国互联网络信息中心(1997年7月)。《第十四次中国互联网络发展状况统计报告》。来自互联网:http://www.cnnic.net.cn。

中国互联网络信息中心(2010年1月)。《第十四次中国互联网络发展状况统计报告》。来自互联网:http://www.cnnic.net.cn。

周晖、钮丽丽、邹泓(2000)。中学生人格五因素问卷的编制。《心理发展与教育》,16(1):48-54。

朱丹、李丹(2005)。初中学生道德推理、移情反应、亲社会行为及其相互关系的比较研究,《心理科学》,28(5):12-13。

313

Aaron, E. R. (2001). Characteristics of pathological Internet users: An examination of on-line gamers. Dissertation Abstracts International: Section B: *The Sciences and Engineering*, 61(9 - B):4979.

Accordino, R. , Comer, R. , & Heller, W. B. (2007). Searching for music's potential: A critical examination of research on music therapy with individuals with autism. *Research in Autism Spectrum Disorders*, 1(1):101 - 115.

Ajzen, I. (1991). The theory of planned behavior. *Organization Behavior and Human Decision Processes*, 50(2):179 - 121.

Allen, J. P. & Land, D. (1999). Attachment in adolescence. In J. Cassidy & P. R. Shaver (Eds.), *Handbook of attachment: Theory, research, and clinical applications*. New York: Guilford Press. 319 - 335.

Alonzo, M. & Aiken, M. (2004). Flaming in electronic communication. *Decision Support System*, 36(3):205 - 213.

Amichai-Hamburger, Y. & Ben-Artzi, E. (2003). Loneliness and Internet use. *Computers in Human Behaviour*, 19(1):71 - 80.

Amichai-Hamburger, Y. , Wainapel, G. , & Fox, S. (2002). "On the Internet No One Knows I'm an Introvert": Extroversion, Neuroticism, and Internet Interaction. *Cyberpsychology & Behavior*, 5(2).

Amichai-Hamburger, Y. (2002). Internet and personality. *Computers in Human Behavior*, 18(2): 1 -10.

Amichai-Hamburger, Y. & Furnham, A. (2007). The positive net. *Computers in Human Behavior*, 23(2):1033 - 1045.

Anastasi, A. P. (2005). Adolescent boy's use of emo music as their healing lament. *Journal of Religion and Health*, 3(44):303 - 319.

Anderson, C. A. (2004). An update on the effects of playing violent video games. *Journal of Adolescence*, 27(1):113 - 122.

Anderson, C. A. & Bushman, B. J. (2001). Effects of violent video games on aggressive behavior, aggressive cognition, aggressive affect, physiological arousal, and prosocial behavior: A meta-analytic review of the scientific literature. *Psychological Science*, 12(12):353 - 359.

Anderson, T. L. (2005). Relationships among Internet Attitudes, Internet Use, Romantic Beliefs, and Perceptions of Online Romantic Relationships. *CyberPsychology & Behavior*, 8(6):521 - 531.

Arnett, J. (1992). The Soundtrack of Recklessness: Musical Preferences and Reckless Behavior among Adolescents. *Journal of Adolescent Research*, 7(3):313 - 331.

Asher, S. R. , Hymel, S. , & Renshaw, P. D. (1984). Loneliness in children. *Child development*, 55(4):1456 - 1464.

Ashmore, R. D. (1990). Sex, gender, and the individual. In *Pervin L. A. (ed.), Handbook of Personality: Theory and research*. Now York/London: the Guilford Press, 487 - 521.

Bagwell, C. L. , Newcomb, A. F. , & Bukowski, W. M. (1998). Preadolescent friendship and peer rejection as predictors of adult adjustment. *Child Development*, 69(1):140 - 153.

Baider, L. & Wein, S. (2001). Reality and fugues in physicians facing death: confrontation, coping, and adaptation at the bedside. *Critical Reviews in Oncology/Hematology*, 40(2):97 - 103.

Bandura, A. (1986). *Social foundations of thought and action: A social cognitive theory*. Englewood Cliffs, NJ: Prentice-Hall.

Bandura, A. (1989). *Human agency in social cognitive theory*. American Psychologist.

Bandura, A. (1991). Social-cognitive theory of self-regulation. *Organizational Behavior and Human Decision Processes*, 50(2):248 - 287.

Bargh, J. A. & McKenna, K. Y. A. (2004). The Internet and Social Life. *Annual Review of Psychology*, 55: 573 - 590.

Bargh, J. A. , McKenna, K. Y. A. , & Fitasimons, G. M. (2002). Can You See the Real Me? Activation and Expression of the "True Self" on the Internet. *Journal of Social Issues*, 58(1):33 - 48.

Becker, J. A. H. & Stamp, G. H. (2005). Impression Management in chat rooms: A grounded theory model. *Communication Studies*. 56(3):243 - 260.

Beest, M. V. & Baerveldt, C. (1999). The Relationship Between Adolescents' Social Support From Parents And From Peers. *Adolescence*. 34(133):193 - 201.

Bellman, S. , Lohse, G. , & Johnson, E. (1999). Predictors of online buying behavior. *Communications of the ACM*, 42 (12):32 - 38.

Bem, S. L. (1981). Gender schema theory: A cognitive account of sex typing. *Psychological Review*, 88(4):354 - 364.

Berk, L. (2007). *Development through the lifespan*. Boston: Pearson.

Besley, B. (2006). *Cyberbullying*. From: http://www. cyberbullying. com.

Bhatnagar, A. , & Ghose, S. (2004). Segmenting consumer based on the benefits and risks of internet shopping. *Journal of Business Research*, 57(12):1352 - 1360.

Bilal, D. & Kirby, J. (2002). Differences and similarities in information seeking: children and adults as Web users. *Information Processing and Management*, 38(5):649 - 670.

Black, D. , Belsare, G. , & Schlosser, S. (1999). Clinical features, psychiatric comorbidity, and health-related quality of life in persons reporting compulsive computer use behavior. *Clinic Psychiatry*, 60(12):839 - 844.

Black, K. A. & McCartney, K. (1997) Adolescent Females' Security with Parents Predicts the Quality of Peer Interactions. *Social Development*, 6(1):91 - 110.

Bowerman, M. & Levinson, S. C. (2001). Introduction. In Melissa Bowerman & Stephen C. Levinson (Eds.), *Language acquisition and conceptual development*. Cambridge, England: Cambridge University Press. 1 - 18.

Bradley, S. & Zucker, K. (1997). Gender Identity Disorder: A Review of the Past 10 Years. *American Academy of Child and Adolescent Psychiatry*, 36(7):872 - 880.

Brage, D. , Meredith, W. , & Woodward, J. (1993). Correlates of Loneliness Among Midwestern Adolescents[J]. *Adolescence*, 28(111):685 - 693.

Brenner, V. (1997). Psychology of computer use: XLVII. Parameters of Internet use, abuse and addiction: the first 90 days of the Internet Usage Survey. *Psychological Reports*, 80(3):879 - 882.

Brown, B. B. (1999). "You're going out with who?": Peer group influences on adolescent romantic relationships. In W. Furman, B. B. Brown, & C. Feiring (Eds.), *The development of romantic relationships in adolescence*. New York: Cambridge University Press. 291 - 329.

Bruce. , C. B. (2006). Children's reasoning about moral dilemmas involving computers and internet use in school and at home. Dissertation Abstracts International Section A: Humanities and Social Sciences, 67(1 - A):88.

Buchanan, M. (2002). *Nexus: Small Worlds and the Groundbreaking Science of Networks*, 1st Edition, W. W. Norton & Company.

Buhrmester, D. (1990). 'Intimacy of friendship, interpersonal competence, and adjustment during middle childhood and adolescence. *Child Development*, 61:1101 - 1111.

Burgoon, J. K. , Bonito, J. A. , & Bengtsson, B. , et al. (2000). Interactivity in Human-computer Interaction: A Study of Credibility, Understanding, and Influence. *Computers in Human Behavior*, 2000, 16(6):553 - 574.

Cain, E. N. , Kohorn, E. I. , Quinlan, D. M. , Latimer, K. , & Scwartz, P. E. (1986). Psychological benefits of a cancer support group. *Cancer*, 57(1):183 - 189.

Calvert, S. L. (2002). Identity construction on the Internet. In S. L. Calvert, A. B. Jordan, & R. R. Cocking (Eds.), *Children in the digital age: Influences of electronic media on development*. Westport, CT: Praeger. 57 - 70.

Campbell-Sills, L. , Cohan, S. L. , & Stein, M. B. (2005). Relationship of resilience to personality, coping, and psychiatric symptoms in young adults. *Behaviour Research and Therapy*, 44(4):585 - 599.

Carlo, G. , Hausmann, A. , Christiansen, S. , & Brandy, A. R. (2003). Sociocognitive and Behavioral Correlates of a Measure of Prosocial Tendencies for Adolescents. *Journal of Early Adolescence*, 23(1):107 - 134.

Carlo, G. & Brandy, A. R. (2002). The Development of a Measure of Prosocial Behaviors for Late Adolescents. *Journal of Youth and Adolescence*, 3(1):31 - 44.

Carr, A. (2004). *Positive psychology: The science of happiness and human strengths*. Hove and New York: Brunner-Routledge of Taylor & Francis Group.

Carstensen, L. , Isaacowitz, D. , & Charles, S. T. (1999). Taking time seriously: A theory of socioemotional selectivity. *American Psychologist*, 54(3):165 - 181.

Carver, C. S. & Scheier, M. F. (1987). The blind men and the elephant: Selective examination of the public-private literature gives rise to a faulty perception. *Journal of Personality*, 55(3):525 - 541.

Caspi, A. , & Gorsky, P. (2006). Online Deception: Prevalence, Motivation and Emotion. *CyberPsychology & Behavior*, 1(9):54 - 49.

Chang, L. (2003). Variable effects of children's aggression, social withdrawal, and prosocial leadership as functions of teacher beliefs and behaviors. *Child Development*, 74(2):535 - 548.

Chen, H. , Wigand, R. T. , & Nilan, M. S. (1999). Optimal experience of Web activities. *Computers in Human Behavior*, 15(1):585 - 608.

Chester, A. (2004). *Presenting the self in cyberspace: identity play in moos*. The University of Melbourne.

Chou, C. & Hsiao, M. C. (2000). Internet addiction, usage, gratifications, and pleasure experience — The Taiwan college students' case. Comput. Educ. 35(1):65 - 80.

Chou, C. (2003). Incidences and correlates of Internet anxiety among high school teachers in

Taiwan. *Computers in Human Behavior*, 19(6):731 – 749.

Christopherson, K. M. (2006). The positive and negative implications of anonymity in internet social interactions: "on the internet, Nobody knows you're a dog". *Computers in Human Behavior*, 23(6):3038 – 3056.

Classen, C. , & Spiegel, D. (1999). *Group therapy for cancer patients: a research-basedhand book of psychosocial care*. New York: Basic Books.

Cole, M. (1996). *Cultural psychology: A once and future discipline*. Cambridge, MA: Harvard Univ. Press.

Connolly, J. & McIsaac, C. (2008). Adolescent romantic relationship: Beginning, ending, and psychological challenges. *International society for the study of behavioral development newsletter*, 1:1 – 5.

Connolly-Ahern, C. S. & Broadway, C. (2007). The importance of appearing competent: An analysis of corporate impression management strategies on the World Wide Web. *Public Relations Review*. 33(3):343 – 345.

Cotton, S. R. & Gupta, S. S. (2004). Characteristics of online and offline health information seekers and factors that discriminate between them. *Social Science & Medicine*, 59(9):1795 – 1806.

Coulson, N. S. , Buchanan, H. , & Aubeeluck, A. (2007). Social support in cyberspace: a content analysis of communication within a Huntington's disease online support group. *Patient education and consulting*, 68(2):173 – 178.

Cowen, E. L. , Work, W. C. , Wyman, P. A. , Parker, G. R. , Wannon, M. , & Gribble, P. (1992). Test comparisons among stress-affected, stress-resilient, and nonclassified fourth-through six-grade urban children. *Journal of Community Psychology*, 20(3):200 – 214.

Crouter, A. , Manke, B. , & McHale, S. (1995). The family context of gender intensification in early adolescent. *Child Development*, 66(2):317 – 329.

Csikszentmihalyi, M. (1975). *Beyond Boredom and Anxiety*, San Francisco Jossey-Bass Publishers.

Curtis, P. (1997). Mudding: social phenomena in text-based virtual realities. Culture of the internet: Research Milestones from the Social Sciences.

Damon, W. & Hart, D. (1988). *Self-understanding in child-hood and adolescence*. New York: Cambridge University Press.

Davis, A. , McCoy, S. , & Wilson, L. (2006). R U Competent in IRC Language? In Broz, S. L. , & Waggoner, C. E. (Eds.) *Department of Communication Yearbook 2006 : Vol* I (p143 – 161).

Davis, R. A. (2001). A cognitive-behavioral model of pathological Internet use. *Computers in Human Behavior*, 17(2):187 – 195.

Davison, K. P. , Pennebaker, J. W. , & Dikerson, S. S. (2000). The social psychology of illness support groups. *American Psychologist*, 205 – 216.

Denegri-Knott, J. & Taylor, J. (2005). The Labeling Game: A Conceptual Exploration of Deviance on the Internet. *Social Science Computer Reviews*, (23):93 – 107.

Denegri-Knott, J.. *Sinking the Online "Music Pirates:" Foucault, Power and Deviance on the Web*. http://jcmc. indiana. edu/vol9/issue4/denegri_ knott. html.

Dietz-Uhler, B. & Bishop-Clark, C. (2001). The use of computer-mediated communication to enhance subsequent face-to-face discussions. *Computers in Human Behavior*, 17(3):269 – 283.

Docherty, C. K. & Lapsley, D. K. (1995, April). *Separation-individuation, adolescent adjustment, and the "New Look" at the imaginary audience and personal fable*. Poster presented at the biennial meeting of the Society for Research in Child Development, Indianapolis, IN.

Doleazl, W. S. (1998). A comparison of computer-assisted psychotherapy and cognitive-behavioral therapy in groups. *Journal of Clinical Psychology in Medical Settings*, 5:103 – 115.

Donthu, N. , & Garcia, A. (1999). The internet shopper. *Journal of Advertising Research*, 39 (3):52 – 58.

Douglas, K. M. & McGarty, C. (2001). Identifiability and self-presentation: Computer-mediated communication and intergroup interaction. *British Journal of Social Psychology*, 3 (40):399 – 416.

Downes, T. (1999) Playing with computer technologies in the home. *Education and Information Technologies*, 4:65 – 79.

Durndell, A. & Haag, Z. (2002). Computer self-efficacy, computer anxiety, attitudes towards the Internet and reported experience with the Internet, by gender, in an East European sample. *Computers in Human Behavior*, 18:521 – 535.

Duval, S. & Wicklund, R. A. (1972). *A theory of objective self-awareness*. New York: Academic Press.

Eastin, M. S. & LaRose, R. (2000). Internet Self-Efficacy and the Psychology of the Digital

Divide. *Journal of Computer-Mediated Communication*, 6(1):67 – 78.

Eisenberg, N. , Carlo, G. , Murphy, B. , & Court, P. V. (1995). Prosocial development in late adolescence: A longitudinal study. *Child Development*, 6(6):1179 – 1197.

Eisenberg, N. , Losoya, S. , & Spinrad, T. L. (2003). Affect and prosocial responding. In R J Davidson, K R Scherer, H H Goldsmith (Eds.), *Handbook of Affective Science*, New York: Oxford University Press, 787 – 780.

Elkind D. (1967). Egocentrism in adolescence. *Child Development*, 38, 1025 – 1034. p. 401 – 415.

Ellisonz, L. & Akdeniz, Y. (1998). Cyber-stalking: the Regulation of Harassment on the Internet. *Criminal Law Review*. 29 – 48.

Engels, R. , Dekovic, M. , & Meeus, W. (2002) Parenting Practices, Social Skills and Peer Relation-ships in Adolescence. Social Behavior and Personality. 30:3 – 18.

Erikson, E. (1950). *Childhood and Evel society*. New York: Norton.

Featherman, M. S. & Pavlou, P. A. (2003). Predicting e-services adoption: a perceived risk facets perspective. *International Journal of Human-Computer Studies*, 59(4):451 – 474.

Festinger, A. , Scheier, M. F. , & Buss, A. H. (1975). Public and Private Self-consciousness: Assessment and Theory. *Journal of Consulting and Clinical Psychology*, 43(4):522 – 527.

Festinger, L. (1975). *A theory of cognitive dissonance*. Stanford, CA: Stanford University Press.

Field T. , Diego M. & Sanders C. (2002) Adolescents' Parents and Peer Relationships. *Adolescence*. 37(145):121 – 130.

Finkelhor, D. , Mitchell, K. J. , & Wolak, J. (2000). Online Victimization: A Report on the Nation's Youth. *Crimes Against Children Research Center*. (1):39 – 41.

Finn, J. (1995). Computer-based self-help groups: A new resource to supplement support groups. *Social Work with Groups*, 18:109 – 117.

Fischer, C. (1992). *America Calling*. Berkeley and Los Angeles: University of Carlifornia Press.

Freeman. , H. & Brown. , B. B. (2001) Primary Attachment to Parents and Peers during Adolescence: Differences by Attachment Style. *Journal of Youth and Adolescence*, 30:653 – 674.

Funk, J. & Buchman, D. (1996) Playing Violent Video and Computer Games and Adolescent Self-Concept. *Journal of Communication*, 46:19 – 32.

Funk, J. B. , Baldacci, H. B. , Pasold, T. , & Baumgardner, J. (2004). Violent exposure in real-life, video games, television, movies, and the Internet: Is there desensitization? *Journal of Adolescence*, 27:23 – 29.

Funk, J. B. , Buchman, D. D. , Schimming, J. L. , & Hagan, J. D. (1998). *Attitudes towards violence, empathy, and violent electronic games*. Paper presented at the annual meeting of the American Psychological Association, San Francisco, CA.

Furman, W. (2002). The emerging field of adolescent romantic relationships. *Current Directions in Psychological Science*, 11:177 – 180.

Garbarino, E. & Strabilevitz, M. (2004). Gender differences in the perceived risk of buying online and the effects of receiving a site recommendation. *Journal of Business Research*, 57(7):768 – 775.

Garbasz, Y. D. S. (1997). Flame Wars, Flooding, Kicking and Spamming: Expressions of Aggression in the Virtual Community. From WWW: http://www. personal. u-net. com.

Gefen, D. & Straub, D. W. (2000). The relative importance of perceived ease-of-use in IS adoption: a study of e-commerce adoption. *Journal of the Association for Information Systems*, 1(8):1 – 30.

Gefen, D. & Straub, D. W. (2003). Managing user trust in B2C e-Services. *e-Service Journal*, 2 (2):7 – 24.

Gefen, D. , Karahanna, E. & Straub, D. W. (2003). Trust and TAM in online shopping: an integrated model. *MIS Quarterly*, 27 (1):51 – 90.

Germunden, H. G. (1985). Perceived risk and information search: a systematic meta-analysis of empirical evidence. *International Journal of research in Marketing*, 2:79 – 100.

Getz, J. & Bray, J. (2005). Predicting heavy alcohol use among adolescents. *American Journal of Orthopsychiatry*, 75(1):102 – 115.

Giddens, A. (1991). *Modernity and Self-Identity: Self and Society in the Late Modern Age*. Stanford, Calif. : Stanford University Press.

Giddens, A. (1992). *The Transformation of Intimacy: Sexuality, Love and Eroticism in Modern Societies*. Stanford, Calif. : Stanford University Press.

Giddens, A. (1994). Living in a Post-Traditional Society. In U. Beck, A. Giddens and S. Lasch, *Reflexive Modernization: Politics, Tradition and Aesthetics in the Modern Social Order*. Stanford, Calif. : Stanford University Press.

Gilligan, C. (1987). Moral orientation and moral development. In E. F. Kittay & D. T. Meyers (Eds.). *Women and moral theory* (pp. 19 – 33). Totowa NJ: Rowman & Lillelfield.

Gilligan, C. (1996). The centrality of relationships in psychological development: A puzzle, some evidence, and a theory. In G. G. Noam & K. W. Fischer (Eds.), *Development and vulnerability in close relationship*. Hillside, NJ: Erlbaum.

Gilligan, C. F. (1982). *In a different voice*. Cambridge, MA: Harvard University Press.

Goossens, L. , Beyers, W. , & Emmen, M. , et al. (2002). The imaginary audience and personal fable: factor analyses and concurrent validity of the "new look" measures. *Research on Adolescence*, 12(2):193 - 215.

Gottman, J. & Parker, J. (Eds.). (1987). *Conversations with friends*. New York: Cambridge University Press.

Goulet, N. (2002). The effect of internet use and internet dependency on shyness, loneliness, and self-consciousness in college students. (*State University of New York*, UMI Number:3053966)

Greene, K. et al. (2000). Targeting adolescent risk-taking behaviors: The contributions of egocentrism and sensation-seeking. *Journal of Adolescence*, 25:439 - 461.

Greene, K. , Rubin, D. , Walters, L. & Hale, J. (1996). The utility of understanding adolescent egocentrism in designing health promotion messages. *Health Communication*, 8:131 - 152.

Griffiths, M. D. , Davies, M. N. O. & Chappell, D. (2004). Breaking the stereotype: The case of online gaming. *Cyber psychology & Behavior*, 6(1).

Griffiths, M. D. , Davies, M. N. O. & Chappell, D. (2003) Online computer gaming: A comparison of adolescent and adult gamers. *Journal of Adolescence*, 27(1):87.

Griffiths, M. (1999). "Internet Addiction. " *Psychologist*, 12(5):246 - 250.

Griffiths, M. (2003). Internet Gambling: Issues, Concerns, and Recommendations. *CyberPsychology & Behavior*, 6(6):557 - 568.

Grohol, J. (1999). *Internet addiction guide*. http://psychcentral. com/netaddiction.

Grolnick, W. S. , Kurowski, C. O. , Dunlap, K. G. , & Hevey, C. (2000). Parental resources and transition to junior high. *Journal of Research on Adolescence*, 10:466 - 488.

Gross, E. F. (2004). Adolescent internet use, what we expect, what teens report. *Applied Developmental Psychology*, 25:633 - 649.

Gross, E. F. , Juvonen, J. , & Gable, S. L. (2002). Internet use and well-being in adolescence. *Journal of Social Issues* 58:75 - 90.

Grotevant, H. (1998). Adolescent development in family contexts. In N. Eisenberg (Ed), *Handbook of Child Psychology: Vol. 3, Social, emotional and personality development* (5th ed. , pp. 1097 - 1149). New York: Wiley.

Häggström-Nordin, E. , Sandberg, J. , Hanson, U. , & Tydén, T. (2006). 'It's everywhere! ' Young Swedish people's thoughts and reflections about pornography. *Scandinavian Journal of Caring Science*, 20:386 - 393.

Hall, A. S. & Parsons, J. (2001). Internet addiction: College student case study using best practices in cognitive behavior therapy. Journal of Mental Health Counseling, 23(4):312 - 327.

Hamburger, Y. & Ben-Artzi, E. (2000). The relationship between extraversion and neuroticism and the different use of the internet. *Computer in Human Behavior*, 16:441 - 449.

Harré, R. , & Van Langenhove, L. (1991). Varieties of positioning. *Journal for the Theory of Social Behaviour*, 21:393 - 408.

Harris, P. , Brown, E. , Marriot, C. , Whitehall, S. , & Harmer, S. (1991). Monsters, ghosts, and witches: Testing the limits of the fantasy-reality distinction in young children. *British Journal of developmental Psychology*, 9:105 - 123.

Harter, S. (1996). Developmental changes in self-understanding across the 5 to 7 shifts. In A. J. Sameroff & M. M. Haith (Eds), *The five to seven years shift* (pp. 207 - 236). Chicago: University of Chicago Press.

Harter, S. (2003). The development of self-representations during childhood and adolescent. In M. R. Leary & J. P. Tangney (Eds.), *Handbook of self and identity* (pp. 610 - 642). New York: Guilford.

Harter, S. , Waters, P. , & Whitesell, N. (1998). Relational self-worth: differences in perceived worth as a person across interpersonal contexts among adolescents. *Child Development*, 69:756 - 766.

Hartup, W. & Abecassis, M. (2004). Friends and enemies. In P. K. Smith & C. H. Hart (Eds.), *Blackwell handbook of childhood social development* (pp. 285 - 306). Malden, MA: Blackwell.

Hayne, S. C. & Rice, R. E. (1997). Attribution accuracy when using anonymity in group support systems. *International Journal of Human-Computer Studies*, 47:429 - 452.

Hermans, H. J. M. (1996). Voicing the Self: from information processing to dialogical interchange. *Psychological Bulletin*, 119(1):31 - 50.

Hoffman, D. L. & Novak, T. P. (1996), "Marketing in Hypermedia Computer-Mediated Environments: Conceptual Foundations," *Journal of Marketing*, 60 (7):50 - 68.

Hoffman, M L. (1981). Is altruism part of human nature? *Journal of Personality and Social Psychology*, 40:121 - 37.

Hoffman, M. L. (2000). *Empathy and moral development: Implications for caring and justice*. Cambridge, UK: Cambridge University Press.

Holman, E. & Silver, C. (1998). Getting "stuck" in the Past: Temporal Orientation And Coping with Trauma. *Journal of Personality and Social Psychology*, 74(5):1146 - 1163.

Holmbeck, G. , & Leake, C. (1999). Separation-individuation and psychological adjustment in late adolescence. *Journal of youth and adolescence*, 28(5):563 - 581.

Hsu, C. L. , &. Lu, H. P. (2004). Why Do People Play On-Line Games? An Extended TAM with Social Influences and Flow Experience. *Information & Management*, 41(7):853 - 868.

Hsu, M. H. & Chiu, C. M. (2004b). Predicting electronic service continuance with a decomposed theory of planned behaviour. *Behaviour & Information*, 23(5):359 - 374.

Hsu, M. H. & Chiu, C. . M. (2004a). Internet self-efficacy and electronic service acceptance. *Decision Support Systems*, 38:369 - 381.

Iakushina, E. (2002). Adolescents on the internet: The specific character of information interaction. *Russian Education and Society*, 44(11):81 - 95.

Jacobson, K. & Crockett, L. (2000). Parental monitoring and adolescent adjustment: An ecological perspective. *Journal of Research on Adolescence*, 10:65 - 97.

Jaffee, S. R. & Hyde, J. S. (2000). Gender differences in moral orientation: A meta-analysis. *Psychological Bulletin*, 126:703 - 706.

Jarvenpaa, S. L. , Tractinsky, N. , & Vitale, M. (2000). Consumer trust in an internet store. *Information Technology and Management*, 1(1 - 2):45 - 71.

Johnson L. N. , Ketring S. A. , & Abshire C. (2003). The Revised Inventory Of Parent Attachment: Measuring Attachment In Families. *Contemporary Family Therapy*, 25(3):333 - 347

Johnston, L. , Bachman, J. , & O'Malley, P. (1997). *Monitoring the Future*. Ann Arbor: University of Michigan.

Joiner, R. , Brosnan, M. , Duffield, J. , Gavin, J. & Maras, P. (2007). The relation between Internet identification, Internet anxiety and Internet use. *Computers in Human Behavior*, 23: 1408 - 1420.

Joinson, A. (1998). Causes and implications of disinhibited behavior on the Internet. In J. Gackenbach (Ed.), *Psychology and the Internet: intrapersonal, interpersonal, and transpersonal implications* (pp. 43 - 60). San Diego: Academic Press.

Joinson, A. (1999). Causes and implications of disinhibited behavior on the internet. In J. Gackenbach (Ed.), *Psychology and the internet: intrapersonal, interpersonal, and transpersonal implications* (pp. 43 - 60). San Diego, CA: Academic Press.

Joinson, A. N. (1999). Social Desirability, Anonymity and Internet-based questionnaires. *Behavior Research Methods*, *Instruments and Computers*, 31 (3):433 - 438.

Joinson, A. N. (2001). Self-disclosure in computer-mediated communication: The role of self-awareness and visual anonymity. *European Journal of Social Psychology*, 31:177 - 192.

Joinson, A. N. (2003). *Understanding the Psychology of Internet Behavior: Virtual Worlds, Real Lives*. Basingstoke, Hampshire, UK: Palgrave Macmillian.

Jones, R. L. (2004). Biograpuies: Marian Anderson (1897 - 1993). Afrocentric Voices in "Classical" Music. Online. Available: http:// www. afrovoices. com.

Kail, R. (2004). Cognitive development includes global and domain-specific processes. *Merrill-Palmer Quarterly*, 50:445 - 455.

Kandell, J. J. (1998). Internet addiction on campus: The vulnerability of college students. *Cyberpsychology & Behavior*, 1(1):11 - 17.

Katz, E. , Blumler, J. G. , & Gurevitch, M. (1974). Utilization of Mass Communication by The Individual. In Blumler J. G. & Katz, E. (Eds.), *The uses of mass communications: Current perspectives on gratifications research*. Beverly Hills, CA: Sage.

Keough, A. , Zimbardo, G. , & Boyd, N. . (1999). Who's smoking, drinking, and using drugs? Time perspective as a Predictor of substance use. *Basic and Applied social psychology*, 21(2): 149 - 164.

Kiesler, S. , Lundmark, V. , & Zdaniuk, B. (1998). *Troubles with the Internet: The dynamics of help at home*. Unpublished manuscript. Carnegie Mellon University.

Kiesler, S. (ed.) (1997). *Culture of the Internet*. Mahwa, NJ: Lawrence Erlbaum.

Kiesler, S. , Siegal, J. , & McGuire, T. W. (1984). Social Psychological Aspects of Computer-Mediated-Communication. *American Psychologist*, 39(10):1123 - 1134.

Kim, J. E. & Moen, R. (2002). Is retirement good or bad for subjective well-being? *Current Directions in Psychological Science*, 10:83 - 86.

Koff, E. , Rierdan, J. , & Stubbs, M. L. (1990). Gender, body image, and self-concept in early adolescence. *Journal of Early Adolescent*, 10:56 - 68.

Kohlberg, L. (1966). A cognitive-developmental analysis of children's sex-role concepts and attitudes. In. E. E. Maccoby (Ed.), *The development of sex difference*. Stanford: Stanford University Press.

Kohlberg, L. & Ullian, D. (1974). Stages in the development of psychosexual concepts and

319

attitudes. In R. Friedman, R Richard, & R. Van Wiele (Eds.), *Sex differences in behavior*. New York: Wiley.

Korgaonkar, P. K. & Wolin, L. D. (1999). Amultivariate analysis of Web usage. *Journal of Advertising Research*. 39(2):53 – 68.

Kraut, R. & Kiesler, S. (Summer 2003). The Social Impact of Internet Use. *Psychological Science Agenda*.

Kraut, R., Patterson, M., Lundmark, V., Kiesler, S., Mukhopadhyay, T., & Scherlis, W. (1998). Internet paradox: A social technology that reduces social involvement and psychological well-being? *American Psychologist*, 53(9):1017 – 1031.

Kraut, R., Kiesler, S., Boneva, B., Cummings, J., Helgeson, V., & Crwford, A. (2002). Internet paradox revisited. *Journal of Social Issues* 58:49 – 74.

Kraut, R., Patterson, M., & Lundmark, V., et al. (1998). Internet paradox: a social technology that reduces social involvement and psychological well-being? *American Psychologist*, 53:1017 – 1031.

Kroger, J. (2005). *Identity in adolescence: The balance between self and other*. New York: Routledge.

Kuhn, D. (1999). Metacognitive development. *Current Directions in Psychological Science*, 9: 178 –181.

Laible D. J., Carlo G., & Raffaelli M. (2000) The Differential Relations of Parent and Peer Attachment to Adolescent Adjustment. *Journal of Youth and Adolescence*, 29:45 – 59.

Laible, D. J. & Thompson, R. A. (2000). Mother-child discourse, attachment security, shared positive affect, and early conscience development. *Child Development*, 71:1424 – 1440.

Landers, R. N. & Lounsbury, J. W. (2006). An investigation of Big Five and narrow personality traits in relation to Internet usage. *Computers in Human Behavior*, 22(2):283 – 293.

Lanthier, R. & Windham, R. C. (2004). Internet use and college adjustment: the moderating role of gender. *Computers in Human Behavior*, 20(5):591 – 606.

Lapsley, D. & Rice, K. (1988). The "new look" at the imaginary audience and personal fable: Toward a general model of adolescent ego development. In: Lapsley D, Power F. *Self, ego, and identity: Integrative approaches* (pp. 109 – 129). New York: Springer.

Lapsley, D. & Edgerton, J. (2002). Separation-individuation, adult attachment style, and college adujustment. *Journal of counseling and development*, 80:484 – 492.

Lapsley, D., Jackson, S., & Rice, K. (1988). Self-monitoring and the "new look" at the imaginary audience and personal fable: An ego-developmental analysis. *Journal of Adolescent Research*, 3(1):17 – 31.

Lapsley, D. K. (1991). Egocentrism theory and the "new look" at the imaginary audience and personal fable in adolescence. In Lerner, R. M., Petersen, A. C. & J. Brooks-Gunns (Eds.), *Encyclopedia of adolescence* (281 – 286), New York: Garland.

Lapsley, D. K. (1993). Toward an integrated theory of adolescent ego development: The "new look" at adolescent egocentrism. *American Journal of Ortho psychiatry*, 63:562 – 571.

LaRose, R., & Eastin, M. S. (2004). A social cognitive theory of Internet uses and gratifications: Toward a new model of media attendance. *Journal of Broadcasting & Electronic Media*, 48(3): 358 – 377.

LaRose, R., Eastin, M. S., & Gregg, J. (2001) Reformulating the Internet paradox: Social cognitive explanations of Internet use and depression. *Journal of Online Behavior*, 1 (2), From the World Wide Web: http://www. behavior. net/JOB/v1n1/paradox. Html.

LaRose, R., Mastro, D., & Eastin, M. S. (2001). Understanding Internet Usage: A Social-Cognitive Approach to Uses and Gratifications. *Social Science Computer Review*, 19(4):395 – 413.

Larson, R. & Richards, M. (1994). *Divergent realities: The emotional lives of mothers, fathers, and adolescents*. New York: Basic Books.

Larson, R., Richards, M., Moneta, G., Holmbeck, G., & Duckett, E. (1996). Changes in adolescent daily interactions with their families from ages 10 to 18: Disengagement and transformation. *Developmental Psychology*, 32:747 – 754.

Lea, M., O'Shea, T., Fung, P., & Spears, R. (1992). "Flaming" in computer- mediated-communication: Observations, explanations, implications. In M. Lea, (Ed.). *Contexts of Computer-Mediated Communication*. Harvester-Wheatsheaf, London, UK.

Lea, M., Spears, R., & De Groot, D. (2001). Knowing me, knowing you: Anonymity effects on social identity processes within groups. *Personality and Social Psychology Bulletin*, 27:526 – 537.

Lee, H. (2005). Behavioral strategies for dealing with flaming in an online forum. *The sociological quarterly*, 46(2):385 – 403.

Lee., S-J, (1999). Development of a Self-presentation Tactics Scale, *In Personality and Individual Difference*, 26(4):701 – 722.

Leondari, A. & Kiosseoglou, G. (2000) The Relationship of Parental Attachment and Psychological Separation to the Psychological Functioning of Young Adults. *The Journal of Social Psychology*, 140;451 – 464.

Leung, L. (2002). Loneliness, Self-Disclosure, and ICQ ("I Seek You") Use. *Cyberpsychology & Behavior*, 5(3);241 – 51.

Li, D. M. & Lei, L. (2008). The Deviant Behaviors on the Internet among Chinese Adolescents. In S. Hall & M. Lewis (ed.), *Education in China: 21st Century Issues and Challenges*. Yew York: NOVA.

Lian, J. W. & Lin, T. M. (2008). Effect of consumer characteristics on their acceptance of online shopping: components among different product types,*Computers in Human Behavior* 24;48 – 65.

Limayem, M. , Khalifa, M. & Frini, A. (2000). What makes consumers buy from internet? A longitudinal study of online shopping. *IEEE Transactions on Systems, Man and Cybernetics-Part A: Systems and Humans*, 30(4);421 – 432.

Lin, C. A. (2001). Audience Attributes, Media Supplementation, and Likely Online Service Adoption. *Mass Communication and Society*, 4(1);19 – 38.

Luo, Q. , Fang, X. , & Aro, P. (1995, March). *Selection of best fiends by Chinese adolescents*. Paper presented at the meeting of the Society for Research in Child Development, Indianapolis.

Luthar, S. S. (1991). Vulnerability and resilience: a study of high-risk adolescents. *Child Development*, 62;600 – 616.

Lynch, M. E. (1991). Gender intensification. In R. M. Lerner, A. C. Petersen, & J. Brooks-Gunn (Eds.), *Encyclopedia of adolescence* (Vol. 1). New York: Garland.

Maccoby, E. & Martin, J. (1983). Socialization in the context of the family: Parent-child interaction. In P. Mussen, *Handbook of child psychology: Vol. 4. Socialization, personality, and social development* (pp. 1 – 101). New York: Wiley.

Madden, M. (2003). America's online pursuits: The changing picture of who's online and what they do. Retrieved October, 27, 2004. Available from the Pew Internet & American Life Project website http://www. pewinternet. org.

Marcia, J. E. (1980). Identity in adolescent. In J. Adelson (Ed.), *Handbook of adolescent psychology*. New York: Wiley.

Marcia, J. E. (1991). Identity and self-development. In R. M. Lerner, A. C. Petersen, & J. Brooks-Gunn (Eds.), *Encyclopedia of adolescence* (Vol. 1). New York: Garland.

Matheson, K. , & Zanna, M. (1988). Impact of computer-mediated communication on self-awareness. *Computers in Human Behavior*, 4;221 – 233.

Matusitz, J. (2005). Cyberterrorism. American Foreign Policy Interests.

McKenna, K. Y. & Bargh, J. A. (2000). Plan 9 from cyberspace: the implications of the Internet for personality and social psychology. *Personality and Social Psychology Review*, 4;57 – 75.

McKenna, K. Y. A. , Green, A. S. , & Gleason, M. E. J. (2002). Relationship formation on the Internet: what's the big attraction? *Journal of Social Issues* 58;9 – 31.

Mckenna, Y. A. & Bargh, A. (1998). Coming out in the age of Internet Identity "Demarginalization" through Virtual Group Participation. *Journal of Personality and Social Psychology*, 3(75);686 – 694.

Meeus, W. , Iedema, J. , Maassen, G. , & Engels, R. (2005). Separation-individuation revisited: on the interplay of parent-adolescent relations, identity and emotional adjustment in adolescence. *Journal of Adolescence*, 28;89 – 106.

Meyer, D. & Russell, R. (1998). Caretaking, separation from parents, and the development of eating disorders. *Journal of counseling and development*,76(2);166 – 173.

Meyrowitz, J. (1985). No Sense of Place. NewYork: Oxford University Press.

Mitchell, K. J. , Becker-Blease, K. A. , & Finkelhor, D. (2005). Inventory of Problematic Internet Experiences Encountered in Clinical Practice. *Professional Psychology: Research and Practice*, 5 (36);498 – 509.

Mitchell, K. J. , Finkelhor, D. , & Wolak, J. (2004). Victimization of Youths on the Internet. New York, NY: *The Haworth Maltreatment and Trauma Press*.

Mitchell, P. (2000). Internet addiction: Genuine diagnosis or not? *Lancet*, 55 – 632

Moffitt, T. , Caspi, A. , Harrington, H. , & Milne, B. (2002). Males on the life-course-persistent and adolescence- limited antisocial pathways: Follow-up at age 26 years. *Development and Psychopathology*, 14;179 – 20.

Montemayor, R. & Flannery D. J. (1991). Parent-adolescent Relations in Middle to Late Adolescence. In R. Lerner. , A. Petersen. , & J. Brooks-Gunn (Eds.), *Encyclopedia of Adolescence* (729 – 734). New York: Garland.

Morahan-Martin, J. & Schumacher, P. (2000). Incidence and correlates of pathological Internet use among college student. *Computer in Human Behavior*, 16;13 – 29.

Morahan-Martin, J. & Schumacher, P. (2003). Loneliness and social uses of the Internet. *Computers in Human Behavior*, 19;659 – 671.

Moshman, D. (2005). *Adolescent psychological development: Rationality, morality and identity* (2nd ed.). Mahwah, NJ: Erlbaum.

Nakano, K. (2001). Psychometric evaluation on the Japanese adaptation of the Aggression Questionnaire. *Behavior Research and Therapy*, 39:853–858.

Nguyen, S. P. & Gelman, S. A. (2002). Four and 6-year olds' biological concept of death: The case of plants. *British Journal of Developmental Psychology*, 20:495–513.

Nickerson, A. B. & Nagle, R. J. (2004). The Influence of Parent And Peer Attachments on Life Satisfaction In Middle Childhood And Early Adolescence. *Social Indicators Research*, 66:35–60.

Niemz, K., Griffiths, M., & Banyard, P. (2005). Prevalence of pathological internet use among university students and correlation with self-esteem, the general health questionnaire (GHQ), and disinhibition. *CyberPsychology & Behavior*, 8(5):562–570.

Novak, T. P., & Hoffman, D. L. (1997, March). *Modeling the structure of the Flow experience among web users.* Paper presented at the INFORMS Marketing Science and the Internet Mini-Conference, MIT, MA.

Novak, T. P. Hoffman, D. L., & Yung, Y F. (2000). Measuring the Customer Experience in Online Environments: A Structural Modeling Approach. *Marketing Science*, 19(1):22–42.

O'Connor B. (1995). Identity development and perceived parental behavior as sources of adolescent egocentrism. *Journal of Youth and Adolescence*, 24(2):205–227.

O'Koon, J. (1997). Attachment to Parents and Peers in Late Adolescence and Their Relationship with Self Image. *Adolescence*, 32:471–482.

Orleans, M. & Laney, C. (2000). Child computer use in the home: solation or sociation. *Social Science Computer Review*, 1(18):56–72.

Papacharissi, Z., & Rubin, A. M. (2000). Predictors of Internet use [Electronic version]. *Journal of Broadcasting and Electronic Media*, 44:175–196.

Park, C. W. & Lessig, V. P. (1977). Students and housewives: Difference in susceptibility to reference group influence. *Journal of Consumer Research*, 4(3):102–110.

Parks, M. & Floyd, K. (1996). Making friends in cyberspace. *Journal of Communication*, 46: 80–97.

Parks, M. & Roberts, L. (1998). Making Moosic: The development of personal relationships on-line and a comparison to their off-line counterparts. *Journal of Social and Personal Relationships*, 15:517–537.

Paula, M. B. & Jane, H. (2001) Attachment Relationships as Predictors of Cognitive Interpretation and Response Bias in Late Adolescence. *Journal of Child and Family Studies*, 10(1):51–64.

Pearce, J. M., Ainley, M., & Howard, S. (2004). The ebb and Flow of online learning. *Computers in Human Behavior*, 21(5):745–771.

Pennebaker, J. W., Mayne, T., & Francis, M. (1997). Linguistic predictors of adaptive bereavement. *Journal of Personality and Social Psychology*, 72:863–871.

Peris, R., Gimeno, M. A., Pinazo, D., Ortet, G., Carrero, V., Sanchiz, M., & Ibanez, I. (2002). Online Chat Rooms: Virtual Spaces of Interaction for Socially Oriented People. *CyberPsychology & Behavior*. 5(1):43–50.

Peter, J., Valkenburg P. M., & Schouten A. P. (2005) Developing a Model of Adolescent Friendship Formation on the Internet. *Cyberpsychology & Behavior*, 8(5):423–430.

Peter, J., Valkenburg, P. M., & Schouten, A. P. (2006). Precursors of adolescents' use of visual and audio devices during online communication. Computers in Human Behavior, 04:1–15.

Petersen, A. & Crockett, L. (1985). Pubertal timing and grade effects on adjustment. *Journal of Youth and Adolescents*, 14:191–206.

Peterson, K. & Roscoe, B. (1991). Imaginary audience behavior in older adolescent females. *Adolescence.* 26(101):195–200.

Peterson, R. A., Balasubramanian, S., & Bronrenberg, B. J. (1997). Exploring the implications of the internet for consumer marketing. *Journal of Academy of Marketing Science*, 25(4):329–346.

Pires, G., Stanton, J. & Eckford, A. (2004) Influence on the perceived risk of purchasing online. *Journal of Consumer Behavior.* 4(2):118–131.

Pleck, J. H. (1984). The theory of male role identity: Its rise and fall, 1936 to the present. In *Lewn (ed.) In the shadow of the past: Psychology portrays the sexes.* New York: Columbia University Press, 205–225.

Presno, C. (1998). Taking the byte out of Internet anxiety: instructional techniques that reduce computer/Internet anxiety in the classroom. *Journal of Educational Computing Research*, 18 (2):147–161.

Quintana, S. & Kerr, J. (1993). Relational needs in late adolescent separation-individuation. *Journal of counseling and development.* 71:349–546.

Reicher, S. D. (1984). Social influence in the crowd: attitudinal and behavioural effects of deindividuation in conditions of high and low group salience. *British Journal of Social*

Psychology, 33:145 – 163.

Reicher, S. D. & Levine, M. (1994). Deindividuation, Power Relations between Groups and the Expression of Social Identity: The Effects of Visibility to the Out-group. *British Journal of Social Psychology*, 33(2):145 – 163.

Rice, P. & Dolgin, K. (2002). *The adolescent: Development, relationships, and culture* (10th ed.). Needham Heights: Allyn and Bacon.

Rice, R. E. (2006). Influences, usage, and outcomes of internet health information searching: multivariate results from the Pew surveys. *International Journal of Medical Informatics*, 75(1):8 – 28.

Richards, M. & Larson, R. (1993). Pubertal development and the daily subjective states of young adolescents. *Journal of Research on Adolescence*, 3:145 – 169.

Riva, G. (2001). The Mind Over the Web: The Quest for the Definition of a Method for Internet Research. *Cyber Psychology and Behavior*, 4(1):141 – 158.

Riva, G. (2002). The Sociocognitive Psychology of Computer-Mediated Communication: The Present and Future of Technology-Based Interactions. *Cyber Psychology and Behavior*, 5(6):581 –598.

Riva, G. & Galimberti, C. (1997). The psychology of cyberspace: a socio-cognitive framework to computer mediated communication. *New Ideas in Psychology*, 15:141 – 158.

Riva, G. & Galimberti, C. (1998a). Interbrain frame: Interaction and cognition in computer-mediated communication. *CyberPsychology & Behavior*, 1(3):295 – 310.

Riva, G. & Galimberti, C. (1998b). Computer-mediated communication: Identity and social interaction on an electronic environment. *Genetic, Social and General Psychology Monographs*, 124(4):434 – 464.

Roberts, L. D. , Smith, L. M. , & Pollack, C. (1996). *A model of social interaction via computer-mediated communication in real-time text-based virtual environments*. Paper presented at the annual meeting of the Australian Psychological Society, Sydney, Australia.

Robinson, L. (2007). The cyberself: the self-ing project goes online, symbolic interaction in the digital age. *New Media & Society*, (9):93 – 110.

Rocheleau, B. (1995) Computer use by school-age children: Trends, patterns and predictors. *Journal of Educational Computing Research*, 1:1 – 17.

Rodríguez-Sánchez, A. M. , Schaufeli, W. B. , Salanova, M. , & Cifre, E. (2008). Flow experience among information and communication technology users. *Psychological reports*, 102(1):29 – 39.

Rogers, M. K. (Ed.). (2001). A Social Learning Theory and Moral Disengagement Analysis of Criminal Computer Behavior: an Exploratory Study.

Rogers, C. (1951). *Client-centered therapy*. Boston: Houghton-Mifflin.

Rouse, S. V. , & Haas, H. A. (2003). Exploring the accuracies and inaccuracies of personality perception following Internet-mediated communication. *Journal of Research in Personality*, 37:446 – 467.

Rubin, A. M. (2002). The uses-and-gratifications perspective of media effects. In J. Bryant & D. Zillmann (Eds.), *Media effects: Advances in theory and research* (2nd ed. , pp. 525 – 548). Mahwah, NJ: Erlbaum.

Rudolph, D. , Lambert, S. , Clark, A. , & Kurlakowsky, K. (2001). Negotiating the transition to middle school: The role of self-regulatory processes. *Child Development*, 72:929 – 946.

Ruggerio, T. E. (2000). Uses and gratifications theory in the 21st century. *Mass Communication and Society*, 3(1):3 – 37.

Rycek, R. , Stuhr, S. , & McDermott, J. , et al. (1998). Adolescent egocentrism and cognitive functioning during late adolescence. *Adolescence*, 33(132):745 – 749.

Saarikallio, S. , & Erkkilä, J. (2007). The role of music in adolescents' mood regulation. *Psychology of Music*, 35(1):88 – 109.

Sandberg, D. , Meyer-Bahlburg, H. , Ehrhardt, A. , & Yager, T. (1993). The prevalence of gender-atypical behavior in elementary school children. *Journal of the American Academy of Child and Adolescent Psychiatry*, 32:306 – 314.

Schachter, S. (1959). *The psychology of affiliation: experimental studies of the sources of gregariousness*. Palo Alto, CA: Stanford University Press.

Schneider, W. & Pressley, M. (1997). *Memory development between two and twenty* (2nd ed.). Mahwah: Erlbaum.

Schramm, W. , Lyle, J. , & Parker, E. (1961). *Television in the lives of our Children*. Standford, CA: Standford University Press.

Seidman, E. , Aber, J. , & French, S. (2004). Assessing the transitions to middle and high school. *Journal of Adolescent Research*, 19:3 – 30.

Seidman, E. , Lambert, L. Allen, L. , & Aber, J. (2003). Urban adolescents' transition to junior high school and protective family transactions. *Journal of Early Adolescence*, 23:166 – 193.

Sesma, A. (2000, April). *Friendship intimacy adversity and psychological well-being in adolescence*. Paper presented at the meeting of the Society for Research on Adolescence, Chicago.

Shaw, L. H. & Gant, L. M. (2002). In defence of the Internet: The relationship between Internet communication and depression, loneliness, self-esteem, and perceived social support. *Cyberpsychology & Behavior*, 5:157–171.

Short, J., Williams, E., & Christie, B. (1976). *The social Psychology of Telecommunications*. London: Wiley.

Siegel, A. & Scovill, L. (2000). Problem behavior: The double symptom of adolescence. *Development and Psychopathology*, 12:763–793.

Silbereisen, R. & Kracke, B. (1997). Self-reported maturational timing and adaptation in adolescence. In J. Schulenberg, J. L. Maggs, & K. Hurrelmann (Eds.), *Health risks and developmental transitions during adolescence* (85–109). Cambridge, UK: Cambridge University Press.

Sin, L. & Tse, A. (2002). Profiling internet shoppers in Hong Kong: demographic, psychographic, attitudinal and experiential factor. *Journal of interactive marketing*, 15(1):7–29.

Skadberg, Y. X. & Kimmelm, J. R. (2004) "Visitors' Flow Experience while Browsing a Web Site: Its Measurement, Contributing Factors and Consequences," *Computers in Human Behavior*, 20(3):403–422.

Skitka, L. J. & Sargis, E. G. (2006). The Internet as psychological laboratory. *Annual Review of Psychology*, 57:529–555.

Song, I., Larose, R., Eastin, M. S., & Lin, C. A. (2004). Internet gratifications and Internet addiction: on the uses and abuses of new media. *Cyber Psychology & Behavior*, 7:384–394.

Spears, R., & Lea, M. (1994). Panacea or Panopticon? The hidden power in computer-mediated communication. *Communication Research*, 21:427–459.

Spears, R., Lea, M., & Lee, S. (1992). Social Influence and the Influence of the "Social" in Computer-mediated Communication. In Lea M (Ed.), *Contexts of Computer-mediated Communication*. London: Harvester-Wheatsheaf, 30–65.

Spitzberg, B. H. (1989). Issues in the development of a theory of interpersonal competence in the intercultural context. *International Journal of Intercultural Relations*, 13:241–268.

Spitzberg, B. H. (2000b). A model of intercultural communication competence. In L. Samovar & R. Porter (Eds.), *Intercultural communication: A reader* (pp. 375–387). Belmont: Wadsworth Publishing.

Spitzberg, B. H. (2006). Preliminary development of a model and measure of computer-mediated communication (CMC) competence. *Journal of Computer-Mediated Communcation*, 11(2): article 12. http://jcmc.indiana.edu/vol11/issue2/spitzberg.html.

Spitzberg, B. H. (2000a). What is good communication? *Journal of the Association for Communication Administration*, 29:103–119.

Sproull, L. & Kiesler, S. (1991). *Connections: New ways of working in the networked organization*. Cambridge, MA: MIT Press.

Stein, J. H. & Reiser, L. W. (1994). A study of white middle-class adolescent boys' responses to "semenarche" (the first ejaculation). *Journal of Youth and Adolescence*, 23:373–384.

Steinberg, L. & Silverberg, S. (1986). The vicissitudes of autonomy. *Child Development*, 57: 841–851.

Steinberg, L. (1990). Autonomy, conflict, and harmony in the family relationship. In S. Feldman & G. Elliott (Eds.), *At the threshold: The developing adolescent* (255–276). Cambridge, MA: Harvard University Press.

Steinberg, L. (1999). *Adolescence* (5th ed.). Boston: McGraw-Hill.

Stoll, C. (1995). *Silicon Snake Oil*. NEW YORK: Doubleday.

Subrahmanyam, K., Greenfield, P., Kraut & Gross, E. (2001). The impact of computer use on children's and adolescents' development. *Applied Developmental Psychology*. 22:7–30.

Suler, J. (2000). *Identity management in cyberspace*. From the World Wide Web: http://www.rider.edu.

Suler, J. R. (1999). To get what you need: healthy and pathological Internet use. *CyberPsychology & Behavior*, 2:385–393.

Suler, J. R. (2004). *Adolescents in cyberspace, the good, the bad, and the ugly*. From the World Wide Web: http://www.rider.edu/~suler/psycyber/adoles.html.

Sun, S. (2008). An examination of disposition, motivation, and involvement in the new technology context. *Computers in Human Behavior*, doi:10.1016/j.chb.2008.03.016.

Suzuki, L. K. & Calzo, J. P. (2004). The search for peer advice in cyberspace: an examination of online teeen bulletin board about health and sexuality. *Applied Developmental Psychology*, 25: 685–698.

Swaminathan, V., Lepkowska-White, E., & Rao, B. P. (1999). Browers or buyers in cyberspace? An investigation of factors influencing electronic exchange. *Journal of Computer-Mediated*

324

Communication, 5(2).

Swickert, R. J. , Hittner, J. B. , Harris, J. L. , & Herring, J. A. (2002). Relationships among Internet use personality and social support. *Computers in Human Behaviour*, 18:437 – 451.

Talamo, A. & Ligorio, B. (2001). Strategic identities in cyberspace. *Cyber Psychology & Behavior*, 4(1):109 – 122.

Tapscott, D. (1998). *Growing up digital. The rise of the net generation*. From the World Wide Web: Http://www. growingupdigital. com.

Taylor, S. E. , Falke, R. L. , Shoptaw, S. J. , & Lichtman, R. R. (1986). Social support, support groups, and the cancer patient. *Journal of Consulting and Clinical Psychology*, 54:608 – 615.

Thatcher, J. B. , Loughry, M. L. , Lim, J. , & McKnight, D. H. (2007). Internet anxiety: An empirical study of the effects of personality, beliefs, and social support. *Information and Management*, 44:353 – 363.

Thompson, S. , Vivien, L. , & Raye, l. (1999). *Intrinsic and extrinsic motivation In Internet usage*. Omega, Int. Mgmt. Sci, 27:25 – 37.

Thomson, R. , Murachver, T. , & Green, J. (2001). Where is the Gender in Gendered Language? *Psychological Science*, 12(2):171 – 175.

Thornton, B. & Ryckman, R. M. (1991). Relationship between Physical Attractiveness, Physical Effectiveness, and Self-esteem A Cross-Sectional Analysis among Adolescents. *Journal of Adolescence*, 14:85 – 98.

Tremblay, R. E. , Nagin, D. S. , & Seguin, J. R. , et al. (2004) Physical aggression during early childhood: Trajectories and predictors. *Pediatrics*, 114:43 – 50.

Tsai, C. & Lin, S. (2001). Analysis of Attitudes toward Computer Networks and Internet Addiction of Taiwanese Adolescent. *CyberPsychology & Behavior*, 4(3):373 – 376.

Tsai, M. (2003). Information Searching Strategies in Web-based Science Learning: the Role of Internet Self-efficacy. *Innovations in Education and Teaching International*, 40(1):43 – 50.

Turiel, E. (2006). The development of morality. In W. Damon, & R. M. Lerner (Eds.), *Handbook of child psychology* (Vol. 3, 6th ed.). New York: Wiley.

Turkle, S. (1995). *Life on the screen: Identity in the age of the Internet*. New York: Simon & Schuster.

Turkle, S. (1996). Virtuality and its discontents: searching for community in cyberspace. *The American Prospect*, 24:50 – 57.

Tuten, T. L. & Bosnjak, M. (2001). Understanding differences in web usage: The role of need for cognition and the five factor model of personality. *Social Behavior and Personality*, 29(4):391 – 398.

Valkenburg, P. M. , Schouten, A. P. , & Peter, J. (2005). Adolescents' identity experiments on the Internet. *New Media & Society*, 7(3):383 – 402.

Vartanian, L. (1997). Separation-individuation, social support, and adolescent egocentrism: an exploratory study. *Journal of Youth and Adolescence*, 17(3):245 – 270.

Vartanian, L. & Saarnio, D. (1995). *Towards an understanding of imaginary audience and personal fable*. Poster session presented at the biennial meeting of the Society for Research in Child Development, Indianapolis, IN.

Vazsonyi, A. , Hibbert, J. , & Snider, J. (2003). Exotic enterprise no more? Adolescent reports of family and parenting processes from youth in four countries. *Journal of Research on Adolescence*, 13:129 – 160.

Wade, T J. , & Cooper, M. (1999). Sex Differences in the Links between Attractiveness, Self-Esteem and the Body. *Personality and Individual Differences*, 27:1047 – 1056.

Wagnild, G. M. & Young, H. M. (1993). Development and psychometric evaluation of the Resilience Scale. *Journal of Nursing Measurement*, 1(2):165 – 178.

Walczuch, R. & Lundgren, H. (2004). Psychological antecedents of institution-based consumer trust in e-retailing. *Information & management*, 42:159 – 177.

Wall, D. S. (1998). Catching Cybercriminals: Policing the Internet. *International Review of Law, Computers & Technology*, 12(2):201 – 218.

Walther, J. (1999). *Communication addiction disorder: Concern over media, behavior and effects*. Paper presented at the meeting of the American Psychological Association, Boston.

Walther, J. B. (1996). Computer-mediated communication: Impersonal, interpersonal, and hyperpersonal interaction. *Communication Research*, 23(1):3 – 43.

Walther, J. B. (2007). Selective Self-presentation in Computer-mediated Communication: Hyperpersonal Dimensions of Technology, Language, and Cognition. *Computers in Human Behavior*, 23(5):2538 – 2557.

Waskul, D. & Douglass, M. (1997). Cyberself: The emergence of self in online chat. *The Information society*, 13(4):375 – 396.

Weinberg, N. , Uken, J. S. , Schmale, J. , & Adamek, M. (1995). Therapeutic factors: presence

325

in a computer mediated support group. *Support Work with Groups*, 18:57 – 69.

Weisband, S. & Atwater, L. (1999). Evaluating self and others in electronic and face-to-face groups. *Journal of Applied Psychology* 84:632 – 639.

Welhnan, B. , Quan, A. , & Witte, J. , et al. (2001). Does the internet increase, decrease or supplement social capital? Social networks, particioation and community commitment. *American Behavioral Scientist*, 45:436 – 455.

Wenger, E. (1998). *Communities of practice. Learning, meaning, and identity*. Cambridge: Cambridge University Press.

Werner, E. E. & Smith, R. (1992). *Overcoming the odds: High risk children from birth to adulthood*. Ithaca, N Y: Cornell University Press.

Wheeler, L. & Reis, H. T. (1991) "Self-Recording of Everyday Life Events: Origins, Types, and Uses," *Journal of Personality*, 59(3):339 – 354.

Whitty, M. T. & McLaughlin, D. (2007). Online recreation: The relationship between loneliness, Internet self-efficacy and the use of the Internet for entertainment purposes. *Computers in Human Behaviour*, 23:1435 – 1446.

Wilfong, J. D. (2006). Computer anxiety and anger: the impact of computer use, computer experience, and self-efficacy beliefs. *Computers in Human Behavior*, 22:1001 – 1011.

Williams, D. & Skoric, M. (2005). Internet Fantasy Violence: A Test of Aggression in an Online Game. *Communication Monographs*, 2(72):217 – 233.

Williams, J. M. & Dunlop, L. C. (1999). Pubertal timing and self-reported delinquency among male adolescents. *Journal of Adolescence*, 22:157 – 171.

Williams, K. D. & Karau, S. J. (1991). Social Loafing and Social Compensation: The Effects of Expectations of Co-Worker Performance. *Journal of Personality and Social Psychology*, 61(4): 570 – 581.

Williams, S. & Dale, J. (2006). The effectiveness of treatment for depression/depressive symptoms in adults with cancer: A systematic review. *British Journal of Cancer*, 94:372 – 390.

Wills, A. , Sandy, M. , & Yaeger, A. (2000). Temperament and Adolescent Substance Use: An Epigentic Approach to Risk and Protection. *Journal of Personality*, 68(6):1128 – 1151.

Wills, A. , Sandy, M. , & Yaeger, A. (2001). Time Perspective and Early-Onset Substance Use: A Model Based on Stress-Coping Theory. *Psychology of Addictive Behaviors*, 15(2):118 – 125.

Wirth, W. , Böcking, T. , Karnowski, V. , & Pape, V. T. (2007). *The WEBNAS Method: A Holistic Approach to the Analysis of Web Navigating and Searching Behavior*. Manuscript submitted for publication. (Retrievable on http://medienrezeption. ch/cms/en/project/detail/8.

Wolak, J. , Mitchell, K. J. M. , & Finkelhor, D. (2007). Does Online Harassment Constitute Bullying? An Exploration of Online Harassment by Known Peers and Online-Only Contacts. *Journal of Adolescent Health*, 41(6):51 – 58.

Yang, C. & Wu, C-C. (2007). Gender and Internet Consumers' Decision-Making. *Cyberpsychology & Behavior*, 10(1):86 – 91.

Yang, S. C, & Tung, C. J. (2007). Comparison of Internet addicts and non-addicts in Taiwanese high school. *Computers in Human Behavior*,23(1):79 – 96.

Ybarra, M. (2004). Linkages between depressive symptomatology and internet harassment among young regular internet users. *Cyberpsychology and Behavior*, 7(2):247 – 257.

Ybarra, M. , Alexander, C. , & Mitchell K. (2005). Depressive symptomatology, youth Internet use, and online interactions: a national survey. *Journal of adolescent health*. 36:9 – 18.

Young, K. S. (1997). What makes the Internet addictive: Potential explanations for pathological Internet use. Paper presented at the 105th American Psychological Association.

Young, K. S. (1998). Internet addiction: The emergence of a new clinical disorder. *Cyberpsychology Behavior*, 1(3):237 – 244.

Young, K. S. (2001). *Tangled in the Web: Understanding cybersex from fantasy to addiction*. Bloomington, IN: Authorhouse.

Young, K. S. & Klausing, P. (2007). *Breaking free of the Web: Catholics and Internet addiction*. Cincinnati, OH: St. Anthony's Messenger Press.

Young, K. S. , Pistner, M. , O' Mara, J. , & Buchanan, J. (1999) Cyber-disorders: The mental health concern for the millennium. *CyberPsychology and Behavior*, 2(5):475 – 479.

Young, K. , Cooper, A. , Griffin-Shelley, E. , O'Mara, J. , & Buchanan, J. (2000). Cyber sex and infidelity online: Implications for evaluation and treatment. *Sexual Addiction and Compulsivity*, 7(1):59 – 74.

Young, M. H. , Miller, B. C. , Norton, M. C. , & Hill, E. J. (1995). The Effect of Parental Supportive Behaviors on Life Satisfaction of Adolescent Offspring. *Journal of Marriage and the Family*, 57:813 – 822.

Yunger, J. L. , Carver, P. R. , & Perry, D. G. (2004). Does gender identity influence children's psychological well-being? *Developmental Psychology*, 40:572 – 582.

Zhou, L. , Dai, L. W. , & Zhang, D. S. (2007). Online shopping acceptance model-A critical survey of consumer factors in online shopping. *Journal of Electronic Commerce Research*, 8(1): 41-62.

Zimbardo, G. & Boyd, N. (1999). Putting Time in Perspective: A Model Reliable Individual-Difference Metric. *Journal of Personality and Social psychology*, 72(6):1271-1288.

Zimbardo, P. G. (1969). The Human Choice: Individuation, Reason, and Order versus De-individuation, Impulse, and Chaos. In Arnold W J, Levine D (Ed.), *Nebraska Symposium on Motivation*. Lincoln: University of Nebraska Press, 1969:237-307.

Zweigenhaft, R. L. (2008). A Closer Look at the Personality Correlates of Music Preferences. *Journal of Individual Differences*, 29(1):45-55.

Zywica, J. & Zywica, J. (2008). The Faces of Facebookers: Investigating Social Enhancement and Social Compensation Hypotheses; Predicting Facebook™ and Offline Popularity from Sociability and Self-Esteem, and Mapping the Meanings of Popularity with Semantic Networks. *Journal of Computer-Mediated Communication*, 14(1):1-34.

附录　作者发表的与互联网有关的成果

1. 雷雳、马晓辉(2010)。青少年网络道德实证研究。《中国德育》,(5):5-8,16。

2. 冯丹、雷雳、廉思(2010)。"蚁族"青年网络行为的特点及成因。《中国青年研究》,(2):25-29,97。

3. 崔丽霞、雷雳、刘亚男(2010)。大学生网络和当面咨询态度的比较研究。《心理发展与教育》,26(1):81-86。

4. 郭菲、雷雳(2009)。初中生假想观众、个人神话与其互联网社交的关系。《心理发展与教育》,25(4):43-49,62。

5. 雷雳(2009)。网络游戏沉迷的家庭预防与引导。收录于《青春 e 线(网络防沉迷系列辅导光盘)》。北京:北京师范大学音像出版社。

6. Lei, L. & Ma, X. H. (2009). The Types and Development of Adolescents' Prosocial Behaviors Online. In *Proceedings* 2009 1st *IEEE Symposium on Web Society*. IEEE press. 259-263.

7. 雷雳、郭菲(2009)。青少年的分离—个体化与其互联网娱乐偏好和病理互联网使用的关系。载于方卫平、刘宣文(主编),《2008 中国儿童文化研究年度报告(463-472)》(原载于《心理学报,2008 年 9 期》)。杭州:浙江少年儿童出版社。

8. 雷雳、伍亚娜(2009)。青少年的同伴依恋与其互联网使用的关系。《中国人民大学复印报刊资料·心理学》,11 期(原载于《心理与行为研究》,2009-2)。

9. 雷雳、郭菲(2009)。青少年的分离—个体化与其互联网娱乐偏好和病理互联网使用的关系。《中国人民大学复印报刊资料·心理学》,2 期,77-85(原载于《心理学报》,2008-9)。

10. 雷雳、伍亚娜(2009)。青少年的同伴依恋与其互联网使用的关系。《心理与行为研究》,7(2):81-86。

11. 张国华、伍亚娜、雷雳(2009)。青少年的同伴依恋、网络游戏偏好与"网络成瘾"的关系。《中国临床心理学杂志》,(3):354 - 356。

12. 李宏利、雷雳(2009)。目标设置理论在青少年互联网使用中的应用。《中小学信息技术教育》,(5):58 - 59。

13. 孟庆东、雷雳、马利艳(2009)。青少年的依恋与"网恋"的关系。《心理研究》,(2):75 - 80。

14. Li, D. M. & Lei, L. (2008). The Deviant Behaviors on the Internet among Chinese Adolescents. In S. Hall & M. Lewis (ed.), *Education in China: 21st Century Issues and Challenges*. New York: NOVA.

15. 雷雳、李冬梅(2008)。2007 年度青少年网络成瘾研究评述。载于方卫平、刘宣文(主编),《2007 中国儿童文化研究年度报告(511 - 515)》。杭州:浙江少年儿童出版社。

16. 雷雳、杨洋(2008)。青少年病理性互联网使用量表的编制与验证。载于方卫平、刘宣文(主编),《2007 中国儿童文化研究年度报告(490 - 500)》(原载于《心理学报》,2007 年 4 期)。杭州:浙江少年儿童出版社。

17. 雷雳、李冬梅(2008)。青少年网上偏差行为的研究。《中国信息技术教育》,10 期,5 - 11。

18. 雷雳、郭菲(2008)。青少年的分离—个体化与其互联网娱乐偏好和病理互联网使用的关系。《心理学报》,40(9):1021 - 1029。

19. Lei, L. & Hao, C. H. (2008). Online games, self-regulation and pathological internet use of Chinese early adolescents. *International Journal of Psychology*, 43(3 - 4):149 - 149.

20. Lei, L. & Ma, L. Y. (2008). Early adolescents' life events, instant messaging and pathological internet use. *International Journal of Psychology*, 43(3 - 4):149 - 149.

21. Guo, F. & Lei, L (2008). The imaginary audience, personal fable and pathological internet use of Chinese adolescents. *International Journal of Psychology*, 43(3 - 4):141 - 141.

22. Hao, C. H. & Lei, L. (2008). Life events, online games and pathological internet use of Chinese early adolescents. *International Journal of Psychology*, 43(3 - 4):141 - 141.

23. Hao, C. H. & Lei, L. (2008). Loneliness, self-regulation and pathological internet use of Chinese early adolescents. *International Journal of Psychol-*

ogy，43(3－4):141－141.

24. Liu，M. X.，Lei, L.；Hu, W. P.，& Shi, J. N. (2008). The relationships of personality, social support, and the preference for using internet services in Chinese adolescent. *International Journal of Psychology*，43(3－4):108－118.

25. Ma，L. Y. & Lei, L. (2008). Early adolescents' well-being and their preference for the use of instant messaging: A cross-lagged regression analysis. *International Journal of Psychology*，43(3－4):643.

26. Ma，L. Y. & Lei, L. (2008). The moderate effect of perceptions of control on the relation between life events and pathological internet use of early adolescents. *International Journal of Psychology*，43(3－4):643.

27. 马利艳、雷雳(2008)。初中生生活事件、即时通讯与孤独感之间的关系。《心理发展与教育》,24(4):106－112。

28. 张国华、雷雳(2008)。青少年的同伴依恋、自我认同与网络成瘾的关系。《中国学校卫生》,29(5):454－455。

29. 雷雳、马利艳(2008)。初中生自我认同对即时通讯与互联网使用关系的调节作用。《中国临床心理学杂志》,16(2):161－163,169。

30. 李冬梅、雷雳、邹泓(2008)。青少年网上偏差行为的特点与研究展望。《中国临床心理学杂志》,16(1):70,95－97。

31. 张国华、雷雳、邹泓(2008)。青少年的自我认同与"网络成瘾"的关系。《中国临床心理学杂志》,16(1):37－39,58。

32. Lei, L. & Wu, Y. (2007). Adolescents' Paternal Attachment and Internet Use. *CyberPsychology & Behavior*，10(5):633－639.

33. 杨洋、雷雳(2007)。青少年外向/宜人性人格、互联网服务偏好与"网络成瘾"的关系。《中国人民大学复印报刊资料·心理学》,7:62－68。(原载于《心理发展与教育》,2007－2)

34. 马利艳、郝传慧、雷雳(2007)。初中生生活事件与其互联网使用的关系。《中国临床心理学杂志》,15(4):420－421,423。

35. 雷雳、杨洋(2007)。青少年病理性互联网使用量表的编制与验证。《心理学报》,39(4):688－696。

36. 杨洋、雷雳(2007)。青少年外向/宜人性人格、互联网服务偏好与"网络成瘾"的关系。《心理发展与教育》,2:42－48。

37. 崔丽霞、雷雳、蔺雯雯、郑日昌(2007)。网络心理咨询的疗效与展望。《心理科学进展》,15(2):350-357。

38. 张国华、雷雳(2007)。儿童青少年使用电脑对其认知技能发展的影响。《教育科学研究》,2:57-60。

39. 郑思明、雷雳(2006)。青少年使用互联网公众观之健康上网调查。《中国教育学刊》,8:39-43。

40. 杨洋、雷雳、柳铭心(2006)。青少年责任心人格、互联网服务偏好与"网络成瘾"的关系。《心理科学》,29(4):947-950。

41. 张国华、雷雳(2006)。青少年在互联网上的攻击行为的表现与干预。《中国青年研究》,7:45-48。

42. 柳铭心、雷雳(2006)。人格特征与互联网使用。《首都师范大学学报(社科版)》,3:111-115。

43. 杨洋、雷雳(2006)。影响大学生参与网上招聘意向的因素模型。《应用心理学》,12(1):36-42。

44. 雷雳、杨洋、柳铭心(2006)。青少年神经质人格、互联网服务偏好与网络成瘾的关系。《心理学报》,38(3):375-381。

45. 雷雳、柳铭心、陈辉(2006)。心理性别与青少年网络游戏行为的关系。《山东师范大学学报(自然科学版)》,21(2):96-97。

46. 雷雳、柳铭心(2005)。青少年的人格特征与互联网社交服务使用偏好的关系。《心理学报》,37(6):797-802。

47. 柳铭心、雷雳(2005)。青少年的人格特征与互联网娱乐服务使用偏好的关系。《心理发展与教育》,21(4):40-45。

48. 柳铭心、雷雳(2005)。青少年的人格特征与其使用互联网信息服务的关系。《应用心理学》,11(3):247-253。

49. 雷雳、杨洋、柳铭心(2005)。互联网在学习不良干预中的作用。《心理科学进展》,13(5):557-562。

50. 雷雳、陈猛(2005)。互联网使用与青少年自我认同的生态关系。《心理科学进展》,13(2):169-177。

51. 李宏利、雷雳(2005)。中学生的互联网使用与其应对方式的关系。《心理学报》,37(1):87-91。

52. Lei, L. & Li, H. L. (2004). Relationship of time perspective, coping styles, and internet use of adolescents. *International Journal of Psychology*, 39(5-6):352-352.

53. 雷雳、李宏利(2004)。互联网与青少年发展。载于王登峰、侯玉波(主编),

《人格与社会心理学论丛(一)(287 - 306)》。北京:北京大学出版社。

54. 李宏利、雷雳(2004)。青少年的时间透视、应对方式与互联网使用的关系。《心理发展与教育》,20(2):29 - 33。

55. 雷雳、李宏利(2004)。青少年的时间透视、人际卷入与互联网使用的关系。《心理学报》,36(3):335 - 339。

56. 李宏利、雷雳(2003)。计算机为中介的人际沟通研究进展。《中国人民大学复印报刊资料·心理学》,11:19 - 22(原载于《首都师范大学学报·社会科学版》,2003 年 4 期)。

57. 雷雳、李宏利(2003)。病理性互联网使用的界定和测量。《中国人民大学复印报刊资料·心理学》,4:75 - 79(原载于《心理科学进展》,2003 年 1 期)。

58. 李宏利、雷雳(2003)。计算机为中介的人际沟通研究进展。《首都师范大学学报(社会科学版)》,4:107 - 110。

59. 雷雳、李宏利、王争艳、张雷(2003)。病理性互联网使用的研究概况。《中国心理卫生杂志》,5:328 - 330。

60. 雷雳、李宏利(2003)。病理性互联网使用的界定和测量。《心理科学进展》,1:73 - 77。

61. 李宏利、雷雳、王争艳、张雷(2002)。互联网对人的心理影响。《中国人民大学复印报刊资料·心理学》,3:4 - 9。(原载于《心理学动态》,2001 年 4 期)

62. 李宏利、雷雳、王争艳、张雷(2001)。互联网对人的心理的影响。《心理学动态》,4:376 - 381。

图书在版编目(CIP)数据

鼠标上的青春舞蹈:青少年互联网心理学/雷雳著.—上海:华东师范大学出版社,2010.8
(明心书坊)
ISBN 978 - 7 - 5617 - 8042 - 8

Ⅰ.①鼠… Ⅱ.①雷… Ⅲ.①因特网—影响—青少年心理学—研究 Ⅳ.①B844.2

中国版本图书馆 CIP 数据核字(2010)第 167093 号

明心书坊
鼠标上的青春舞蹈
青少年互联网心理学

撰　　著　雷　雳
责任编辑　彭呈军
审读编辑　王叶梅
责任校对　汤　定
装帧设计　卢晓红

出版发行　华东师范大学出版社
社　　址　上海市中山北路 3663 号　邮编 200062
网　　址　www.ecnupress.com.cn
电　　话　021 - 60821666　行政传真 021 - 62572105
客服电话　021 - 62865537　门市(邮购)电话 021 - 62869887
地　　址　上海市中山北路 3663 号华东师范大学校内先锋路口
网　　店　http://ecnup.taobao.com/

印 刷 者　江苏南通印刷总厂有限公司
开　　本　787×1092　16 开
印　　张　22.25
字　　数　390 千字
版　　次　2010 年 11 月第 1 版
印　　次　2014 年 3 月第 3 次
印　　数　5201—6300
书　　号　ISBN 978 - 7 - 5617 - 8042 - 8/B · 580
定　　价　45.00 元

出 版 人　朱杰人

(如发现本版图书有印订质量问题,请寄回本社客服中心调换或电话 021 - 62865537 联系)